ZAIHAI SHIGU XIANCHANG JIJIU

灾害事故现场急救

中国中西医结合学会灾害医学专业委员会　组织编写
岳茂兴　主编

第三版

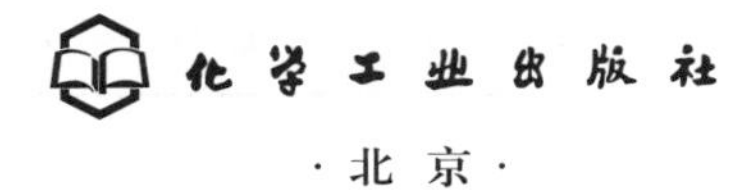

·北京·

内 容 简 介

《灾害事故现场急救》（第三版）是作者总结多次参加突发灾害事故的紧急救治经验及医疗卫勤保障工作的体会，同时结合几十年临床医疗工作中的经验、实验研究所取得的成果，并广泛收集国内外有关资料撰写而成。系统介绍了灾害事故现场医疗急救概述，灾害事故救援的组织与管理，灾害事故现场的急救技术，中毒事故的医疗急救，危险化学品事故医疗急救，火灾事故医疗急救，矿山事故急救，地震现场医疗急救，洪涝水灾医疗急救，航空事故医疗急救，爆炸事故医疗急救，道路交通事故医疗急救，触电、雷电事故医疗急救，狭窄空间事故医疗急救，核武器、化学武器、生化武器伤害的医疗急救，突发传染病的急救。共分十六章及四个卫生应急专家共识附录。

本书力求简明扼要、资料较新、技术可靠，紧密结合临床实践需要。对于一般医务工作者来说，是一本实用价值较高的突发事故急救参考书；对于非医务工作者来说，不失为了解突发事故医疗防护知识的普及读本。

《灾害事故现场急救》（第三版）可供各级医务人员、救护人员、应急救援人员、职业卫生管理人员、各有关的卫勤指挥人员及保障人员、连队卫生员等工作学习参考之用，也可供急救保障、消防人员及各种灾害救援工作人员参考。

图书在版编目（CIP）数据

灾害事故现场急救/中国中西医结合学会灾害医学专业委员会组织编写；岳茂兴主编．—3 版．—北京：化学工业出版社，2021.1
ISBN 978-7-122-37649-7

Ⅰ.①灾…　Ⅱ.①中…②岳…　Ⅲ.①灾害-急救-基本知识②事故-急救-基本知识　Ⅳ.①X928.04

中国版本图书馆 CIP 数据核字（2020）第 165734 号

责任编辑：杜进祥　高　震　　装帧设计：韩　飞
责任校对：王素芹

出版发行：化学工业出版社（北京市东城区青年湖南街 13 号　邮政编码 100011）
印　　刷：北京京华铭诚工贸有限公司
装　　订：三河市振勇印装有限公司
710mm×1000mm　1/16　印张 24　字数 421 千字
2021 年 1 月北京第 3 版第 1 次印刷

购书咨询：010-64518888　　售后服务：010-64518899
网　　址：http://www.cip.com.cn
凡购买本书，如有缺损质量问题，本社销售中心负责调换。

定　　价：99.00 元

《灾害事故现场急救》（第三版）
编写人员

主　　编	岳茂兴				
副 主 编	李奇林	何　东	阴赪宏	奚剑波	夏锡仪
	付守芝	梅　冰	梁华平	刘志国	
编写人员	蒋龙元	郑　华	史　杰	常李荣	徐冰心
	孙志辉	程爱国	李建忠	化　楠	路　琴
	邓明卓	郭增柱	崔　红	张　柳	赵晓成
	王　婧	王　艳	肖红丽	郑晓燕	李小丽
	齐海宇	刁宗礼	刘瑞霞	黄　晞	关竹颖
	岳　慧	朱晓飚	吴　兑	张元维	张苏立
	刘青云	徐君晨	李　瑛	尹进南	郑琦涵

前 言

近几十年，世界上各类灾害事故不断发生，很多灾害我们过去很少遇到或只是听说，像日本福岛核泄漏事故等；特别是全球新型冠状病毒肺炎（COVID-19）的蔓延。据 2020 年 4 月 11 日报告：全球确诊病例已经达到 1690853 例，波及 220 个国家（地区）。同时也是新中国成立以来，传播速度最快、感染范围最广、防控难度最大的突发公共卫生事件。此次突发公共卫生事件为我们敲响了警钟，突发公共卫生事件对人类的身心健康和生命安全构成重大的威胁。如何科学应对和及时、有效地加以处置及实施正确的医疗急救，是当今各国政府和医学专家必须面对的一个重大课题。我国是世界上遭受自然灾害最严重的国家之一，灾害种类多，频度高，区域性、季节性强。新中国成立以来，我国年年有灾。据不完全统计，气象、洪水、海洋、地质、地震、农业、林业七类自然灾害造成直接经济损失约占国家财政收入的 16%～25%，因灾死亡人数年均 1 万～2 万人。

突发事故是指突然发生，造成或者可能造成重大人员伤亡、财产损失、生态环境破坏和严重社会危害，危及公共安全的紧急事故。主要分为以下四类：(1) 自然灾害主要包括水旱灾害，气象灾害，地震灾害，地质灾害，海洋灾害，生物灾害和森林草原火灾等。(2) 事故灾害主要包括工矿商贸等企业的各类安全事故，交通运输事故，公共设施和设备事故，环境污染和生态破坏事件等。(3) 公共卫生事件主要包括传染病疫情，群体性不明原因疾病，食品安全和职业危害，动物疫情，以及其他严重影响公众健康和生命安全的事件。(4) 社会安全事件主要包括恐怖袭击事件，经济安全事件和涉外突发事件等。

由于突发事故的危害性、复杂性、特殊性和不可预测性，有可能造成的重大人员伤亡、财产损失、生态环境破坏和严重社会危害，处理困难，一般没有成熟的经验。本书作者多次参加了突发事故的紧急救治及医疗卫勤保障工作，多次赴基地执行重大突发事件的紧急救治，我们结合医疗保障及急救中的体会，同时结合几十年的临床医疗工作中的经验、实验研究的成果，并参考国内外相关资料，对突发事故提出有效的急救措施和防治预案。以期对一线工作的医务人员及救援人员和广大人民群众，在常见的事故的防护与救治有一个初步的了解和认识，在事故发生时能够紧急处置，为抢救赢得时间。

本书第一版自2006年10月出版以来，受到广大专家学者的肯定，深得广大读者的喜爱。不少单位作为教科书使用。考虑到近年来灾害事故医学应急救援又有了新进展。所以在2013年3月第二版中保留本著作的原有风格外，同时增加了“狭窄空间事故医学应急救援”一章，在相应章节中，增加了有关现场急救新理念新模式新装备新疗法的内容。随着近些年灾害事故与突发事件的不断发生与我国应急管理体系和应急救援与处置能力现代化能力的提高，于2020年本书第三版中又增加了新的内容，在第十六章：突发传染病急救中增加了第二节：新型冠状病毒肺炎（COVID-19）诊断与中西医结合急救，同时增加了附录，附有关的4个实用的专家共识：附录一：危险化学品爆炸伤现场卫生应急处置专家共识（2016）；附录二：灾害事故现场急救与卫生应急处置专家共识（2017）；附录三：批量复合伤伤员卫生应急救援处置原则与抢救程序专家共识（2018）；附录四：维生素 B_6 联用丰诺安新疗法治疗急性创伤性凝血病专家共识（2019）。使得本书的内容更加丰富、更具操作性、更加实用。

读者对象为全体医务人员、救护员、各有关的卫勤指挥人员及保障人员、其他有关人员等。本书内容翔实，条目清晰，应用价值大，可操作性强，全面详细阐述了突发事故医疗急救相关的多学科知识，为突发事故的卫勤保障组织指挥、现场、后送和医院内医疗救护人员培训提供了一部系统的实用教材。有关内容还参阅了大量公开发表的书籍资料，无论参考文献是否被列出，都为本书的完成、普及突发事故急救知识做出了贡献，在此一并表示衷心感谢。本书在编写过程中，得到了中国中西医结合学会灾害医学专业委员会、中国研究型学会卫生应急学专业委员会、江苏省中西医结合学会灾害医学专业委员会、江苏大学附属武进医院、徐州医科大学武进临床学院、战略支援部队特色医学中心（解放军306医院）、军事医学科学院、北京首都医科大学附属友谊医院、广州南方医科大学附属珠江医院、广州中山医科大学附属第二附属医院、第二炮兵总医院、华北煤炭医学院附属医院、广州解放军空军中心医院等单位的支持，在此表示衷心感谢！

由于编者水平所限，其中不妥之处在所难免，恳请有关专家及读者给予批评指正。

主编

2020年4月11日

第一版前言

突发事故是指突然发生，造成或者可能造成重大人员伤亡、财产损失、生态环境破坏和严重社会危害，危及公共安全的紧急事故。鉴于突发事故的危害性、复杂性、特殊性和不可预测性，以及有可能造成的重大人员伤亡、财产损失、生态环境破坏和严重社会危害，因而大多处理困难，一般没有成熟的经验。本书作者多次参加了突发事故的紧急救治及医疗卫生后勤保障工作，多次赴基地执行重大突发事件的紧急救治。作者结合在医疗保障及急救中的体会，同时结合在几十年的临床医疗工作中的经验、实验研究所取得的成果，并参考国内外相关资料，编写本书。本书对突发事故提出有效的急救措施和防治预案，以期一线工作的医务人员及救援人员和广大人民群众对常见事故的防护与救治有一个初步的了解和认识，在事故发生时能够紧急处置，为抢救赢得时间。

本书内容翔实，条理清晰，应用价值大，可操作性强，全面详细地阐述了与突发事故医疗急救相关的多学科知识，为突发事故的卫生后勤保障组织指挥、现场、后送和医院内医疗救护人员培训提供了一部系统的实用教材。有关内容还参阅了大量公开发表的书籍资料，在此一并表示衷心感谢！

本书在编著过程中，得到了中国中西医结合学会灾害医学专业委员会、解放军第306医院、军事医学科学院、北京首都医科大学附属友谊医院、广州南方医科大学附属珠江医院、江苏大学附属武进人民医院、广州中山医科大学附属第二附属医院、第二炮兵总医院、华北煤炭医学院附属医院、广州解放军空军中心医院等单位的支持，在此表示衷心感谢！

由于时间仓促、编者水平有限，书中疏漏在所难免，恳请有关专家及读者给予批评指正。

编者

2006 年 9 月

第一版前言

编者

2004年9月

第二版前言

近几十年，世界上各类灾害事故不断发生，很多灾害我们过去很少遇到或者听说，像日本福岛核泄漏事故等，这对人类的身心健康和生命安全构成重大的威胁。如何科学应对和及时、有效地加以处置及实施正确的医疗急救，是当今各国政府和医学专家必须面对的一个重大课题。我国是世界上遭受自然灾害较严重的国家之一，灾害种类多，频度高，区域性、季节性强。新中国成立以来，我国年年有灾。据不完全统计，气象、洪水、海洋、地质、地震、农业、林业七类自然灾害造成直接经济损失约占国家财政收入的1/6～1/4，因灾死亡人数年均1万～2万。特别是现代化建设进入新的阶段，改革和发展处于关键时期，工业化、城市化加速发展，新情况、新问题层出不穷，重大自然灾害、重大事故灾害、重大公共卫生事件和社会安全事件时有发生。

突发事故是指突然发生，造成或者可能造成重大人员伤亡、财产损失、生态环境破坏和严重社会危害，危及公共安全的紧急事故。主要分为以下四类。①自然灾害：主要包括水旱灾害、气象灾害、地震灾害、地质灾害、海洋灾害、生物灾害和森林草原火灾等。②事故灾害：主要包括工矿商贸等企业的各类安全事故、交通运输事故、公共设施和设备事故、环境污染和生态破坏事件等。③公共卫生事件：主要包括传染病疫情、群体性不明原因疾病、食品安全和职业危害、动物疫情以及其他严重影响公众健康和生命安全的事件。④社会安全事件：主要包括恐怖袭击事件、经济安全事件和涉外突发事件等。

鉴于突发事故的危害性、复杂性、特殊性和不可预测性，有可能造成的重大人员伤亡、财产损失、生态环境破坏和严重社会危害，处理困难，一般没有成熟的经验。本书作者多次参加了突发事故的紧急救治及医疗卫勤保障工作，多次执行重大突发事件的紧急救治，结合在医疗保障及急救中的体会，同时结合几十年临床医疗工作中的经验、实验研究所取得的成果，并参考国内外相关资料，对突发事故提出有效的急救措施和防治预案。以期使一线工作的医务人员及救援人员和广大人民群众对常见事故的防护与救治有一个初步的了解和认识，在事故发生时能够紧急处置，为抢救赢得时间。

本书第一版自2006年10月出版以来，受到广大专家学者的肯定，深得广大读者的喜爱。不少单位作为培训教材使用。考虑到近年来灾害事故医学应急救援又有了新进展，所以在第二版中除保留本著作的原有风格外，同时增加了“狭窄空间事故医疗急救”一章，在相应章节中，增加了有关现场急救新理念新模式新装备新疗法的内容，使本书内容更充实、更完善。

读者对象为全体医务人员、救护员、各有关卫勤指挥人员及保障人员、其他有关人员等。本书内容翔实，条目清晰，应用价值大，可操作性强，全面详细阐述了突发事故医疗急救相关的多学科知识，为突发事故的卫勤保障组织指挥、现场、后送和医院内医疗救护人员培训提供了一部系统的实用教材。有关内容还参阅了大量公开发表的书籍资料，无论参考文献是否被列出，都为本书的完成、普及突发事故急救知识做出了贡献，在此一并表示衷心感谢！

本书在编著过程中，得到了中国中西医结合学会灾害医学专业委员会、解放军第306医院、军事医学科学院、北京首都医科大学附属友谊医院、广州南方医科大学附属珠江医院、江苏大学附属武进医院、广州中山医科大学附属第二附属医院、第二炮兵总医院、华北煤炭医学院附属医院、广州解放军空军中心医院等单位的支持，在此表示衷心感谢！

由于时间仓促，编者水平有限，错误在所难免，恳请有关专家及读者给予批评指正。

编者

2012年10月

目　录

第一章　灾害事故现场医疗急救概述 …… 1
第一节　常见灾害事故现场医疗急救的特点…… 2
第二节　灾害事故现场医疗急救的基本原则…… 4
一、自救、互救的基本原则…… 4
二、首先使伤员迅速脱离险境…… 6
三、迅速对伤情作出正确判断与分类…… 6
四、判断伤情的主要内容…… 7
五、伤情评估…… 7
六、经过现场伤员分检将伤病者按治疗的优先分类…… 7
七、及时采取措施抢救危重伤员的生命…… 8
八、防止或减轻后遗症的发生…… 9
九、现场初级 CAB 急救法 …… 9
第三节　灾害事故现场分类救治的基本技术 …… 11
一、现场分类救治的基本技术 …… 11
二、伤员转送 …… 13
第四节　灾害事故现场可能发生特殊类型伤的救治规则 …… 14
一、冲击过载伤 …… 14
二、烧伤 …… 16
三、减压损伤或加压损伤 …… 17
四、急性呼吸窘迫综合征 …… 18
五、复合伤 …… 18
六、低温伤 …… 20
七、高温、中暑 …… 21
八、微波辐射损伤 …… 21
九、淹溺 …… 22

十、心功能不全 …… 23
十一、急性肾功能不全 …… 24
十二、肝功能不全与胆道系统并发症 …… 24
十三、消化道并发症 …… 24
十四、多器官功能障碍综合征 …… 25
第五节　灾害事故现场分类救治的注意事项 …… 27

第二章　灾害事故救援的组织与管理 …… 28
第一节　灾害事故医疗卫生救援的报告 …… 28
一、报告的目的 …… 28
二、报告人或报告单位 …… 28
三、报告的基本内容 …… 29
四、报告的工作程序 …… 29
五、初步判定事故的等级 …… 29
六、报告的时限 …… 29
第二节　灾害事故救援工作的组织与管理 …… 30
一、事故救援工作的组织与管理 …… 30
二、突发事故卫生救援工作的组织与管理 …… 37
第三节　灾害事故时的心理应激特点及其心理干预 …… 40
一、灾害事故的心理应激特点 …… 40
二、灾害事故的心理干预 …… 45

第三章　灾害事故现场的急救技术 …… 51
第一节　灾害事故现场心、肺、脑复苏术 …… 51
一、概述 …… 51
二、病因 …… 52
三、诊断 …… 52
四、现场心、肺、脑复苏术 …… 53
第二节　灾害事故现场的急救基本技术 …… 80
一、出血与止血 …… 80
二、包扎 …… 84
三、固定 …… 93
四、抗休克裤的使用 …… 96
五、心脏穿刺技术 …… 98
六、静脉通道的建立 …… 98

七、急救的体腔穿刺…………………………………………………… 101
八、心包穿刺……………………………………………………………… 102
第三节　灾害事故现场的救命技术………………………………………… 103
一、概述…………………………………………………………………… 103
二、VIPCIT 救治程序 ………………………………………………… 103
三、除颤与除颤方法……………………………………………………… 107
四、氧疗与支持通气……………………………………………………… 110
第四节　创建流动便携式 ICU 病房及研制流动便携式 ICU 急救车 …… 111
一、概述…………………………………………………………………… 111
二、流动便携式重症监护治疗病房的创建……………………………… 111
三、研制成功我国首辆“流动便携式 ICU 急救车” ………………… 114
第五节　便携式急救包的研制与应用……………………………………… 115
一、概述…………………………………………………………………… 115
二、空降兵便携式航天员急救包的任务要求…………………………… 115
三、急救包技术指标……………………………………………………… 116
四、药材的选配…………………………………………………………… 116
五、与其他急救包（箱）的主要区别…………………………………… 117
六、应用情况……………………………………………………………… 117
七、优点…………………………………………………………………… 118

第四章　中毒事故的医疗急救 ……………………………………… 119
第一节　中毒事故的特点…………………………………………………… 119
第二节　突发中毒事故的现场抢救………………………………………… 121
一、突发中毒事故的应急处置…………………………………………… 121
二、突发中毒事故现场检侦与处理原则………………………………… 123
三、突发中毒事故医学救治通则………………………………………… 130
第三节　中毒事故急救注意事项…………………………………………… 146
一、熟悉突发中毒事故的表现形式……………………………………… 146
二、明确突发中毒事故急救的基本任务………………………………… 146
三、突发中毒事故现场急救应注意的问题……………………………… 147
第四节　急性中毒降阶梯救治……………………………………………… 150
一、降阶梯救治之一……………………………………………………… 150
二、降阶梯救治之二……………………………………………………… 151
三、降阶梯救治之三……………………………………………………… 151

四、急救的注意事项…………………………………………………………………… 157

第五章　危险化学品事故医疗急救 ………………………………………………… 162
第一节　危险化学品事故的发生机制………………………………………………… 162
第二节　危险化学品事故现场急救…………………………………………………… 163
第三节　烧冲复合伤的急救…………………………………………………………… 165
一、流行病学…………………………………………………………………………… 165
二、致伤机制…………………………………………………………………………… 165
三、损伤特点…………………………………………………………………………… 167
四、临床表现…………………………………………………………………………… 168
五、急救措施…………………………………………………………………………… 169
第四节　化学中毒与烧伤……………………………………………………………… 172
一、特点………………………………………………………………………………… 173
二、致伤机制…………………………………………………………………………… 173
三、诊断要点…………………………………………………………………………… 174
四、急救措施…………………………………………………………………………… 175
五、现场急救注意事项………………………………………………………………… 181

第六章　火灾事故医疗急救 ………………………………………………………… 183
第一节　火场烟雾及有关毒物中毒的临床表现……………………………………… 183
一、火场烟雾及有关毒物……………………………………………………………… 183
二、火场烟雾中毒的临床表现………………………………………………………… 184
第二节　火灾的扑救与报警…………………………………………………………… 184
一、火灾的扑救………………………………………………………………………… 184
二、火灾报警…………………………………………………………………………… 185
第三节　火灾的自救与互救…………………………………………………………… 186
第四节　火灾救治要点………………………………………………………………… 188
第五节　火灾现场急救注意事项……………………………………………………… 189

第七章　矿山事故急救 ……………………………………………………………… 190
第一节　矿山急救的特点……………………………………………………………… 190
第二节　矿山救护医疗急救的基本程序……………………………………………… 192
一、院前急救阶段……………………………………………………………………… 192
二、院内急救阶段……………………………………………………………………… 194
第三节　矿山事故现场急救…………………………………………………………… 195

一、井下作业人员的自救与互救…… 195
二、安全转运伤员须知…… 197
第四节 现场急救注意事项…… 198

第八章 地震现场医疗急救…… 200
第一节 正确选择避震方式…… 200
一、家庭避震的原则…… 200
二、在各种场所避震…… 202
第二节 地震现场急救…… 203
一、现场组织急救…… 203
二、危重伤员的现场救护…… 205
第三节 现场急救注意事项…… 205

第九章 洪涝水灾医疗急救…… 207
第一节 洪涝水灾的特点…… 207
第二节 水灾可能引起的疾病…… 208
第三节 洪涝水灾现场急救及现场急救注意事项…… 209
一、洪涝水灾现场急救…… 209
二、洪涝水灾现场急救注意事项…… 211

第十章 航空事故医疗急救…… 212
第一节 航空事故的致伤特点…… 212
一、飞机失事导致空难发生的原因…… 212
二、突发航空事故的致伤因素…… 213
三、空难下生存的不利因素…… 216
四、空难伤情特点及病理生理改变…… 217
第二节 航空事故的现场急救…… 218
一、空中急症的救护…… 218
二、空难的自救和互救…… 219
三、对空难幸存者的搜索与营救…… 221
四、应急救援组织计划…… 222
五、急救模式及医疗设施…… 223
六、大型医院急诊专业参与现场急救的模式…… 225
第三节 航空事故急救注意事项…… 228

第十一章　爆炸事故现场医疗急救 …………………………… 229
第一节　爆炸事故的致伤特点 …………………………… 229
第二节　爆炸事故的急救原则 …………………………… 230
第三节　爆炸事故的注意事项 …………………………… 232
第十二章　道路交通事故医疗急救 …………………………… 234
第一节　道路交通伤事故现场的特点及其发生原因 …………………………… 234
一、道路交通伤事故现场的特点 …………………………… 234
二、道路交通伤的发生原因 …………………………… 235
第二节　道路交通伤急救的新概念 …………………………… 235
第三节　道路交通伤现场抢救原则 …………………………… 237
第十三章　触电、雷电事故医疗急救 …………………………… 242
第一节　触电对人的伤害 …………………………… 242
第二节　防止触电事故的措施及触电现场急救要点 …………………………… 242
第三节　雷击的特点及对人的伤害 …………………………… 244
第四节　躲避雷击的规则 …………………………… 245
第五节　雷击或电击的急救要点 …………………………… 246
第十四章　狭窄空间事故医疗急救 …………………………… 248
第一节　狭窄空间医学的定义及与正常急救医疗的区别 …………………………… 248
第二节　狭窄空间事故现场应急救援原则 …………………………… 250
一、进入前准备 …………………………… 250
二、进入 …………………………… 251
三、医疗活动 …………………………… 251
四、处置完成——救出 …………………………… 251
五、救出完成——搬送 …………………………… 252
第三节　狭窄空间事故医学应急救援注意事项 …………………………… 253
第十五章　核武器、化学武器、生化武器伤害的医疗急救 …………………………… 255
第一节　核武器伤害的防护与现场急救 …………………………… 255
一、核武器的杀伤因素及其致伤特点 …………………………… 255
二、致伤特点 …………………………… 255
三、急性放射病的诊治要点 …………………………… 256
四、核武器损伤伤员现场分类与救治 …………………………… 264

第二节　化学武器伤害的防护与现场急救…… 270
一、认识化学战争伤害的重要性…… 271
二、化学武器伤害的防护…… 273
三、各类化学毒剂的现场急救…… 274
第三节　生物武器伤害的防护与现场急救…… 276
一、生物战剂的危害特点…… 276
二、生物战剂的诊断…… 277
三、生物战剂的伤害救护…… 277

第十六章　突发传染病的急救 …… 280
第一节　SARS 的诊断和急救 …… 280
一、传播途径…… 280
二、临床表现…… 280
三、诊断及鉴别诊断…… 282
四、急救与治疗…… 282
五、预防…… 284
第二节　新型冠状病毒肺炎诊断与中西医结合急救…… 284
一、病原学特点…… 285
二、病理学特点…… 285
三、流行病学特点…… 286
四、临床特点…… 286
五、诊断标准…… 287
六、临床分型…… 288
七、重型/危重型高危人群 …… 288
八、重型/危重型早期预警指标 …… 288
九、鉴别诊断…… 289
十、病例的发现与报告…… 289
十一、治疗…… 290
十二、解除隔离和出院后注意事项…… 301
十三、转运原则…… 301
十四、医疗机构内感染预防与控制…… 301
第三节　H1N1 流感的诊断和急救 …… 302
一、临床特征…… 302
二、诊断与鉴别诊断…… 303

三、急救与治疗 …………………………………………………………………… 304

附录一　危险化学品爆炸伤现场卫生应急处置专家共识（2016） …… 306

附录二　灾害事故现场急救与卫生应急处置专家共识（2017） ……… 318

附录三　批量复合伤伤员卫生应急救援处置原则与抢救程序
专家共识（2018） ………………………………………………… 334

附录四　维生素 B_6 联用丰诺安新疗法治疗急性创伤性凝血病
专家共识（2019） ………………………………………………… 349

参考文献 ……………………………………………………………………… 363

第一章

灾害事故现场医疗急救概述

突发事故是指突然发生，造成或者可能造成重大人员伤亡、财产损失、生态环境破坏和严重社会危害，危及公共安全的紧急事故。主要分为以下四类。

（1）自然灾害　主要包括水旱灾害、气象灾害、地震灾害、地质灾害、海洋灾害、生物灾害和森林草原火灾等。

（2）事故灾害　主要包括工矿商贸等企业的各类安全事故、交通运输事故、公共设施和设备事故、环境污染和生态破坏事件等。

（3）公共卫生事件　主要包括传染病疫情、群体性不明原因疾病、食品安全和职业危害，动物疫情以及其他严重影响公众健康和生命安全的事件。

（4）社会安全事件　主要包括恐怖袭击事件、经济安全事件和涉外突发事件等。

各类突发事故按照其性质、严重程度、可控性和影响范围等因素，一般分为四级：Ⅰ级（特别重大）、Ⅱ级（重大）、Ⅲ级（较大）和Ⅳ级（一般），依次用红色、橙色、黄色和蓝色表示。

近几十年，世界上各类突发事故不断发生，如何科学应对和及时、有效地加以处置及实施正确的医疗急救，是当今各国政府必须面对的一个重大课题。我国是世界上遭受自然灾害最严重的国家之一，灾害种类多、频度高，区域性、季节性强；特别是现代化建设进入新的阶段，改革和发展处于关键时期，工业化、城市化加速发展，新情况、新问题层出不穷，重大自然灾害、重大事故灾难、重大公共卫生事件和社会安全事件时有发生。据不完全统计，新中国成立以来，气象、洪水、海洋、地质、地震、农业、林业七类自然灾害造成直接经济损失约占国家财政收入的1/6～1/4，因灾死亡人数年均1万～2万。其中死亡人数最多的是地震灾害，约占七类自然灾害的54%。全世界有史以来死亡人数达5万人以上的地震共发生过18次，其中有8次发生在我国。一次性死亡达20万人以上的地震共发生过9次，其中有4次发生在我国。2008年的四川汶川特大地震是新中国成立以来破坏性最强、波及范围最广、救灾难度最大的一次地震，震级达里氏8级，灾区总面积约50万平方千米、受灾群众4625万多人，造成69227名同胞遇难、17923名同胞失踪，需要紧急转移、安置的受灾群众1510万人，直接经济损失8451亿多元。人为灾害是一个更为复杂的问题，据国家安全生产监督管理总局统计，近年来全国每年发生的各类伤亡事故在100万起左右，死亡人数在10万人以上。2004年统计显示：全国发生各类突发事件561万起，造成21万人死亡、175万人受伤。全年自然灾害、事故灾难和社会安全事故造成的直接经济损失超过4550亿元。经民政部会同有关部门核定，2005年各类自然灾害造成2475人死亡，紧急转移安置1570.3万人，倒塌房屋226.4万间，因灾直接经济损失2042.1亿元。

为了将突发灾害事故造成的人员伤亡与财产损失减少到最低程度，应用科学而先进的医学方法与技术对突发事故进行正确的医疗急救十分重要。建立一支常备不懈的应急医疗救治队伍是应急医疗救治体系建设的重要组成部分，2003年，卫生部制定了《关于建立应急卫生救治队伍的意见》，要求省、地两级按属地化原则，在当地各类医疗卫生机构中选择医术较高、临床经验丰富的医护人员和具有现场处置经验的疾病预防控制人员，组成应急救治队伍，并配备必要的医疗救治和现场处置设备。这些人员平时在各自岗位上从事医疗卫生服务，适时组织进行应急技能培训和演练，遇有突发事故，迅速赶赴现场，及时开展医疗救治和流行病调查。目前，各地区应急救治队伍的组建工作已经完成。卫生部将在此基础上组建国家应急救援队伍，遇有重大突发事故，及时提供技术支援。

第一节　常见灾害事故现场医疗急救的特点

自然灾害或恶性意外事故一旦发生，往往来势凶猛，受害面积广泛，瞬间即可造成巨大财产损失和大批人员伤亡。原有的医疗卫生设备、通信设施、交通运输、人力资源以及生命给养系统，也可在灾害发生的刹那间遭到破坏，甚至瘫痪。惨不忍睹的财产损失与人员伤亡给人以莫大的精神刺激，造成严重心理创伤及各种应激性心身疾病；灾后一旦暴发流行病，不仅加重原生灾害的危害与救灾防病的难度，还会对灾民的生命健康构成更严重的威胁。所以争分夺秒、及时有效地搞好灾害事故的医疗救援，是灾害事故现场医疗急救最重要、最急迫、最关键的措施。常见灾害事故现场医疗急救的主要特点有以下几个方面。

1．突发性与急迫性

各种灾害的发生往往出乎人们的意料，具有突然性、急迫性、广泛性和严重性的特点。很多灾害目前的预报还相当困难。至于人为因素造成的事故灾害，更是无法预料。世界上发生的各种灾害大多是突然发生的，在短短几天、几小时甚至几分钟之内即造成人员和财产的重大损失。伤员若不能得到及时救护，便有死亡、致残、留有严重后遗症的危险。此刻，医疗救援的急迫性是不言而喻的。

2. 复杂性与不测性

灾害事故致人伤害的性质、种类、程度是极其复杂而且变幻莫测的。这一切都使得灾害事故医疗卫生救援工作变得十分复杂而又难以预测。

3. 综合性与艰巨性

灾害事故医疗卫生救援工作是一项错综复杂的综合性工程。它不仅要有多学科医疗卫生技术的综合应用，医疗救护、卫生防疫工作的相互配合，还需要整个救灾系统如排险、运输、通信、给养、后勤、公安、法制等各个部门的密切配合。只有将各部门综合成为一个有机整体，在各级政府统一调度、统一指挥下，才能根据实际情况井然有序地实施高效率的医疗卫生救援工作，才能完成如此紧急、艰巨、复杂的任务。

4. 组织机构的临时性

由于灾害发生的突然性，不可能有全员完整的救灾医疗机构坐等任务。通常是灾害发生时才集中各方力量，组成高效率的临时机构，而且要在最短时间内开展工作。这就必须有严密的组织措施、良好的协作精神才能做到。

5. 救治环境的恶劣

救灾医疗救护工作必须到现场进行。灾区生态环境往往遭到严重破坏，公共设施无法运行。缺电、少水，食物、药品不足，生活条件十分艰苦，医务人员在这种情况下执行繁重任务必须有良好的体力素质和高度的人道主义精神。

6. 紧急赴救

灾后瞬间可能出现大批伤员，拯救生命应分秒必争。亚美尼亚地震的伤员救护工作表明，灾后 3h 内得到救护的伤员 90%存活；若 6h 后，只能达到 50%。要求救灾医务人员平时训练有素，除有精湛的医疗救护技术以外，还应懂得灾害医学知识，以便适应灾区的紧张工作。运输工具和专项医疗设备的准备程度是救灾医疗保障的关键问题。

7. 伤情复杂

因灾害的原因和受灾条件的不同，通常多发伤较多见。在特殊情况下还可能出现一些特发病症，如挤压综合征、急性肾功能衰竭、化学烧伤等，尤其在化学和放射事故时。救护伤员除必须有特殊技能外，还要有自我防护的能力。

这就要求救灾医务人员掌握多学科知识，对危重伤病员进行急救和复苏。

8. 大量伤员同时需要救治

灾害突然发生后，伤病员常常同时大批出现，而且危重伤员居多，需要急救和复苏，按常规医疗办法，无法完成任务。这时可采用军事医学原则，根据伤情，对伤病员进行鉴别分类，实行分级救治，后送医疗，紧急疏散灾区内的重伤员。

9. 危害的持续性

各种灾害发生后往往伴发多种次生灾害，造成持续性的危害，其中与医疗救护有关的也不少，以灾后各种流行病的发生为多见，需人防救护系统花大力气去预防和治疗。如核化事故的发生将带给人们长期的灾害。

第二节 灾害事故现场医疗急救的基本原则

一、自救、互救的基本原则

（1）临时组织现场救护小组　快速临时组织现场救护小组，统一指挥，加强灾害事故现场一线救治，这是保证抢救成功的关键措施之一。避免慌乱，建立一支高素质自救、互救的抢救队伍，研究改进快速解毒及搬运和后送伤员的方法，加快伤员后送，尽可能缩短伤后至抢救的时间，强调提高基本治疗技术是灾害事故现场救治的最重要的问题。

（2）呼叫急救车　当紧急灾害事故发生时，要采取灵敏的通信设施，缩短呼救至得到有力抢救的时间，这是提高院外抢救成功率的一个关键环节。应尽快拨打电话120、999、110呼叫急救车，打电话时一定要言语清晰简明，让急救人员尽快了解伤情，最重要的是要告知伤员的详细所在地。

（3）有条件时应快速创建一条安全有效的绿色抢救通道　人类今天已步入了信息网络化时代，因此，创建安全有效的绿色抢救通道十分重要，包括医疗救护网络、通信网络和交通网络，保证这个通道高效运行。

（4）先救命后治伤，先重伤后轻伤　在事故的抢救工作中常被轻伤员喊叫所迷惑，危重伤员常在最后抢出，处在奄奄一息状态，或者已经丧命。所以必须实施先救命后治伤、先重伤后轻伤的抢救原则。

（5）先抢后救，抢中有救，尽快脱离事故现场　特别是飞机失火时，以免发生爆炸或有害气体中毒。

（6）医护人员以救为主，其他人员以抢为主　各负其责，相互配合，以免延误抢救时机。通常先到现场的医护人员应该担负现场抢救的组织指挥。

（7）消除伤员的精神创伤　一切有生命威胁的刺激对人都能引起强烈的心理效应，进而影响行为活动。灾害的强烈刺激使部分人精神难以适应，据统计，约有75%的人出现轻重不同的所谓灾害综合征。有时失去常态，表现有恐惧感，很容易轻信谣言等，灾害给伤员造成的精神创伤是明显的。对伤员的救治除现场救护及早期治疗外，及时后送伤员在某种程度上往往可能减轻这种精神上的创伤。

（8）临时自制敷料

① 可用几种东西代替敷料和绷带。可用清洁的手帕作敷料，把未弄脏的一面翻出来，盖在伤口上。

② 如需较大的敷料，可用干净的毛巾或枕巾代替。

③ 干净的纸巾盖在伤口上，或撕下数层卷装卫生纸，折成纸垫盖在伤口上。

④ 切勿把毛茸茸的物品（例如棉花）直接放在伤口上，以免纤维粘到伤口里。无论用什么东西做敷料，覆盖伤口的一面绝不可触及，否则手指上的污物沾到伤口上，可能引起感染。

⑤ 任何洁净的物品，如围巾、领带或旧床单等，都可当作敷料包扎伤口。

（9）出血控制　首要的方法是直接加压，肢体可用止血带。如果不能控制，立即快速后送是必要的。

（10）腹部损伤　遇到车祸、刀伤或从高处跌下，腹内的重要脏器都可能严重受损，伤口通常可清楚看到。伤口若是纵向的，伤者应平直仰卧，双脚用褥垫或衣物稍微垫高。伤口若是横向的，伤者仰卧后，膝部弯曲，头和肩部垫高。这两种卧式有助于伤口闭合。轻轻解开或剪开伤口周围的衣服，不要向伤口咳嗽、打喷嚏或吹气，以免造成伤口感染。

（11）断肢的处理　在灾害事故中，手、脚或手指、脚趾断掉，切勿试图自行接驳断肢，例如用胶布把断肢接上原位，这样不但使伤者痛楚，而且损坏肌肉组织，使日后的再植手术更困难。应让断肢保持低温，如有可能，断肢用消毒干敷料包裹，放入干燥容器中或袋中扎紧，然后放入另外的容器中或袋中扎紧，放入冰中，注意不要将断肢直接与冰或水接触。急救车到来送伤者进医院时，别忘记将断肢交给急救人员。

（12）伤员舌后坠时的处理　昏迷及舌后坠伤员应将舌尖牵出并固定于胸前，采取俯侧卧位。

（13）清理呼吸道　窒息伤员应清理呼吸道，口对口人工呼吸，结合体外心脏按压。

（14）腹腔脱出脏器的处理　用浸湿布覆盖，不要将其放回腹腔。

（15）连枷胸时的处理　连枷胸时用手或枕头固定受伤区域。如果呼吸状况恶化或加压不能减轻疼痛则去除加压。如果需要则给予辅助呼吸。

（16）穿入身体的物品的处理　在其影响心肺复苏或穿入的物品影响气道的情况下才可去除。

（17）胸部开放伤的处理　用凡士林纱布包扎。如果发生张力性气胸（颈静脉怒张、发绀、气管移位、一侧呼吸音消失、血压下降、呼吸困难）应去除包扎，让空气排出，再重新包扎。

（18）窒息性气体引起急性中毒的处理　窒息性气体引起急性中毒的共同特点是突发性、快速性和高度致命性。除一氧化碳在极高浓度下可在数分钟、数十分钟内致人死亡外，氰化物气体、硫化氢、氮气、二氧化碳在较高浓度下均可于数秒内使人发生“电击样”死亡。其机制一般认为与急性反应性喉痉挛、反应性延髓中枢麻痹或呼吸中枢麻痹等有关。采取“一戴、二隔、三救出”的急救措施：“一戴”即施救者应首先做好自身应急防护；“二隔”即做好自身防护的施救者应尽快隔绝毒气继续被中毒者吸入；“三救出”即抢救人员在“一戴、二隔”的基础上，争分夺秒地将中毒者移出毒源区，进一步做医疗急救。一般以两名施救人员抢救一名中毒者为宜，按照“六早方案”：①早期现场处理；②早期吸氧；③早期使用地塞米松和山莨菪碱，剂量为山莨菪碱每次0.66mg/kg，地塞米松每次0.66mg/kg，每8h 1次，连用2d；④早期气道湿化，对重度吸入中毒患者早期气管切开；⑤早期预防肺水肿的发生；⑥早期进行综合治疗是至关重要的。将中毒伤员转移到空气新鲜处进行抢救。

（19）对化学毒剂伤的处理　及时注射解毒药，进行伤部洗消。

（20）尽力保护好事故现场。

二、首先使伤员迅速脱离险境

使伤员迅速脱离险境是抢救的先决条件，无论何种场合，只要现场存在危险因素，如火灾现场的爆炸因素、地震现场的再倒塌因素、毒气泄漏现场的毒气扩散因素等，都可能危及伤员及抢救者的生命，使抢救者无法完成急救任务，甚至危及自身安全，所以，必须要先将伤员转移至安全处。

三、迅速对伤情作出正确判断与分类

迅速对伤情作出正确判断与分类，是要尽快了解灾害事故伤员及抢救者的整体情况。掌握救治的重点，确定急救和后送的次序。灾害事故现场医疗急救的情况相当于战场救护，在有限的时间、空间、人力、物力条件下，为了发挥救护人员的最大效率、尽可能多地拯救生命、减少伤残及后遗症，应根据现场医疗条件和伤员的数量及伤情，按轻重缓急处理。发现生命垂危的伤病者后，首先对这部分患者实施紧急抢救，以拯救其生命，而对轻病微伤的患者则可稍后处理。曾发生过一些血的教训，不管伤轻伤重，甚至对大出血、严重撕裂伤、内脏损伤、颅脑重伤伤员，未经检伤和任何医疗急救处置就急送医院，有的一上车就死了，有的到急诊室心跳已停。因此，必须先做伤情分类，把伤员集中到标志相同的救护区，有的损伤需待稳定伤情后方能后送。

四、判断伤情的主要内容

① 气道是否通畅，有无呼吸道堵塞。

② 呼吸是否正常，有无发绀，有无张力性气胸。

③ 循环情况，有无大动脉搏动，有无循环障碍。

④ 有无大出血。

⑤ 意识状态如何，有无意识障碍，瞳孔是否对称或有异常。

五、伤情评估

事故现场抢救的目的在于最大限度减少再损伤和预防并发症的发生。医护人员应尽快帮助伤员脱离致伤因子，评估呼吸状况及主要脏器损伤情况，进行心肺复苏。

（1）意识　伤员意识是否清醒关系到病情的危重程度。对有意识改变者，应首先重点检查，对症救治。

（2）精神状态是重要观察项目　在灾难事故后，伤员精神受到不同程度刺激，情绪激动，喊叫、呻吟。特别要注意情绪低落、蹲缩者，对反应冷漠者更需要提高警惕。

（3）呼吸是重要的观察内容之一　注意伤员胸腹部的起伏，呼吸是否表浅，频率与节律是否异常，如有改变或出现呼吸困难，应重点抢救。

（4）面色、表情　休克伤员的面色及口唇苍白，血气胸伤员呈发绀，典型的缺氧状态，同时伴有痛苦表情。

（5）躯干、四肢　骨折伤员易被发现，四肢畸形，便能做出初步诊断，给予夹板固定，脊柱受伤者常保持被动体位，小心搬动，防止截瘫发生。对暂时不能鉴别出骨折或扭伤者，均应按骨折处理，以防不测。

六、经过现场伤员分检将伤病者按治疗的优先分类

（1）一级优先　用红色标签。伤员需要立即复苏和（或）立即手术。治疗

绝不能耽搁。在复苏中，紧急做维持生命的小手术，如插管、放置胸管、止血和静脉输液可在后送前进行。这些伤员最先被送往附近的创伤中心。其他立即要做的小手术有开放性气胸创口的封闭和颈部伤伤员的颈部固定等。

（2）二级优先　用黄色标签。伤员损伤严重，但全身情况稳定。后送和手术可以被耽搁40～60min。这些损伤需要急诊治疗，但不是立即治疗。治疗对这些伤员来说有助于改善机体紊乱，维持生命。有中等量出血、较大骨折和烧伤伤员也可归在此级。

（3）三级优先　用绿色标签。伤员受伤较轻，通常是局限的，没有呼吸困难或低血容量等全身紊乱。后送和治疗可以耽搁1.5～2h。因为没有全身紊乱，治疗不是紧急的，死亡率很小。

（4）四级优先　用黑色标签。这级伤员包括濒死的和抢救无望的两类。数量依据灾害原因而定。

七、及时采取措施抢救危重伤员的生命

1．现场救护组的救治任务

寻找负伤人员，实施现场抢救；指导自救互救，纠正和补充自救互救措施；联系后送。

2．现场救护组的救治范围

① 应用加压包扎法止血；如加压包扎仍无效时，可用止血带，应注明时间，并加标记。

② 对呼吸、心跳骤停的伤员，应当立即清理上呼吸道，做口对口或通过口咽腔管行人工呼吸；同时做体外心脏按压。

③ 包扎伤口，对肠脱出、脑膨出行保护性包扎，对开放性气胸做封闭包扎。

④ 对长骨、大关节伤，肢体挤压伤和大块软组织伤，用夹板固定，也可因地制宜，就地取材，做临时性固定或借助躯干、健肢固定。

⑤ 对有舌后坠的昏迷伤员，应取侧卧位，放置口咽腔通气管，防止窒息，保持呼吸道通畅。

⑥ 对张力性气胸，在锁骨中线第二、三肋间用带有单向引流管的粗针头穿刺排气。

⑦ 采用口服或注射止痛药、保温等方法防治休克；口服抗菌药物，防治感染。

⑧ 对面积较大的烧伤，用烧伤急救敷料、三角巾或清洁的布单与衣服保护创面。黏附在创面的衣服不必去除。对磷烧伤的创面，应用清水冲洗和

湿敷。

⑨ 对有放射性沾染的创面，先用纱布蘸去污物，再包扎伤口；初步除沾染，漱口。疑有放射性物质吞入时，应采取引吐措施，剧烈呕吐时应服止吐片。

⑩ 对化学毒剂中毒人员，及时注射相应的解毒药，对染毒的伤口洗消、包扎。

⑪ 积极寻找伤员，纠正和补充自救互救措施。

⑫ 极度衰弱及低血容量的患者补充能量及扩充血容量。

八、防止或减轻后遗症的发生

灾害事故医疗急救的重要工作目标之一是防止或减轻后遗症发生，把灾害事故给伤病者带来的损失减到最小。其主要内容如下。

（1）尽快给予伤病者生命支持。

（2）采取预防措施，防止病情加重或发生继发性损伤。

（3）对脊柱损伤的患者切不可随意搬动，以免发生或加重截瘫。

九、现场初级 CAB 急救法

1. 现场初级 CAB 急救法

（1）C（circulation）　判断心跳是否存在及胸外心脏按压。

① 如果触摸伤员颈动脉或股动脉无搏动（又无意识），则应进行胸外心脏按压。

② 胸外心脏按压要求定位、姿势且手法正确。

每进行心脏按压 30 次，应进行人工呼吸 2 次，心脏按压的频率为至少 100 次/min。

（2）A（assessment＋airway）　从判断神志到开放气道，并确定有无自主呼吸。

① 迅速确定伤员是否存在意识（判断神志）：呼叫或轻拍伤者面部。

② 迅速使伤员处于平卧位（放置体位）。

③ 如果伤员昏迷，则应畅通呼吸道，清除口腔异物，头后仰、举颌，可能时行环甲膜穿刺或气管内插管。

（3）B（breathing）　即人工呼吸。

① 如果伤员自主呼吸停止，则维持头部后仰位。

② 进行人工呼吸：口对口呼吸（成人），口对鼻呼吸（口腔有阻），也可用简易呼吸器。

2. 现场急救时对伤员的观察与检查

现场急救，人命关天，对伤员不容许像在医院中那样全面细致地进行检查，应该抓重点。

① 心跳：正常人每分钟心跳 60～100 次。严重创伤、大出血等患者，心跳多增快，但力量较弱，摸脉搏时觉脉细而快，每分钟跳 120 次以上时多为早期休克。当患者死亡时，心跳停止。

② 呼吸：正常每分钟呼吸 16～20 次，垂危患者的呼吸多变快、变浅、不规则。当患者临死前，呼吸变缓慢、不规则直至停止呼吸。在观察危重患者的呼吸时，由于呼吸微弱，难以看到胸部明显的起伏，可以用一小片棉花或小薄纸条、小草等放在鼻孔旁，看这些物体是否随呼吸来回飘动，来判定还有无呼吸。

③ 瞳孔：正常人两个眼睛的瞳孔是等大、等圆的，遇到光线照来时可以迅速收缩。当患者受到严重伤害时，两侧的瞳孔可以不一般大，可能缩小或散大。当用电筒突然刺激瞳孔时，瞳孔不收缩或收缩迟钝。

3. 伤情判断——创伤院前评分（RPM）法

创伤院前评分见表 1-1。

表 1-1　煤矿创伤院前评分

分值	R(呼吸频率)/(次/分)	P(脉率)/(次/分)	M(运动反应)
4	15～24	＜100	服从语言指挥，正常反应
3	25～35	100～200	对疼痛刺激有躲闪反应
2	＞35，10～14	121～140	对疼痛刺激有屈曲反应
1	＜10	＞140	对疼痛刺激有伸展反应
0	无呼吸	无脉搏	对刺激无反应

注：1. 凡伤员有以下四项中的任何一项均在 RPM 得分基础上加 1 分：①高能量伤或因复合因素致伤；②伤及头、胸或腹部；③头或躯干有穿通伤；④老年伤（＞50 岁以上）。

2. 在急救现场，可参考此评分标准对伤员之伤情做出初级判断。RPM 标准最高值为 2 分，最低值为 0 分。其分级为：①轻度 12 分；②中度 11～10 分；③重度 9～8 分；④严重 7～6 分；⑤危重 5～1 分；⑥临床死亡“0”分。

4. 高级 ABC 急救法

为了便于记忆，目前国际上将心、肺、脑复苏和对危重患者救治的步骤，以英文字母排列为顺序。概括如下。

（1）A（呼吸道）　即呼吸道通畅，包括清除上呼吸道的异物、头后仰位、前托下颌、口咽通气道、气管插管、环甲膜切开或气管切开等措施。

（2）B（呼吸）　即维持有效的呼吸，包括口对口吹气或用各种机械通气装置进行人工呼吸。

（3）C（循环）　即建立和维持有效的循环，包括胸内或胸外按压、补充血容量等。

（4）D（药物）　根据情况选用有助于复苏的药物。

（5）E（心电图）　做心电图以监测心脏情况。

（6）F（除颤）　及时而正确地处理心室颤动。

（7）G（判断）　对伤情做出全面地估计与判断。

（8）H（低温）　物理降温治疗。

（9）I（加强治疗）　严密监测呼吸、循环和重要脏器的功能，加强治疗和护理措施。

第三节　灾害事故现场分类救治的基本技术

一、现场分类救治的基本技术

1. 分类救治

灾害发生后，对大批伤员的救治离不开对每个伤员的具体医治，最终也必须落实体现在对个体伤员的医治。但对大批伤员群体，要力争最大限度减少伤死率、伤残率，提高治愈率，这有赖于医疗卫生救护的组织指挥，有赖于各级领导和社会的支持。当大批伤员在较短时间内集中到达某医疗机构时，能否快速正确地分类救治尤为重要。最近一个世纪中，所有战争的经验表明，没有一项医疗任务比分类对伤员更有意义、责任更大，在这种意义上分类比治疗更重要。

2. 伤员分类

和平时期灾害分类法。

（1）绝对急救　需要立即进行生命支持来维持伤员正常通气和血流动力学稳定，同时需要基本的外科治疗。在医生和急救医士的有效控制下，该类伤员优先后送。

（2）紧急急救　伤员需要紧急生命支持，包括：通气障碍，循环障碍，硬膜外血肿，Ⅱ、Ⅲ度烧伤面积大于50％。

（3）优先急救　为防止发生通气或循环障碍，转运前需要进行治疗；转运应该在医生或急救医士的监护下进行。该类伤员需要在5～6h内进行外科手术和重症监护。包括：多发伤，不并发通气障碍的胸部创伤，没有休克的腹部贯穿伤，血管创伤，开放性长骨骨折，巨大肌肉创伤，伴发昏迷的脑部创伤，挤压综合征，伴发神经损伤体征的脊髓创伤，Ⅱ、Ⅲ度烧伤面积30%～50%，伴毒素吸入性昏迷，眼睛创伤，肺冲击波创伤，伴持续昏迷的溺水，28～32℃的低体温。

（4）相对急救　该类伤员需要立即进行治疗，非密切监护条件下延迟后送和延迟外科治疗无致命的危险。

（5）次要急救　外科治疗可以延迟至18h进行，包括：长骨闭合骨折，短骨的开放骨折，软组织创伤和没有大出血的头皮损伤，伴发轻度昏迷的颅脑创伤，Ⅱ、Ⅲ度烧伤面积10%～30%，无神经损伤的肩关节或踝关节脱位，关节创伤。

（6）第三位急救　治疗可以延迟至18h后进行，伤员可以坐位转运。包括：闭合性肢体创伤，意识状态逐渐好转的颅脑创伤，胸部或腹部小的挫伤，Ⅱ、Ⅲ度烧伤面积小于10%。

（7）无需住院治疗的创伤　肢体良性、自限性创伤，经过治疗以后可以回家。

（8）超过限度急救　一些伤员伤情特别严重，但无条件立即治疗或生存希望很小。可仅给予镇痛治疗，避免无用的治疗抢救而浪费时间和资源。包括：胸部或腹部严重碾压伤；Ⅱ、Ⅲ度烧伤面积大于80%；无法快速修复的颈部大动脉出血。

注意：仅仅在灾难救助需求远远压倒所能提供的医疗资源时才将伤员分类为超过限度急救。

3. 医疗分类组

在分类组工作的医生要有丰富的经验，并能迅速判断伤员的伤情如何。一般由记录员、护士、医生等人员组成，其核心力量是分类医生。分类医生必须具备以下素质：以知识和经验为基础的专业判断能力强，对持久的紧张工作耐受力大，有解决问题的能力和胆量，个人的权威性和对本单位可利用的资源及所有方法的真正了解可以增强决断力。所以分类医生总是由具有丰富临床经验并精通分类规则的医生，多数是外科医生承担的。

4. 伤员分类的等级和处理原则

（1）目前国际上通用的标记

① Ⅰ类：危重伤，需立即抢救，伤票下缘用红色标示；包括严重头部伤，大出血，昏迷，各类休克，开放性或哆开性骨折，严重挤压伤，内脏损伤，大面积烧伤（30%以上），窒息性气胸，颈、上颌和面部伤，严重烟雾吸入（窒息）等。实践经验证明，休克、窒息、大出血和重要脏器损伤是伤员早期死亡

的主要原因。要尽一切努力确保Ⅰ类伤得到优先抢救，待伤情稳定后优先由救护车送至相应医院。

② Ⅱ类：中重伤，允许暂缓抢救，伤票下缘用黄色表示；包括非窒息性胸腔创伤、长骨闭合性骨折、小面积烧伤（30%以下）、无昏迷或休克的头颅和软组织伤等。

③ Ⅲ类：轻伤，伤票下缘用绿色标示。

④ Ⅳ类：致命伤（死亡），伤票下缘用黑色表示，按规定程序对死者进行处理。在空难中幸存而又未受伤的人员中，他们已经受到瞬间生与死的考验，通常还有一部分人员精神受刺激，对这些人可不加标记，但也要注意监护，给予妥当安置。

（2）救护区标志的设置　用彩旗显示救护区的位置在混乱的现场意义及价值十分重要。其目的是便于担架从分类组抬出的伤员准确地送到相应的救护组，也便于转运伤员。Ⅰ类伤救护区插红色彩旗显示；Ⅱ类伤救护区插黄色彩旗显示；Ⅲ类伤救护区插绿色彩旗显示；0类伤救护区插黑色旗显示。

二、伤员转送

1. 后送要求

① 由于后送要求时间紧迫而短暂，所以伤员集中点必须安排在急救站附近，如果没有医生在场，应该由懂得急救常识的非专业人员对伤员进行初步处理和观察。在及时施行医疗救护过程中，将伤员后送到各相关医疗机构。

② 为提高医疗救护质量，应尽可能减少医疗转送的过程。

③ 将伤员迅速后送到进行确定性治疗的医疗机构中去。

2. 后送工具

① 用担架、应急器材或救护车在现场抢救伤员后运送。

② 卫生运输工具，如救护车、救护用飞机、直升机、卫生列车、医疗船等后送伤员，尤其是危重伤员。

③ 不得已时征用普通的运输工具转送伤员，尤其是轻伤员。在灾害事故中，直升机是转送伤员最理想的运输工具之一。

3. 掌握后送指征

（1）下列情况之一的伤病员应该后送

① 后送途中没有生命危险者。

② 手术后伤情已稳定者。

③ 应当实施的医疗处置已全部做完者。

④ 伤病情有变化已经处置者。

⑤ 骨折已固定确实者。

⑥ 体温在38.5℃以下者。

（2）下列情况之一者暂缓后送

① 休克症状未纠正，病情不稳定者。

② 颅脑伤疑有颅内高压，有发生脑疝可能者。

③ 颈髓损伤有呼吸功能障碍者。

④ 胸、腹部术后病情不稳定者。

⑤ 骨折固定不确定或未经妥善处理者。

⑥ 大出血、严重撕裂伤、内脏损伤、颅脑重伤、开放性或哆开性骨折、严重挤压伤、窒息性气胸、颈部伤时，伤情特别危重，无法后送。

⑦ 患者病情十分严重或不稳定，随时有生命危险者，如需要在现场心肺复苏、呼吸道阻塞未解决、化学烧伤未得到彻底洗消、脊柱损伤无有效的固定措施、高位截瘫伴呼吸障碍、接受全麻手术尚未清醒者等，应指定有经验的急救人员严格把关。

（3）特殊情况处置　在某些特殊情况下，伤病者情况危急，不具备转送条件；但由于现场抢救条件较差等原因没有能力对伤病者进行有效救治时，或患者可以边抢救边转运者，此时应由有经验的急救人员权衡利弊，决定患者是否转院或等待救援。

4. 充分做好转送前的准备

做好转送前准备是患者途中安全的重要一环，其内容包括患者的治疗准备、护送患者的医务人员准备和物质准备。

5. 现场救治

分类的同时现场救治人员对伤员进行基本生命支持，必要时进行高级生命支持。

第四节　灾害事故现场可能发生特殊类型伤的救治规则

一、冲击过载伤

1. 冲击过载伤对人体造成的损伤

主要是肺，其次是心脏、腹腔脏器、颅脑、脊柱以及听觉器官。此外还可能有四肢骨与关节的损伤以及软组织的损伤。由于爆炸或航天活动飞船的着陆的不确定性以及地理条件的复杂，伤情复杂，既可能有闭合伤，也可能有开放伤。伤情的表现特点是外轻内重，多系统多器官受累，病情发展迅速，应密切观察。早发现早治疗，防止漏诊、贻误治疗。

2. 立即进行伤情检查

初步检查的顺序可以按以下步骤进行：①生命体征检查包括呼吸、脉搏、血压、体温；②意识状态，有无昏迷，回答问题是否切题；③瞳孔大小有无改变，直接、间接对光反射是否存在；④头部体征；⑤颈部；⑥脊柱；⑦胸部；⑧腹部；⑨骨盆；⑩四肢关节。

3. 现场急救

① 对疑有冲击伤时，特别是有肺冲击伤者，应尽量避免活动，以减轻心肺负担和避免出血加重，应采用半卧位。

② 保持呼吸道通畅：有呼吸困难者应保持半坐位；清除呼吸道分泌物。药物可解除支气管痉挛，降低气道阻力；改善呼吸功能可吸氧，如吸氧后仍不能纠正 PaO_2 的降低、全身缺氧情况无改善，则需采取机械辅助呼吸措施。有严重上呼吸道阻塞或有窒息危险时，应做气管切开。对呼吸停止的伤员进行人工呼吸，禁止进行胸部挤压人工呼吸。

③ 胸部有伤口时应用敷料包扎固定，有气胸者可做穿刺排气或胸腔闭式引流。多发肋骨骨折予以胸壁固定。

④ 怀疑有脊柱、脊髓损伤者，采用正确的搬运，轴向平移，防止脊柱、脊髓损伤加重。

⑤ 四肢伤口出血予以敷料加压包扎或钳夹止血，骨折脱位时行夹板固定。

⑥ 建立静脉输血、输液通路。抗休克治疗、防止肺水肿。疑有颅脑、心脏、肺、脊髓损伤应用脱水治疗、激素治疗。

4. 紧急救治

① 抗休克治疗，应注意输液量，尤其有心、肺损伤时。控制输液速度。

② 监测生命体征，观察神志是否清醒、瞳孔有无异常。

③ 严重呼吸困难者可进行气管切开或气管插管辅助呼吸，清除气管内分泌物。吸氧，保持呼吸道通畅。

④ 胸部疼痛可用肋间神经封闭镇痛，酌情使用镇静药和止痛药。

⑤ 腹部怀疑肝、脾破裂者及生命体征不稳者，迅速补充血容量。开放伤有活跃大血管出血时行结扎止血。明确的脾、肝破裂可立即剖腹手术，迅速后送。

⑥ 病情危重者可一次性应用大剂量的类固醇皮质激素。

⑦ 鼓膜穿孔、鼓室出血时，清除外耳道分泌物，保持干燥，用棉花疏松

填塞，禁止冲洗和滴药。

5. 医院内的早期治疗

① 持续给氧：在无肋骨骨折和气胸的情况下加压给氧。输入高渗葡萄糖、甘露醇，减轻肺水肿，降低颅内压。静注氨茶碱防治支气管痉挛。脑水肿者应头部降温。

② 病情允许的可行腹部B超、头颅CT、脊柱四肢的X线检查或明确诊断的MRI检查。

③ 血气胸如有持续性出血者可剖胸探查。

④ 颅脑损伤出现脑疝、颅内压增高、颅内出血、血肿者可立即开颅止血，行血肿清除术。

⑤ 如有腹腔脏器损伤，及时行剖腹探查术。

⑥ 四肢的开放性骨折脱位应及时行清创缝合骨折固定术。闭合性骨折视病情行手法复位、石膏固定或牵引术。如骨折位置不佳应行手术内固定术。

⑦ 脊柱脊髓损伤影像学检查提示脊柱稳定性尚可时，椎管内无压迫，可行脱水、激素、神经营养等保守治疗。

⑧ 脊柱脊髓损伤影像学检查提示脊柱稳定性差、椎管内有压迫者，病情稳定时行手术治疗，并继续应用脱水药、激素、神经营养药等。

⑨ 注意全身和局部的感染，警惕DIC、MODS的发生和电解质紊乱，应用广谱抗生素治疗，补充维生素和加强支持治疗。

二、烧伤

（1）烧伤救治的基本环节是防治休克、感染，尽早封闭创面和防治内脏并发症。

（2）烧伤按轻、中、重三度分类。

① 轻度烧伤：Ⅰ度烧伤；Ⅱ度烧伤面积占体表10%以内，且无特殊部位（面、呼吸道、手、足、会阴部）的烧伤和其他合并伤。

② 中度烧伤：Ⅱ度烧伤面积为11%～30%，或Ⅲ度烧伤在10%以内，且无复合伤及特殊部位烧伤。

③ 重度烧伤：Ⅱ度烧伤面积在31%～50%，或Ⅲ度烧伤面积在10%～19%，或烧伤面积不到上述标准，但有特殊部位烧伤或各种复合伤。

④ 特重烧伤：总面积50%以上或Ⅲ度烧伤面积达20%以上者。

（3）烧伤紧急救治应采取以下措施。

① 迅速灭火，离开现场。用冷水冲洗伤部。

② 吸入性损伤有窒息危险时，可行气管切开术，尽早给氧。

③ 创面不做清创，只做简单清理，用烧伤辅料包扎。

④ 应迅速建立静脉通道，快速输注平衡盐液，尽快纠正休克。收缩期血压维持到 90mmHg（12kPa）以上，留置导尿，尿量维持 1mL/(kg·h) 以上。

⑤ 常规注射破伤风抗毒素、抗感染药物。

⑥ 有躁动时应首先排除休克和缺氧因素，再注射吗啡或哌替啶（合并颅脑伤或呼吸障碍者禁用）。

⑦ 环形深度烧伤引起呼吸困难或四肢环形深度烧伤影响远端血循环时，应切开减压。纠正休克后每 2～4h 翻身 1 次，以防创面受压。

⑧ 尽早后送，途中注意防暑、防冻、防颠簸。伤员应置于直升机前部，与飞机纵轴平行。

（4）医院内专科治疗应采取以下措施。

① 积极抗休克，防治烧伤并发症。

② 注意创面变化，定期做创面培养和血培养，及时调整有效抗感染药物。

③ 对环形烧伤，应卧翻身床，定时翻身。

④ 休克平稳后，尽早清创。及时处理创面，有计划地对深度烧伤创面行削痂术或切痂植皮术（自体供皮区缺少时，用异体皮、异种皮或人工皮、微粒自体皮），争取在短期内封闭或缩小创面。注意恢复功能和外貌。对感染的深度烧伤创面可根据情况做切痂、剥痂或蚕食脱痂，以异体皮、自体皮、异种皮或人工皮覆盖。Ⅱ度创面如发生感染，创面可应用局部抗感染药物，予半暴露。有条件时，可浸浴。肉芽健康时，尽早植自体皮（可用异体皮过渡）。大面积创面发生感染者，在手术前后，全身使用有针对性的抗生素。

⑤ 手烧伤包扎时，要注意把手指分开，维持腕背屈、拇指对掌、掌指关节屈曲、手指伸直的位置。手背严重烧伤，经切痂或削痂并大张自体皮片移植后，包扎时仍应维持于爪形手位。

⑥ 加强营养（静脉或鼻饲）和支持疗法，提高机体抵抗力。需要时输血或其他血液制品。

⑦ 应早用可能利用的器具做自动或被动运动，也可做局部或全身浸浴等，维护伤部关节的功能。深度烧伤愈合后，宜用弹性绷带压迫瘢痕。

三、减压损伤或加压损伤

（1）减压损伤或加压损伤的救治规则　如果伤员出现咳嗽、咯血、发绀、胸痛、呼吸浅快、血压下降、脉搏细弱、颈胸部皮下气肿甚至昏迷等临床表现，医监报告有舱内压力异常情况发生，可以诊断为减压或加压损伤。

（2）加压及减压损伤的共同病理基础是气体栓塞。抢救治疗最基本的原则是尽快进行加压治疗。如果现场无加压设备，应当立即用直升机或救护快艇等运输工具尽快将伤员送到有条件的医院进行抢救治疗。现场及后送过程中，如出现其他急症，要按相应的抢救预案进行抢救治疗。

四、急性呼吸窘迫综合征

（1）保证伤后呼吸道通畅　应嘱伤员及时咳出或吸出呼吸道的分泌物。若机械辅助呼吸超过 48h 或神志不清、呼吸道分泌物多者，应做气管造口术。

（2）给氧　严重创伤，特别是胸、腹、脑部创伤，应大流量给氧。给氧方式采用鼻导管、面罩或机械通气。氧浓度为 35%～40%，使血 PaO_2 > 10.0kPa。如有呼吸困难，呼吸频率在 35～40 次/分钟以上，胸部 X 线平片示两肺纹理增强、透明度降低、有斑点状或斑片状阴影，血气分析动脉血 PaO_2 < 8.0kPa，PaO_2 < 5.0kPa 或 PaO_2/FiO_2 < 300，应做气管切开机械通气，通气方法宜采用呼气末正压通气（PEEP）。施行 PEEP 时应防止心排血量降低。

（3）控制入水量，尽量输入新鲜血液。休克恢复及血流动力学稳定后即应严格控制入水量。

（4）血流动力学指标稳定后，可用少量多次呋塞米以利尿，防止肺水肿。用利尿药后，应严格监测脉率、脉压和血压变化，防止新的低血容量发生，一般以脉率<120 次/分钟、收缩压 105.28mmHg（14.0kPa）以上为宜。

（5）预防肺部感染应以加强呼吸道护理为主，如已发生感染应有针对性地使用有效抗菌药物。

（6）严重创伤后 24h 内应用大量皮质激素对改善呼吸功能有一定疗效，如地塞米松 40～60mg 静注并隔 6h 重复 1～2 次。

五、复合伤

复合伤的救治规则如下。

（1）迅速而安全地使伤员离开现场，搬运过程中，要保持呼吸道通畅和恰当的体位，昏迷患者转运时，采伤侧卧位，对吸氧、输液、人工控制呼吸和体外心脏按压等要保持持续性。避免再度受伤和继发性损伤。

（2）心搏和呼吸骤停时，立即行心肺复苏术。

（3）对连枷胸患者，立即予以加压包扎，开放性气胸应用大块敷料密封胸壁创口，张力性气胸用针排气。

（4）对中毒患者，应尽快清除出尚未吸收的毒物和皮肤表面的毒物，及早明确诊断，即时快速使用特效解毒和救治药物。

（5）准确判断伤情，不但应迅速明确损伤累及部位，还应确定其损伤是否直接危及患者的生命，需优先处理。其救治顺序一般为心胸部外伤—腹部外伤—颅脑损伤—四肢—脊柱损伤等。妥善应用有效的诊断技术，如行心包穿刺可明确诊断心脏压塞；行胸腔穿刺引流术可确诊血胸、气胸；腹腔穿刺或腹腔灌洗对腹内脏器损伤者诊断的准确率可高达95%。

（6）控制外出血，遇有肢体大血管撕裂的要上止血带，但要定时放松。

（7）开放骨折用无菌敷料包扎。闭合骨折用夹板或就地取材进行制动。

（8）适量给予止痛药、镇静药，有颅脑伤或呼吸功能不良者，禁用吗啡、哌替啶。

（9）要了解伤因和暴力情况、受伤时间及受伤时伤员的体位、姿势、神志等，这些均为今后的医疗提供第一手资料。

（10）迅速抗休克、抗中毒治疗及纠正脑疝　抗休克的重要措施为迅速建立两条以上静脉通道，进行扩容、输血及足够的氧气吸入，应在积极抗休克的同时果断手术，剖胸或剖腹探查以紧急控制来势凶猛的部位伤。早期降颅压、纠正脑疝的主要措施仍为20%甘露醇快速静脉滴注，同时加用利尿药。早期大剂量的地塞米松及人体白蛋白应用可减轻脑水肿，但需做积极的术前准备以尽快手术清除颅内血肿、挫裂伤灶或施行各种减压手术才是抢救重型颅脑损伤、脑疝的根本措施。但在颅脑损伤合并出血性休克时就会出现治疗上的矛盾，应遵循：先抗休克治疗，后用脱水药；使用全血、血浆、右旋糖酐40等胶体溶液，既可扩容纠正休克，又不至于加重脑水肿。

（11）手术治疗的顺序　应遵循首先控制对生命威胁最大的创伤的原则来决定手术的先后。一般是按照紧急手术（心脏及大血管破裂）、急性手术（腹内脏器破裂、腹膜外血肿、开放骨折）和择期手术（四肢闭合骨折）的顺序，但如果同时都属急性时，先是颅脑手术，然后是胸腹盆腔脏器手术，最后为四肢、脊柱手术等。提倡急诊室内手术。

（12）术后积极防治ARDS及MOF　ARDS及MOF是爆炸复合伤患者创伤后期死亡的主要原因。因此早期防治应注意：①迅速有效地抗休克治疗，改善组织低灌注状态，注意扩容中的晶胶比例，快速输液时注意肺功能检测，复合伤患者伴肺挫伤者尤为重要，应尽快输入新鲜血。②早期进行呼吸机机械通气，改善氧供给，防止肺部感染。采取呼气末正压通气（PEEP）是治疗ARDS的有效方法。③注意尿量检测，保护肾脏功能，慎用对肾功能有损害的药物。④注意胃肠功能监测，早期行胃肠内营养。⑤在病情危重的情况下，联合采用短程大剂量山莨菪碱与地塞米松为主的冲击疗法，使复合伤患者平安度过手术关，去除致死性病因，使病情得到逆转。⑥及时手术治疗，手术力求简洁有效，既要减少遗漏又要减少手术创伤。⑦合理应用抗生素。⑧积极促进机体的修复和愈合。⑨做好后续治疗和康复治疗等。

六、低温伤

低温伤救治要早期快速复温，恢复正常的血流量，最大限度地保存有存活能力的组织并恢复其功能。

1. 低温伤分类

① 一度：伤部呈红或微紫红色，微肿，瘙痒和刺痛。

② 二度：局部肿胀，水疱为浆液性，疱底呈鲜红色，痛觉过敏，触觉迟钝。

③ 三度：伤部呈灰白色或紫黑色，多呈血性疱。严重者伤部表面暗淡无光泽。无感染时为干性坏疽，有感染时为湿性坏疽。

2. 低温伤早期治疗

① 迅速将伤员送进温暖的室内，口服热饮料，脱掉或剪除潮湿和冻结的衣服、鞋袜，尽早用温度保持在40～44℃的1∶1000氯己定或1∶1000呋喃西林溶液浸泡，使伤部快速复温，直到伤部充血或体温正常为止。禁用冷水浸泡、雪搓或火烤。

② 擦干创面，涂不含酒精（无刺激性）的消毒药，用无菌厚层敷料包扎，不要挑破水疱，指（趾）间用无菌纱布隔开，防止粘连。

③ 防治休克，口服或注射止痛药物。

④ 预防感染，肌内注射抗感染药物。未行破伤风类毒素注射者，应行破伤风抗毒血清和类毒素注射。

⑤ 低温伤伤员做好全身和局部保暖，迅速后送。

3. 低温伤专科治疗

① 有水肿和水疱的伤员应卧床休息，大水疱可在无菌条件下抽出液体，再用厚敷料包扎。

② 根据条件，创面或全身每日温浴（40～44℃）2次，每次30min，关节部位要经常活动。

③ 伤面敷冻伤膏。若感染，用1∶1000的氯己定洗敷。

④ 坏死组织与正常组织的分界线清楚后，应及时做坏死组织切除术，尽量保存有存活能力的组织。一般不要早期截肢，对坏死痂皮应及时切（剪）痂、植皮。

⑤ 及早做普鲁卡因腰封、套封或交感神经节阻滞术。三度低温伤每日滴

注右旋糖酐40 500mL，连用10d。

4. 冻僵伤员救治

用40～44℃温水、1∶1000呋喃西林溶液、暖水袋、电热毯或用其他快速复温方法，先躯干（中心）复温、后肢体复温。在复温过程中，注意防治可能出现的心室颤动、酸中毒、肺水肿、脑水肿和肾功能障碍等。

七、高温、中暑

1. 一般处理

发现中暑症状时要及时将患者搬运至通风阴凉处。较轻者可以通过冷湿毛巾搽拭皮肤以及风扇散热，口服冷开水或冷盐水等处理。

2. 热射病的急救

中暑比较严重时可以发生热射病，要迅速有效降温、控制抽搐、纠正水电解质和酸碱紊乱、防治休克等。对谵妄、昏迷和过度换气者给予吸氧。迅速降温可以用冷湿毛巾包敷头部，少量乙醇加冷水或冰水搽拭皮肤，扇风及皮肤按摩，在头、颈、腋窝、腹股沟等处放置冰袋，睡降温毯，戴冰帽，冷水浸浴，空调降温环境等措施，使体温降至38.5℃左右即可停止降温。氯丙嗪25～50mg加入5%葡萄糖生理盐水250mL中静脉滴注，1～2h滴完。出现凝血障碍时要输入新鲜全血或血浆。

3. 热衰竭的处理

除按照上述降温治疗措施和控制抽搐，纠正水、电解质和酸碱紊乱等措施外，对热衰竭者要加强抗休克抢救。

4. 热痉挛的处理

对抽搐较重者应输入生理盐水，必要时静脉注射10%葡萄糖酸钙或氯化钙10mL。

八、微波辐射损伤

（1）重在预防　严格遵守操作规程，尽量减少受到辐射，切实掌握好时间防护、距离防护、物理防护（如穿防护服、戴防护帽等）、医学防护及其组合防护的原则。

（2）对症治疗　对出现症状的人员应脱离微波环境，疗养休息。微波对人体的损害是多方面、多层次效应的综合结果。因此，救治方面无特效药物，对症治疗非常重要。可按一般医疗常规进行。目前一些高新技术药物疗效更好。

（3）提高免疫力和抵抗力　应注意营养、维生素的补充。良好的生活习惯和心理健康也非常重要。中医药对提高免疫力有较好的调理作用。

九、淹溺

淹溺的救治规则如下。

1. 尽快将溺水者打捞上来

尽快将溺水者打捞到陆地上或船上，立刻做俯卧人工呼吸，至少连续15min，不可间断，同时由别人解开衣扣，检查呼吸、心跳情况，取出口鼻内的异物，保持呼吸道通畅，注意保暖。立即清除口鼻腔内污泥，杂草、呕吐物。

2. 有呼吸、心跳者可先倒水

救起的溺水者若尚有呼吸、心跳，可先倒水，动作要敏捷，切勿因此延误其他抢救措施。

3. 具体施救方法

① 救护者一腿跪地，另一腿屈膝，将溺水者的腹部置于救护者屈膝的大腿上，使头部下垂，然后用手按压背部，使呼吸道及消化道内的水倒排出来。

② 抱住溺水者两腿，腹部放救护者的肩上并快步走动。

③ 如呼吸、心跳已停止，应立即进行心肺复苏术。胸外心脏按压术和口对口人工呼吸，吹气量要偏大，吹气频率为 14～16 次/分。要坚持较长的时间，切不可轻易放弃。若有条件的，必要时做气管内插管，吸出水分并做正压人工呼吸。

④ 昏迷者可针刺人中、涌泉、内关、关元等穴，强刺激留针5～10min。

⑤ 呼吸、心跳恢复后，人工呼吸节律可与患者呼吸一致，给予辅助，待自动呼吸完全恢复后可停止人工呼吸，同时用干毛巾向心按摩四肢及躯干皮肤，以促进血液循环，淹溺救治的重点是尽快改善淹溺者低氧血症，恢复有效血循环及纠正酸中毒。

⑥ 有外伤时应对症处理，如包扎、止血、固定等。

⑦ 苏醒后继续治疗，防治溺水后并发症。

⑧ 酌情补液及维持电解质及酸碱平衡。必要时有条件者进行血流动力学监护。

⑨ 放置胃管，排出胃内容物，以防呕吐物误吸。应用抗菌药物，以防治吸入性肺炎及其他继发感染。

⑩ 警惕急性肺水肿、急性肾功能衰竭及脑水肿等并发症。针对干性溺水、咸水溺水、淡水溺水不同病因，正确施救。呼吸、心跳恢复后应送医院救治，运送途中可给氧、适量静脉输液及补充碳酸氢钠。淹溺紧急救治应迅速做血气及酸碱状态检查，轻度缺氧者需吸氧并观察 12～24h；重度缺氧及意识丧失者

须做气管插管并间歇性或连续性正压通气治疗。纠正酸中毒用较大剂量碳酸氢钠（1～2mmol/kg）静脉输入并适当过度通气。对淡水淹溺者可输入3%高渗盐水、浓缩血浆或白蛋白，并适当使用利尿药；对海水淹溺者则静脉输入5%葡萄糖液、右旋糖酐40及血浆等。救治过程中，应对肺、心、肾、脑、血气及酸碱状态等进行重点监护，注意防治肺水肿、肺部感染、肾功能衰竭及脑水肿等合并症。

4. 注意点

① 不要因倒水而影响其他抢救。

② 要防止急性肾功衰竭和继发感染。

③ 注意是否合并肺气压伤和减压病。

④ 不要轻易放弃抢救，特别有低体温（<32℃）应抢救更长时间。

十、心功能不全

① 应解除造成心功能不全的原因，如治疗心肌挫伤和心脏压塞。

② 及时补充血容量，缩短低血容量性休克的持续时间，保证前负荷和心排血量。在严重战伤时，输入量可允许超过“丢失量”，根据检查结果采取“需要多少给多少”的原则，但必须警惕肺水肿的发生。

③ 充分给氧。

④ 纠正贫血，使血细胞比容大于25%。

⑤ 镇静。体温过高时降温。如患者情况允许，可给予激素。

⑥ 室性心动过速或中心静脉压超过正常范围但心率增快、循环恶化时，给予毛花苷C（西地兰）0.4mg加入20mL 5%～10%葡萄糖液，静脉注射；必要时0.5～2h后再给0.2～0.4mg，隔6h酌情再给0.2～0.4mg，当日总量不超过1.6mg。除确有低钙血症外，给毛花苷C（西地兰）时禁忌静脉注射钙剂。

⑦ 在末梢循环阻力增高的伤员中，如严重的颅脑伤，可给硝普钠、卡胺唑啉等血管扩张药，降低左心室的后负荷。同时必须注意补充血容量。

⑧ 静脉输注葡萄糖-胰岛素-氯化钾极化液（GIK溶液），但在心肌挫伤时慎用。也可给1,6-二磷酸果糖（FDP）。

⑨ 如证实确有容量超负荷，应给予呋塞米以减少体液，减轻心脏负担，减轻或消除肺水肿。

⑩ 若已排除了后负荷增高和心脏压塞，同时前负荷和心率已予以调整，但心功能不全仍存在时，可用多巴胺，从小剂量［2.5mg/(kg·min)］开始逐渐加量，不超过10mg/(kg·min)。

十一、急性肾功能不全

① 补充血容量，防止肾缺血和肾功能不全。

② 严重创伤引起的失血性休克恢复后，应每日监测肾功能变化，如尿量、尿常规，血、尿生化等。

③ 如尿量＜400mL/24h 或 25mL/h，在排除血容量不足的情况后，应注射呋塞米（速尿）100mg/2h 以利尿。如用呋塞米（速尿）3h 内尿量仍低于 40mL/h，提示有急性肾功能不全。

④ 血尿素氮、血肌酐升高，血钾＞6mmol/L，尿比重＜1.010 并固定，尿常规检查有管型和蛋白者，为急性肾功能不全。应按其少尿期、多尿期、恢复期监测处置。

⑤ 控制入水量：在少尿期应控制输液量，量出为入，每日总量一般不宜＞2000mL，应用 10％葡萄糖水＋肾病复方氨基酸液或必需氨基酸液各 500mL，加平衡盐液 1000mL 和复合水溶性维生素 1 支，置入 3L 大袋中，经静脉缓慢滴入。

⑥ 纠正高血钾：血钾＞6mmol/L 时，应禁食含钾饮食和含钾药物，补充新鲜血，不用库存血。用呋塞米利尿，仍不能排尿时，则考虑透析治疗以脱水，消除水肿和排出钾。静脉滴注高渗葡萄糖与胰岛素。

⑦ 抗感染：选用对肾无毒性或毒性较小的抗生素。禁用卡那霉素、庆大霉素等氨基糖苷类抗生素和磺胺类药物。

十二、肝功能不全与胆道系统并发症

① 积极防治休克，及早恢复内脏和门静脉系统的有效循环量。

② 积极防治肺、心功能不全和全身感染。

③ 转氨酶超过正常 2 倍，血胆红素＞30mg/L 时，可诊断为肝功能衰竭。

④ 及早恢复经胃肠道营养与补充谷氨酰胺，以保护肠黏膜的屏障功能。

⑤ 根据情况适时给予合理的肠外或肠内营养支持。

⑥ 如在伤后出现上腹、右上腹疼痛或典型的胆绞痛，体温升高，白细胞数和血清胆红素增高，右上腹部有压痛、肌紧张或包块，可做 B 超检查。如确诊急性无结石胆囊炎者，应及早施行胆囊切除术。

十三、消化道并发症

1. 应激性溃疡的预防

① 严重烧伤、颅脑伤或其他严重创伤以及大手术后等易发生应激性溃疡，

应积极预防。

② 积极防治休克和全身性感染。抗休克的同时可给大剂量维生素C和维生素E。

③ 静脉给予西米替丁300mg，4次/日。有条件时可连续经胃给药，初量为300～400mg，然后以40～50mg/h均匀滴入。

④ 给予氢氧化铝等抗酸药，使胃液pH值保持在4左右。

⑤ 口服硫糖铝（胃溃宁）1g，4次/日。

2. 治疗应激性溃疡

① 进一步碱化胃液：如发生出血，先吸尽胃内积血，然后给抗酸药，提高胃液pH值至7左右。

② 用冷盐水灌洗胃：每100mL盐水中可加去甲肾上腺素8mg，每次1～3L，可4h重复1次。大量灌洗胃腔时，要注意纠正低钾血症。

③ 在去甲肾上腺素盐水灌洗胃腔后，可灌注凝血酶8万U（稀释于20mL水中）。

④ 肌内注射八肽生长抑素0.1mg，每8h 1次，或静脉连续灌注十四肽生长抑素。

⑤ 对出血不止或24h内出血1000mL以上者，应考虑手术治疗。手术以胃次全切除术加迷走神经切断为好。

⑥ 如发生急性胃穿孔，应立即手术。

⑦ 手术前后必须输液、输血、积极防治休克。手术后要注意补充营养，去除应激因素，继续防治应激性溃疡的再发生，并给予有效的抗感染药物。

3. 治疗急性胃扩张

① 发生急性胃扩张时，应立即放置胃管将胃内容物抽空，然后持续胃肠减压至少48h。

② 胃肠减压期间必须禁止任何饮食。如在48h后，鼻胃管引流液很少，肠蠕动已开始恢复，可根据情况开始进少量茶水或流质饮食，夹住鼻胃管，观察数小时，若能耐受，可谨慎地逐渐增加入量。

③ 立即静脉输液，迅速补充血容量，纠正水与电解质失衡。

十四、多器官功能障碍综合征

严重复合伤致MODS的综合救治规则如下。

（1）原则上救治总的趋势　一方面指外来入侵的微生物及各种原因引起的组织的损伤；另一方面，应该指阻断机体自身的炎性反应，以避免其过度激活反应引起的介质瀑布样连锁反应而诱发组织细胞的失控损伤；另外还应指处于临界状态的器官功能的保护方面。

（2）治疗的关键　一是要针对原发疾病进行有效的治疗；二是要努力调控过度的炎性反应及异常的免疫反应；三是要积极治疗内毒素血症；四是要对慢性基础疾病进行有效的调控。应该强调对 MODS 及 MOF 的早期识别、早期检查、早期诊断、早期治疗，强调治疗上的统筹兼顾、防治结合、中西医结合，强调器官的相关概念。

（3）迅速消除损伤的病因极为重要　①积极有效地控制和处理原发病：积极有效地控制和处理原发病，尤其是对严重感染和复合创伤的控制，严防 ARDS 的发生。②对高危患者应用现代监测技术。

（4）恢复微循环，进行血流动力学支持，防止微血栓形成。

（5）控制感染，抗需氧菌和抗厌氧菌抗生素联合正确合理应用。

（6）必要时大剂量应用腹腔灌洗液清洗腹腔。

（7）完全的代谢营养支持　代谢营养支持的方法可分肠外（TPN）和肠内（TEN）两大类。

（8）免疫治疗及抗凝治疗　①应用丙种球蛋白类药、人体白蛋白强化治疗等。②中医中药的辨证施治，如黄芪、白芍、金银花、灵芝、人参等，有的还采用肌内注射 γ-干扰素、白细胞介素等，这对提高机体的免疫能力有一定的助益。采用抗凝治疗常用的溶栓剂为尿激酶、链激酶、肝素及组织纤溶酶原活化剂等。

（9）从阻断全身炎性反应来防治 MODS 及 MOF　传统中医中药，如通里攻下加清热解毒、活血化瘀、通腑清肠之法，方药采用大承气汤、大陷胸汤、桃红承气汤等加减临床验证有较好的疗效。

（10）给予对炎性细胞因子的拮抗剂　采用杀菌/渗透增强蛋白、山莨菪碱、维拉帕米、非洛地平、纳洛酮、布洛芬等。

（11）连续性血液净化疗法。

（12）选择性肠道去污染　目前最常选用的药物有多黏菌素 E、妥布霉素和两性霉素 B 三者联合应用。使用方法一般分两部分：将三种药各 0.5g 用凝胶制成 2%的糊剂，分别涂于口咽部；另将三药按 100mg、80mg、500mg 制成生理盐水悬浊液约 10mL 由胃管内注入，每天 4 次。这既可清除上段消化道的革兰阳性球菌，又可消灭下段消化道的革兰阴性杆菌、霉菌等。

（13）症状治疗等　①如发热超过 38.5℃可用吲哚美辛栓剂肛塞，可明显减轻症状等。②使用非激素类抗炎药物，如阿司匹林、布洛芬等抑制有害物质（血栓素），可使全身凝血或某些缺血症状改善。

（14）防治可能发生的并发症　①预防应激性溃疡的发生。为防治可能发生的并发症应同时应用西咪替丁等药物静脉注入，以预防应激性溃疡的发生。②特别应该注意监测肠道菌群的变化，积极防治二重感染的发生。③抗真菌治疗：MODS及MOF患者，经广泛、强效、足量的抗生素治疗1周以上和其他支持治疗后，其发热和其他感染症状不见减轻，则要警惕真菌感染的可能；需要进行合理的抗真菌治疗。

（15）积极促进机体的修复和愈合等。

第五节　灾害事故现场分类救治的注意事项

① 最有存活希望者优先。

② 危及生命的急症优先（心跳骤停、窒息、出血、胸部开放伤）。

③ 病情重者优先抢救生命。

④ 保护组织，避免再损伤。

⑤ 尽可能恢复组织器官功能，提高救治后生存质量。

⑥ 止血、包扎、固定、搬运等基本技术要正确可靠。

⑦ 禁用铁丝电线等作止血带用，止血带加衬垫、松紧适当，同时需要标明时间，每小时放松1～2min。

⑧ 物插入忌拔除；内脏脱出忌还纳；耳、鼻漏忌填塞；断指（趾）忌浸泡（干燥、冷藏）。

⑨ 分类中注意点。

发生大批伤员时，立即治疗对挽救伤员生命特别重要，所有经过医生初步治疗后不会立即有危险的伤员，可以等到所有紧急病例治疗后，或到达一个合适的卫生医疗机构再实施确定性的治疗。极轻伤员可以不必送往卫生医疗机构，而在当地进行自救和互救，当然最好是有医护人员指导，或做必要的简单检查。起码也应有具备急救初级知识的非专业人员在场协助。对于极重伤病员，分类医生在人道上和专业上很难做出选择。从人道主义意义上来讲，任何伤病员只要有生命现象都是救治的对象，这部分伤病员在平时医院里经过加强复苏和抗休克治疗，也许还能转变为有救治希望的状态，从而能顺利进行手术挽救其生命。但在大批伤员出现的情况下，考虑到要挽救更多伤员的生命，不能在少数伤病员身上花过多的时间和精力，故不得不将他们与无救治希望的伤员及濒死者推后治疗，暂时只做观察，但决不等于完全放弃，待有机会时再做处理。

第二章

灾害事故救援的组织与管理

第一节　灾害事故医疗卫生救援的报告

一、报告的目的

① 突发事故发生后现场的存活人员会立即向急救中心及各自的上级部门报告，为的是发出呼救信息，迅速获得医疗救援。

② 急救中心或有关单位应当及时将灾情报告上级卫生行政部门和当地政府，以便上级卫生行政部门和当地政府及时了解灾情；根据抢救预案迅速组织抢救，并及时将抢救情况报告当地政府和上一级卫生行政部门。

二、报告人或报告单位

① 急救中心（站）作为当地政府的专业急救机构，应该掌握本地的呼救信息和突发事故处理情况。

② 每一个单位、每一位公民都有责任和义务在发生突发事故后立即向急救中心（站）发出呼救信息。

③ 在发生突发事故后，要打破行业界限，不论什么行业、什么单位、什么人都应该拨打120电话，向当地急救中心（站）发出呼救，以保证突发事故信息的快速汇集。急救中心（站）迅速上报当地政府和卫生行政部门，便于政府领导的统一指挥。无论何人都不能隐瞒不报。

④ 如果当地尚未建立急救中心（站），可以向当地医院报告，医院在接到呼救信息后除了要尽快组织抢救外，还要立即向当地政府报告，也可以直接向当地政府的热线电话报告。

三、报告的基本内容

① 事故发生的时间、地点、伤亡人数及突发事故种类。

② 伤病亡人员的姓名、性别、年龄、致伤病亡原因（如有外籍人员伤亡，需要报国籍）。

③ 对伤病人员采取的主要措施及投入的医疗资源。

④ 转运伤病员的情况。

⑤ 急需解决的卫生问题。

⑥ 卫生系统受损情况。

四、报告的工作程序

① 当地急救中心（站）在得到突发事故的呼救信息后，应该在处置的同时向上级领导报告。

② 抢救人员在现场实施医疗救援的检伤分类、抢救治疗、监护转运等过程中，应该不断地向现场医疗救援应急指挥中心报告工作情况（包括伤病员的资料如姓名、性别、年龄、伤病情况、转送医院名称及医院接收情况等）。

③ 医疗救援应急指挥中心应该有专人负责收集参加抢救各单位在抢救过程中的情况，并且经过汇总后向上级指挥部报告。

④ 医疗救援应急指挥中心应该在救援工作结束后总结本次救援工作并向上级汇报。

五、初步判定事故的等级

① 小型事故：一次受伤3～5人或死亡1～2人。

② 中型事故：一次受伤6～19人或死亡3～9人。

③ 大型事故：一次受伤20～49人或死亡10～19人。

④ 特大型事故：一次受伤≥50人或死亡≥20人。

⑤ 重点事故：身份为“非一般人”时，即为“重点事故”。

六、报告的时限

① 当地急救中心（站）在得到各种突发事故的呼救信息后应该在10min内向本单位领导报告。中型及中型以上各种事故应该在30min内向上级卫生行政部门报告，书面报告的时限为6h。大型事故在1h内报市级卫生行政部门和当地政府。特大型事故在2h内报省级卫生行政部门，4h内报国务院卫生行政部门。重点事故应该在30min内向上级卫生行政部门报告。

② 地震、水灾、风灾、火灾和其他重大突发事故，虽伤亡情况一时不明，也应尽快逐级上报至国务院卫生行政部门。

第二节　灾害事故救援工作的组织与管理

一、事故救援工作的组织与管理

（一）事故医疗救援的职责

当地政府领导在突发事故现场组建“现场紧急救援指挥中心”，主要成员有政府主要领导和公安、交通管理、消防、医疗卫生、城管（电力、燃气、自来水、热力、城建）、武警、军队等部门，以及突发事故相关部门的上级领导。

“现场紧急救援指挥中心”的主要职责是：按照突发事故抢救预案组织和协调各抢救单位进行现场抢救工作。如现场抢险抢救工作的展开；现场交通秩序的维护；现场通信的建立；消除灾害事故的继续发生；毁损建筑设施的清理、毁损车辆等交通工具的破拆；坑道洞穴的通风排水；伤病人员的检伤分类、紧急处置、安全转送；受阻人员的解救；尸体的收集运送与存放等。

突发事故现场医疗救援的职责是争取时间，抢救人民群众的生命，降低伤残率和死亡率，提高存活人员的生存质量，减轻社会和家庭的负担，减少突发事故给社会、家庭和个人带来的负面影响。以医疗救援来保障生命安全、社会稳定和经济发展。

根据突发事故的种类、特点、伤亡人数及现场环境、条件，应该按照抢救预案立即建立“医疗救援应急指挥中心”的现场指挥组、现场抢救组、车辆管理组等机构，行使现场抢救的具体职责。

1. 现场指挥组职责

① 组织抢救人员成立检伤分类组、现场救护组。

② 组织协调急救网救护力量及灾害调研与资料收集。

③ 做好现场通信联络工作，保证与指挥中心、当地卫生行政机构、当地政府的通信畅通。

④ 负责收集伤病员的资料（姓名、性别、年龄、伤病情、转送医院名称及医院接收情况等）。

⑤ 做好现场救援工作的总结汇报。

⑥ 负责突发事故原因调研及资料采集。

2. 现场抢救组职责

① 接到“120”急救网络系统的指令或上级命令后，立即组织救护人员携

带必备急救器材及防毒面具等脱险工具赶赴现场。

② 对现场伤病亡人员进行检伤分类并报告。

③ 对检伤分类后的伤病人员进行医疗救护并报告。

④ 对现场经过医疗救护后的伤病人员转送到指挥部指定的医院并报告。

⑤ 负责填写伤病人员的有关资料并报告。

3. 车辆管理组职责

① 车辆管理组接到指令后，立即组织司机，驾驶配备有急救医务人员的救护车赶赴现场。

② 救护车到现场后，服从现场指挥组的安排，组织好救护车的调用，司机坚守在救护车上，保持与现场指挥组的联系。

③ 负责伤员的转送工作，做到安全、快速、准确。

4. 供应组职责

① 负责现场抢救设备、器材及药品的供应工作。

② 负责院前、院内所需抢救物品的供给，做好抢救人员的饮食、休息等生活保障。

5. 医疗救援应急指挥中心的职责

① 了解和掌握突发事故现场情况。

② 根据灾情和现场抢救的进展情况，组织急救网络内的抢救梯队，组织当地医疗急救资源。

③ 负责向“紧急救援指挥中心”报告灾情及救援工作的组织状况。

④ 负责与各大医院的横向联系，安排重点伤员的分流工作。

⑤ 负责联系突发事故现场人员、车辆、通信、药品、器材、物品的保障。

⑥ 负责联系突发事故现场抢救人员的生活保障工作。

（二）依据灾情伤情做出医疗救援决策

（1）地震、洪涝水灾、火灾、风灾、雷击与电击、泥石流、暴风雪、寒潮和雪崩、热浪、沙尘暴、冰雹暴等重大、特大自然灾害和铁路交通事故、道路交通事故、航空事故、水运事故、爆炸事故、毒物外泄、核放射事故以及恐怖袭击等重大、特大意外事故造成众多人员伤亡时，都需要当地政府启动“医疗救援应急指挥中心”。

（2）根据突发事故的种类、特点、伤亡人数及现场环境、条件和抢救预案做出医疗救援决策。

① 伤亡 20 人以下时，调用急救网络的人员、车辆进行现场抢救并合理分流伤病员；当地警察、交通、消防等协助医疗救援工作。

② 伤亡 20～50 人时，调用急救网络的人员、车辆进行现场抢救并合理分流伤病员；当地警察、交通、消防等协助医疗救援工作，组织大医院接收伤病员。

③ 伤亡 50 人以上时，调用急救网络的人员、车辆进行现场抢救并合理分流伤病员；调用当地政府的突发事故紧急救援队、医疗机构的应急队伍参与现场抢救；当地警察、交通、消防等协助医疗救援工作；组织当地的军队、武警等抢救力量参与现场抢救；组织当地多个大医院接收伤病员。

④ 如果发生更大范围的自然灾害和特大事故，涉及大范围人群的安危并且超出当地医疗救援能力时，应该通过上级政府调用国家突发事故紧急救援队、邻近地区的军队、武警和医疗救援力量投入现场抢救。

（3）提供全面的灾情信息（突发事件的种类、地点、范围、涉及人数）及灾情预测，为领导指挥医疗救援提供依据。

（4）建立辅助决策系统，解决如下问题：灾情采集后，通过人机交互进入智能决策系统，对灾情进行分析和预测；对医疗救援专业队的能力进行分析；对物资保障程度进行评估，形成抢救方案。

（5）任务理解和任务分解　对医疗救援任务加以理解，辅助领导及时确定正确的决心和部署；区分寻找探测、破拆解救、基本抢救、高级抢救、合理分流、安全转送等基本任务。

（三）突发事故医疗救援的组织

1．常备组织

① 卫生部成立“卫生部救灾防病领导小组”，设立办公室，负责组织协调救灾防病工作。

② 各地政府建立“紧急救援指挥中心”，平时为当地提供各种紧急救援服务；发生灾害事故时，作为当地政府的最高指挥机构而行使灾害事故抢救的指挥权。

③ 省、地、市、县各级卫生行政机构应该成立“灾害事故医疗救援领导小组”，并接受上一级的领导。对医疗救援专业队机动部署的合理性进行分析，行政部门要结合当地社会、经济状况制定符合当地需求的医疗救援预案。

④ 各地县级及县级以上综合医院应该建立常备突发事故紧急救援队，配备一定数量的急救医疗器材，由医疗队所在单位保管，定期更换；配备一定数量性能和状态完好的救护车，以备急用。

⑤ 各地红十字会可以建立常备突发事故紧急救援组织，在当地急救中心（站）的组织指导下共同参加现场抢救工作。

⑥ 各地人道主义志愿人员可以建立突发事故紧急救援组织，届时在当地急救中心（站）的组织指导下参加现场抢救工作。

2. 组建突发事故现场医疗救援应急指挥中心

（1）各地医疗急救中心（站）应该建立“医疗救援指挥中心”，它是当地“紧急救援指挥中心”的下属机构。平时以“120”电话为媒介向当地市民提供现场急救服务，发生重大突发事故时，自动转化为当地政府的“医疗救援应急指挥中心”而行使突发事故现场医疗抢救的组织指挥权。

（2）在本地急救中心（站）和急救网络健全的条件下，当地卫生行政部门应该赋予急救中心（站）在突发意外突发事故时的应急指挥权，即在当地卫生行政部门最高领导尚未到达突发事故现场或尚未介入抢救工作之时，急救中心（站）可以指挥调动本地的卫生资源，包括人员、车辆、药品、物品等急救资源。突发事故医疗救援领导小组视情况提请地方政府协调铁路、邮电、交通、民航、航运、军队、武警、国家医药管理部门等有关单位协助解决医疗救援有关的交通、伤病员的转送、药械调拨等工作。

（3）“医疗救援指挥中心”应该使用现代化的技术和设备、科学的工作流程、严格的实时监控、完善的抢救预案和先进的数字化管理，以提高当地的呼救能力和响应能力，减少呼救响应时间，缩短抢救半径，满足更多市民的急救需求。

① 以计算机、有线通信和无线通信的系统集成为主要支撑环境，应用现代信息技术、网络技术、智能技术，建立辅助指挥系统。该系统能够根据灾情和上级指示，迅速形成可行的指挥方案，提高指挥效能，使突发性事故的应急处理从接收信息、形成方案、随时应变、情况追踪、统计报告到保存音频、视频信息并输出文本、表格、图形文件，实现组织指挥的现代化、科学化、合理化。

② 平时：医疗救援指挥中心可以应付日常大量的市民呼救，实现实时录入、判断病情、确定地址、掌握救护车动态；快速传输调度指令和反馈救护车的状态信息。

③ 突发事故时：医疗救援指挥中心执行突发事故医疗救援程序，为指挥机关当好参谋，协助实施组织指挥、落实行动对策。

④ 完善与“110”“119”“122”“999”、民航、铁路、高速路、地铁、化工、矿山等部门的通信网络和信息支持，保持医疗救援指挥中心与各社会机构指挥中心的综合联动效能。

⑤ 辅助指挥系统的主要功能：自动来话分配功能（ACD）、计算机与电话集成应用功能、自动呼救功能、指挥决策功能、救护车卫星定位功能（GPS）、

车载移动数据传输功能、无线数字集群通信功能、数字录音功能、现场视频传输功能、调度座席多媒体功能、视频综合显示功能、安全供电功能、系统管理功能、领导监控功能。系统实现快速处理120呼救电话，有效处理突发事故和实现现场抢救全过程的数字化管理。

3. 组织应急医疗救援力量

（1）可以调用的力量

① 当地突发事故紧急救援队：由政府有关机构设置的专业救援队伍。

② 当地医疗救援力量：由急救网络和医院构成的医疗急救队伍。

③ 当地军队、武警力量：由政府与当地驻军、武警联系，随时调用。

④ 国家突发事故紧急救援队：重、特大自然灾害时由国家有关部门派出。

⑤ 邻近地方医疗救援力量：重、特大自然灾害时由国家有关部门派出。

⑥ 外来军队、武警力量：重、特大自然灾害时由国家有关部门派出。

⑦ 各地红十字会救援组织：由红十字会建立的常备突发事故紧急救援组织。

⑧ 各地人道主义救援机构：由志愿人员组织的突发事故紧急救援力量。

⑨ 国际支援力量：友好国家的各种人道主义救援机构。

（2）组织程序

① 下达指令：当抢救指令直接由上级领导或指挥部下达时，立即组织医疗救援专业队，实施救援工作，根据医疗救援工作的进展程度，及时组织增援力量。

② 派遣应急分队：在受理呼救信息后的1min内派出应急分队，以初步了解、核实现场情况，便于调度人员组织抢救人员及车辆赶赴现场。

③ 派遣抢救梯队：在派遣应急分队后立即组织并派出抢救梯队。轻度灾情不超过5辆；中度灾情不超过10辆；中度以上灾情一般不少于10辆（派车数量依具体情况而定）。后续梯队的组织由现场指挥组确定。

（3）现场医疗救援指挥权的确认

① 先期到达现场的最高医疗卫生业务行政领导行使指挥权。随即到达现场组织的“现场临时指挥组”将接替其医疗指挥权。其他单位的医疗救援队应服从“现场临时指挥组”的指挥。它的职责是了解灾情性质、伤亡人数，实施初步检伤分类及救治，同时通过“120”网络报“医疗救援指挥中心”。

② 到达现场的急救机构领导即在现场组建突发事故现场的“医疗救援应急指挥中心”，先期到达的“现场临时指挥组”成员向其移交指挥权，并汇报有关救援情况。突发事故现场“医疗救援应急指挥中心”负责进一步了解灾情、组织检伤分类、组织现场抢救、联系承接医院、安排伤员分流的转运工

作。同时与“110”“119”等相关急救部门联系，协同行动等。

③ 当地政府领导到达现场组建“现场紧急救援指挥中心”，“现场医疗救援应急指挥中心”应该向“现场紧急救援指挥中心”报告并接受“现场紧急救援指挥中心”的领导。

（四）灾害现场医疗救护与伤员后送

1. 现场医疗救护

① 参加抢救工作的单位在接到医疗救援的指令后应该立即组队并赶赴现场，到达现场后应当立即向“突发事故现场医疗救援应急指挥中心”报到，并接受统一指挥和调遣。

② 在现场医疗救护中，依据受害者的伤病情况，按轻、中、重、死亡分类，分别以“红”“黄”“蓝”“黑”的伤病卡（伤标）做出标志并固定在伤病亡者左胸前部或其他明显部位，便于医疗救援人员辨认并采取相应急救措施。

③ 现场医疗救援过程中，要本着先救命后治伤、先治重伤后治轻伤的抢救原则，并将经治伤病员的伤情、急救处置、注意事项等逐一填写于伤员情况单上，并置于伤病员衣袋内。

④ 根据现场伤病员情况设手术、急救处置室（部）。

2. 伤员的后送

伤病员经现场检伤分类、紧急处置后，要根据伤病情况向就近的省市级医院和专科医院分流。医疗救援指挥中心根据受伤人数、伤情种类、受伤程度、运送距离、医院特长和应急接受能力，确定现场伤员的分流方式、接收医院和行驶路线，并负责联系接收医院。必要时设伤员后送指挥部，负责后送的指挥协调工作。

现场伤员的分流原则如下。

① 当地医疗机构有能力收治全部伤员的，由现场医疗救援应急指挥中心或后送指挥部指定分流到就近的医院。

② 当地医疗机构没有能力收治全部伤员的，由现场医疗救援应急指挥中心或后送指挥部指定分流到附近地区有能力收治的医院或上级医院。

③ 伤员经现场救治的医疗文书要一式两份，及时向现场医疗救援应急指挥中心报告汇总，并向接纳分流伤员的医疗机构提交。

④ 运送途中伤员需要医护人员完善监护并做必要的病情和监护记录。

⑤ 突发事故发生后任何医疗机构不得以任何理由拒诊、推诿分流的伤员。

（五）医疗救援部门间的合作与协调

1. 急救中心、医院、红十字会等的合作

① 急救中心处于当地专业急救机构的领导地位，有责任承担当地急救网

络的规划、建设、组织、实施与管理。

② 在发生重、特大突发事故时，急诊科是接收成批伤病员的重要关口，应该无条件主动积极地接收伤病人员。

③ 在发生重、特大突发事故时，各医院都应该无条件按照预定方案，组建应急抢救队，携带规定急救药品、物品、器材、车辆投入现场抢救。

④ 各级红十字会要协同卫生行政部门，参与突发事故现场抢救的医疗救援工作。红十字会的各级组织要在“现场医疗救援应急指挥中心”的统一领导下积极参与当地的医疗救援行动。红十字会平时应开展基层市民常用急救知识和自救互救技能的普及培训，在受到突发事故的伤害后进行初级自救互救。

2. 医疗救护与卫生防疫间的分工合作

大灾之后经常会出现严重的公共卫生后果。病原微生物的扩散、具有放射性的核泄漏和有毒化学品的流失都会造成严重的环境污染、传染病的暴发流行和人身伤害。在现代的恐怖事件中也会出现上述类似的危害，给社会和居民造成极大的伤害和心理恐慌。因此在突发事故事件处理中，卫生防疫与医疗救护需要密切合作。在组织医疗救援时，应同时有计划地组织卫生防疫力量。在现场抢救基本结束后开展卫生防疫工作。

3. 地方与军队间的合作

军队有严密的组织系统，纪律严明，通信有效，反应灵敏，动作迅速，可在大范围内短时间实施机动救援工作。军队的抢救能力和卫生资源是减轻突发事故损失的重要措施。各国都把军队看作突发事故急救的常备力量。军队的投入有利于应付突发事故的随机性，提高了突发事故抢救的反应能力和机动性。因此应该建立军民一体化的突发事故医疗救援体制。并且，在创造政策法规环境、达成军民合作救援协议、健全医疗救援组织机构、提高灾害事故预报预测能力、提高应急救援能力、增强防灾救灾意识、强化灾害医学训练等方面切实做好工作。

4. 国内国际间的合作

社会发展的各种因素和结果导致整个世界在突发事故面前变得越来越脆弱，因此，必须在防御和减轻突发事故中开展广泛的国内和国际间的合作与交流。阻止突发事故的发生是不太可能的，但对它带来的严重后果是可以避免和减轻的。参与医疗救援的国内组织有国家和各级救灾防病领导小组、各地的急救中心和医院构成的急救网络、各社会机构（民警、交警、消防、民航、铁路、矿山等）和红十字会组织等。可以参与医疗救援的国际组织有联合国救灾组织、国际红十字会组织、非政府机构和双边援助机构等。平时应该加强国内外各医疗救援组织间的协调、合作与交流，在发生突发事故后及时通报情况，争取及早的、充分的国际支援，有利于减灾的实际效果。

二、突发事故卫生救援工作的组织与管理

1. 突发事故卫生救援的职责

突发事故地区的卫生防疫防病工作必须坚持“预防为主”的方针，分阶段、分层次重点做好疾病监测与报告、食品卫生、饮水卫生、环境卫生、消毒杀虫灭鼠、免疫预防、心理-精神卫生、卫生知识的宣传教育，预防控制肠道传染病、呼吸道传染病、人畜共患传染病及自然疫源病、虫媒传染病、饮水污染事故、各种中毒和放射污染等事故的发生，把各种疫情和公共卫生事故扑灭在暴发、流行之前或防止其扩大、蔓延。卫生救援实际贯穿于整个救灾活动的始终，从灾害发生早期控制公共卫生危害减少发病死亡，到在救灾抗灾期间和灾后的重建中均要注意做好各项公共卫生预防控制工作，争取实现大灾之后无大疫的目标。

① 迅速恢复、健全或重建灾区各级卫生防疫防病网络，加强日常和定期的疾病监测和疫情报告，及时掌握各种疫情的动态。对可能引起的甲类传染病和重大公共卫生事故实行日报和“零”报告制度，其他实行周报。采用电话报告等快速报告形式逐级上报。要深入灾区基层开展疫情监测工作，在重灾区或重点人群建立监测点。相连省、地、市（区）、县，建立疫情联防制度，及时沟通情况。要及时分析和反馈疫情动态趋势，适时采取有针对性的预防、防疫措施。

② 重点抓好水源保护和饮水消毒，根据灾情的具体情况，划定临时饮水水源区域，做好水源的消毒和水质检测，严防二次污染。鼓励突发事故地区的群众喝开水，可采用漂白粉或漂白粉精片进行应急消毒。在分散或集中供水设施修复后要加强消毒处理和水质检测。

③ 蝇、虫及鼠害的监测和综合性杀灭措施，重点做好受灾群众临时聚集地的消毒工作，及时对暂时无法运送的垃圾进行药物喷洒消毒。重视人、畜尸体的消毒和清运，因烈性传染病而死的人、畜的尸体可用石灰深埋法处理。

④ 做好灾区食品卫生监督管理工作，加强宣传教育，严防食用腐败变质食品，严防误食被农药或其他非食用品污染的食品及毒蕈。

⑤ 强化健康教育，利用一切可以利用的宣传手段和传播媒介增强灾区群众的自我防病保护意识。

⑥ 做好突发事件的应急处理的人、材、物的准备，接突发事故报告或上级指示后迅速赶赴现场，快速调查、检测、分析、判断已发生或将可能发生的公共卫生危害，如化学毒物、有害微生物、放射性物质污染等，迅速采取控制

措施，将疫情、毒情伤亡控制在最低限度，并且继续采取措施预防可能发生的公共卫生危害。

⑦ 必要时做好参加医疗救护人员的自身防护和对伤病员救治方案的建议和意见。

2. 依据灾情、疫情做出卫生救援决策

① 当发生自然灾害、爆炸事故、毒物外泄、核放射事故、有害生物微生物播散或相应的恐怖活动时，受灾地区当地的卫生行政部门接到报告后，应立即组织医疗救护力量和卫生防疫专业队伍迅速赶赴现场，进行救护和确定已造成的危害性质，摸清危害的严重程度和人、地、时分布，以及潜在的、可能继续发生的公共卫生危害。同时向上一级卫生行政部门和当地政府报告。

② 根据现实的和历史的灾害、疫情情况，对疫情的发生、发展趋势进行预测，及时向上级领导汇报，并对预防控制方案、人力物力的调配提出建议和意见，辅助领导决策。

③ 发生重大疫情（指以县为单位发生鼠疫、霍乱或5d内发生肝炎50例，伤寒、副伤寒10例，痢疾100例，出血热5例，钩端螺旋体、乙型脑炎、疟疾、登革热各20例及食物中毒50例或死亡1例以上等）要采用最快捷的方式迅速逐级上报。卫生行政部门接到报告后，应立即组织救护力量或专业防治队伍迅速赶赴现场救治、调查、处理，采取有效控制措施，同时向当地政府和上一级卫生行政部门报告。

④ 当发生不明原因疫情时，卫生行政部门在组织救治、调查处理的同时，尽快组织专家到现场查明原因，并提出报告。

⑤ 当发生更大范围自然灾害和特大事故，疫情流行十分严重或原因不明引起伤残和死亡，疫情有向邻省、邻国传播的危险，由于一些原因（人员不足、经验欠缺，缺乏必要的供应和设备等）当地难以处理时，应向上级政府或临近地区政府、部队或国际等请求支援。

⑥ 省级卫生行政部门组织辖区内的医疗救护和防疫工作，解决药品、生物制品、医疗器械及消毒杀虫药械和急救交通工具。对卫生救援所需的各种保障进行预测，以便领导对各项保障需求有所准备。

⑦ 协调各部门各负其责，分工合作，做好救灾中卫生防病工作，动员全社会参与。

3. 突发事故卫生救援的组织

（1）常备组织　对突发事故卫生救援工作实行规范管理，制定突发事故卫生救援工作预案，成立数支应急处理小分队，配备一定数量的疫情处理用品，做到常备不懈、及时有效。卫生部成立“卫生部救灾防病领导小组”，下设

“救灾防病办公室”，省级卫生行政部门成立相应的组织，突发事故多发地区的县级以上卫生行政部门，根据需要设立相应的领导协调组织，并加强平时的常规培训。县级以上卫生行政部门主管突发事故的卫生救援工作。

（2）组织灾害现场卫生救援应急指挥中心　受灾地区在当地政府救灾领导机构领导下，各级卫生行政部门成立相应的灾害现场卫生救援应急指挥中心。在突发事故发生后，到达现场的当地最高卫生行政主管部门领导即为灾害现场卫生救援应急指挥中心的总指挥，根据情况可设副总指挥，负责现场卫生救援指挥工作。现场卫生救援应急指挥中心酌情下设若干工作组：办公室负责上传下达，本系统内工作协调，与其他部门横向联系，协助领导做好有关事物性工作。资料管理组负责收集、整理、统计、分析卫生救援工作中的各种动态资料数据，及时向领导汇报，并向领导和各工作组提供相应的卫生救援情报资料。流行病组负责疫情的调查、分析、预测、监测，预防控制方案的制定及贯彻实施，对各级卫生救援人员的培训，指导落实各项卫生防病措施。检验组负责对现场各种样品的检验，为确定疫情的性质、污染传播的范围、可能传播的来源和继续传播的危险等提供科学的数据。消毒杀虫灭鼠组负责培训、组织、指导和具体实施灾区内、疫区内的消毒杀虫灭鼠工作。宣传组负责编写、印制、发放灾区卫生防病知识各种宣传材料，与相应的宣传部门联系进行有关活动，在灾区、疫区内采用多种形式进行卫生防病知识的宣传和受领导的委托负责向新闻部门发布有关卫生救援工作的消息。爱国卫生组负责组织、发动在灾区、疫区内广大群众参加的爱国卫生运动，改善环境卫生、注意食品卫生、进行水源的清理消毒、灭蚊蝇鼠虫等。交通卫生检疫组负责在必要时经政府批准后与交通、公安等部门实施交通卫生检疫，防止疫情的传播。后勤组负责卫生救援工作中车辆、用品、器材、药品（生物制品）等支持，以及对卫生救援人员相应生活的保障。

（3）组织应急卫生救援力量　以灾害发生地区的当地卫生资源为主，作为主要的卫生救援力量，及时主动到达现场，组织应急卫生救援，同时要与医疗救援力量密切配合，注意救援梯队的组织，视情况随时调动。灾害现场卫生救援应急指挥中心视疫情、毒情等情况，请求外援力量。省级以上卫生行政部门决定派遣相邻地区（地方及部队）的卫生资源参与救援。重大疫情、毒情可组织外省防疫队、中央防疫队及军队、武警、消防等相关部门共同实施全方位的应急卫生救援。国家卫生部决定是否争取国际救援力量参与救援和重建家园。

4. 灾区卫生救援与疫（毒）区的隔离与警戒

灾害现场卫生救援应急指挥中心及灾害发生地区的县以上政府可根据疫情控制的需要，报经上一级政府批准，按照《中华人民共和国传染病防治法》规定采取紧急措施，实行疫（毒）区的隔离与警戒。

紧急措施的内容包括：①宣布疫区：根据流行病学调查明确范围，以小而严为原则，有效落实各项控制措施。②实施卫生检疫：对人员、物资、交通工具等检查、处理，限制出入疫区。③疫区封锁：必要时严格限制疫区人员和交通工具的流动。④经县级以上地方政府报经上一级地方政府决定和宣布；涉及大中城市、跨省市疫区、导致干线交通中断和封锁国境的，必须由国务院决定。撤销也需原决定机关宣布。

实施此项措施一定要在当地政府的领导下，由卫生部门和公安、交通、工商、民政等部门密切协调配合，做好各方面的妥善安排，保障当地人民生活的稳定。

5. 卫生救援部门间的合作与协调

① 强调医疗救护与卫生防疫间的分工与合作。医疗救护部门迅速组织人员抢救治疗患者及中毒者，根据卫生行政部门安排，参与疫点（区）的检疫、采样化验、预防知识的宣传，从接诊人的角度密切注视记录疫情发展的动态。卫生防疫部门负责疫情、毒情的接报工作，控制现场，开展流行病学调查，指导和实施消毒杀虫工作，进行预防性投药和卫生知识的宣教，与医疗救护部门及时互通信息，对发生的特殊公共卫生问题，及时向医疗救护部门提供个人防护和患者救治原则的意见和建议。

② 遵循先当地后外来、先地方后部队、先国内后国际原则，以当地卫生救援力量为主，视情况由当地政府协调交通、部队、武警、医药管理等部门，解决交通、伤病员转送、疫区隔离警戒、药械调拨、卫生救援技术和人员方面的支持配合等工作。

③ 各级红十字会、爱国卫生运动委员会办公室协同卫生行政部门，参与卫生救援工作，开展与国际救援组织的合作。

第三节　灾害事故时的心理应激特点及其心理干预

一、灾害事故的心理应激特点

1. 概述

人类的历史和发展总是伴随着灾难的发生，其中包括一系列的突发事件，它不仅给人们的生命和财产造成了威胁和损失，对人的心理也形成了巨大的压力，对人的心理健康产生重要影响，甚至这种影响是长期或终生的，严重影响了人的生活质量和社会功能。因此，充分认识和了解灾害事故后人的心理应激反应及其造成的伤害，对于维护突发事件后人的心理健康，以便良好适应社会，具有重要意义。

了解灾害事故后的心理应激特点，旨在提醒人们，在灾难发生后的积极救治中，心理救治具有重要意义，应该综合考虑生理、心理、社会、文化、环境等方面的因素对人的影响，考虑在不同阶段、针对不同人群采取相应的心理干预措施，提高心理应激能力，把灾害事故对人的身心健康的影响降低到最低限度，使之能够早日康复，尽快适应社会。

2. 心理应激的发生发展过程

（1）心理应激的发生　心理应激是指个体在经历内外刺激时所产生的一系列心理行为反应，包括认知、情绪与情感、意志与行为等方面的变化。心理应激是一个动态过程，可以分为三个阶段。

① 警告反应阶段：是为了唤起个体内在的防御能力，为了对付应激的处境。个体或准备战斗，或者准备逃避，此期整个身体都将动员起来。肾上腺素分泌增加，血压升高，脉搏与呼吸加快，血糖升高，心脏、肺和脑血流量增加，应激反应可能出现。

② 适应阶段：也称抵抗或搏斗阶段。如果应激源强烈，个体持续暴露有害刺激征，机体就转入此阶段，以对应激源的适应为特征，机体对应激源抵抗程度增强。此时，在第一阶段的表现表面上看可能恢复正常，但会大量消耗有机体的生理和心理资源，个体会变得敏感、脆弱、烦躁、易激惹，即便是强度不大的刺激，如家人的大声说话、争吵、声光刺激等均可引起较为强烈的情绪反应，甚至容易发生冲动行为。

③ 衰退阶段：如继续处于有害刺激之下，或有害刺激过于严重，机体会丧失第二阶段新获得的抵抗能力，进而出现不同程度的精神或心理障碍，甚至造成死亡。如果在进入衰退阶段时，外在的压力源减弱或基本消失，或个体已经基本适应，则经过一段时间的调养和休整，一般是能够康复的。如果压力源继续存在，个体无法抵抗和适应，则在内在能量资源消耗殆尽的情况下，危险的发生就成为必然，最终不仅会导致生理疾病的发生，也会出现精神或心理障碍，甚至死亡也不可避免。

（2）应激源及其种类　能够引起心理行为反应的各种内外环境的刺激称作应激源。一般来说，可以将应激源分为以下几类。

① 生理性应激源：指直接作用于躯体的理化与生物刺激，一般的刺激如高温、低温、缺氧、辐射、噪声、干燥等，严重的刺激如疾病、躯体伤害、生命威胁等。

② 心理应激源：指一个人头脑中不符合客观现实与规律的认识与评价或对未来危险的预测，引起生活、学习、人际关系失调，导致的心理冲突和挫折情景等。其中心理冲突和挫折是最重要的两种心理应激源。

③ 社会性应激源：指社会方面各种因素的刺激，如道德问题、社会支持系统、个人重大生活事件以及准备完成急、难、险、重任务等，还有战争、被绑架或监禁以及突发的社会变革等，都可能会导致不同程度的心理与行为的失调。这些因素均可归入社会性应激源。

④ 文化性应激源：指语言、风俗习惯、生活方式、宗教信仰等社会文化环境的改变，引起应激的刺激或情景。

需要说明的是，上述各种应激源在现实生活中很少单一存在，多数情况下许多种应激源常常是并存的，而且各种应激源之间是互相联系和互相影响的，从而构成了一种较为复杂的混合状态。

3. 心理应激反应的影响因素

即使是出现同一种应激源，对于不同的个体来说也会产生不同程度的反应。应激源的存在并不是个体产生应激反应的唯一条件，而是受到个体的内在素质和环境等多方面因素的影响。如个体年龄、个性特点、个体素质、应激源的强度、认识评价、应对能力、社会支持系统等。

4. 灾害事故心理应激的一般特点

（1）情绪症状　灾害事故发生时，人在心理应激状态下会出现各种情绪反应，一般可具体表现为焦虑、愤怒、恐惧、抑郁等不良情绪。

① 焦虑　焦虑是个体在生活经历中不可避免出现的一种情绪反应，尤其是在心理应激状态下最容易发生。即使在接触应激源前，由于存在着对未来发生的危险或威胁的预感，也同样会出现焦虑情绪反应。焦虑程度严重时可发展为惊恐发作。

典型的焦虑表现为紧张不安、忧虑、烦躁、恐惧、易激惹等不良的情绪，此时个体常常对现实某一存在的问题或对身体的健康状态过分敏感，还可能对未来的事件表示担忧，可以出现面容僵硬、眉头紧锁、无法保持安静，肢体可出现抖动及其他无意义的动作，如坐卧不安、来回走动、握拳弄指、动作刻板重复等。严重时可出现惊恐发作，表现为恐惧，有濒临死亡的感觉，觉得一切都无法控制，可伴有某些自主神经功能紊乱的生理症状。

个体在焦虑状态下由于激活了交感神经系统，可出现多系统的生理反应，如疲乏、失眠、胸闷、心悸、腹胀、恶心、呕吐、厌食、多汗、胸闷等。惊恐发作时，除了濒死感和无助感外，还可出现头晕、面色苍白、呼吸急促、心慌、出汗甚至大汗淋漓、尿频、尿急等症状，与冠心病急性心肌梗死或心绞痛发作的表现极为相似，持续时间较短，一般在几分钟到半小时，发作的间歇期可以类似常人，没有任何症状。

② 恐惧 恐惧是一种企图摆脱已经存在的特定危险或威胁的逃避情绪。一般情况下，很少有人没有经历过恐惧，适度的恐惧有助于个体意识到危险的存在，引起警觉，从而有效控制自己的行为，以便积极应对所面临的突发事件或灾难。但是，若面临突发的灾害情境时，个体往往不知所措，缺乏战胜危险或渡过难关的信心，内心就会被恐惧笼罩，若引起恐惧的应激源能在较短时间内减弱或消除，则个体受到的影响就比较小，若这种恐惧伴随时间较长，则对个体造成心理伤害的程度就会很大。

个体在恐惧状态下同样会出现某些系统的生理功能反应，如明显的心慌、胸闷、气短、面色苍白、出冷汗、手脚颤抖、尿急、尿频等自主神经功能紊乱的表现。

③ 抑郁 抑郁是在灾害事故发生后一段时间内出现的一种情绪反应，主要指情绪低落、心情不佳。轻度的抑郁包括郁郁寡欢、郁闷、心烦意乱、苦恼、悲观失望、自我评价过低、兴趣减退、感觉生活没有意义、疲乏无力等，个体在谈到自己的感觉时，常常这样描述："内心很沉重，就像压了一块大石头，高兴不起来，做事情没有意思"。可伴有心理生理症状，如消化道症状有食欲减退、消化不良、胃部不适等，睡眠障碍有入睡困难、多梦易醒等，性功能障碍有性欲减退、阳痿、性感缺失等。较重的抑郁表现为动力缺乏、绝望、自责、自罪，感觉度日如年、生不如死，在此基础上会产生强烈的自杀观念甚至自杀行为，其心理生理症状可在上述症状的基础上出现没有食欲、明显的体重减轻、无欲望状态、早醒、心情有昼重夜轻的节律性变化等。

④ 愤怒 愤怒是一种表达不满的情绪反应，在生活中经常出现，常常与敌意同时存在。个体在面临突发事件或伤害时，由于对事件的发生无法预料、不可理解，就会产生强烈的不满情绪，就会表现愤怒，以宣泄内心的压抑。愤怒发生时，可伴有生理功能的改变，如心跳加快、面色潮红、肌肉紧张等，并具有攻击性意向。过度愤怒时可丧失理智，无法自控而导致严重后果。

（2）认知障碍 人类的心理活动过程包含认知、情绪情感和意志行为三个方面，各种心理活动之间是相互协调一致的，使人们在反映客观世界的过程中能够高度准确和有效。其中，认知过程在应激状态下会受到一定的影响，导致认知障碍。一般地，人处于适度的应激状态时具有积极的作用，有助于增强感知水平、提高认识能力，便于解决面临的问题。但是若在强烈的应激源影响下，如突发的灾害事故，个体会产生较强的应激反应，从而对应激源的认识就会产生妨碍甚至歪曲，导致认知障碍，主要表现在以下几个方面。

① 感知觉障碍　在灾害事故发生时，由于强烈的应激反应，使个体对面临的恶劣环境不能做出准确的判断，不能保持良好的感觉和知觉能力，就会发生感知觉障碍。常见的感知觉障碍有感觉增强、感觉减退、错觉、幻觉等。

② 思维障碍　包括思维联想障碍、思维逻辑障碍和思维内容障碍。具体表现为思维奔逸、思维迟缓、思维贫乏、思维散漫、破裂性思维、病理性象征性思维、各种妄想、强迫观念和超价观念等症状，多数症状属于精神病性。在灾害事故中严重的颅脑外伤者可以出现这些症状，强烈的应激状态下也可以诱发某些精神障碍，如精神分裂症、抑郁症等，就会出现上述症状。

③ 应激障碍　也称应激相关障碍，是一组精神障碍的总称，主要是由于强烈的心理、社会因素引起的心理与行为的异常反应，大多数人在时间和症状表现上与受到的精神刺激密切相关。按照《中国精神障碍分类与诊断标准》(第三版)（CCMD-3)，可分为急性应激障碍、创伤后应激障碍和适应障碍。

(3) 其他精神障碍　在灾害事故的刺激下，由于个体受到强烈的心理冲击，也可以出现急性反应性精神病的表现，如幻觉、妄想、情感障碍、某些怪异行为等，可以随着应激源的减弱或消除而逐渐消失。若持续时间较长，就要考虑某些重性精神病的可能，如精神分裂症、情感性精神障碍如抑郁症等。而对遇难者家属来说，就会出现居丧障碍，沉浸在丧失亲人的痛苦之中而无法承受。

5. 灾害事故后特殊人群心理应激的特点

灾害发生后，在不同人群如直接当事人、遇难者家属、伤者家属，其心理应激反应与受伤害的程度是不同的，这与个体的体质、心理素质、个性特征、应对能力、社会支持程度等因素密切相关，同时也与灾害事故的具体情况及环境因素有密切关系，这些影响因素已在上述内容中有所阐述。

(1) 直接当事人的心理应激特点　在经历较大的灾难后，对直接当事人的影响和冲击是巨大的。由于灾难是不可预期的，当事人在初期常常感到惊慌失措、无所适从，会出现一系列的心理和生理反应。

① 心理反应　内心充满恐惧、害怕，不知道灾难是怎么发生的，不知道自己如何应对，有明显的无助感甚至绝望感，从而处于焦虑、烦躁、紧张不安、无法放松的状态，容易发怒，易激惹，过分敏感和警觉，情绪低落。

② 生理反应　可出现不同程度的生理反应，消化系统可有恶心、呕吐、食欲减退、消化不良，呼吸系统可有呼吸困难、胸闷气短甚至哮喘，心血管系统可有心慌、头晕、头痛、血压升高，还可有失眠、多梦易醒、肌肉紧张、疲乏无力甚至虚弱状态等。

当事人上述的心理生理反应程度和持续时间可随着灾难对个体威胁的程度

和持续时间而发生变化，或者加重，或者减轻。当个体远离灾害事故现场、生命安全得到保证、躯体和心理伤害得到积极救治时，其心理生理反应就会逐渐减轻。反之，进一步发展，就会出现较为严重的应激障碍。

（2）遇难者家属的心理应激特点　当获悉亲人在灾难事故中死亡时，一般来说，遇难者家属在开始常常持否定的态度，不相信发生的事实，当得到确认时，就会出现强烈的心理反应，沉浸在失去亲人的痛苦之中。主要表现在以下几点。

① 悲哀　表现为悲痛欲绝，痛苦不堪。

② 居丧障碍　当这种丧失感到无法承受时，就会出现类似抑郁症的表现。

③ 抑郁症　若在丧失亲人2个月后，上述症状继续存在，就会表现出抑郁症的全部症状，还可出现自罪、绝望甚至自杀观念或自杀行为。

当然，个体心理应激的程度与遇难者在家庭中的角色有关，一般直系亲属如配偶、父母、子女等反应较大，其次是兄弟姐妹，其余亲属的反应相对较小。

（3）伤者家属的心理应激特点　伤者家属与直接当事人和遇难者家属相比较，心理应激反应较小，主要与受伤者的伤残程度密切相关。主要表现担忧、焦急不安、感觉负担加重等。

（4）儿童的心理应激特点　由于儿童的自我保护能力和自我调节能力较差，所以在遇到突发的灾难或事故时，常常处于麻木、无助、茫然不知所措的状态，不知道如何进行自我保护。在事件发生数小时后，开始出现恐惧、喊叫、痛哭，应激源的情景在脑海中反复出现，伴有怕见人、做噩梦、梦中惊醒等表现，若在短时间内不能缓解，随着时间的延长，逐渐可出现不同类型的应激相关障碍。若不能得到及时救治和干预，则对其今后的人格发展、认知方式和行为方式都会产生严重的影响。

事件发生后，环境周围的成人尤其是父母的态度和言语行为反应对儿童影响很大，成人对事件的态度可以影响到儿童的应激反应程度。

二、灾害事故的心理干预

（一）概述

心理干预是指受过专业培训的人员，运用心理学的方法，采取明确有效的措施解决个体的心理危机，使症状得到立刻缓解或消失，从而使个体的心理功能恢复到危机前的水平，重新适应社会和生活，并提高个体应对危机的能力，以预防未来心理危机的发生。美国的“9·11”恐怖袭击事件和中国的非典公共卫生事件中，心理干预的作用已经得到很好的验证，因而意义重大。

（二）心理干预的对象和方式

心理干预的对象一般包括直接当事人、遇难者和受伤者的家属，以及一线的救助人员，如参与救援人员、医疗救治人员、善后服务人员。

心理干预的方式包括现场干预、电话干预、网络干预等形式，其中，现场干预效果最好。

（三）心理干预人员的基本素质要求

心理干预一般由受过专门训练的专业人员担任，必须具备很好的职业素质，应该严格按照职业道德的要求和规范从事心理干预工作。其素质要求包括以下几个方面。

1. 良好的个人品质

心理干预的对象是一组弱势群体，因此，心理干预人员的言谈举止不仅反映了自身素质水平，而且对干预对象会产生方方面面的影响。干预者在任何时刻都应该以一颗充满关爱的心尽最大努力为干预对象提供帮助，要保持真诚的态度，言行一致，表里如一。

在个人品质中，价值观是一个很重要的内容。正确的价值观应该是朴实无华、乐于助人的，具备符合社会规范和要求的思维方式。保持正确的价值观，充分尊重干预对象的价值观，不试图以自己的价值倾向去影响对方，才能形成良好的救助关系，才能真正帮助对方。

2. 良好的专业素质

面对灾害事故引发的后果，对伤害人群进行心理救助，对于救助者来说，是一个巨大的考验和挑战，随时可能面临复杂多变的情境，因此，仅有满腔的热情和爱心是不够的，心理干预人员还要具备良好的专业素质，这是进行有效心理干预的前提条件。

① 熟练地把握专业理论知识、技术和方法。

② 机智灵活的应变能力。

③ 稳定的情绪状态。

④ 丰富的生活阅历和工作经验。

⑤ 对自身能力的清醒认识。

3. 良好的自我调节能力

心理干预人员长期面对灾害事故的恶劣情境，面对危机受害者的各种应激反应，不可避免地会受到影响，也会产生不同程度的情绪反应，这是不可否认的客观事实。因此，具备良好的自我调节能力对于维护心理干预人员的身心健康就显得至关重要，这是职业素质的必然要求。

同时心理干预人员也是普通人，也会面临各种生活挫折和困苦，也有自己的喜怒哀乐，这是可以理解的。但是，当面对灾害事故、需要发挥自己的角色作用时，应该及时地尽早解决自己的心理矛盾和冲突，摆脱困扰，保持较为稳定的心理平衡状态，才能真正投入到心理干预的实际工作中去。缺乏这种自我调节能力，是不能胜任心理干预工作的。否则，不仅不能帮助受害者摆脱危机困扰，而且会对自身身心造成很大的伤害。

4. 娴熟的心理干预技能

心理干预人员在具备良好的个人品质和专业素质的前提下，还应该具备娴熟的心理干预技能，这是进行心理干预工作的实质内容，主要包括积极关注、耐心倾听、评估等。

（1）积极关注　这是心理干预人员在面对干预对象时首先要使用的技能。主要涉及言语和非言语方面的关注。在言语方面，干预人员要以真诚的态度、温和的语气同对方进行交流，明确地表达出对受害者的关心、接纳和理解，并指出希望所在。在非言语方面，干预人员可以通过温和的表情与对方进行目光接触，并通过弯腰、点头、上身前倾、握手、拍背等方式来表达对受害者的接纳和关切，让受害者感到温暖和安全。良好的关注表达是言语和非言语行为的自然配合与协调。

积极关注的目的在于，让受害者能够理解到，心理干预人员能够设身处地地理解他的感受，心甘情愿地为他提供帮助，愿意与他同甘共苦、共渡难关，从而为建立良好的协作关系打下基础。

（2）耐心倾听　倾听不是仅仅随便地用耳朵听，而是要全神贯注地、耐心细致地用心去听，设身处地地感受受害者表达的内心感受，同时还要注意思考，准确判断受害者的思维是否合乎逻辑，而且还要注意观察受害者在表达自己的痛苦时，其非言语行为如表情、姿势、语速和语调等是否协调。

在耐心倾听的过程中，遇到受害者表达的信息含糊不清时，干预人员可以通过提问来澄清，但不可粗暴地打断对方的叙述，更不能指责对方。当对某方面的信息想进行更多的了解时，可在他叙述停顿时进行提问，引导对方就相关信息叙述得更详细一些。

（3）评估　灾害事故发生后，受害者的一般情况和生理、心理、社会功能状况都会发生变化，对这种状况进行系统评估，是心理干预的重要步骤，只有对受害者的情况进行全面了解后，才能有的放矢地进行心理干预。一般从以下几个方面进行评估。

① 全面了解受害者的一般情况。

② 评估受害者的生理状况。

③ 评估受害者的心理伤害程度。

④ 评估受害者的社会功能状况。

⑤ 自杀危险度的评估。

（四）心理干预的一般模式

Belkin 提出了三种类型的心理干预模式，为制定心理干预策略提供了理论基础。包括平衡模式、认知模式、心理社会转变模式。

1. 平衡模式

该模式认为，在危机状态下，受害者常常处于一种心理或情绪失衡的状态，他们自身存在的应对机制和解决问题的方法不能满足目前的需要，从而出现心理或情绪的失调或失控。因此，对于心理干预人员来说，应该把干预的重点放在稳定受害者的情绪上，帮助他们重新获得灾害事故前的心理平衡状态。这种模式特别适合于处理危机时的早期干预阶段。

2. 认知模式

该模式认为，灾害事故引发的心理应激反应或伤害主要是由于受害者对灾害事故及其情境存在着错误的思维和信念，而不是由于灾害事故本身或与灾害事故有关的事实。因此，心理干预人员应该帮助受害者充分认识到，他的思维结构中存在着非理性和自我否定的认知思维，通过改变这种错误认知，重新获得理性的和自我肯定的思维，就能使受害者获得对生活中出现的危机的控制。这种模式适合于受害者的危机状态已经缓解，情绪基本稳定，其心理状态逐渐已经接近危机前的水平。

3. 心理社会转变模式

该模式认为，受害者出现的心理应激反应或伤害与内外因素的影响有密切关系，即个体危机状态的发生不仅与个体内在素质有关，如心理健康水平的高低、应对环境刺激能力的强弱等，还与外界的环境变化、社会支持系统和文化因素有关。因此使用这种模式进行心理干预时，主要目的在于帮助个体在调动自己内部心理资源的同时，还应该尽可能地利用环境资源和社会支持系统的积极作用，帮助自己解决当前面临的问题。

上述这三种模式并不是孤立存在的，而是互相联系、互相影响的。应该将三种模式进行有机地整合，形成一种综合模式，才能提高心理干预的水平，取得更好的效果。

（五）心理干预的一般方法

1. 基本步骤

（1）明确问题　对受害者进行全面了解后，要分清哪些是在灾害事故中出现的心理危机问题，哪些是在灾害事故之前就已经存在的问题。前者是主要问题，后者是次要问题，有效的心理干预应该抓住主要问题加以解决，以免迷失方向。

（2）进行危机评估 危机评估是心理干预过程中的重要步骤，要求心理干预人员尽可能在最短的时间内对受害者的心理危机状况进行全面准确的了解和判断。同时，应该注意的是，危机评估是一个动态的过程，必须贯穿心理干预过程的始终，不断了解受害者心理状况的改善程度，从而判断心理干预效果的有效性，并不断地调整应对策略，才能达到良好的效果。

（3）保证受害者安全 对受害者进行积极妥善的安置，远离危险情境，避免再次受到伤害，对其各个方面的需求如食物、衣物、卫生和睡眠等给予持续关注，让受害者有充分的安全感。

（4）无条件接纳受害者 与受害者尽可能地进行充分的交流和沟通，无论是什么样的受害者，都应该无条件地接纳，给予关切、理解和温暖。

（5）提出并验证应对危机的变通方式 在灾害事故中，许多受害者心灰意冷，感到绝望，心理干预人员要充满耐心地与受害者一起探讨更多的解决问题的方式和途径，充分利用社会支持系统和环境资源的正性作用，采用各种积极应对方式，最终确定选择适当的处理当前问题的方式。

（6）制订干预计划 在平等、尊重的基础上，在充分考虑到受害者本人的能力和接受程度的前提下，与受害者共同协商制订符合个体实际情况的干预计划，制定应对措施，以解决受害者目前面临的危机困扰，或者防止出现危机进一步恶化的可能性。

（7）获得承诺 为了防止受害者因缺乏勇气和信心而在实际行动中退缩，干预人员应该与受害者一起回顾共同制订的干预计划，鼓励受害者树立信心，使受害者能够承诺，无论有多困难，也能按照干预计划去做。

（8）实施干预计划 在建立良好关系的基础上，心理干预人员熟练使用相关的职业技能，进行有效的认知干预，帮助受害者改变不合理的认知模式，建立积极的思维方式。帮助受害者学会应对技巧，建立积极的应对策略。调动社会支持系统中一切可以利用的资源，充分发挥其积极作用，最大限度地减少其消极作用。

（9）评估干预效果 在进行干预的过程中，受害者的心理状况会逐渐发生变化，心理干预人员可以通过观察、交流与沟通、心理测验以及来自亲属、朋友的信息反馈等方法，对干预效果进行多角度评估，及时发现存在的问题并适时调整干预方案，以期获得更好的效果。

2. 基本方法

（1）建立良好关系 在与受害者的密切接触中，干预人员应充分体现自己的职业素质，与受害者建立一种坦诚相待、互相信任的良好关系，从而形成一种可以让受害者表达内心感受、适当宣泄情绪的氛围。

（2）进行认知干预　受害者的心理应激反应常常与其对灾害事故缺乏了解、对自身的表现缺乏科学认识有关。因此，干预人员应该向受害者提供有关灾害事故的详细信息，帮助他了解灾害事故发生的过程和产生的影响，从而纠正对灾难的不合理的认识。同时，向他介绍个体在经历外界刺激时是如何产生应激反应的，并对出现的各种异常的心理反应进行通俗易懂的科学解释，让受害者认识到，自身的许多情绪、情感和行为反应受到思维方式的影响，这种思维方式带有主观因素，属于不合理的认知，因此要改变。

（3）提供应对技巧　在充分认识自身状况的基础上，受害者会表达改变的积极愿望。这就要求干预人员向其介绍一些积极有效的、便于操作的应对技巧。例如，学会接纳情绪，积极悦纳自己；转移注意力，平缓消极情绪；合理宣泄、释放情绪，如哭泣、倾诉、运动等；放松训练，缓解焦虑情绪等。

（4）社会支持干预　社会支持系统主要涉及社会组织机构、单位、家庭、亲友、社区等。积极调动这些社会资源，给予最大限度地支持，对于帮助个体摆脱困扰，消除负性情绪，尽早恢复到危机前状态，具有重要意义。其中，家庭的理解和支持在社会支持干预中起着至关重要的作用。

第三章

灾害事故现场的急救技术

第一节　灾害事故现场心、肺、脑复苏术

一、概述

事故的现场心、肺、脑复苏术是指在因事故而引起患者发生心跳、呼吸骤停的现场，如火灾、地震、交通意外事故、建筑工地倒塌等场所，首先由最初目击者为心跳、呼吸骤停患者实施的心肺复苏技术（cardio-pulmonary resuscitation，CPR）也称为基础生命支持（basic life support，BLS），即在没有任何医疗仪器、设备的情况下进行，最初目击者只能使用徒手心脏按压的方法，形成暂时的人工循环，以恢复患者心脏的自主搏动；用人工呼吸替代患者的自主呼吸。随着心肺复苏技术的普及和规范化，心肺复苏的成功率逐渐提高，但约有20%的幸存者出现不同程度的永久性脑损害。轻者记忆力丧失、痴呆、木僵，重者出现脑水肿、颅内高压甚至死亡，给家庭、社会带来巨大的负担和压力。因此，脑复苏的成功与否决定着心肺复苏成功患者的生存质量，故目前将心肺脑复苏术有机地联系起来，称为心肺脑复苏术（cardio-pulmonary-cerebral resuscitation，CPCR），强调在开始进行心肺复苏的同时，就不失时机地采取保护和恢复大脑功能的措施，使脑复苏贯穿于整个复苏过程，最终达到心跳、呼吸骤停患者恢复有效血液循环、有效通气及恢复大脑功能。心肺脑复苏术的主要目的是救治无心脏病或有心脏病但未到终末期而突然发生的意外死亡患者，如突发事故导致的心跳、呼吸骤停，而不是延长无意义的生命。

血液循环和肺的气体交换功能是维持生命的基本条件。心跳停止后，通常在15～20s可以出现呼吸停止；若先发生呼吸停止，则心跳可持续至30min。而大脑则在心跳、呼吸停止后4～6min出现不可逆性损害或脑死亡，而小脑在10～15min、延髓在20～25min也可出现不可逆性损害，故对心跳、呼吸停

止患者应争分夺秒地进行心肺脑复苏。

二、病因

（1）心跳骤停　指突然发生的心脏有效搏动停止，可表现为心室颤动、心室静止和心肌电-机械分离，前者占全部心跳骤停的2/3，后两者占 1/3。主要原因为急性心肌梗死、严重的心律失常如心室颤动、脑卒中、重型颅脑损伤、心脏或大血管破裂引起的大失血、药物或毒物中毒、严重的电解质紊乱如高血钾或低血钾、手术或治疗操作和麻醉意外、引起呼吸骤停的因素、婴儿猝死综合征。一般在原发性呼吸停止后 1min，心脏也停止跳动。

（2）呼吸骤停　可分为中枢性与周围性两类，前者指呼吸中枢和（或）其传导系统的严重疾病和损害，而呼吸器官本身正常，如脑卒中、脑外伤、中毒和严重缺氧等，后者主要为溺水、吸入烟雾、会厌炎、药物过量、电击伤、窒息、创伤、各种原因引起的昏迷和呼吸道异物阻塞或梗阻。当呼吸骤停或自主呼吸不足时，若在保证气道通畅的前提下及时进行紧急人工通气，可防止心脏发生停搏。而在心脏骤停早期，也可出现无效的“叹息样”呼吸动作，但不能与有效的呼吸动作相混淆。

三、诊断

进行心肺脑复苏的诊断依据包括如下几点。

① 突然意识丧失，患者在突发事故现场昏倒。

②大动脉（颈动脉、股动脉）搏动消失。

③ 呼吸停止，部分患者可有短暂而缓慢的抽气样或叹气样呼吸，随即全身肌肉松弛。

④ 双侧瞳孔散大，对光反射消失。

⑤ 听不到心音。

⑥ 心电图表现为心室颤动（扑动）、心室静止（为一直线或仅有心房波）或心肌电-机械分离（心电图虽有较宽大畸形、频率较高、较为完整的 QRS 波群，但不产生有效的心肌机械性收缩）。

只要符合上述①、②即可做出早期诊断。对于呼吸停止，常在心搏骤停后15～20s 甚至更长时间后才发生，瞳孔散大虽亦是重要体征，但常在停搏后数10s 才出现，1～2min 后才固定，因而亦不能作为早期诊断依据，至于听心音，常可受到抢救时外界环境的影响，故不如摸大动脉可靠，如果一个有心跳骤停前驱症状如低血压、心动过速或甚至开始心室颤动的患者仍然有意识，可通过升压或有节律的咳嗽（每 1～3s 一次）逆转。

四、现场心、肺、脑复苏术

完整的心、肺、脑复苏术包括基础生命支持（BLS）、进一步生命支持（advanced cardiac life support，ACLS）和延续生命支持（prolonged life support，PLS）三部分。BLS的主要目标是向心肌及全身重要器官供氧，包括胸外按压（C）、开放气道（A）、人工通气（B）和电击除颤（D）四个步骤；ACLS主要为在BLS基础上应用辅助设备、特殊技术及药物等来保持自主呼吸和心跳；PLS的重点是脑保护、脑复苏及其他复苏后并发症的防治。

（一）成人基础生命支持

BLS又称初步生命急救或现场急救，是复苏的关键，复苏开始越早，存活率越高。但患者只有经准确的判断后，才能接受更进一步的心肺复苏（纠正体位、开放气道、人工通气或胸外按压）。判断时间要求非常短暂、迅速。大量实践表明，4min内进行复苏者可能有一半人被救活；4～6min开始进行复苏者，10%可救活；超过6min开始复苏者存活率仅4%；10min以上才开始复苏者，存活可能性更少。故抢救应争分夺秒。

1. 迅速判断是否心跳、呼吸骤停

（1）判断患者有无意识的具体方法

① 轻轻摇动患者肩部，摇动时不可用力过重，以免加重骨折等损伤，并高声叫喊：“喂！您怎么啦？”。

② 若认识患者，则可直接呼喊其姓名，如“张三，您怎么啦？”。

③ 若目击者是非医务人员，则患者没有呼吸、不咳嗽、对刺激无任何反应（如眨眼或肢体移动等），即可判定呼吸、心跳停止，并立即开始CPR。

（2）呼救或启动急救医疗体系的具体方法

① 高声疾呼：“来人啊！救命啊！”

② 启动急救医疗体系：一旦确定患者为心跳或呼吸停止，如果有其他人在场，应立即招呼周围其他人前来协助抢救，并指定一人拨打“120”急救专线电话或救护站的电话，然后立即开始CPR。若仅有一人在场，则可在拨打急救电话后立即开始CPR。

③ 对溺水、严重创伤、中毒者，应先CPR，再电话呼救，并由医生在电话里提供初步的救治指导，以取得帮助。

（3）患者体位

① 仰卧位：患者须仰卧于坚实的平（地）面上，头部不得高于胸部平面，

并将患者的头、颈、肩和躯干摆放至平直无扭曲位，双上肢放置身体两侧。若患者复苏前面部朝下或侧位、斜位等，则要将患者翻转。翻转时颈部应与躯干始终保持在同一个轴面上，如果患者有头颈部创伤或怀疑有颈部损伤，只有在绝对必要时才能移动患者。对有脊髓损伤的患者不适当地搬动可能造成截瘫。因此，必须注意保护颈部，可以用一手托住颈部，另一手扶着肩部，使患者整体、同步翻转成仰卧位。

② 恢复体位：昏迷患者有呼吸、心跳，但神志不清，其气道有被舌根堵塞和吸入黏液、呕吐物的危险，为避免其危险，并使口腔内黏液、分泌物、呕吐物等从口中流出，应尽量将患者置于真正侧卧的位置，头部下垂，体位应能保持稳定，应避免胸部的压力而影响呼吸。

将靠近抢救者一侧的腿弯曲，将靠近抢救者一侧的手臂置于臀部下方，然后轻柔地将患者转向抢救者；使患者头后仰，保持面部向下，位于其上方的手置于其脸颊下方，以维持头部后仰，并防止脸朝下，下方的手臂置于背后，以防止患者向后翻转。

2. 人工循环（circulation，C）

即用人工的方法建立血液循环，促进血液在血管内流动，并使人工呼吸后带有新鲜空气的血液从肺部血管流向心脏，再流经动脉，供应给全身各器官，以维持其功能。

（1）脉搏检查　患者心跳停止后，脉搏自然消失。由于颈动脉位置靠近心脏，能较好地反映心搏状态，便于迅速触摸，易于掌握，故一般以检查颈动脉动情况来判断患者有无脉搏。自 1968 年复苏标准颁布以来，脉搏检查一直是判定心脏是否跳动的主要标准，但只有 15%的人能在 10s 内完成脉搏检查。如果把颈动脉检查作为一种诊断手段，其特异性只有 90%，敏感性（准确认识有脉而没有心脏骤停的患者）只有 55%，总的准确率只有 65%，错误率 35%。而对心室颤动（VF）患者而言，每延迟电除颤 1min，除颤成功率将减少 7%～10%。因此，《国际心肺复苏指南（2015）》建议：在行心肺复苏前不再要求非专业急救人员将检查颈动脉搏动作为一个诊断步骤，只检查循环体征。对于专业急救人员，也不再强调检查脉搏，而检查颈动脉所需时间应在 10s 以内。

（2）检查循环体征　检查循环体征是指评价患者的正常呼吸、咳嗽情况以及对急救通气后的运动反应。非专业人员应通过看、听、感知患者呼吸以及其他机体运动功能，仔细鉴别正常呼吸和濒死呼吸。对专业急救人员，检查循环体征时，要一方面检查颈动脉搏动，一方面观察呼吸、咳嗽和运动情况。专业人员要能鉴别正常呼吸、濒死呼吸以及心脏骤停时其他通气形式，评价时间不要超过 10s。如果不能肯定是否有循环，则应立即开始胸外按压。1 岁以上的患者，颈动脉比股动脉要易触及。

检查脉搏的具体操作如下：一手置于患者前额，使头部保持后仰，用另一手在靠近抢救者的一侧触摸颈动脉；用食指和中指指尖先触及气管正中部位，男性可先触及喉结，然后向旁滑移 2～3cm，在气管与颈侧肌肉之间的沟内轻轻触摸颈动脉搏动，切不可大力触摸，以免颈动脉受压，影响头部血液供应（图 3-1）。

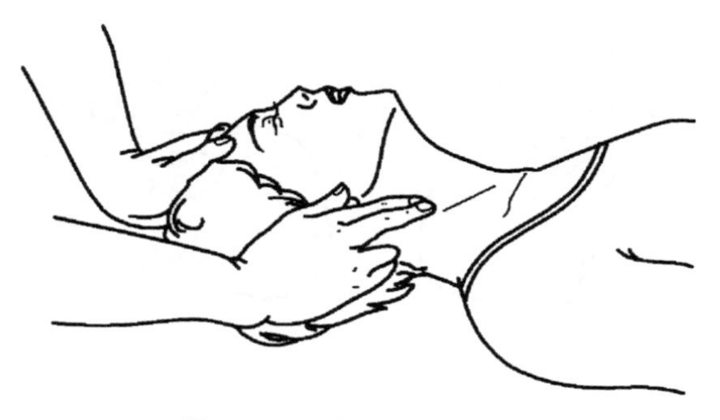

图 3-1 正确检查循环体征

（3）胸外按压 心肺复苏时胸外按压是在胸骨下半部提供一系列压力，这种压力通过增加胸内压或直接挤压心脏产生血液流动，并辅以适当的人工呼吸，就可为脑和其他重要器官提供有氧血供，有利于电除颤。《国际心肺复苏指南（2015）》推荐按压频率为大于 100 次/min 且小于 120 次/分。单人复苏时，由于按压间隙要行人工通气，因此，按压的实际次数要略小于 100 次/min。基于这些原因，指南 2015 推荐，在气管插管之前，无论是单人还是双人心肺复苏，按压/通气比均为 30∶2（连续按压 30 次，然后吹气 2 次），气管插管以后，在进行双人心肺复苏时，以 8～10 次/min 给予通气，并且无需与按压同步，在人工呼吸时，胸外按压不应中断。

胸外按压的具体操作如下（图 3-2）。

① 体位：患者应仰卧于硬板床或平坦的地上，若为海绵床垫或弹簧床垫，则应在患者背部垫一硬板，但不可因寻找垫板而耽误按压时间。

② 按压位置：将双手放在胸骨下半部分。

③ 按压：将另一手掌根部紧贴在食指的上方，放在按压区，再将原定位的手掌根部重叠放在另一只手背上，手指可伸直或交叉在一起，但都应抬起，离开胸壁，手指不能用力向下按压；按压时抢救者手掌根部长轴与胸骨长轴确

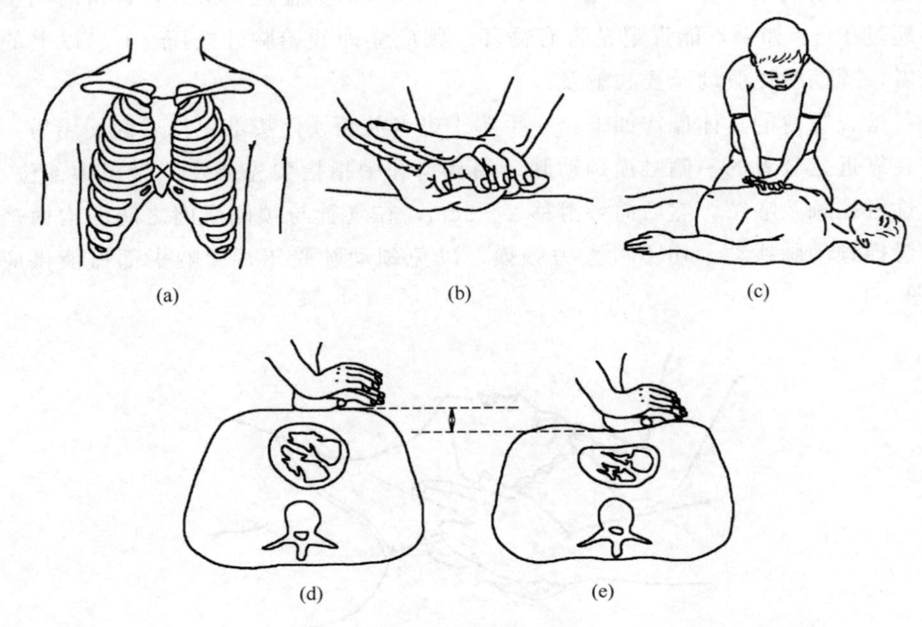

图 3-2　胸外按压

保一致，保证手掌全力压在胸骨上，可避免发生肋骨骨折，不要按压剑突；双臂应绷直，肘关节伸直，上肢呈一直线，双肩正对双手，以保证每次按压的方向与胸骨垂直，如果按压时用力方向左右摆动，可使部分按压力丧失，影响按压效果；按压时利用髋关节为支点，以肩、臂部力量向下按压。

④ 按压深度：对正常体形的成人患者，按压幅度为大于 5cm 小于 6cm，为达到有效的按压，可根据体形大小增加或减少按压幅度，最理想的按压效果是可触及颈或股动脉搏动。但按压力量以按压幅度为准，而不仅仅依靠触及脉搏。

⑤ 按压用力方式：每次按压后，双手放松使胸骨恢复到按压前的位置，血液在此期间可回流到胸腔，放松时双手不要离开胸壁，一方面使双手位置保持固定，另一方面，减少胸骨本身复位的冲击力，以免发生骨折；在一次按压周期内，按压与放松时间相等，此时可产生有效的脑和冠状动脉灌注压；按压应平稳、有规律进行，不能冲击式按压或中断按压；在 15 次按压周期内，保持双手位置固定，不要改变手的位置，也不要将手从胸壁上移开，每次按压后，让胸廓恢复到原来的位置再进行下一次按压。

⑥ 按压频率：成人患者大于 100 次/min 且小于 120 次/分。

胸外心脏按压的要点见图 3-3。

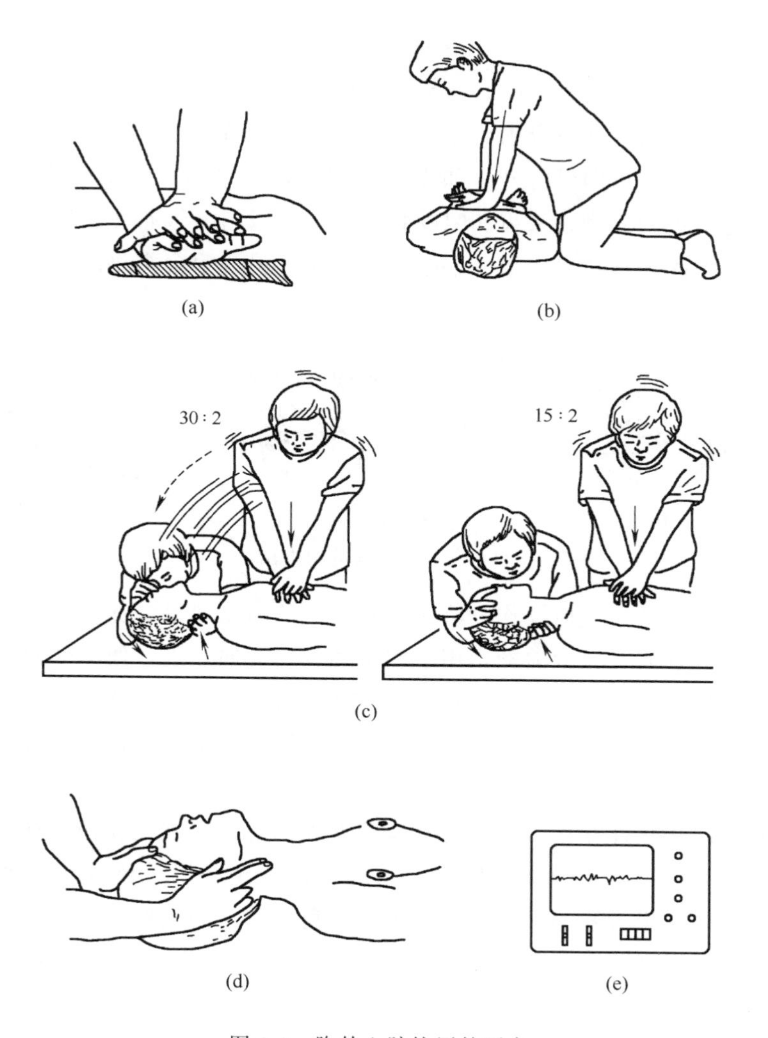

图 3-3　胸外心脏按压的要点

（a）按压的部位应该在胸骨的下半部分，将手掌的大小鱼际部位压在此处，另一手重叠在手背上，注意手指切不可直接接触胸壁而应该伸直；（b）术者两肘关节不能屈曲，应该保持伸直位，就好像将整个术者的上半身都压在患者的胸骨上一样，按压与放开的时间为 1∶1，不过以按压时间略长一点为好；（c）施行人工呼吸和心脏按压时，应每按压 30 次，施行人工呼吸 2 次，即 80 次/分；按压频率为大于 100 次/分且小于 120 次/分。对于幼小儿，单人施救时心脏按压与人工呼吸的比例为 30∶2，双人及以上施救时，心脏按压与人口呼吸的比例为 15∶2，但每分钟按压次数仍大于 100 次且小于 120 次；（d）只要心脏按压开始就不能中断，应由其他术者交替进行；（e）通过触摸颈总动脉以确认心脏按压效果，用心电图确认是心跳停止还是心室颤动

3. 开放气道（airway，A）（图 3-4）

舌根后坠是造成呼吸道阻塞最常见原因，因为舌附在下颌上，意识丧失的患者肌肉松弛使下颌及舌后坠，有自主呼吸的患者，吸气时气道内呈负压，也可将舌、会厌或两者同时吸附到咽后壁，产生气道阻塞。此时若将下颌上抬，舌离开咽喉部，气道即可打开。如无颈部创伤，可采用压额抬颏法开放气道，并清除患者口中的异物、义齿和呕吐物，用指套或指缠纱布清除口腔中的液体分泌物。清除固体异物时，用一手按压开下颌，另一手食指将固体异物钩出。

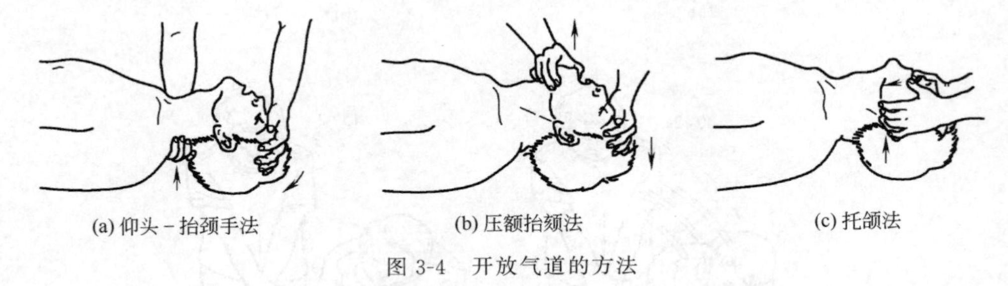
(a) 仰头－抬颈手法　(b) 压额抬颏法　(c) 托颌法

图 3-4　开放气道的方法

（1）压额抬颏法具体操作方法：解除舌后坠阻塞效果最佳。为完成仰头动作，应把一只手放在患者前额，用手掌把额头用力向后推，使头部向后仰，另一只手的食指与中指放在下颌骨仅下颊或下颌角处，向上抬颏，使牙关紧闭，下颏向上抬动。手指勿用力压迫患者颈前、颏下部软组织，否则有可能压迫气道而造成气道梗阻，避免用拇指抬下颌。

（2）托颌法具体操作方法：对疑有颈部外伤者，为避免损伤其脊椎，只采用托颌动作，而不配合使头后仰或转动的其他手法。把手放置在患者头部两侧，肘部支撑在患者躺的平面上，握紧下颌角，用力向上托下颌，如患者紧闭双唇，可用拇指把口唇分开。如果需要进行口对口呼吸，则将下颌持续上托，用面颊贴紧患者的鼻孔。

（3）仰头-抬颈手法具体操作方法：一手置于患者前额，向后压使头后仰，另一手放在其颈部，并上抬，禁用于头颈外伤者。

（4）舌-颌上举手法具体操作方法：抢救者将一只手的拇指插入患者口腔内，食指放在下颌骨的颏部，将舌及下颌一起握于手内，然后用力上抬，此法疏通气道效果极佳。

4. 保持呼吸道通畅

这是心肺复苏的第一步抢救技术，有托起下颌、通气道插入、气管内插管、环甲膜穿刺或切开等方法。

（1）托起下颌：意识障碍的患者，其上呼吸道梗阻的原因是形成咽喉前壁的舌根和咽喉盖下垂的结果。在仰卧位时，舌根和咽喉壁是处于由二腹肌、下颌舌骨肌、茎突舌骨肌、咳舌骨肌等肌群悬吊在下颌骨、舌骨、甲状软骨上的状态的。意识障碍时，这些支持肌群松弛，舌根下垂，使咽部闭塞，进而咽喉壁下垂，使咽喉部也闭塞（图 3-5）。因此，确保气道通畅的原理则应该是将支持舌根和咽喉壁的下颌骨拉向前方。对于尚能维持一定程度肌紧张度、仅仅是因舌根下沉而引起的气道闭塞，只将头部后仰使下颌相对地向前方移动则可保持气道通畅。如果肌紧张度完全丧失，舌根和咽喉壁同时下垂，则应积极地将下颌向前方推举才能保持气道通畅。实际操作要点如图 3-6 所示。

(a)　(b)

图 3-5　开通气道的原理

（a）仰卧位时，舌根和咽后壁下垂，咽部被阻塞；（b）使头部后屈，下颌则向前移，舌根和咽后壁向下牵拉抬高，使上呼吸道开通

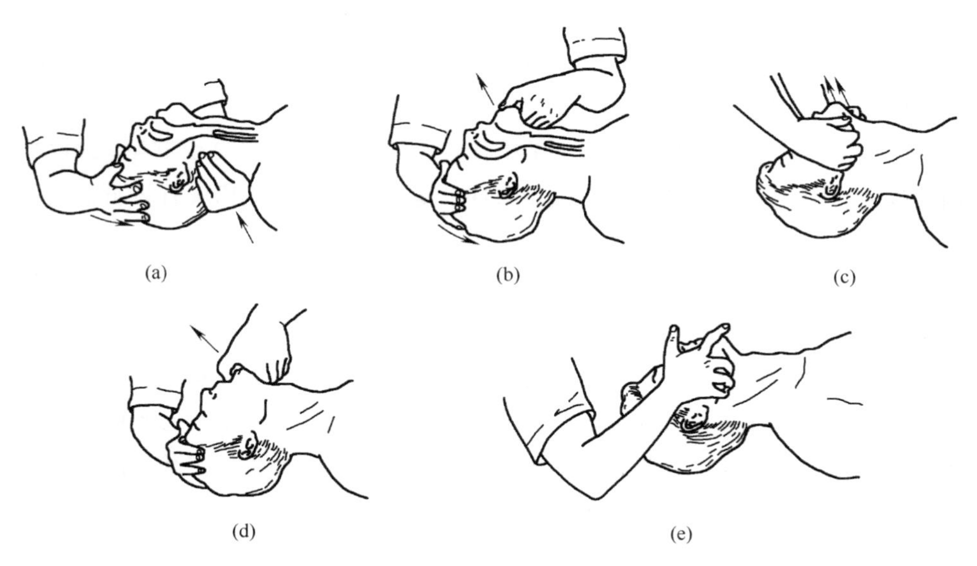

(a)　(b)　(c)　(d)　(e)

图 3-6　保持下颌前移的方法与要点

（a）头部后仰，颈部抬举；（b）头部后仰，下颌抬举；（c）两手将下颌向上抬举；（d）下颌牵引的方法；（e）单手将头部后仰、下颌抬举的方法在清除口腔和上呼吸道呕吐物、异物的前提下，保持呼吸道通畅的要点是使甲状软骨和下颌的距离增宽

（2）通气道的插入：通气道分为两种，一种是由口腔插到咽部的通气道（oropharyngeal airway），另一种是由鼻腔插入到鼻咽部的通气道（nasopharyngeal airway）。无论是哪一种都是在舌根与咽喉壁之间人工地建立一个间隙以确保上呼吸道的畅通。但值得注意的有两点：其一，由于是将通气道这种异物插入到咽喉部，对于残存着咽反射的患者来说，有可能引起呕吐或喉头痉挛。其二，如果插入方法不当或插入的通气道过粗，通气道则会夹在舌根与咽喉壁之间，有可能加重气道闭塞（图 3-7）。

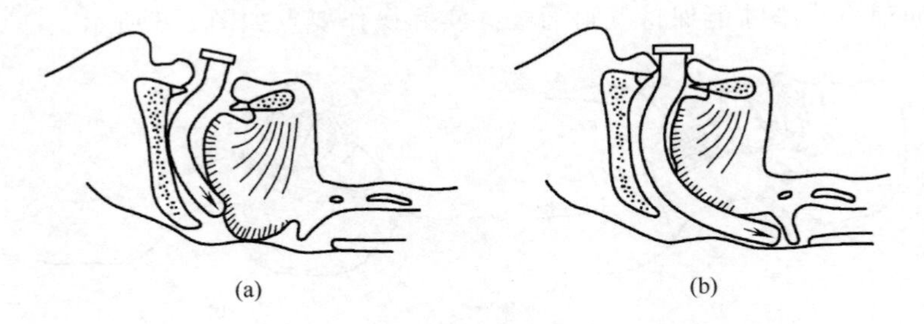

图 3-7　不正确的口腔通气道插入

（a）口腔通气道过短，压着舌根顶着咽后壁；（b）口腔通气道过长，从后方压迫喉盖，使气道阻塞

① 口咽部通气道的插入法：现在通常使用的是 Berman 型、Guedel 型的口咽部通气道。Berman 型较硬，缺乏柔软性，有损伤口腔或咽部的危险。Guedel 型相对柔软，比较受推崇。

② 鼻咽部通气道的插入法：与口咽部通气道相比，具有引起咽反射少、固定性好、适用于口腔外伤、可以调节深度等优点。但不适用于有鼻出血或可疑有颅底骨折的伤员。如图 3-8 所示。

（3）气管内插管：气管内插管是保持呼吸道畅通的最确切的方法，这是每一个临床医生都必须会的急救手技。外伤患者需要进行气管内插管的适应证包括需要进行人工呼吸时、有意识障碍时和有必要进行呼吸道保持时。当一时难以确定是否需要呼吸道的保持时，首先应该施行插管。与麻醉插管不同，外伤患者的胃中有可能滞留食物，事前很难对全身状况作出评价，多数情况下又是不能张口的。因此，应该根据不同的伤情状况选择经口或经鼻的插管方法。气管内插管的选择见表 3-1。

① 经口气管内插管的顺序与要点：在插管操作中患者不能过度换气，还要考虑到患者的呕吐，因此插管的口腔内固定物也必须要粗一点，以便通过固定物吸引口腔和咽部的分泌物。具体的插管步骤与要点如图 3-9 所示。

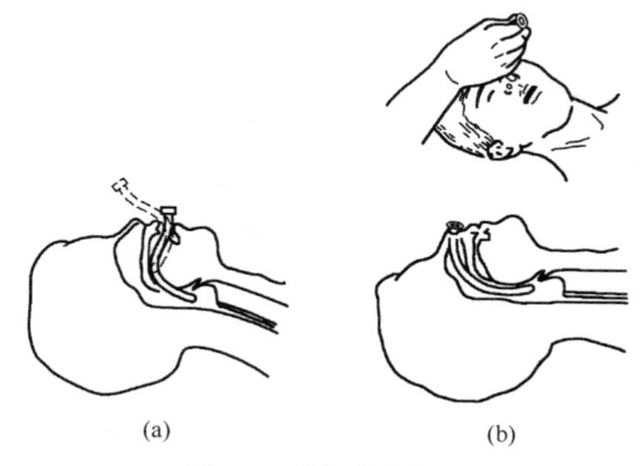

图 3-8　通气道的插入

(a) 经口咽部通气道的插入法，首先在通气道表面涂以水或润滑剂，在越过舌根之前通气道的凹形是向着咽上壁插入的，头端越过舌根后，使通气道行 180°旋转，凹形弯曲沿舌根插入；(b) 经鼻咽部通气道的插入法，如果没有鼻咽部通气道，使用短的气管插管也是可以的，先在通气道与鼻腔之间涂润滑剂，然后沿着下鼻道插入，听到呼吸音之后再固定

表 3-1　气管内插管的选择

年龄组	内径	固定位置(经口)
成人	女性:7～8mm(长度 28～32cm) 男性:8～8.5mm(长度 32～34cm)	21～22cm 约舌骨至胸骨距离的 1/2
儿童	8 岁以下<6.0mm(长度 26cm)	约 1～3cm
新生儿	3mm	经鼻插管深度为(经口插管深度+3)cm

② 经鼻气管内插管的顺序与要点：对于外伤的患者来说，经鼻插管的优点很多。即使口腔内或下颌有损伤也可以插入，由于插管时不需要颈部过度活动，因此更适用于颈椎外伤的患者。另外固定牢固，可以进行长期的呼吸管理。盲目经鼻气管内插管法见图 3-10 所示。

(4) 环甲膜穿刺或切开：在颌面外伤、颈椎损伤或因异物、喉头水肿而导致上气道阻塞时，迅速而安全地确保呼吸道通畅的方法则是环甲膜穿刺或切开。通常也是在气管内插管不能或不适合的情况下所采取的方法。

① 环甲膜穿刺：这是一种于环状软骨和甲状软骨之间的膜部刺入一个粗针头或套管针进行换气的方法。尽管这种方法只能是临时的，而且不能取得充分换气，但从可以维持氧气交换这一点来看，它的救命价值还是很高的。

② 环甲膜切开：要想经环甲膜穿刺得到充分换气，成人需要插入内径为 5mm 以上的套管针。因此要想保持较长时间的持续性地换气，有必要施行环

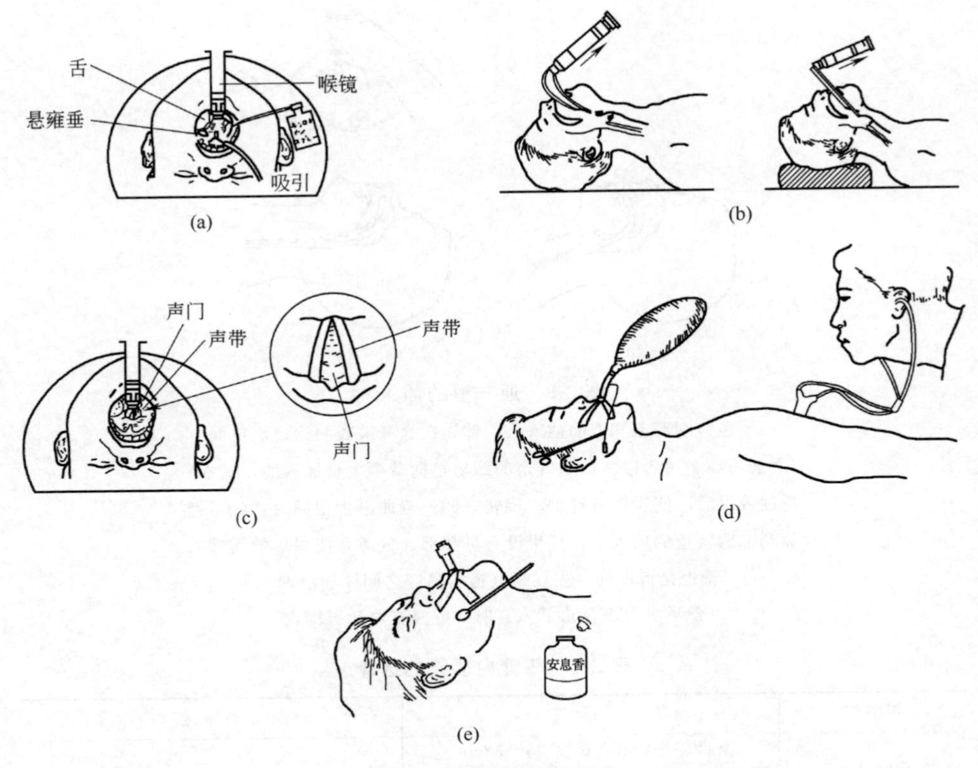

图 3-9　经口插管的要点

(a) 如果有咽反射，首先将咽部舌根施行表面麻醉，然后用喉镜将舌压向左侧，进而推至舌根；(b) 弯曲型喉镜金属柄之头端推进至舌根与咽喉壁之间，直型喉镜金属柄之头端推进至咽喉壁，将喉镜向上牵拉，同时将头后仰，下颌向前抬举则更易显露声门；(c) 确认呈“八”字形的声门后，将气管插管插入；(d) 插管成功后置以牙垫，用呼吸气囊吹气，可闻双肺呼吸音以确认插管不在单侧支气管内；(e) 将气管插管与牙垫一并用粘膏固定。如果颊部有污物，可用安息香酸酊涂擦，这样则可固定牢靠

甲膜切开术。手法简单、操作时间短、合并症又少，因而在紧急状况下比气管切开要好。有人主张在环甲膜穿刺后随即切开皮肤和气管，然后插入气管切开导管是可能的，但直接施行环甲膜切开需要时间会更短，数十秒即可做到确保气道的畅通（图 3-11）。

5．呼吸（breathing，B）

（1）检查呼吸具体操作方法　在开放并维持气道通畅位置的前提下，抢救者先将耳朵贴近患者的口鼻附近，头部侧向患者胸部。面部感觉患者呼吸道有无气体排出，眼睛观察患者胸部有无起伏动作，耳仔细听患者呼吸道有无气流

图 3-10 盲目的经鼻气管内插管要点

①要选择比经口插的管小的，内径为 0.5mm，其头端用钢丝使其变弯；②选择容易插入的鼻腔，当可疑有颅底骨折、鼻出血的情况下，选择没有损伤一侧的鼻腔，喷以表面麻醉药；③当插入到鼻咽部或咽部，听到最强的呼吸音时则暂时停止；④一边听着呼吸音一边随吸气同步插入，如果插入失败则将管退至可以听到呼吸音最强处再插，将颈部略前屈会容易插入；⑤如果有自主呼吸，反复插入是可以的，一旦插入时诱发了呕吐，则应由插管将呕吐物吸出

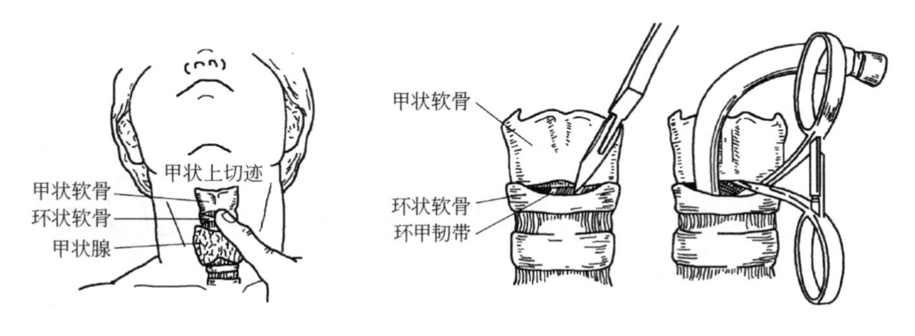

图 3-11 环甲膜切开术

①令患者仰卧位，两肩间垫以枕头使颈后伸，当颈部有损伤时，应将颈部沿脊柱的长轴方向牵引，切不可过伸；②用食指触摸到甲状软骨，再沿着正中线向下摸到环状软骨隆起，于甲状软骨和环状软骨之间的凹陷处则为环状甲状韧带，在其表面皮肤上横切一 1～2cm 的小口；③钝性分离皮下组织显露环状甲状韧带，于环状软骨之上缘，用手术刀将环状甲状韧带横行切开 5mm；④用血管钳横向括开 5～6mm，然后插入气管插管；⑤和气管切开一样，将切口包缚，再用带子环绕颈部固定

呼出的声音。或用少许棉花放在患者口鼻处，可清楚地观察到有无气流。若上述检查发现呼吸道无气体排出，可确定患者无呼吸。判断及评价时间不得超过

10s。大多数呼吸或心跳骤停患者均无呼吸，偶有患者出现异常或不规则呼吸，或有明显气道阻塞征的呼吸困难，这类患者开放气道后即可恢复有效呼吸。开放气道后发现无呼吸或呼吸异常，应立即实施人工通气，如果不能确定通气是否异常，也应立即进行人工通气。

（2）人工呼吸

① 口对口呼吸：这是一种快捷有效的通气方法，抢救者呼出的气体中含氧气为16％～17％，足以满足患者需求。

口对口呼吸的具体操作方法如下：在开放并维持气道通畅、患者口部张开的位置下进行。抢救者用按于前额一手的拇指和食指捏紧患者双侧鼻翼的下端，以捏闭鼻孔防止吹气时漏气；抢救者先深吸一口气，张开口贴紧患者的嘴巴，并用口唇把患者的口部完全包住，呈密封状；然后向患者口内连续、缓慢吹气两口，以扩张萎陷的肺脏，并判断气道的阻力或气道开放的效果；每次吹气应持续2s以上，确保吹气时胸廓隆起或上抬；为减少胃胀气的发生，对大多数成人在吹气持续1s以上给予10mL/kg潮气量或500～600mL的潮气量；一次吹气完毕后，应立即与患者口部脱离，轻轻抬起头部，眼视患者胸部，吸入新鲜空气，以便行下一次人工呼吸，同时放松捏鼻的手，以利患者胸廓借弹性回缩，使气流被动从口鼻排出；通气频率为10～12次/分。环状软骨加压可减少进入胃内的气体量（图3-12）。

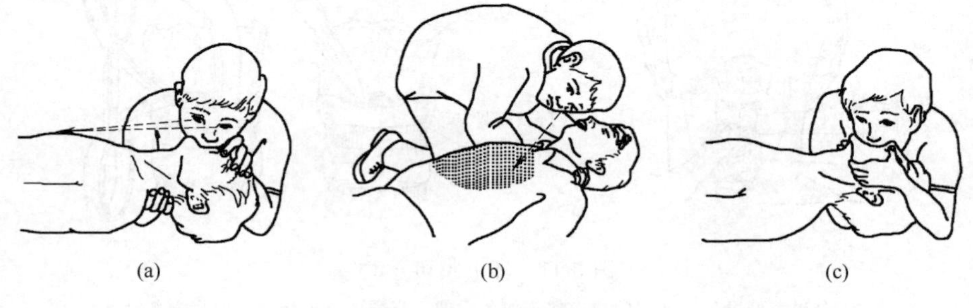

图3-12　口对口呼吸

② 口对鼻呼吸：口对口呼吸难以实施时采用口对鼻呼吸，主要用于不能经口进行通气者，如患者牙关紧闭不能开口、口唇严重创伤或抢救者行口对口呼吸时不能将患者口部完全包住者。救治溺水者最好应用口对鼻呼吸方法，因为救治者双手要托住溺水者的头和肩膀，只要患者头一露出水面即可行口对鼻呼吸。

口对鼻呼吸的具体操作方法如下：一手按于前额，使患者头部后仰；另一手提起患者的下颌，并使口部闭住；抢救者先深吸一口气，张开口贴紧患者的鼻部，并用口唇把患者的鼻部完全包住，呈密封状；然后向患者鼻内连续、缓慢吹气；一次吹气完毕后，应立即与患者鼻部脱离，使气流从口鼻被动排出。有时因患者在被动呼气时可因鼻腔闭塞而影响排气，此时可间歇性开放患者的口部，或用拇指分开患者的嘴唇，以便患者被动呼气。其余同口对口呼吸。

③ 口对面罩呼吸：用透明有单向阀门的面罩，抢救者可将呼出气吹入患者肺内，但能避免与患者口唇直接接触，有的面罩有氧气接口，以便在口对面罩呼吸的同时供给氧气，以提高人工呼吸的效果，有利于改善缺氧。

口对面罩呼吸的具体操作方法如下：用面罩通气时双手把面罩紧贴患者面部，加强其闭合性，可提高其通气效果。其余同口对口呼吸。

④ 球囊面罩装置：使用球囊面罩可提供正压通气，一般球囊充气容量约为1000mL，每次挤压容积为1/2～2/3，足以使肺充分膨胀，但急救中挤压气囊难保不漏气，因此，单人复苏时易出现通气不足，双人复苏时效果较好。双人操作时，一人压紧面罩，一人挤压皮囊。这是一种用于急救车或医院内急救的方法，如果操作不当是没有效果的。其要点是确保气道通畅和面罩与皮肤的紧密接触（图3-13）。

6. 单人心肺复苏

单人心肺复苏是指一个人单独进行心肺复苏操作。单人心肺复苏的具体操作方法如下。

（1）判断　确定患者是否无反应（拍或轻摇晃患者并大声呼唤）。

（2）启动急救医疗体系　根据现场的实际情况，及时启动急救医疗体系。

（3）体位　将患者安放在适当的体位（仰卧或恢复体位）。

（4）循环　检查患者的呼吸、咳嗽、有无活动，专业人员还应检查颈动脉搏动（不超过10s），如无循环征象，立即开始胸外按压。

（5）开放气道　采用仰头抬颏法或托颌法开放气道。

（6）呼吸　确定是无呼吸还是通气不足。如患者无反应，但有呼吸，又无脊椎损伤时，将患者置于侧卧体位，保持气道通畅。如患者无反应，也无呼吸，将患者置于平躺仰卧位，即开始以30∶2的按压/通气比率进行胸外按压及人工呼吸。开放气道通气时，查找咽部是否有异物，如有异物立即清除。

（7）重新评价　行5个按压/通气周期后，再检查循环体征，如仍无循环体征，重新行心肺复苏。

7. 双人心肺复苏

双人心肺复苏是指两人同时进行心肺复苏的操作。具体操作方法如下。

（1）判断　确定患者是否无反应（拍或轻摇晃患者并大声呼唤）。

（2）启动急救医疗体系　根据现场的实际情况，及时启动急救医疗体系。

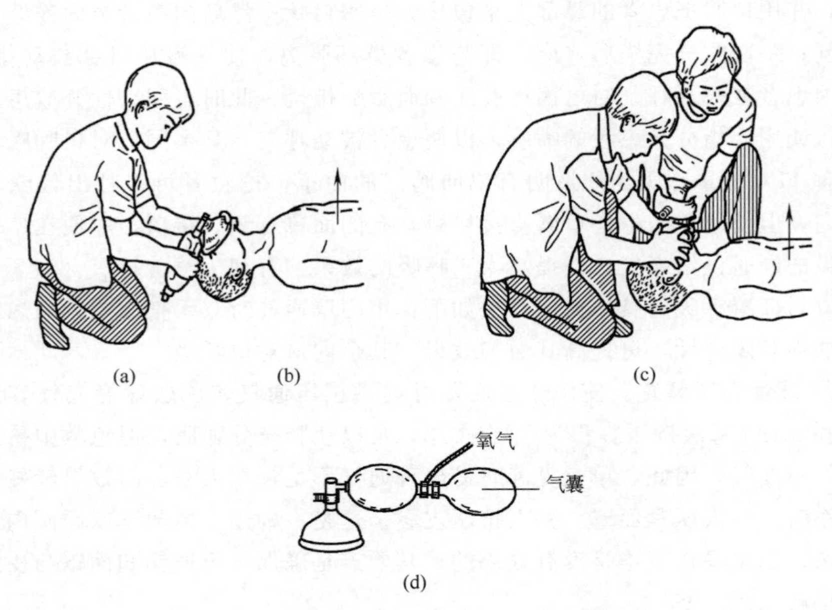

图 3-13　气囊式人工呼吸

（a）术者跪或立在患者的头侧，令患者的头后仰，术者用左手的中、无名、小指将下颌向前上方抬起，用开大的食指和拇指紧紧地将面罩压在口鼻处使之密切接触；（b）术者右手持气囊，以 12～15 次/分、吸呼气时间比为 1∶2 加压。如果患者气道通畅，加压应该无阻力，患者的胸廓在上下活动；（c）如果不能保持面罩与口鼻周围的皮肤密切接触，则一人用两手将下颌保持抬举位并保持面罩紧密接触，另一人有节律性地压迫气囊；（d）供给氧气和空气的流量应该是每分钟 6L 左右，即每次的换气量为 500mL，12 次/分

（3）体位　将患者安放在适当的体位（仰卧或恢复体位）。

（4）循环　检查循环体征，检查患者的呼吸、咳嗽、有无活动，专业人员还应检查颈动脉搏动（不超过 10s），如无循环征象，立即开始胸外按压。

（5）开放气道　采用仰头抬颏法或托颌法开放气道。

（6）呼吸　确定是无呼吸还是通气不足。如患者无反应，但有呼吸，又无脊椎损伤时，将患者置于侧卧体位，保持气道通畅。如患者无反应，也无呼吸，将患者置于平躺仰卧位，即开始以 30∶2 的按压/通气比率进行胸外按压及人工呼吸。开放气道通气时，查找咽部是否有异物，如有异物立即清除。

（7）重新评价　行 5 个按压/通气周期后，再检查循环体征，如仍无循环体征，重新行心肺复苏。

双人心肺复苏时，一人位于患者身旁，按压胸部，按压频率大于 100 次/分且小于 120 次/分；另一人仍位于患者头旁侧，保持气道通畅，监测颈动脉搏动，评价按压效果，并进行人工通气，按压/通气比率为30∶2。当按压胸部者疲劳时，两人可相互对换位置继续双人心肺复苏。

8. 恢复体位（侧卧位）

对无反应但已有呼吸和循环体征的患者，采取恢复体位，以预防患者的舌体、黏液、呕吐物等导致的气道梗阻。

（二）小儿基本生命支持（PBLS）

婴儿的呼吸、心跳极少突发骤停，多是心肺功能进行性恶化的结果。但婴儿一旦发生呼吸、心跳骤停，则预后极差。在心肺复苏中，1岁以内为婴儿，1～8岁为儿童。

婴儿和儿童心肺复苏术的具体操作如下。

1. 检查反应

应迅速判定患儿有无意识和有无创伤存在及其范围。用轻拍和大声呼唤患儿看其反应水平，婴儿对言语若不能反应，可以用手拍击其足跟部或捏掐其合谷穴位，如能哭泣，则为有意识。对有头颈部创伤的小儿不要移动和搬动，以免加重脊髓损伤。若患儿无反应及无呼吸，应立即开始心肺复苏，并电话启动急救医疗体系（EMSS）。

2. 气道管理

小儿在丧失意识后，舌根后坠是导致气道阻塞的最常见原因。因此，一旦发现患儿意识丧失，应立即将患儿仰卧于坚硬平面上如桌面、楼板、地面，并采取适当方法使舌根离开咽后壁，保持气道通畅。只有在气道通畅的前提下，才能保证有效地吸入氧气和排出二氧化碳。由于婴儿韧带、肌肉松弛，头部不可过度后仰，否则可压迫气管，影响气道通畅。对于意识丧失但无外伤者，可采用仰头举颏法开放气道。对怀疑有气管异物者，可将舌及下颌提起，检查咽部有无异物，以便在直视下将异物去除。

3. 呼吸支持

（1）判断　在气道开放的前提下，可通过观察患儿胸腹的起伏、听口鼻呼吸声音及用面颊部感觉口鼻内有无气流而确定患儿有无呼吸。应注意识别无效呼吸、喘息及气道阻塞后呼吸，如不能确定呼吸是否有效，应立即施行人工呼吸。如果患儿自主呼吸有效，将患儿侧卧置于恢复体位，有助于保持气道通畅。需在10s内完成判断。

（2）人工呼吸　在保持气道通畅的前提下进行。因婴儿口鼻开口均较小，位置又很靠近，故对1岁以下婴儿应采用口对口鼻法，即抢救者用口贴紧婴儿口鼻开口处，通过向婴儿口鼻吹气进行人工呼吸。若抢救者口较小，也可采用口对鼻法，向鼻吹气的同时，应抬起下颌使口闭合。对 1～8 岁小儿采用口对口法。开始人工呼吸时，抢救者应连续吹气 2～5 次，每次持续 1～1.5s，至少保证 2 次有效通气。由于患儿大小不同，肺顺应性不一样，因此难以统一吹气压力及吹气量，以吹气可使胸廓抬起但又不引起胃膨胀为原则。若吹气进入自由并且胸廓抬起，说明气道通畅、人工呼吸有效；若吹气不能自由进入或胸廓不能抬起，则可能是气道有阻塞、吹气的量或压力不够，需要重新调整体位，正确开放气道，若头的位置正确并用力吹气仍不能使患儿胸廓抬起，则应怀疑气道有异物阻塞，应排除异物。人工呼吸频率是依据不同年龄的正常呼吸频率，同时考虑与胸外按压相配合而确定的，根据年龄大小，一般为每分钟 12～20 次。

（3）循环支持　一旦气道通畅并提供 2 次有效人工呼吸，抢救者要决定是否实行胸外按压以提供循环支持。

① 检查脉搏：婴儿因颈部短而圆胖，颈动脉不易触及，很难迅速找到且有可能压迫气道，可检查肱动脉搏动。肱动脉位于上臂内侧、肘与肩之间，抢救者将大拇指放在上臂外侧，食指和中指轻轻压在内侧即可感觉到有无脉搏搏动。1 岁以上小儿，检查颈动脉搏动。对非专业人员，不要求掌握检查肱动脉搏动方法。

② 胸外按压：对没有头颈外伤的婴儿，抢救者的手或前臂可作为坚硬的支撑平面。用前臂支持婴儿的躯干，用手托住婴儿的头和颈，使婴儿头部轻度后仰，以保持气道通畅；抢救者的另一只手施行胸外按压，按压后前臂托起婴儿行口对口鼻人工呼吸。

a. 婴儿胸外按压：有双指按压法和双手环抱按压法两种。按压频率大于 100 次/分且小于 120 次/分。

双指按压法适合于单人心肺复苏操作，一手施行胸外按压的同时，另一只手可用于固定头部，或放在胸后轻轻抬起胸廓，使头部处于自然位置。婴儿按压部位是两乳头连线与胸骨正中线交界点，按压深度至少 4cm。

双手环抱按压法适合于双人心肺复苏操作。抢救者双手围绕患儿胸部，以双侧拇指重叠或并列压迫胸骨下 1/3 处。

b. 小儿胸外按压：单掌按压法，适用于 1～8 岁小儿。将一手的掌根部置于患儿胸骨下 1/2 处，手指抬起离开肋骨，仅手掌根保持和胸骨接触。手臂伸直，凭借体重，垂直下压，使胸骨下陷至胸廓前后径的 1/3～1/2，即至少 5cm。按压频率大于 100 次/min 且小于 120 次/分。

8 岁以上小儿胸外按压方法基本和成人相同，用双掌按压法。

（4）按压频率与人工呼吸比例　婴儿和 8 岁以下的小儿，胸外按压与人工呼吸比率为 30∶2；对 8 岁以上的患儿，在气道通畅时其比率为 5∶1。双人心肺复苏时，1 人进行胸外按压，1 人保持头位和人工呼吸，胸外按压与人工呼吸比率为 15∶2。对气道通畅未得到保障者，进行人工呼吸时，需停止胸外按压；对气道通畅有保障者，进行人工呼吸时，保持进行胸外按压。

（5）重新评价　施行心肺复苏后约 1min 及每隔 1min，应重新评价患儿的自主呼吸及循环状态。

4. 新生儿心肺复苏术如下

① 保温：新生儿在院外需注意防止低体温。应迅速擦干体表的羊水、去除接触新生儿的湿敷料或将其摆放在预热的保温箱中。

② 检查心率：可用听诊器听心尖部心音、触摸肱动脉或股动脉、触摸脐带基底部的搏动。

③ 复苏方法：新生儿往往对单一的复苏即有效。一般按压频率为 120 次/min（同时进行通气）、通气频率为 40～60 次/min（无胸外按压），按压/通气比例为 3∶1。胸外按压时采用双手环抱按压法，抢救者双手围绕患儿胸部，以双侧拇指重叠或并列按压胸骨下 1/3 处，按压深度 1～2cm。按压时应经常测心率，若超过 80 次/min，可停止按压。最好给予纯氧通气。

（三）合并症

如果心肺复苏措施得当，可为患者提供生命支持。可是即使正确实施心肺复苏，也可能出现合并症，但不能因为害怕出现合并症，而不尽最大努力去进行心肺复苏。

1. 人工呼吸的合并症

人工呼吸时，由于过度通气和过快通气都易发生胃扩张，尤其是儿童更容易发生。通过维持气道通畅、限制和调节通气容量使胸廓起伏适度，就可能最大限度地降低胃扩张发生率。在呼气和吸气过程中，如能确保气道通畅，也可进一步减轻胃扩张。如果出现胃内容物反流，应将患者侧位安置，清除口内反流物后，再使患者平卧，继续心肺复苏。

2. 胸外按压的合并症

正确的心肺复苏技术可减少合并症，在成人患者，即使胸外按压动作得当，也可能造成肋骨骨折，但婴儿和儿童却很少发生肋骨骨折。胸外按压的其他合并症包括胸骨骨折、肋骨从胸骨分离、气胸、血胸、肺挫伤、肝脾撕裂伤和脂肪栓塞。按压过程中，手的位置要正确，用力要均匀有力，虽然有时可避免一些合并症，但不能完全避免合并症的发生。

（四）特殊情况下的复苏

特殊情况如脑卒中、低温、溺水、创伤、触电、雷击、妊娠等条件下出现的呼吸、心跳停止，需要复苏者调整方法进行复苏。

1. 脑卒中

由脑血管梗死和出血引起。脑血管梗死患者是由在血管内发生的或由远处转移来的栓子（如心脏）迁移到脑所引起的血管阻塞；出血性脑卒中是脑血管破裂进入脑室膜系统（蛛网膜下腔出血）或进入脑实质（脑内出血）所致。对于任何一个突发的有局灶性神经功能损伤或意识变化者都要考虑脑卒中的可能。如果出现昏迷状态，气道梗阻是急性脑卒中的最大问题，因为低氧和高碳酸血症可以加重脑卒中，因此，开放气道是最为关键的措施，必要时行气管内插管。同时要注意不适当的通气或误吸。

2. 低温

严重事故低温（体温＜30℃）有明显的脑血流、氧需下降，心排血量下降，动脉压下降，患者由于脑和血管功能抑制，表现为临床死亡，但完整的神经功能恢复是可能的。

（1）复温　抢救低温引起的心跳停止与常温下心脏骤停差异很大。低温心脏对药物、起搏刺激、除颤无反应，药物代谢减少。肾上腺素、利多卡因、普鲁卡因胺可以积蓄中毒。对无心跳或无意识而心率较慢的患者给予主动的中心复温是至关重要的首要措施。

（2）电除颤　如果患者无呼吸，首先开始通气，如果患者出现心室颤动，抢救人员要给予 3 次电除颤。如果心室颤动在除颤后仍存在，就不要再除颤了，除非体温达到 30℃以上，之后要立即进行心肺复苏和复温，因为在核心体温低于 30℃时，电除颤往往无效。

3. 淹溺

最严重的后果就是低氧血症，缺氧时间的长短和严重程度是预后的关键。因此，救助者应尽快使患者脱离水肿，尽可能迅速地开始复苏，恢复通气和灌注要尽可能快地同时完成。

（1）人工呼吸　可用口对口呼吸、口对鼻呼吸、使用潜水面罩行口对面罩呼吸，特殊训练的复苏者可在水中完成通气。

（2）胸外按压　水中不要进行胸外按压。出水后，要立即确定循环情况，因为溺水者外周血管收缩，心排血量降低，很难触及脉搏。无脉搏时，立即胸外按压。在对任何年龄的淹溺患者进行 CPR 时都应在启动 EMSS 前进行 5 个周期的心肺复苏（约 2min）。

（3）立即给予进一步高级生命支持　在去医院路上心肺复苏不能中断，对冷水中溺水者同时要做好保温措施。

4．创伤

受伤后患者发展到心跳、呼吸停止的治疗与原发心脏和/或呼吸骤停的治疗不同。

① 在现场对明显严重致死性创伤、无生命体征、无光反射或不能除颤者，不要进行复苏抢救。

② 对一个要进行复苏的患者，有准备地快速转送到有条件地区进行确定性创伤救治。创伤后无脉搏患者要立即使用简易导联的心电监测，并完成通气和呼吸评价。

③ 对创伤后发生心跳停止者，胸外按压的价值仍不确定。对无脉搏的创伤患者，胸外按压只有在除颤和气道控制之后才可进行。在开放的胸部伤，如果呼吸音不对称或出现任何气道阻力增加时，要仔细检查和封闭任何形式的开放气胸，要监测和治疗张力性气胸。

如上述原因的创伤患者发展到心跳停止时，要立即开始确定性治疗。对心室颤动者及时除颤，必要时行气管插管或切开。

④ 当多人受伤时，急救人员要优先治疗危重创伤患者，当数量超过急救系统人员力量时，无脉搏者一般被放弃，允许在院前宣布死亡。

5．电击

心跳停止是电击伤致死的首要原因，心室颤动和室性停搏可由电击直接造成。呼吸停止可继发于：①电流经过头部引起延髓呼吸中枢抑制；②触电时破伤风样膈肌和胸壁肌肉的强直性抽搐；③长时间的呼吸肌瘫痪。

触电后呼吸/循环立即衰竭。在电源被移去后，复苏者立即确定患者状态。如果无自主循环及呼吸，按心肺复苏方法开始抢救。如果电击发生在一个不易迅速接近的地点，尽快把触电者放到地面，心跳停止时要立即通气和胸外按压。燃烧的衣服、鞋、皮带要去除，避免进一步烧伤。如果有任何的头颈部损伤，及时运送医院并立即给予进一步高级生命支持。

6．雷击

雷击致死的基本原因是心脏停跳。雷电的作用为瞬时强大的直流电击，使心肌全部去极化，并引起心脏停跳。在许多情况下，心脏的自律性可恢复，同时窦性心律恢复。然而，伴随着胸部肌肉痉挛的呼吸停止和呼吸中枢抑制可在自主循环恢复后持续存在，如果不给予辅助通气支持，低氧可以再度引起心脏停跳。心跳停止的患者，要立即建立基本生命支持和进一步行高级生命支持，直到心脏恢复跳动。呼吸停止的患者仅需要通气，以避免继发低氧血症引起的心跳停止。

7. 妊娠

孕期妇女心跳停止的突发事件包括：肺栓塞、创伤、临产、出血导致的低血容量状态、羊水栓塞、先天性或获得性心脏病、产科治疗并发症如心律失常、充血性心衰和心肌梗死等。当孕期妇女发生心脏停跳进行胸外按压时，为了减少妊娠子宫对静脉和心排血量的影响，可以将一个垫子如枕头放在右腹部侧方、臀部下面，把子宫移到左侧腹部后方实施心肺复苏。肾上腺素、去甲肾上腺素、多巴胺在临床有指征时应及时使用。如果胎儿有潜在成活的可能性，要考虑迅速完成产前专科手术。如果首先要心肺复苏，向左移动子宫恢复血容量，持续使用进一步高级生命支持程序。不能恢复有效循环时，应在 4～5min 内行紧急剖宫产术，以增大母亲和婴儿的生存机会。婴儿的娩出可以排除动脉压迫和允许静脉回流入心脏，有利于心肺复苏的成功（图 3-14）。

图 3-14　孕妇复苏体位

（五）特殊场所的心肺复苏

1. 心肺复苏中更换场所

如果事发现场为失火、建筑工地等不安全场所，应立即将患者转移到安全区域并开始心肺复苏。此时不应把患者从拥挤或繁忙的区域向别处转移，只要有可能，就不能中断心肺复苏，直到患者恢复循环体征或其他急救人员赶到。

2. 转运途中

运输患者有时需上或下楼梯，最好在楼梯口进行心肺复苏，预先规定好转运时间，尽可能快地转至下一个地方，立即重新开始心肺复苏。心肺复苏中断时间应尽可能短，且尽可能避免中断，在将患者转至救护车或其他移动性救护设备途中，仍不要中断心肺复苏，如果担架较低，急救人员可随在担架旁边，继续实施胸外按压，如果担架或床较高，急救人员应跪在担架或床上，超过患者胸骨的高度，便于心肺复苏。一般情况下，只有专业人员气管插管、自动体外除颤或转运途中出现问题时，才能中断心肺复苏。如果只有一个急救人员，有必要暂停心肺复苏去启动急救医疗体系。

（六）早期电击除颤

尽早快速电击除颤已作为基本生命支持中的一部分，要求第一个到达现场的急救人员应携带除颤器，抢救者除行基本生命支持外，同时还应实施自动体外除颤（automated external defibrillation，AED）。在有除颤器时，首先实施电除颤，以提高心脏骤停患者复苏的存活率。目前主张早期电击除颤，争取在心跳骤停发生后的院前 5min 内完成电除颤。

1. 早期电击除颤理由

① 心跳骤停的最常见的原因为心室颤动，约占 80%。

② 电击除颤是治疗心室颤动最有效的方法。

③ 电击除颤成功率随时间的流逝而减少或消失，电击除颤每延迟 1min，成功率将下降 7%～10%。

④ 心室颤动可能在数分钟内转为心脏停止。

2. 电击除颤能量选择

除颤器释放的能量应是能够终止心室颤动的最低能量，能量和电流过低则无法终止心律失常，过高则会引起心肌损害。目前已推广使用携带式自动体外除颤器（AED）。

（1）单相波　《国际心肺复苏指南》（2015）推荐首次单相波除颤能量为 360J，如首次除颤后室颤持续，则再次应用 360J 的能量除颤。

（2）双相波　双相波除颤是新近除颤器发展的主要趋势，并已显示了其市场前景和临床应用价值。1997 年以来，应用固定低能量双相波除颤器对院外心脏性猝死救治疗效的回顾性总结发现：低能量双相波除颤器虽释放的能量无法递增，却能达到与可递增能量单相波除颤器相同的临床效果。使用 150J 可有效终止院前发生的心室颤动。

3. 除颤效果的评价

近来研究表明，电击后 5s 心电显示心搏停止或非心室颤动无电活动可视为电除颤成功。这一时间的规定是根据电生理研究结果而定的，成功除颤后一般心脏停止的时间应为 5s，临床比较易于检测。第一次电除颤后，在给予药物和其他高级生命支持措施前，监测心律 5s，可对除颤效果提供最有价值的依据；监测电击后第 1min 内的心律可提供其他信息，如是否恢复规则的心律，包括室上性节律和室性自主节律，以及是否为再灌注心律。

① 若第一次除颤后，患者的循环体征仍未恢复，抢救者应立即实施 2min 的心肺复苏，若心律仍为心室颤动，则再行 1 次相同能量的电除颤（如一次除颤成功，不必再做第二次）、行 5 个循环（约 2min）的心肺复苏，并立即检查循环体征。若心电图示细颤波，则应在给予肾上腺素、利多卡因或胺碘酮，胸外按压一个循环后再除颤。若心电图示心室静止或电-机械分离，原则上不能除颤，可以用电起搏，以经皮心内起搏效果较好。

② 如果循环体征恢复，检查患者呼吸，如无自主呼吸，即给予人工通气，10～12 次/分；若有呼吸，将患者置于恢复体位，除颤器应仍连接在患者身体上，如再出现心室颤动，AED 仪会发出提示并自动充电，再行电击除颤。

4. 心前叩击

胸前叩击可使室性心动过速转为窦性心律，虽其有效性仅为 11%～25%。极少数心室颤动可能被胸前重叩终止。由于胸前叩击简便快速，在发现患者心脏停跳、无脉搏且无法获得除颤器进行除颤时可考虑使用。

（七）气道异物梗阻的识别和处理

气道完全梗阻（FBAO）是一种急症，如不及时治疗，数分钟内就可导致死亡。无反应的患者可因内在因素（舌、会厌）或外在因素（异物）导致气道梗阻。舌向后坠，堵塞气道开口，会厌也可阻塞气道开口，都会造成气道梗阻，这是意识丧失和心跳、呼吸停止时上呼吸道梗阻最常见的原因。头面部损伤的患者，特别是意识丧失患者，血液和呕吐物都可堵塞气道，发生气道梗阻。

1. 气道异物梗阻的原因

任何患者突然呼吸骤停都应考虑到气道异物梗阻，尤其是年轻患者，呼吸突然停止，出现发绀及无任何原因的意识丧失。成人通常在进食时发生气道异物梗阻，肉类是造成梗阻最常见的原因，还有很多食物都可使成人或儿童发生哽噎，发生哽噎主要由试图吞咽大块难以咀嚼的食物引起。饮酒后致血中酒精浓度升高、有义齿和吞咽困难的老年患者，也易发生气道异物梗阻。

2. 识别气道异物梗阻

识别气道异物梗阻是抢救成功的关键。因此，与其他急症的鉴别非常重要，这些急症包括虚脱、脑卒中、心脏病发作、惊厥或抽搐、药物过量以及其他因素引起呼吸衰竭，其治疗原则不同。异物可造成呼吸道部分或完全梗阻。部分梗阻时，患者尚能有气体交换，如果气体交换良好，患者就能用力咳嗽，但在咳嗽停止时出现喘息声。只要气体交换良好，就应鼓励患者继续咳嗽并自主呼吸。急救人员不宜干扰患者自行排除异物的努力，但应守护在患者身旁，并监护患者的情况，如果气道部分梗阻仍不能解除，就应启动急救医疗体系。

① 气道异物梗阻患者可能一开始就表现为气体交换不良，也可能刚开始气体交换良好，但逐渐发生恶化，气体交换不良的体征包括：乏力而无效的咳嗽，吸气时出现高调噪声，呼吸困难加重，还可出现发绀，要像对待完全气道梗阻一样来治疗部分气道梗阻，而伴气体交换不良患者，并且必须马上治疗。

② 气道完全梗阻的患者，不能讲话，不能呼吸或咳嗽，可能用双手指抓住颈部，气体交换消失，故必须对此能明确识别。如患者出现气道完全梗阻的征象，且不能说话，说明存在气道完全梗阻，必须立即救治。气道完全梗阻时，由于气体不能进入肺内，患者的血氧饱和度很快下降，如果不能很快解除梗阻，患者将丧失意识，甚至很快死亡。

3. 解除气道异物梗阻方法

① 腹部冲击法（Heimlich 法）：腹部冲击法可使膈肌抬高，气道压力骤然升高，促使气体从肺内排出，这种压力足以产生人为咳嗽，把异物从气管内冲击出来。

腹部冲击法的具体操作方法如下：腹部冲击法用于立位或坐位有意识的患者时，急救者站在患者身后，双臂环绕着患者腰部，一手握拳，握拳的拇指侧紧抵患者腹部，位置处于剑突下、脐上、腹中线部位，用另一手抓紧拳头，用力快速向内、向上冲击腹部，并反复多次，直到把异物从气道内排出来（图 3-15）。如患者出现意识丧失，也不应停下来，每次冲击要干脆、明确，争取将异物排出来。当患者意识丧失，应立即启动急救医疗体系，非专业急救人员应开始 CPR，专业救护人员要继续解除气道异物梗阻。

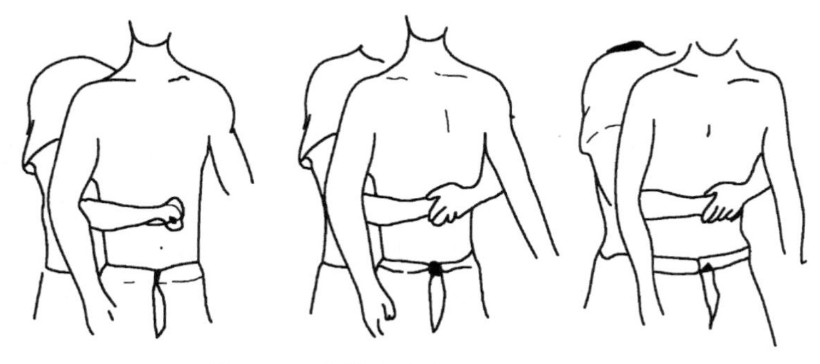

图 3-15　腹部冲击法（Heimlich 法）

② 胸部冲击法：如果腹部冲击法无效，可采用胸部冲击法。对有意识孕妇尤其是妊娠终末期、过度肥胖者或救助者无法环抱其腹部者，应该采用胸部

冲击法代替腹部冲击法。

胸部冲击法的具体操作方法如下：站在患者身后，把上肢放在患者腋下，将胸部环绕起来。一只拳的拇指则放在胸骨中线，注意避开剑突和肋骨下缘，另一只手抓住拳头，向后冲击，把异物冲击出来或冲击至患者已失去意识。

③ 对无意识气道异物梗阻患者的解除方法：如果成人气道梗阻，在解除气道异物梗阻期间发生意识丧失，单人非专业急救人员应启动急救医疗体系（或让其他人去启动急救医疗体系），并开始心肺复苏，每次通气时都应开放气道，顺便看咽后部是否存在梗阻异物，如看到异物，即将异物清除。事实上，胸部按压有助于无反应患者解除气道异物梗阻。

对气道异物梗阻出现意识丧失者，只有专业急救人员才能用手指法清除异物，如果患者仍有反应或正处于抽搐时，则不能用手指清除异物。

在患者面部朝上时，用托颌法可将舌从咽后壁及异物存留处拉开而解除气道梗阻。也可沿患者颊内，一手食指在另一只手下面探入患者咽部，直达舌根，用食指把噎住的异物钩出来。有时无法直接将异物取出来，可先用食指把异物顶在咽侧壁，然后将异物挪动并取出来，取异物时避免用力过猛，以免将异物直接推入气道。

④ 先有反应、后发展为无反应的气道异物梗阻患者的解除方法：如果发现患者倒地，又识别是因气道异物梗阻引起的，建议采取下列方法。在 CPR 过程中，如有第 2 名急救人员在场，让其启动 EMS 系统，始终监护患者，确保患者平卧；用舌上颌上提法开放气道，并用手指清除口咽部异物；开放气道，并尝试通气，如通气时患者胸部无起伏，重新安置头部位置，再尝试通气；如果反复尝试后仍不能进行有效通气，则应考虑气道异物梗阻。此时，骑跨在患者膝部，实施腹部冲击法（可连续冲击 5 次）；在异物清除前，如果通气仍不能使胸廓起伏，则应行进一步抢救措施，如 Kelly 钳、Magill 镊或环甲膜切开术等建立通畅的气道；如气道异物梗阻已解除，气道已清理干净，则应检查呼吸。

如果患者仍无呼吸，就先行缓慢的通气，再检查循环体征如检查脉搏及自主呼吸、咳嗽和运动，如果没有循环体征，即开始胸外按压。实施腹部冲击法时，急救人员必须骑跨在患者的膝部，把一只手掌根部顶在患者腹部，位置在剑突下与脐上之间，腹中线的位置，另一只手压在前只手背上，双手快速用力向内、向上冲击，如果位置正确，身体正好处于腹中部正上方，借助身体重量实施冲击。

在直视下能用 Kelly 钳或 Magill 镊子取异物，而专业医生还可以采取环甲膜切开术。

⑤ 解除无反应气道异物梗阻患者：如果发现患者仍处于无反应状态，原因还不清楚，应采取如下措施：启动急救医疗体系，适时行心肺复苏，如有2名抢救人员，一人启动急救医疗体系，另一人留在患者身边，监护患者；开放气道，尝试人工呼吸，如果通气时胸廓无起伏，重新开放气道，再次尝试通气；重新开放气道后，仍不能成功地实施通气，则应骑跨在患者膝部，实施腹部冲击法；行5次腹部冲击后，用舌上颌上提法开放气道，用手指清除口咽部异物；反复尝试通气、腹部冲击法、舌上颌上提及手指清除异物法，直到把异物清除或换用更高级的方法如钳夹术或环甲膜切开术等，建立通畅的气道；如气道异物梗阻已解除，气道清理干净，便检查呼吸。患者仍无呼吸，即提供2次缓慢通气，然后检查循环体征如脉搏及呼吸、咳嗽或运动的征象，如果没有循环体征，开始胸部按压。

（八）药物治疗

1. 给药途径

（1）静脉　以静脉途径为主，且选择近心端的正中静脉、肘静脉、颈外静脉等。

（2）气管　若已完成气管插管，而未建立静脉通道，可采用气管内给药，如肾上腺素、利多卡因、阿托品，但需要剂量比静脉大2～3倍，可用5mL蒸馏水或生理盐水稀释后，迅速喷到气管内，以利其加速吸收。

（3）骨　若未建立静脉途径也可采用骨内给药，但所需药物剂量稍大，特别是肾上腺素，主要适用于新生儿及婴儿。

（4）心内　因需中止胸外按压和通气、增加冠脉损伤、导致心脏压塞和气胸的危险，故仅在开胸按压或其他途径无法建立时才使用。

2. 药物

（1）肾上腺素　仍然是心肺复苏期间最重要和首选的药物，特别是其α受体特性可增加主动脉舒张压及冠脉灌注压和外周血管阻力，这样增加了心肌和脑血流量，故肾上腺素被认为是影响复苏结果的最初决定者。虽其β受体效应可增加心肺复苏时心率、心肌的耗氧量，除低心内膜的灌注而加剧心肌坏死外，其总的效应是增加心内、外膜血流量、增粗心室颤动波。目前推荐用1mg静脉注射，每3～5min重复一次。

（2）纳洛酮　特异性拮抗吗啡受体，能有效地逆转低血压并恢复意识状态。因为它可改善血流动力学，使平均动脉压升高、心输出量增加、心肌收缩力加强，并可减少血小板在肺内聚集、抑制多形核白细胞（PMN）释放自由基、稳定溶酶体膜、抑制花生四烯酸的代谢。可予以0.4～0.8mg稀释后静脉注射，继以 0.8～1.2mg 加入 500mL 0.9%氯化钠注射液（或 5%葡萄糖注射液）中静脉滴注。

(3) 胺碘酮　静脉使用胺碘酮（可达龙）的作用复杂，可作用于钠、钾和钙通道，并且对 α 受体和 β 受体有阻滞作用，可用于房性和室性心律失常。临床应用于：①对快速性房性心律失常伴严重左心功能不全患者，在使用洋地黄无效时；②对心脏停搏患者，如是持续性心室颤动或室性心动过速者，在电除颤和使用肾上腺素后使用胺碘酮；③对控制血流动力学稳定的、多形性室性心动过速和不明起源的多种复杂心动过速有效；④可作为顽固性、阵发性室上性心动过速、房性心动过速电转复的辅助措施，以及心房颤动的药物转复；⑤可控制预激房性心律失常伴旁路传导的快速性心室率。研究资料初步显示它比利多卡因能改善心肺脑复苏的成功率及提高患者的生存率。给药方法为先静脉注射 150mg/10min，后按 1mg/min 持续静滴 6h，再减量至 0.5mg/min。对再发或持续性心律失常，必要时可重复给药 150mg。心脏骤停患者如为心室颤动或无脉性室性心动过速，初始剂量为 300mg，溶于 20～30mL 生理盐水或葡萄糖液内快速静脉注射。对血流动力学不稳定的心室颤动及反复或顽固性心室颤动或室性心动过速，应增加剂量再快速静脉注射 150mg，随后按 1mg/min 的速度静滴 6h，再减至 0.5mg/min，每日最大剂量不超过 2g。

(4) 利多卡因　可用于：①电击除颤和给予肾上腺素后，仍表现为心室颤动或无脉性室性心动过速；②控制已引起血流动力学改变的室性期前收缩；③血流动力学稳定的室性心动过速。给药方法：心脏骤停患者，起始剂量为静注 1.0～1.5mg/kg，快速达到并维持有效治疗浓度；对顽固性心室颤动或室性心动过速者，可酌情再给予 1 次 0.50～0.75mg/kg 的冲击量，3～5min 内给药完毕。总剂量不超过 3mg/kg（或＞200～300mg/h）。心室颤动或无脉性室性心动过速者在除颤和肾上腺素治疗无效时，可给予大剂量利多卡因（1.5mg/kg）。静脉滴注速度最初应为 1～4mg/min，若再次出现心律失常应小剂量冲击性给药（静注 0.5mg/kg），并加快静滴速度（最快为 4mg/min）。

（九）脑复苏

呼吸、心跳停止后，脑组织因低灌注、无再流现象、再灌注损伤、细胞内钙超载、酸中毒、线粒体功能抑制致 ATP 丧失、酶功能下降、氧自由基产生、毒性氨基酸释放、细胞毒性效应和膜的结构破坏等引起脑细胞水肿及损害。脑复苏是恢复呼吸、循环、代谢及内分泌功能的根本条件。脑特别是大脑皮质的复苏可加速其他生命器官和系统的恢复，故在开始进行心肺复苏时，即应进行脑保护，且贯穿于整个复苏过程中。

1. 及时胸外按压和人工呼吸

脑对氧的消耗量极大，静息时占心排血量的15%～20%。血液循环停止10s可因大脑严重缺氧而出现神志不清，2～4min后大脑储备的葡萄糖和糖原将被耗尽，4～5min后ATP耗竭。当脑血流量低于正常的15%时，即可导致永久性损害。而有效的胸外按压和人工呼吸可以提供脑组织正常时30%的血流和血氧，足以保护脑功能，是最重要的现场脑复苏措施。

2. 体位

应将头部及躯干上部放高于10°～30°位，以增加脑的血液回流。保持正常或轻度升高的平均动脉压水平可以保障脑灌注。

3. 低温

低温可降低脑代谢、减少耗氧，有利于保护脑细胞，但低温可致血管收缩、血液黏度增加、血流缓慢、心输出量下降，导致血栓的形成，脑血流进一步减少，且易致感染，故目前认为在现场心肺脑复苏时，维持机体正常的体温，既可维持脑组织的氧供需平衡，又不至于加重组织缺血。

4. 脱水

20%甘露醇快速滴注及利尿药如呋塞米的使用，可减轻脑水肿，但要维持血压及水、电解质的平衡。

（十）应用Autopulse™ MODEL 100型自动心肺复苏系统抢救心跳、呼吸骤停患者效果良好

应用Autopulse™MODEL 100型自动心肺复苏系统予自动心肺复苏的具体操作方法：将患者衣服全部剪去，平卧于自动心肺复苏系统板上，要求患者平卧在系统板中央，并且患者的腋窝对齐自动心肺复苏系统板的黄色定位线，患者体位正确后，用LifeBand胸外按压带将患者的胸腔围好，开启自动心肺复苏系统，系统将自动地根据患者的胸腔尺寸调整组件并给予合适的心脏按压。同时予气管插管呼吸机支持呼吸，肾上腺素静脉推注。自动心肺复苏系统按压频率80次/分，按压深度为胸廓厚度的20%，一个按压周期平均分配为50%的胸廓按压期和50%的胸廓舒张期。心跳恢复后使用抗心率失常药物，维持血压，维持电解质、酸碱平衡及内环境稳定，进一步进行心肺脑复苏。但有肋骨骨折患者不适合应用。

（十一）采用腹部提压CPR仪行腹部提压心肺复苏新技术

腹部提压CPR仪结构：由提压板、负压装置和提压手柄三部分组成，通过对腹部进行按压和提拉实施CPR。

患者取标准平卧位，具体操作步骤分三步，即“一开、二吸、三提压”。

以腹部提压 CPR 仪行腹部提压 CPR 法时，施救者跪于患者一侧（身体中线与肚脐与剑突中点一致）双手抓紧手柄；按两下仪器开关，将仪器平置于患者的中上腹部顶角位于双肋缘与剑突下方；吸附腹部皮肤。声音停止后代表完毕，根据指示以 100 次/min 的速度进行腹部提压。下压力度 40～50kg；上提力度 10～30kg。按压过程中肘关节不可弯曲。提压时面板要与患者平行，使用过程中避免前后左右晃动，垂直进行提压。操作完毕后，双手指按压吸附处皮肤，移除仪器，操作完毕。腹部提压 CPR 尤其适用于存在胸廓畸形、胸部外伤、血气胸、呼吸肌麻痹等心搏、呼吸骤停的患者；但在腹部外伤、膈肌破裂、腹腔脏器出血、腹主动脉瘤、腹腔巨大肿物等状况时禁用。另外，采用腹部提压方法进行 CPR 时，可省去传统 CPR 时一人负责按压、另一人负责人工呼吸的模式。见图 3-16。

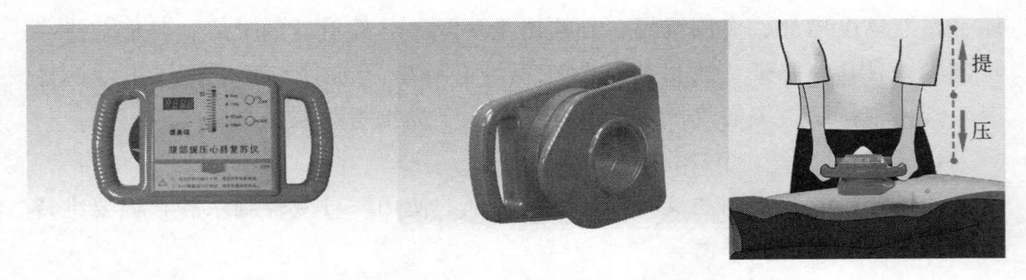

图 3-16　腹部提压 CPR 仪行腹部提压心肺复苏新技术

(十二) 终止复苏指征

凡心脏骤停、呼吸停止，行心肺复苏已历时 30 分钟，且出现下列情形，可作为终止复苏的指征。

① 瞳孔散大或固定。

② 对光反射消失。

③ 呼吸仍未恢复。

④ 深反射活动消失。

⑤ 心电图成一直线。

第二节　灾害事故现场的急救基本技术

一、出血与止血

身体有自然的生理止血机制，对毛细血管、小血管破裂的出血是有效的，如皮肤、皮下软组织挫伤的出血，甚至内脏挫伤（如肝包膜下小挫裂伤）的出血均可在生理止血机制作用下停止出血。然而发生在以下情况时，单靠生理止血机制则不能有效止血，必须进行急救止血：①较大血管破裂，尤其是动脉破裂；②组织破损严重致广泛渗血；③特殊部位的出血，如头部硬膜外血肿致脑疝、心包腔出血致急性心脏压塞等，即使出血量不大也要急救止血，否则可带来严重后果甚至死亡；④某些血管外伤，虽无明显出血，但有可能出现严重不良后果，如原供血区的缺血、坏死、功能丧失、具有继发性大出血的潜在危险、后期形成假性动脉瘤或动静脉瘘等，也要进行紧急处理。

1. 出血分类

（1）按出血部位分为

① 外出血：血液从伤口流出，在体表可见到出血。

② 内出血：血液流入体腔或组织间隙，在体表不能看见，如颅内出血、胸腔内出血、腹腔内出血、皮肤瘀斑等。

（2）按出血的时间分为

① 原发性出血：伤后当时出血。

② 继发性出血：在原发性出血停止后，经过一定时间，再发生出血。

（3）按出血的血管分为

① 动脉出血：血液为鲜红色，自近心端喷射出来，随着脉搏而冲出。根据血管大小，虽可有不同的失血量，但一般失血量较大。

② 静脉出血：暗红色，自远心端缓缓流出，呈持续性。

③ 毛细血管出血：浅红色，血液由创面渗出，看不清大的出血点。根据创面大小，失血量也有所不同。

2. 出血的临床表现

（1）局部表现　外出血容易发现，但在夜间或衣服过厚时往往易忽略。一般根据衣服、鞋、袜的浸湿程度，血在地面积集的情况和伤员全身情况来判断出血量。内出血除局部有外伤史外，在组织中可出现各种特有的症状。

（2）全身症状　因出血量、出血速度不同而有所不一。严重者可发生休克，表现为神志不清、颜面苍白、四肢厥冷、出冷汗、脉搏细速、血压下降、口渴、少尿，甚至死亡。

3. 止血方法

急救止血包括权宜性止血、确定性止血和药物止血。权宜性止血是应急方法，目的是暂时止血，但也可能达到最终止血目的。根据创伤出血情况，在现场一般可选用下述几种止血方法。

（1）指压止血法　于体表经皮肤指压动脉于临近骨面上，以控制供血区域出血，是对动脉出血的一种临时止血方法。根据动脉的分布情况，可用手指、手掌或拳头在出血动脉的上部（近心端）用力将中等或较大的动脉压在骨上，以切断血流，达到临时止血的目的。指压动脉的止血方法也可为其他止血法的实施创造条件。

压迫点因不同出血部位而异。如头、颈、面部出血可压迫颈总动脉，颈总动脉经过第六颈椎横突前方上行，故在环状软骨外侧（即胸锁乳突肌中点处），用力向后按压，即可将颈总动脉压向第六颈椎横突上，以达止血目的，但应注意，不能双侧同时压迫，避免阻断全部脑血流；头部或额部出血时，可在耳门前方、颧弓根部压迫颞动脉；面部出血可压下颌角前下凹内的颌下动脉，头后部出血压迫耳后动脉。若上臂出血，可在锁骨上摸到血管搏动处后，向后下方按压锁骨下动脉；在上臂上部以下的上臂出血，可以压迫腋动脉；前臂和手部外伤出血时，可在上臂的中部肱骨压迫肱动脉；手部出血，可在手腕两侧压迫桡动脉及尺动脉；手指出血可压掌动脉及指动脉。若大腿出血，可用两手拇指重叠在腹股沟韧带中点的稍下方，亦可用手掌根将股动脉压在耻骨上进行止血；小腿出血，在腘窝中腘部压迫腘动脉；足部出血，可在踝关节的前后方压迫胫前动脉及胫后动脉，若整个下肢大出血，则可在下腹正中用力压迫腹主动脉（图 3-17）。

（2）加压包扎止血　加压包扎止血是控制四肢、体表出血的最简便、有效的方法，应用最广。将无菌纱布（也可用干净毛巾、布料等代替）覆盖在伤口处，然后用绷带或布条适当加压包扎固定，即可止血。对肢体较大动脉出血若不能控制，可在包扎的近心侧使用止血带，或去除敷料，在满意的光照下，用止血钳将破裂动脉的近心端临时夹闭。在钳夹时尽量多保留正常血管的长度，为后续将要进行的血管吻合提供条件。加压包扎止血不适用于有骨折或存在异物时的患者。

（3）止血带止血法　适用于四肢较大的动脉出血。用止血带在出血部位的近心端将整个肢体用力环形绑扎，以完全阻断肢体血流，从而达到止血的目的。此法能引起或加重远心端缺血或坏死等并发症。因此，主要用于暂不能用其他方法控制的出血，一般仅用于院前急救、战地救护及伤员转运。使用止血带止血时，一定要注意下列事项。

① 扎止血带的部位应在伤口的近心端，并应尽量靠近伤口。前臂和小腿不适于扎止血带，因前臂有尺骨、桡骨，小腿有胫骨、腓骨，其骨间可通血流，所以止血效果较差。上臂扎止血带时，不可扎在下 1/3 处，以防勒伤桡

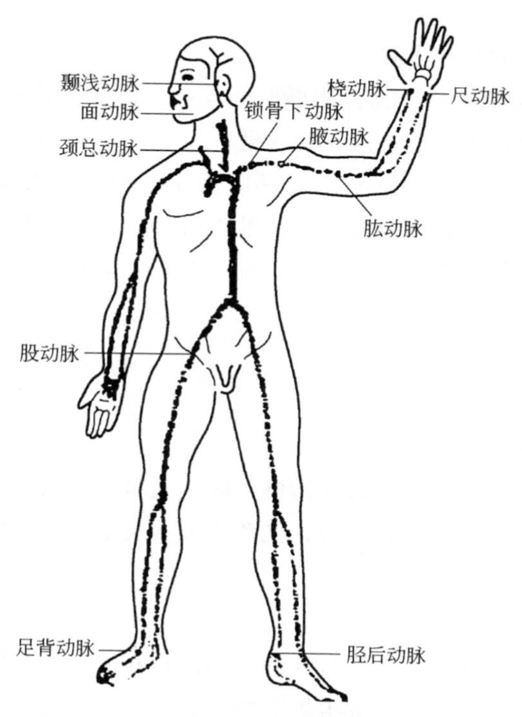

图 3-17 不同出血部位的止血压迫点

神经。

② 止血带勿直接扎在皮肤上，必须先用三角巾、毛巾、布块等垫好，以免损伤皮肤。

③ 扎止血带时，不可过紧或过松，以远端动脉消失为宜。

④ 使用止血带的伤员，应有明显的标记，证明伤情和使用止血带的时间，并记录阻断血流时间，以便其他人了解情况，按时放松止血带，防止因肢体长时间阻断血流而致缺血坏死。

⑤ 使用止血带的时间要尽量缩短，以 1h 为宜，最长不得超过 2～3h。在使用止血带期间，应每隔半小时到 1h 放松止血带一次。放松止血带时，可用指压法使动脉止血。放松止血带 1～2min 后，再在稍高的平面上扎回止血带，不可在同一部位反复缚扎。

⑥ 对使用止血带的伤员，应注意肢体保温，尤其在冬季，更应注意防寒。因伤肢使用止血带后，血液循环被阻断，肢体的血液供应暂时停止，导致抗寒能力低下，所以容易发生冻伤。

⑦ 取下止血带时不可过急、过快松解，防止伤肢血流突然增加。如松解

过快，不仅伤肢血管（尤其是毛细血管）容易受损，而且能够影响全身血液的重新分布，甚至引起血压下降。

⑧ 取下止血带后，由于血流阻断时间较长，伤员可感觉到伤肢麻木不适，可对伤肢进行轻轻按摩，使之能很快缓解。

（4）药物止血法　一般而言，局部应用止血药物较安全，将出血部位抬高，用凝血酶止血纱布、明胶海绵、纤维蛋白海绵、三七粉、云南白药等敷在出血处即可。对外伤患者经静脉药物止血，则有一定的限制，且盲目注射大量止血药来临时止血是危险的。

二、包扎

1. 包扎的目的

包扎的目的是保护伤口，减少污染，固定敷料、药品和骨折位置，压迫止血及减轻疼痛。常用的材料是绷带、三角巾和多头带，抢救中也可用衣裤、毛巾、被单等进行包扎。

2. 绷带包扎

绷带包扎法的用途广泛，是包扎的基础。包扎的目的是限制活动、固定敷料、固定夹板、加压止血、促进组织液的吸收或防止组织液流失，支托下肢，以促进静脉回流。

（1）绷带包扎的原则

① 包扎部位必须清洁干燥。皮肤皱褶处如腋下、乳下、腹股沟等，用棉垫纱布间隔，骨隆突处用棉垫保护。

② 包扎时，应使伤员的位置舒适；需抬高肢体时，要给以适当的扶托物。包扎后，应保持于功能位置。

③ 根据包扎部位，选用宽度适宜的绷带，应避免用潮湿绷带，以免绷带干后收缩过紧，从而妨碍血运。潮湿绷带还能刺激皮肤生湿疹，适于细菌滋生而延误伤口愈合。

④ 包扎方向一般从远心端向近心端包扎，以促进静脉血液回流。即绷带起端在伤口下部，自下而上地包扎，以免影响血液循环而发生充血、肿胀。包扎时，绷带必须平贴包扎部位，而且要注意勿使绷带落地而被污染。

⑤ 包扎开始，要先环形 2 周固定。以后每周压力要均匀，松紧要适当，如果太松则容易脱落，过紧则影响血运。指（趾）端最好露在外面，以便观察肢体血运情况，如皮肤发冷、发绀、感觉改变（麻木或感觉丧失）、有水肿、指甲床的再充血变化（用拇指与食指紧按伤员的指甲床，继而突然松开，观察

指甲床颜色的恢复情况，正常时颜色应在 2s 内恢复）及功能是否消失。

⑥ 绷带每周应遮盖前周绷带宽度的 1/2，以充分固定。绷带的回返及交叉，应当为一直线，互相重叠，不要使皮肤露在外面。

⑦ 包扎完毕，再环行绕 2 周，用胶布固定或撕开绷带尾打结固定。固定的打结处，应放在肢体的外侧面，忌固定在伤口上、骨隆处或易于受压部位。

⑧ 解除绷带时，先解开固定结，取下胶布，然后以两手互相传递松解，勿使绷带脱落在地上。紧急时，或绷带已被伤口分泌物浸透、干硬时，可用剪刀剪开。

（2）基本包扎法　根据包扎部位的形状不同而采取以下几种基本方法进行包扎。

① 环形包扎法　环形缠绕，下周将上周绷带完全遮盖，用于绷扎开始与结束时固定绷带端以及包扎额、颈、腕等处（图 3-18）。

② 蛇形包扎法（斜绷法）　斜行延伸，各周互不遮盖，用于需由一处迅速伸至另一处时，或做简单的固定（图 3-19）。

③ 螺旋形包扎法　以稍微倾斜螺旋向上缠绕，每周遮盖上周的 1/3～1/2。用于包扎身体直径基本相同的部位，如上臂、手指、躯干、大腿等（图 3-20）。

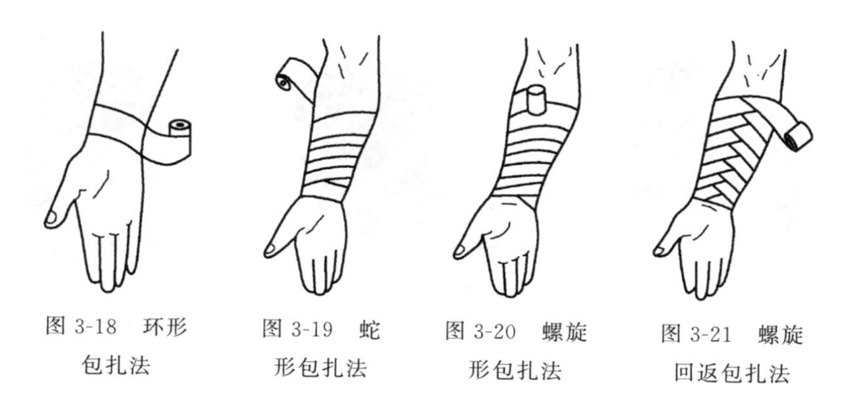

图 3-18　环形包扎法　　图 3-19　蛇形包扎法　　图 3-20　螺旋形包扎法　　图 3-21　螺旋回返包扎法

④ 螺旋回返包扎法（折转法）　每周均向下反折，遮盖其上周的 1/2，用于直径大小不等的部位，如前臂、小腿等，使绷带更加贴合。但不可在伤口上或骨隆突处回返，而且回返应呈一直线（图 3-21）。

⑤“8”字包扎法　是重复以“8”字形在关节上下做倾斜旋转，每周遮盖上周的 1/3～1/2，用于肢体直径不一致的部位或屈曲的关节，如肩、髋、膝等部位，应用范围较广（图 3-22）。

⑥ 回返包扎法　大都用于包扎顶端的部位，如指端、头部或截肢残端（图 3-23）。

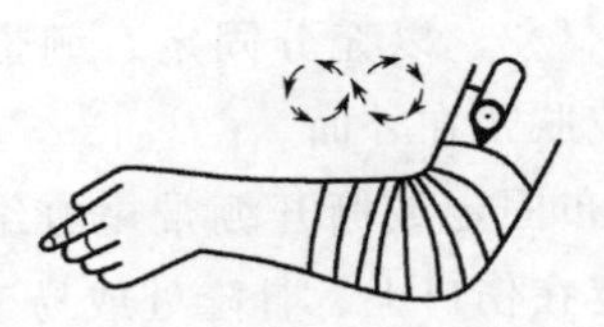

图 3-22 “8”字包扎法

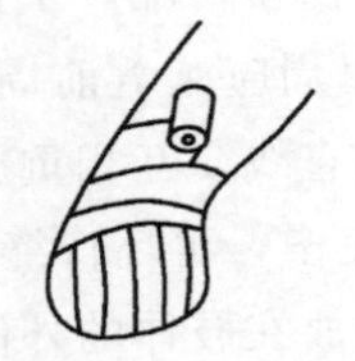

图 3-23 回返包扎法

（3）各部位的包扎法　为各种基本包扎法的具体应用（图3-24～图 3-36）。

(a)

(b)

(c)

图 3-24 帽式包扎法

前面须与眉平，后面在枕骨下

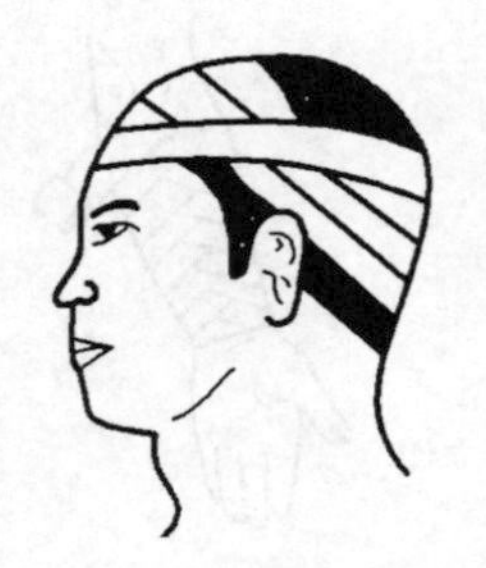

图 3-25 额枕部包扎法

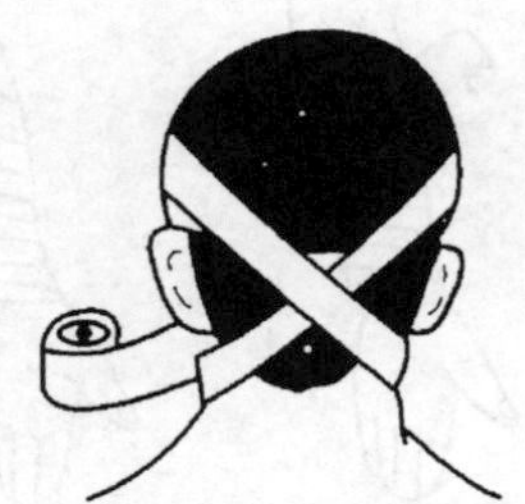

图 3-26 颈后“8”字包扎法

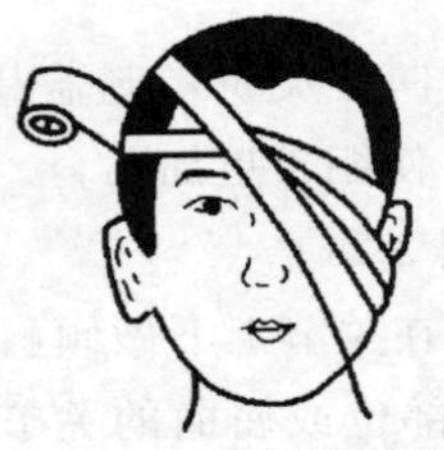

(a) 单眼包扎法

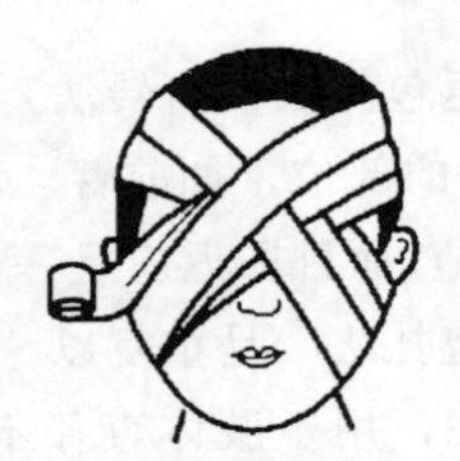

(b) 双眼包扎法

图 3-27 眼部包扎法

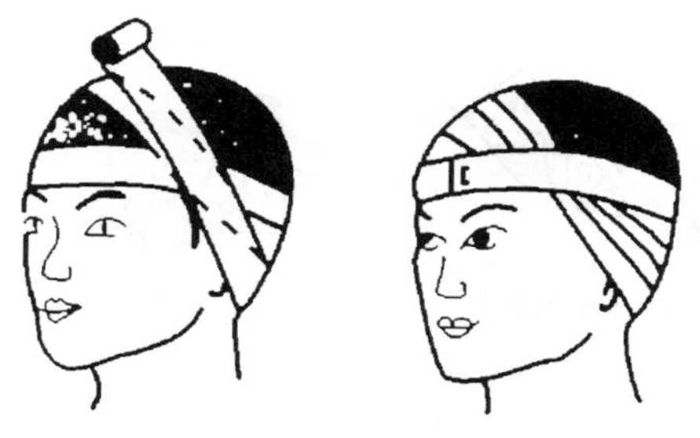

图 3-28　耳部包扎法

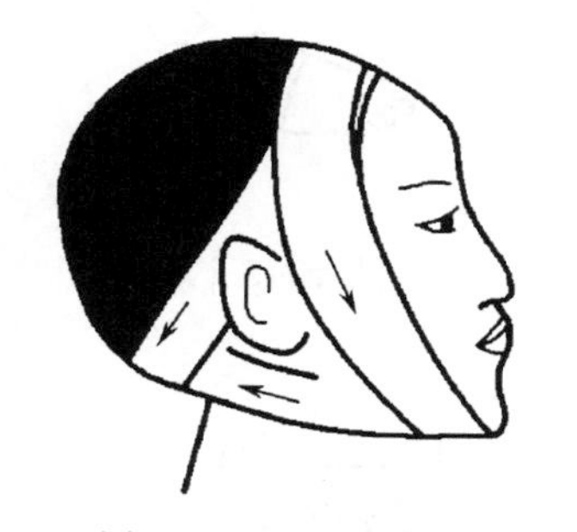

图 3-29　下颌包扎法

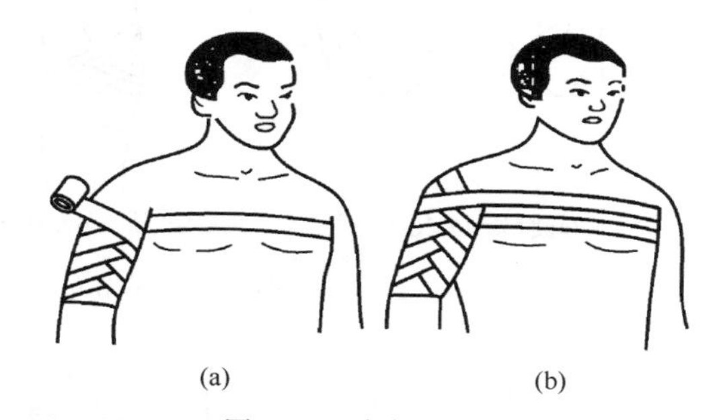

图 3-30　肩部包扎法

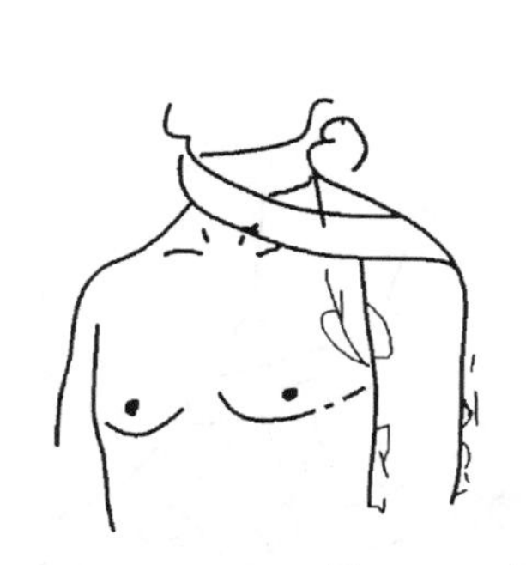

图 3-31　腋部包扎法

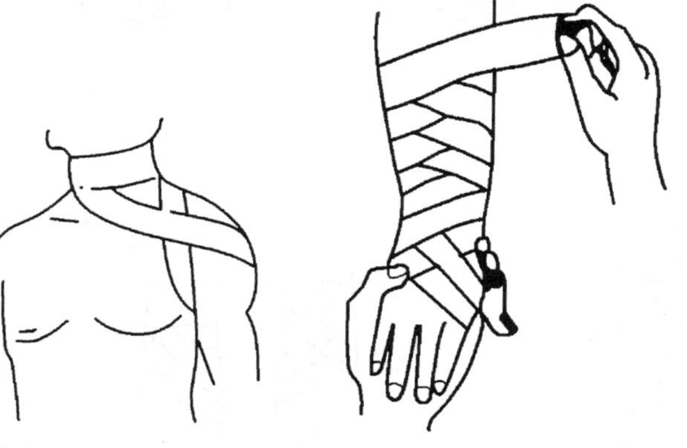

图 3-32　前臂包扎法

3. 三角巾包扎

三角巾包扎的优点较多，如制作方便，操作简捷，也能与各个部位相适应，适用于急救的包扎。

（1）三角巾的制法　用一块宽 90cm 的白布，裁成正方形，再对角剪开，就成了两条三角巾。其底边长约 130cm，顶角到底边中点约 65cm，顶角可根据具体情况固定一条带子。

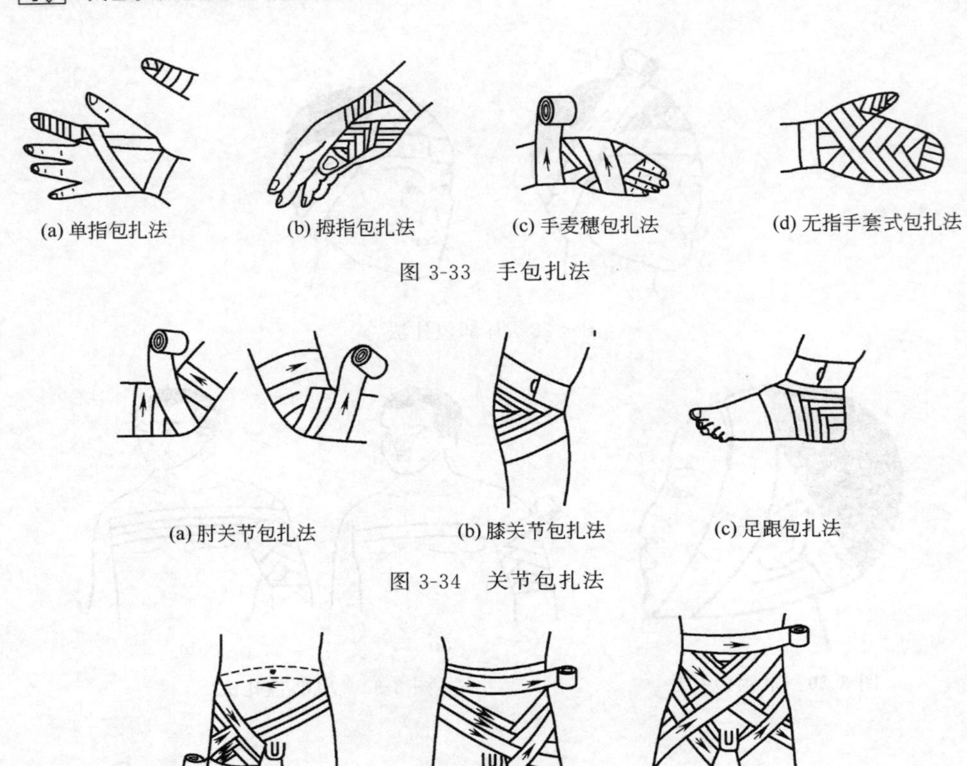
(a) 单指包扎法　(b) 拇指包扎法　(c) 手麦穗包扎法　(d) 无指手套式包扎法

图 3-33　手包扎法

(a) 肘关节包扎法　(b) 膝关节包扎法　(c) 足跟包扎法

图 3-34　关节包扎法

图 3-35　腹股沟包扎法

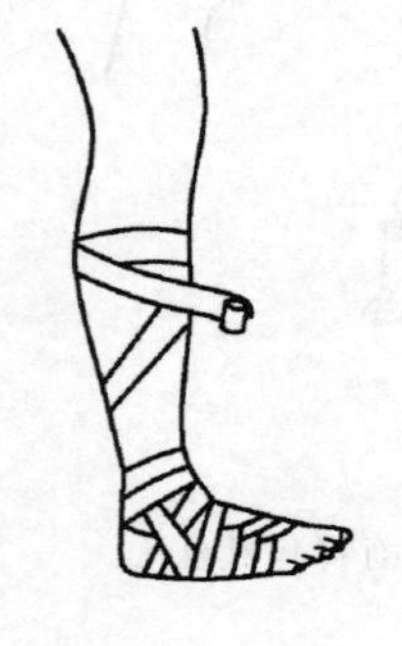

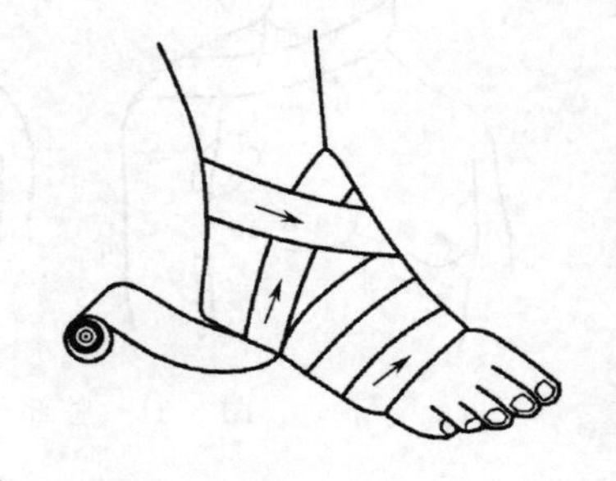

图 3-36　小腿及足包扎法

（2）包扎原则

① 包扎伤口时不要触及伤口，以免加重伤员的疼痛、伤口出血及污染。要求包扎人员动作迅速、谨慎。

② 包扎时松紧度要适宜，以免影响血液循环，并须防止敷料脱落或移动。

③ 注意包扎要妥帖、整齐，伤员舒适，并保持在功能位置。

（3）包扎方法

① 头部包扎法

a. 风帽式头部包扎法 将三角巾顶角和底边中点各打一结，将顶角结处放额部，底边中点结处放枕结节下方。两角向面部拉紧，并反折包绕下颌，两角交叉拉至枕后打结（图3-37）。

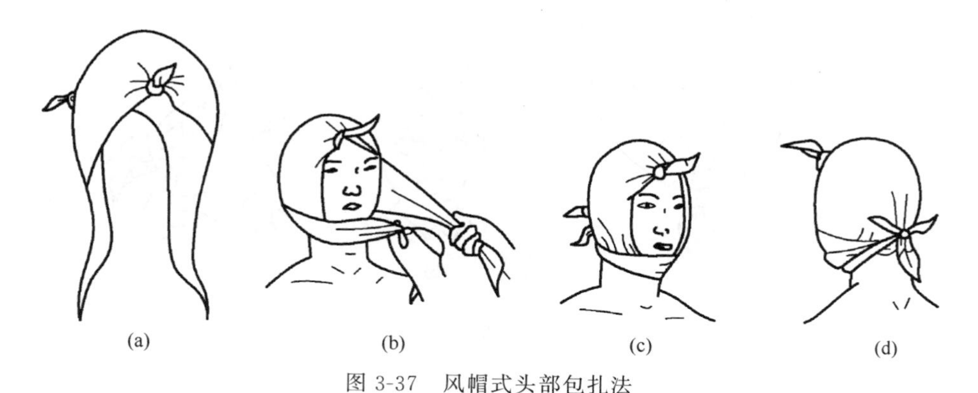

图3-37 风帽式头部包扎法

b. 帽式头部包扎法 将三角巾底边向上反折约3cm后，其中点部分放前额（平眉），顶角拉至头后，将两角在头后交叉，顶角与两角拉至前额打结（图3-38）。

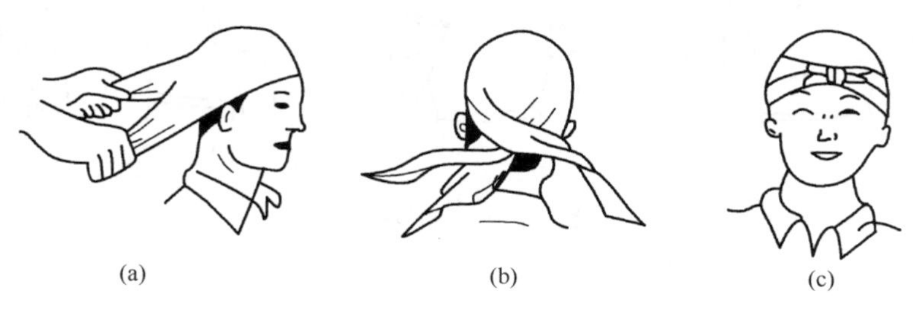

图3-38 帽式头部包扎法

② 面部包扎法 a. 三角巾顶角打一结，放下颌处或将顶角结放头顶处［如图3-39(a)所示］；b. 将三角巾覆盖面部［如图3-39(b)所示］；c. 将底边两角拉向枕后交叉，然后在前额打结［如图3-39(c)所示］；d. 在覆盖面部的三角巾对应部位开洞，露出眼、鼻、口（见图3-39）。

③ 肩部包扎法 a. 将三角巾一底角拉向健侧腋下［如图3-40(a)所示］；b. 顶角覆盖患肩并向后拉［如图3-40(b)所示］；c. 用顶角上带子，在上臂上1/3处缠绕［如图3-40(c)所示］；d. 再将底角从患侧腋后拉出，绕过肩胛与底角在健侧腋下打结［如图3-40(d)所示］。

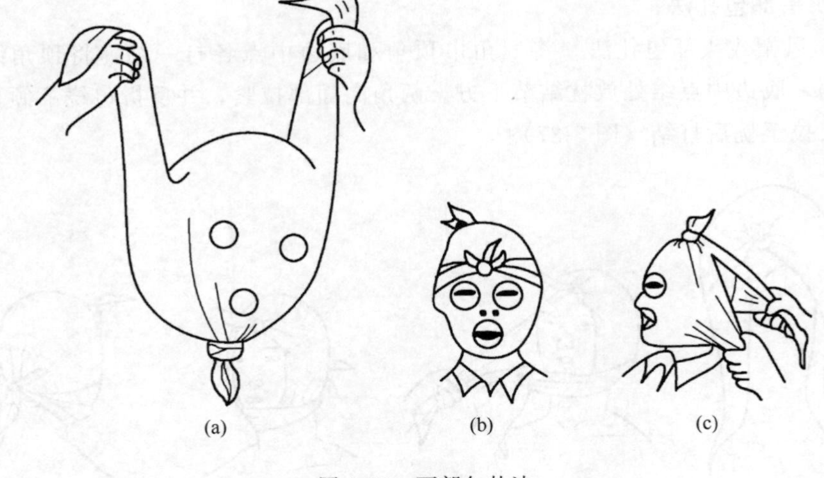

图 3-39　面部包扎法

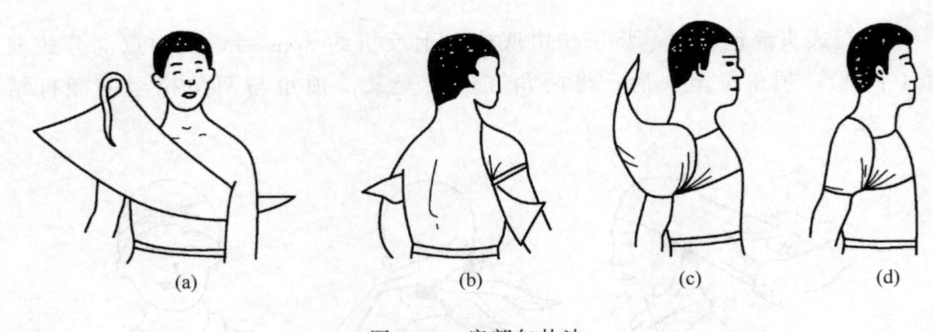

图 3-40　肩部包扎法

④ 胸部包扎法

a. 单胸包扎法　将三角巾底边横放在胸部，顶角超过伤肩，并垂向背部；两底角在背后打结，再将顶角带子与之相接。此法如包扎背部时，在胸部打结（图 3-41）。

b. 双胸包扎法　将三角巾打成燕尾状，两燕尾向上，平放于胸部；两燕尾在颈后打结；将顶角带子拉向对侧腋下打结。此法用于背部包扎时，将两燕尾拉向颈前打结（图 3-42）。

⑤ 四肢三角巾包扎法

a. 肢体包扎法　以三角巾底边为纵轴折叠成适当宽度（4～8cm）的长条，放伤口处包绕肢体，在伤口旁打结。

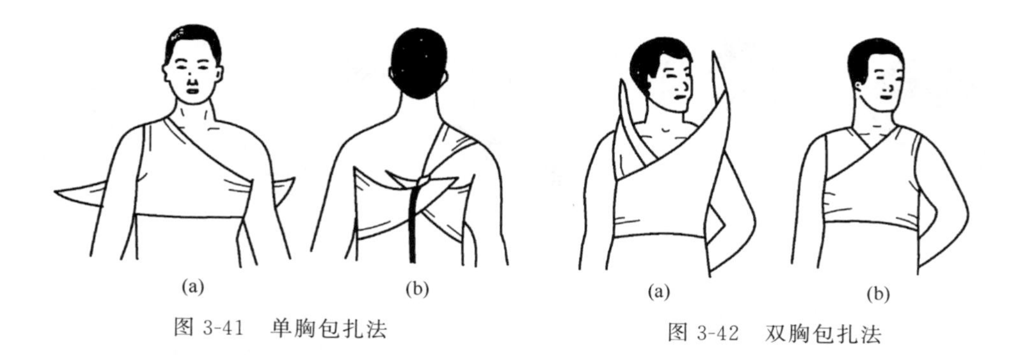

(a)　(b)

图 3-41　单胸包扎法

(a)　(b)

图 3-42　双胸包扎法

b. 肘、膝关节包扎法：根据伤情将三角巾折叠成适当宽度的长条，将中点部分斜放于关节上，两端分别向上、下缠绕关节上下各一周并打结（图 3-43）。

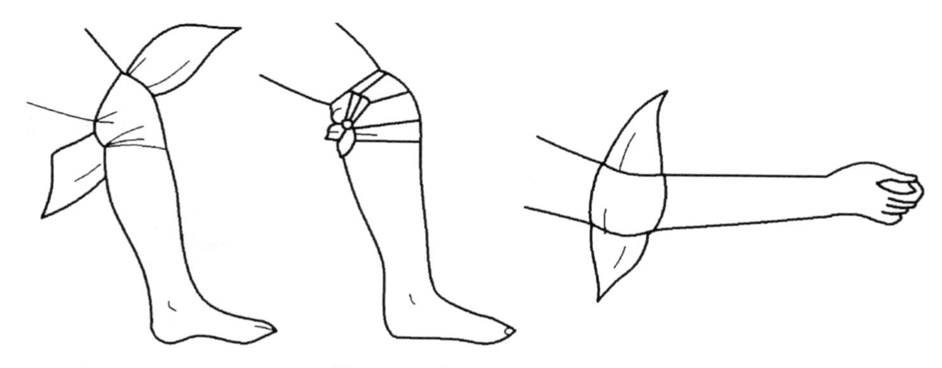

图 3-43　肘、膝关节包扎法

c. 手、足包扎法　将手（足）放在三角巾上，顶角从指（趾）端向上拉，覆盖手（足）背，再将底边缠绕腕（踝）部后，将两角在手腕（足踝）部打结。

4. 多头带制备和应用

多头带也叫多尾带，常用的有四头带、丁字带、腹带、胸带等。多头带用于不规则部位的包扎，如下颌、鼻、肘、膝、会阴、肛门、乳房、胸腹部等处。

（1）四头带　是多头带中最方便的一种，制作简单，用一长方形布，剪开两端，大小按需要定，四头带用于下颌、额、眼、枕、肘、膝、足跟等部位的包扎（图 3-44）。

（2）腹带　用于腹部包扎，由中间宽 45cm、长 35cm 的双层布制成，两端各有五对带子，每条宽 5cm、长 35cm，每条之间重叠 1/3。

(a)

(b)

(c)
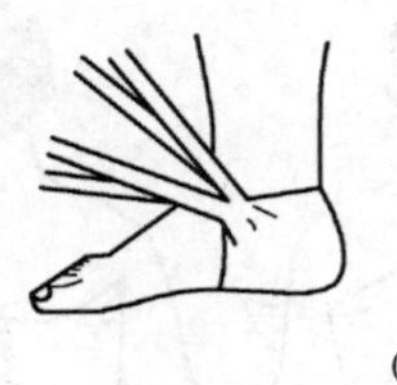
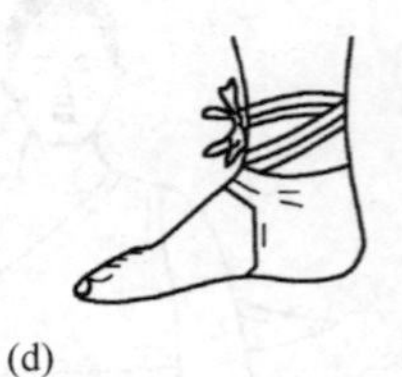
(d)

图 3-44 四头带

腹带的操作方法如下。

① 伤员平卧，松开腰带，将衣、裤解开并暴露腹部，腹带放腰部，下缘应在髋上。

② 将腹带右边最上边带子拉平覆盖腹部，拉至对侧中线，将该带子剩余部分反折压在左边最上边带下，注意松紧度适宜。

③ 将左边最上面带子拉平覆盖着上边带子的1/2～2/3，并将该带子剩余部分反折。

④ 依次包扎各条带子，最后一对带子在无伤口侧打活结。

下腹部伤口应由下向上包扎。一次性腹带由布、松紧带及尼龙搭扣制成，使用方便，可用于各种腹部伤口（图 3-45）。

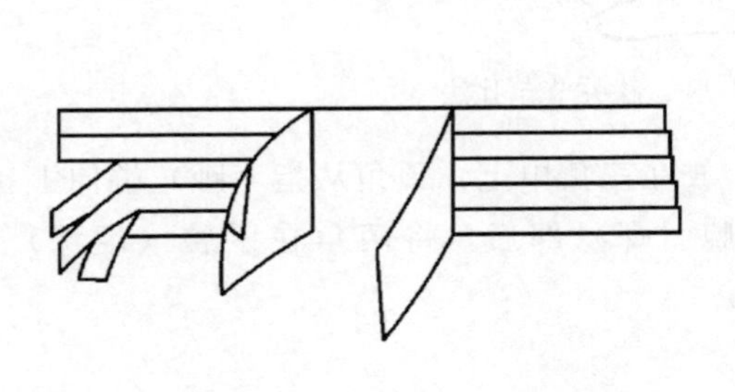
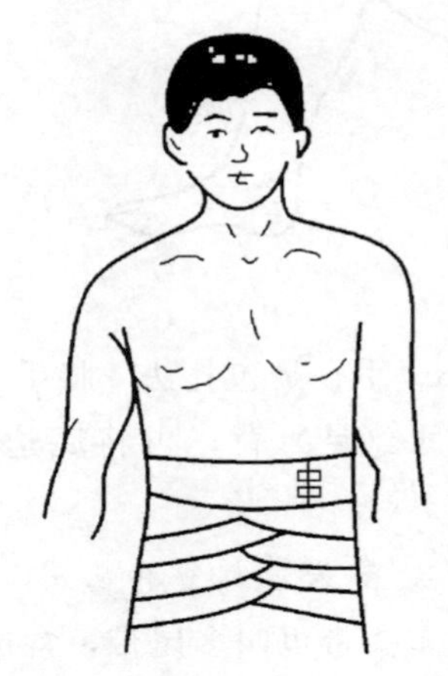

图 3-45 腹带的应用

（3）胸带 用于胸部包扎，其构造比腹带多两条肩带。一次性胸带形同背心，方便适用。操作方法：平卧，脱去上衣，将胸带平放于背下；将肩带从背后越过肩部，平放于胸前；从上向下包扎每对带子（同腹带包扎）并压住肩带；最后一对带子在无伤口侧打活结（图 3-46）。

（4）丁字带 丁字带用于肛门、会阴部伤口包扎或术后阴囊肿胀等。有单丁字带及双丁字带两种，单的用于女性，双的用于男性（图 3-47）。

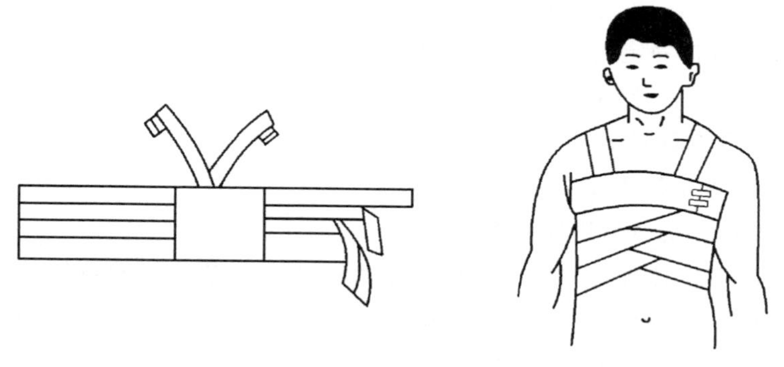

图 3-46 胸带的应用

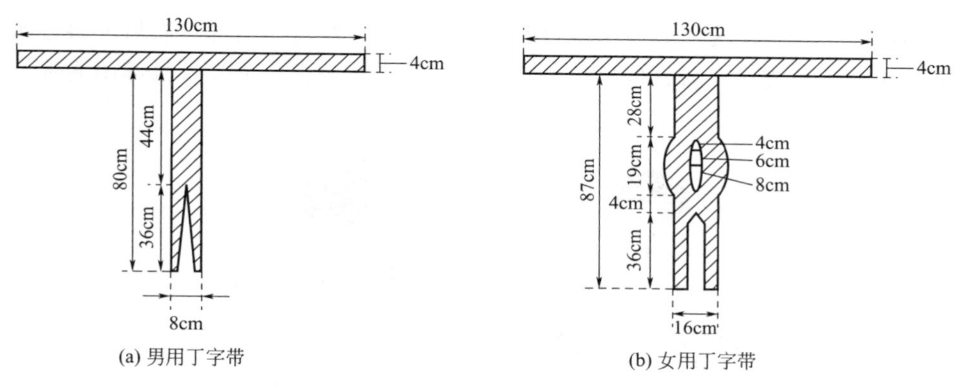

(a) 男用丁字带

(b) 女用丁字带

图 3-47 丁字带

三、固定

用于骨折或骨关节损伤，以减轻疼痛，避免骨折片损伤血管、神经等，并可防治休克，更便于伤员的转送。如有较重的软组织损伤，也宜将局部固定。

1. 固定注意事项

① 如有伤口和出血，应先行止血，并包扎伤口，然后再固定骨折。如有休克，应首先进行抗休克处理。

② 临时固定骨折，只是为了制止肢体活动。在处理开放性骨折时，不可把刺出的骨端送回伤口，以免造成感染。

③ 上夹板时，除固定骨折部位上、下两端外，还要固定上、下两关节。夹板的长度与宽度要与骨折的肢体相适应。其长度必须超过骨折部的上、下两个关节。

④ 夹板不可与皮肤直接接触，要用棉花或其他物品垫在夹板与皮肤之间，尤其是在夹板两端，骨突出部位和悬空部位，以防局部不固定与受压。

⑤ 固定应牢固可靠，且松紧适宜，以免影响血液循环。

⑥ 肢体骨折固定时，一定要将指（趾）端露出，以便随时观察血液循环情况，如发现指（趾）端苍白，发冷、麻木、疼痛、水肿或青紫时，表示血运不良，应松开重新固定。

2. 各部位骨折固定方法

（1）锁骨骨折及肩锁关节损伤

① 单侧锁骨骨折　取坐位；将三角巾折成燕尾状，将两燕尾从胸前拉向颈后，并在颈一侧打结；伤侧上臂屈曲 90°，三角巾兜起前臂，三角巾顶尖放肘后，再向前包住肘部并用安全别针固定。

② 双侧锁骨骨折　背部放丁字形夹板，两腋窝放衬垫物，用绷带做“∞”字形包扎，其顺序为左肩上→横过胸部→右腋下→绕过右肩部→右肩上斜过前胸→左腋下→绕过左肩，依次缠绕数次，以固定牢固夹板为宜，腰部用绷带将夹板固定好（图 3-48）。

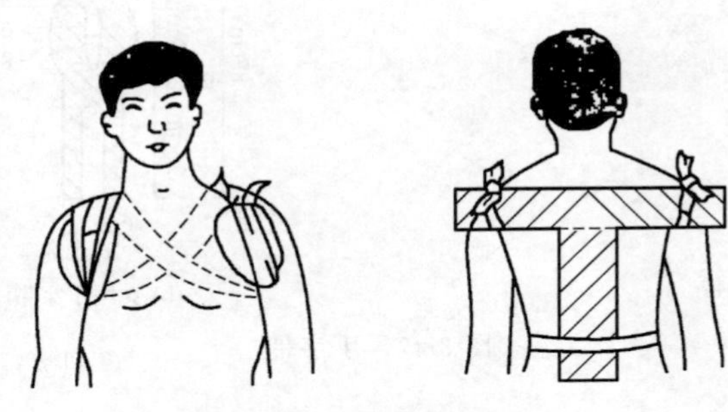

图 3-48　双侧锁骨骨折固定

（2）前臂及肱骨骨折

① 前臂骨骨折　患者取坐位，将两块夹板（长度超过患者前臂肘关节→腕关节）放好衬垫物，置前臂掌背侧；用带子或绷带将夹板与前臂上、下两端扎牢，再使肘关节屈曲 90°；用悬臂带吊起夹板（图 3-49）。

图 3-49　前臂骨骨折固定

② 肱骨骨折　取坐位；用两个夹板放上臂内、外侧，加衬垫后包扎固定；将患肢屈肘，用三角巾悬吊前臂，做贴胸固定；如无夹板，可用两条三角巾，一条中点放上臂越过胸部，在对侧腋下打结，另一条将前臂悬吊（图 3-50）。

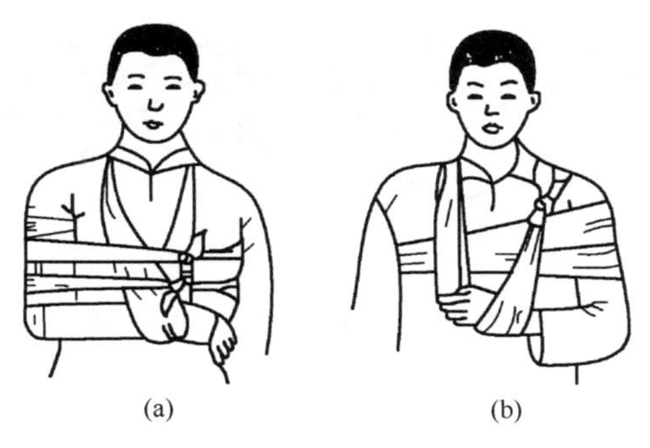

图 3-50　肱骨骨折固定

（3）踝、足部及小腿骨折

① 踝、足部骨折　取坐位，将患肢呈中立位；踝周围及足底衬软垫，足底、足跟放夹板；用绷带沿小腿做环形包扎，踝部做“8”形包扎，足部做环形包扎固定（图 3-51）。

图 3-51　踝、足部骨折固定

② 小腿骨折　取卧位，伸直伤肢。用两块长夹板（从足跟到大腿），做好衬垫，尤其是腘窝处，将夹板分别置于伤腿的内、外侧，用绷带或带子在上、下端及小腿和腘窝处绑扎牢固。如现场无夹板，可将伤肢与健肢固定在一起，需注意在膝关节与小腿之间空隙处垫好软垫，以保持固定稳定（图 3-52）。

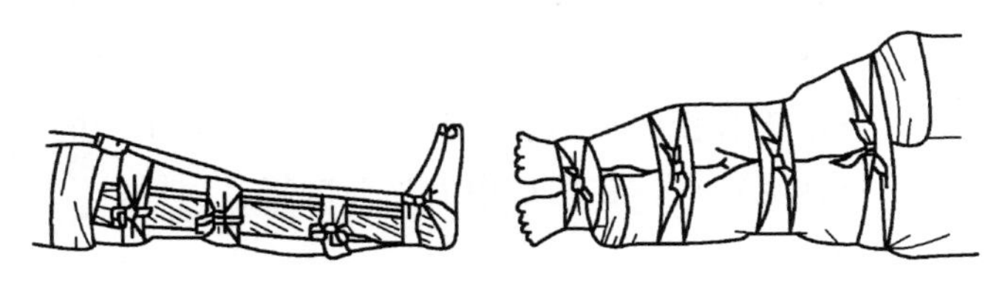

图 3-52　小腿骨折固定

（4）大腿骨折　患者取平卧位；用长夹板一块（从患者腋下至足部），在腋下、髂嵴、髋部、膝、踝、足跟等处做好衬垫，将夹板置伤肢外侧，用绷带或宽带、三角巾分段绷扎固定（图 3-53）。

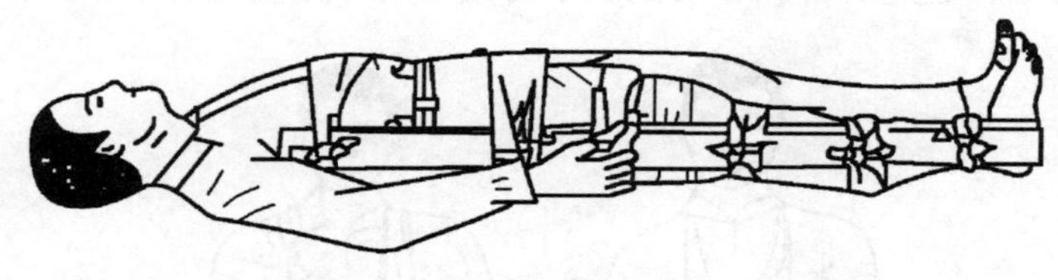

图 3-53　大腿骨折固定

（5）脊柱骨折　平卧于担架上，用布带将头、胸、骨盆及下肢固定于担架上。

四、抗休克裤的使用

抗休克裤用来处理失血性休克及其他原因引起的休克及制止腹内和下肢活动性出血等方面，显示出它独特的功效，成为院前和医院急救复苏中不可缺少的装备，近 20 年来在世界范围内得到广泛应用，挽救了不少严重低血容量性休克伤员。

1. 抗休克裤作用机制

（1）抗休克　伤员穿上抗休克裤，充气后产生包绕性加压，使受压部位血管的静脉萎陷，动脉阻力增高，可以挤出 750～1000mL 血液回流到心脏，从而增加心脏排出量，血压上升，使供应心、肺、脑等重要脏器的血流量亦增多，从而促进了休克的复苏。因此，临床上常见处于严重休克昏迷的伤员使用抗休克裤后血压上升，并很快清醒。

（2）止血　临床上可以观察到使用抗休克裤后，下消化道、肝、脾、腹膜后、子宫及下肢出血的速度变得缓慢或停止。这是由于外加压力作用于血管，降低血管内外压力的梯度，缩小血管直径及其撕裂面积的缘故，从而减慢了出血速度。如伤员凝血机制正常，便能有助于止血。

（3）骨折固定　抗休克裤对骨盆骨折及下肢骨折有良好的固定及止痛作用，这是由于包绕性坚硬气柱紧贴肢体起到制动的效果，同时由于充气时气囊向相反方向延伸，有助于骨折的牵引复位及固定。所以有不少的骨盆骨折或下肢骨折的伤员穿用抗休克裤后，在搬运中使疼痛减轻。

2. 适应证与禁忌证

（1）适应证

① 收缩压低于 80mmHg（10.66kPa）的低血容量性休克、神经源性休克

和过敏性休克。

② 感染，中毒性休克。

③ 腹部及股部以下出血需直接加压止血者。

④ 骨盆及双下肢骨折需要固定者。

（2）禁忌证

① 心源性休克、肺水肿。

② 脑水肿或脑疝。

③ 膈以上活动性出血者或膈破裂者。

④ 孕妇仅可使用下肢部分。

3. 使用方法

（1）使用前记录伤员生命体征，开放两条大静脉通路；如使用担架，将抗休克裤展开平铺在担架上，接于足踏泵，并打开活塞阀门；将伤员面向上置于抗休克裤（仰卧）上，压力服上界恰位于肋缘下；以压力服的左腿裹围伤员左腿，并固定；以压力服的右腿包裹伤员右腿，并固定；然后将压力服的腹部裹围伤员腹部，固定；开动足踏泵使压力服充气，直至气体从放气阀释出和/或伤员生命体征稳定，关闭活塞阀静脉通路，补充血容量；监护伤员的心率和心律。

（2）充气方法　①穿好抗休克裤后再一次检查和记录伤员生命体征；②下肢压力套先充气，最后腹部压力套充气；③根据伤员器官灌注状况决定充气量。当伤员血压或灌注状况达到预期水平，血压为 100mmHg，即可停止充气；④当血压升至 90～100mmHg 后，关闭活塞阀可保持抗休克裤呈充气状态达 2h，如需要维持更长时间，则应在转送伤员中途交替地加压或减压；⑤持续监测伤员的血压和休克裤内压力，使其维持在最理想水平，如抗休克裤内压力达到顶点（100mmHg），压力保护阀则可自动打开放气，充气压即可下降。

（3）放气方法　需要放气时，在血压监护下缓慢进行，先从腹部压力套开始放气，如血压下降 5mmHg 则停止放气。放气前补充血容量，待血压回升后再缓慢放气。

4. 注意事项

① 穿着要正确，经常监测神志、血压、脉搏、呼吸、瞳孔的情况和囊内压的变化。

② 穿着抗休克裤并不能代替扩容复苏，只要条件具备，即应迅速输液、输血，以补充血容量。

③ 解除抗休克裤时，应在加速输液、输血的条件下缓慢放气，一般 30min 为宜；如减压时血压突然下降 5mmHg 应停止放压，待加速输血、输液

至血压恢复正常后再继续减压。减压的顺序先从腹部开始，然后再分别从双下肢减压。

④ 较长时间穿抗休克裤时，应适当降低气压，并适量输入5%碳酸氢钠以防酸中毒。

五、心脏穿刺技术

只限于在必要的情况下向胸腔内注入时才使用心脏穿刺的方法。在尚没有建立静脉通道而施行心肺复苏时，及早应用肾上腺素是非常必要的，如果向气管内滴入无效，也可通过心脏穿刺注入。不过经皮心内注入的最大危险也是最常见的合并症则是气胸，因为它是正压呼吸时致命的原因。只要能够正确地掌握穿刺要点，合并症是会很少发生的（图3-54）。

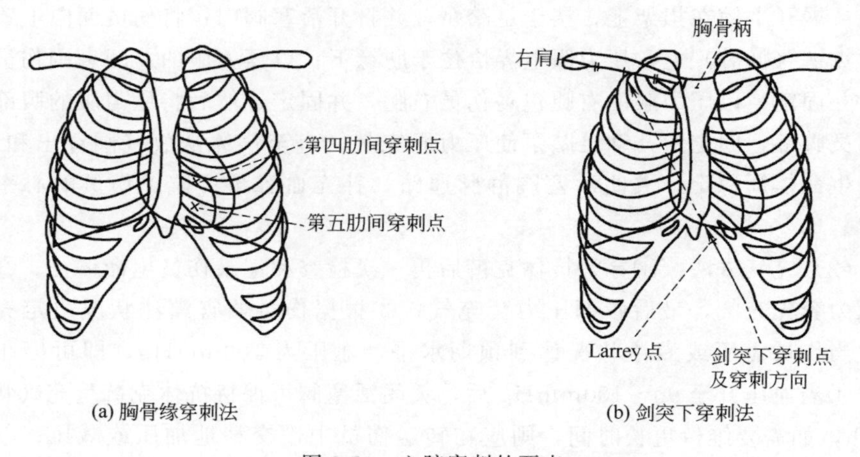

图3-54　心脏穿刺的要点

（a）胸骨缘穿刺法，将带有9cm穿刺针的2mL注射器装满强心药，从第4、5肋间胸骨左缘旁两横指处，略斜向内侧边抽吸边刺入，确认有回血后方注入药物；（b）剑突下穿刺法，由剑突左缘与左肋弓交点处向着锁骨中线，与皮肤呈30°～45°的角度穿刺

六、静脉通道的建立

对于严重外伤和心肺复苏的患者，最少应该建立2个静脉通道，最好其中一个是中心静脉，另一个是末梢静脉，而且必须是18G的静脉套管针。静脉通道的建立和确保常常是分秒必争，所以通常是2～3个静脉同时穿刺。

1. 静脉穿刺

（1）末梢静脉的穿刺　由体表容易进行穿刺的末梢静脉如图3-55所示。原则上应该由末梢进行穿刺，而且不能使用金属针，应使用可留置的套管针。

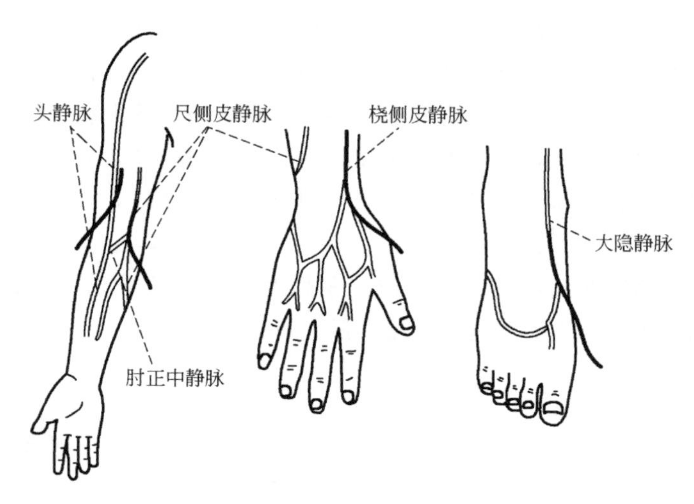

图 3-55　表浅末梢静脉穿刺的选择

当穿刺的时候，首先让四肢平放或下垂，然后上止血带，并叩击穿刺的部位使该静脉怒张，这样穿刺的成功率会高。值得注意的是，应该避开有损伤的肢体。如果可疑有骨盆骨折或腹腔内损伤，应从上肢建立静脉通道。当穿刺有困难的时候，应毫不犹豫地施行静脉切开术。

（2）大静脉的穿刺　在休克的时候，由于末梢静脉萎陷，往往穿刺发生困

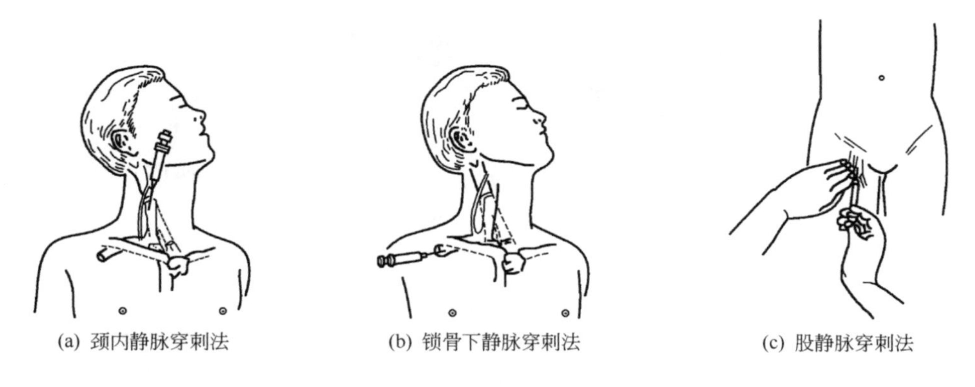

(a) 颈内静脉穿刺法　(b) 锁骨下静脉穿刺法　(c) 股静脉穿刺法

图 3-56　大静脉的穿刺要点

（a）颈内静脉穿刺法，由胸锁乳突肌的胸骨头和锁骨头所成三角之顶点作为穿刺点，朝向矢状面略外侧与皮肤呈 30°角刺入，由穿刺部位至中心静脉距离为 10～15cm；（b）锁骨下静脉穿刺法，分锁骨上穿刺法和锁骨下穿刺法两种，但通常使用后者，穿刺点选择在锁骨中点的锁骨下缘，穿过锁骨的后面朝向胸骨切迹，由穿刺部位至中心静脉的距离为 10～20cm；（c）股静脉穿刺法，用左手的食指和中指将股动脉压向外侧，穿刺位于其内侧的股静脉，穿刺点选择在腹股沟韧带下外侧 1cm 处，以使皮下的路径长一些，由穿刺部位至中心静脉的距离为 45～55cm

难，因而有必要进行大静脉的穿刺以确保静脉通道。通常都选用锁骨下静脉穿刺，因为此静脉到达中心静脉的距离短，固定也牢靠。但锁骨下静脉穿刺的缺点在于有可能产生比较严重的合并症，必须由具有娴熟技术和自信心的医生操作。对于外伤患者来说，更值得特别注意的是由于中心静脉为负压，所以一旦插入的套管开放，极易有大量的空气吸入到血管中去（图 3-56）。

2. 静脉切开

如果经皮静脉穿刺不能成功，应该争取时间施行静脉切开以确保静脉通道。成人多选用位于内踝附近的大隐静脉。见图 3-57。

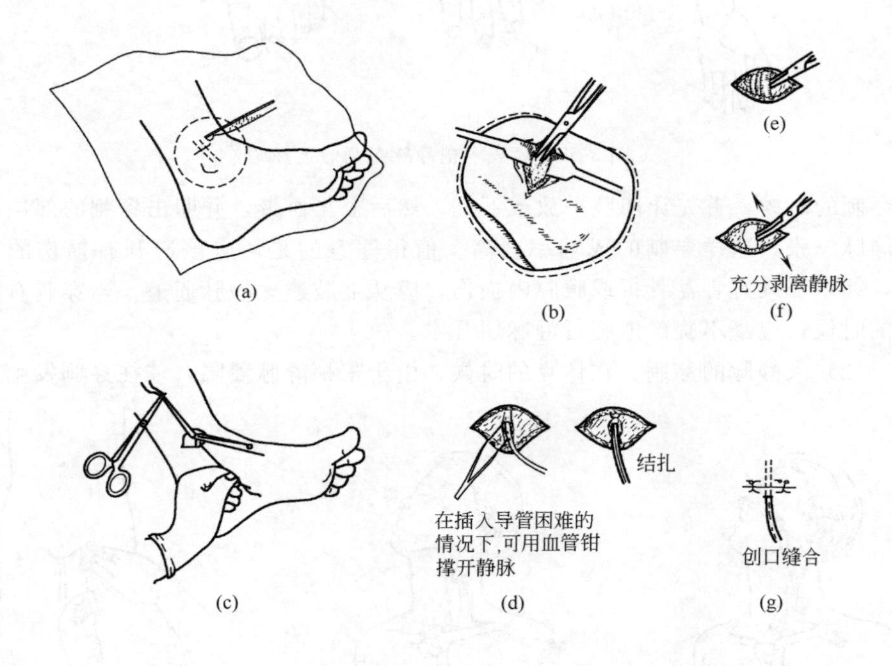

图 3-57　静脉切开术

（a）首先将静脉切开部位消毒，铺设无菌巾，然后用 1% 利多卡因局部浸润麻醉；（b）与血管走行呈直角切开皮肤，用蚊式血管钳与血管走行平行钝性分离脂肪组织并寻找静脉；如果难以找到，则扩大切口用血管钳提起脂肪并切除之，再寻找静脉；（c）找到静脉后，用血管钳分离血管周围的组织，将 2 根 4 号丝线由血管下穿过，其中一根结扎静脉之远端；（d）将近端的牵引线和远端的结扎线向上提拉，于血管的中点略靠远侧用眼科剪呈 V 字形剪开静脉壁，肉眼可以看到血管腔内；（e）松弛牵引线，确定有静脉血液回流后，用蚊式钳撑开切开处的血管腔，将灌满生理盐水的静脉插管送入静脉；（f）确实证明导管插入静脉无误，推注生理盐水又没有阻力，则将近端之丝线结扎以固定导管，然后再次用远端之丝线固定导管；（g）缝合并消毒创口，用无菌敷料覆盖，用粘膏将导管固定在皮肤上，最后与输液器连接

七、急救的体腔穿刺

对于张力性气胸和血胸而施行的胸腔穿刺，对于心脏压塞而施行的心包穿刺都是救命的措施，既需要争分夺秒，又需要医生对外伤的处理有娴熟的技术。胸腔穿刺和胸腔闭式引流的具体内容如下。

对于胸部外伤的患者来说，不仅确保气道畅通、得以充分换气是重要的，

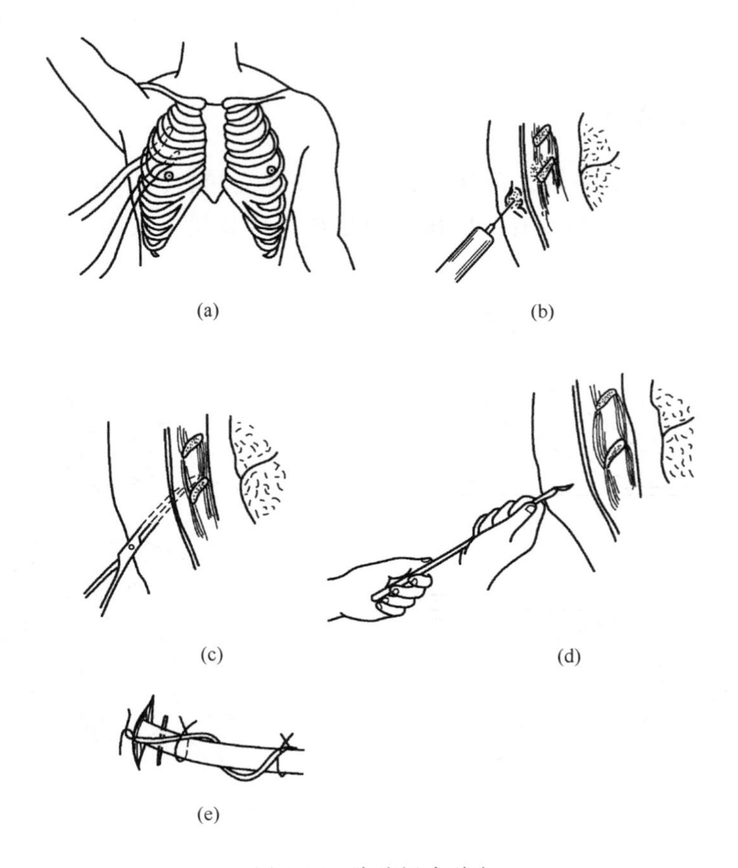

图 3-58　胸腔闭式引流

（a）通常，排气是由第 2、3 肋间的锁骨中线朝向肺尖插入闭式引流管的，排血或其他液体是由第 4、5、6 肋间腋前、中线朝向肺底插入的，但紧急情况下，由腋中线的第 5 肋间插入即可；（b）令患者取仰卧位或轻度侧卧位，用 7 号针将皮肤、肋间筋膜、胸膜进行浸润麻醉，如果能到达胸膜腔，则抽吸以确认胸腔内容物；（c）选择预定穿刺引流的肋间，皮肤切口 1～2cm，用直钳子于肋骨上缘充分分离肋间肌；（d）用左手使劲捏住距引流管头端 2～3cm 的部位，沿肋骨上缘滑入胸膜腔，如果没有阻力，拔出内管 2～3cm，然后连同外管向要穿刺的方向插入；（e）缝合切口并固定穿刺管，然后与引流瓶连接

而且当胸廓左右活动有差别的时候，还必须怀疑有气胸的存在。如果听诊未闻肺泡音、叩之呈鼓音，基本可以诊断有气胸的存在，则可试行穿刺。

张力性气胸进展非常迅速，如不能及时处理则可致命，因此不等 X 线摄影就应该用 18 号的胸腔穿刺针由第 4～5 肋间的腋中线刺入胸腔，暂时减压后再施行胸腔闭式引流。当然伴有外伤的血气胸多数也是需要胸腔闭式引流的，其操作技术见图 3-58。胸腔闭式引流后，应该严密观察，如果以 15～20cmH_2O 的负压吸引，在 15min 内持续性出血超过 100mL 或大量的气体溢出，则应考虑手术治疗。

八、心包穿刺

在胸外伤患者没有明显的外出血而又处于休克状态、脉压小、中心静脉压高的情况下，应高度怀疑有心脏压塞的存在。经 B 超检查确诊后立即施行心包穿刺（图 3-59）。

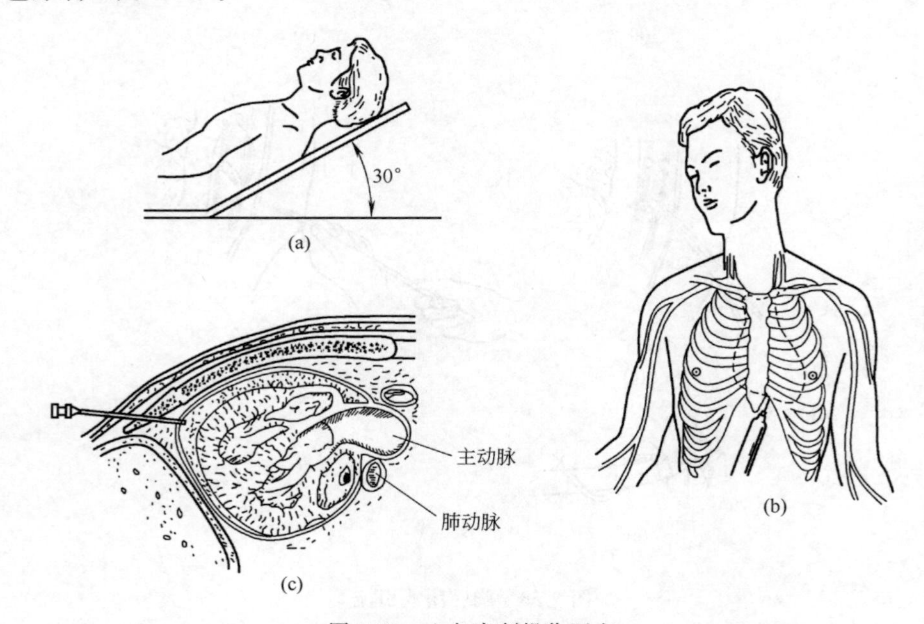

图 3-59 心包穿刺操作要点

（a）尽可能使患者取 30°的半坐位，准备好除颤器和复苏的各种器具；（b）以剑突与左肋弓交点下 1～2cm 处作为穿刺点，以与皮肤向外呈 15°～35°角穿刺；（c）用 7 号针将皮肤、皮下组织局部浸润麻醉，然后用 12 号穿刺针刺入，进针 4～5cm 直达心包，通过心包时有阻抗。如果确认有心包液后用止血钳夹住固定之，然后接注射器抽吸

第三节　灾害事故现场的救命技术

一、概述

事故可能造成呼吸骤停，包括溺水、脑卒中、气道异物阻塞、吸入烟雾、会厌炎、药物过量、电击伤、窒息、创伤以及各种原因引起的昏迷。原发性呼吸停止后1min心脏也将停止跳动，此时做胸外按压的数分钟内仍可得到已氧合的血液供应。当呼吸骤停或自主呼吸不足时，保证气道通畅，进行紧急人工通气非常重要，可防止心脏发生停搏。除了上述能引起呼吸骤停并进而引起心跳骤停的原因外，还包括重型颅脑损伤、心脏或大血管破裂引起的大失血、药物或毒物中毒等。心脏骤停时血液循环停止，各重要脏器失去氧供，如不能在数分钟恢复血供，大脑等生命重要器官将发生不可逆的损害。

为便于在现场进行大批伤员的救治，可以就地划分区域，但限于人力、物力、时间等客观条件，均难以进行确定性治疗。现场多数急救原则是救命、稳定病情及迅速转运。救治技术主要包括心肺复苏（CPR），保证气道通畅，提供有效呼吸，维持循环功能，控制外出血，保护受伤的颈椎，固定骨折等。现在把医院内多种抢救措施应用到医院外，不仅有基本生命支持（basic life support，BLS），而且有高级生命支持（advanced life support，ALS）。院前救治技术也不断增加，如胸穿、胸腔闭式引流、心包穿刺、环甲膜穿刺以及在直接喉镜下摘除异物等。

一般现场抢救要求在10min内完成，如事故现场距创伤救治中心或确定性治疗医院较近，应尽量缩短现场处理的时间，以快速转运为宜。以往将在现场4min内施行心肺复苏的基本生命支持称为初期处理，然后将伤员转送医院（8～10min内）施行心肺复苏的基本生命支持（ALS）称为二期处理。如现场在农村或离创伤中心较远、估计完成伤员转运需20～30min以上，则应在现场实施必要的救治，各项救治措施按VIPCIT程序化处理，能及时解除严重创伤对生命的威胁，获得并维持伤员生命体征稳定，快速安全转运，降低伤后早期死亡率和伤残率。

二、VIPCIT救治程序

V为呼吸支持，维持通畅的呼吸道，充分给氧。I为迅速建立有效静脉通道，扩充血容量，补充功能性细胞外液。P为心脏循环功能支持。C为控制出血。I为可靠制动。T为安全转运。

1. V

V（ventilation）指保证气道通畅，保持正常通气和充分氧合作用。当务之急为清理上呼吸道，防止误吸。如患者呼吸已停止或自主呼吸无效，由现场专业或非专业人员进行徒手抢救，应安置患者于心脏复苏体位，开放气道和人工通气。

（1）抢救者的位置　抢救者应在病员的一侧肩部位置，以便于依次同时人工呼吸和胸外按压而不需要移动体位。

（2）患者的卧位放置　患者取仰卧位，以便进行心肺复苏，为此如见患者为俯卧位，应将患者放至正确的仰卧位，救助者须把患者作为一整体翻过来，使头肩和躯干保持在同一平面，将全身以脊柱为轴线作为一整体来转动，防止颈椎损伤加重，让患者仰卧在坚固的平面上（背部垫有硬板或置于坚硬的平地上），使头部稍低，两臂自然放在躯干两侧。

如患者呼吸存在，安置患者于昏迷体位，不用枕头，将患者转向侧卧位，下颌向前推出，肘和膝部微屈，躯干前倾，便于口腔异物流出，防止舌后坠窒息。

舌根后坠是造成呼吸道阻塞最常见原因，因为舌附在下颌上，意识丧失的患者肌肉松弛使下颌及舌后坠，有自主呼吸的患者，吸气时气道内呈负压，也可将舌、会厌或两者同时吸附到咽后壁，产生气道阻塞。此时将下颌上抬，舌离开咽喉部，气道即可打开。无颈部创伤，可采用仰头抬颏法开放气道，并清除患者口中的异物和呕吐物，用指套或指缠纱布清除口腔中的液体分泌物。清除固体异物时，一手按压开下颌，另一手食指将固体异物钩出。

① 仰头抬颌法：为完成仰头动作，应把一只手放在患者前额，用手掌把额头用力向后推，使头部向后仰，另一只手的手指放在下颌骨处，向上抬颌，使牙关紧闭，下颌向上抬动，勿用力压迫下颌部软组织，否则有可能造成气道梗阻，避免用拇指抬下颌。

② 托颌法：把手放置在患者头部两侧，肘部支撑在患者躺的平面上，握紧下颌角，用力向上托下颌，如患者紧闭双唇，可用拇指把口唇分开。如果需要进行口对口呼吸，则将下颌持续上托，用面颊贴紧患者的鼻孔。

（3）昏迷有呼吸者的体位安置要点

① 把靠近抢救者一侧的腿弯曲。

② 把靠近抢救者一侧的手臂置于其臀部下方。

③ 轻柔地将患者转向抢救者。

④ 使患者头后仰，保持脸面向下，位于其上方的手置于脸颊下方，以维持头后仰及防止脸朝下，下方的手臂置于背后，以防止患者向后翻转。

(4) 气道异物阻塞的紧急处理　可询问患者是否有憋气感。在部分气道异物阻塞而通气良好者，应鼓励其反复用力咳嗽，以排出异物。但是在气道完全阻塞时，患者表情痛苦而不能说话、呼吸、咳嗽并用手抓压颈部。这种紧急状态，要求有经验的急救人员推迟或取消非紧急的检查，立即施救。

(5) 气道异物梗阻（FBAO）的识别和处理　具体内容参考本章第一节“灾害事故现场的心、肺、脑复苏术”。

2. I

I（infusion）指用输血、输液扩充血容量及功能性细胞外液，以防止休克发生和恶化。以下情况可使院前静脉输液有效：①现场距创伤中心或确定性治疗单位较远，估计转运时间超过 30min；②早期出血速度在 25～100mL/min；③输液速度与出血速度相当时。院前复苏液体的选择、输入速度、建立输液通道的时间以及现场救护人员的素质，均影响院前液体复苏的效果。据报道，多数现场救护人员建立一条静脉通道输液所需时间约为 11min。有些技术熟练者可在现场 11min 完成气管插管、静脉输液和应用抗休克裤（AST），这对稳定伤员血流动力学、提高成活率有明显效果。

3. P

P（pulsation）是指心泵功能的维护与监测。伤员胸外伤，已被实施通畅气管，静脉输液扩充血容量，而突然出现皮色发绀、呼吸急促、血压不断下降、脉弱而不规则、颈静脉充盈、心音遥远或消失，表明心脏压塞，引起心源性休克。入院前救治的最佳措施是及早心包穿刺、输液、扩容和迅速转运。如发现张力性气胸，宜应胸穿抽气，否则也影响心泵功能。

4. C

C（control bleeding）即紧急控制出血。现场控制外出血，紧急措施是加压于出血点、抬高受伤部位肢体，或在伤口处覆盖敷料加压包扎，常可起止血目的而很少使用止血带。对于骨盆骨折及下肢开放性骨折伴有出血性休克伤员，可在现场应用抗休克裤控制大出血，改善全身情况并固定骨折。

对疑有胸、腹、腹膜后大出血者，可行胸腔或腹腔穿刺等简易诊断方法，边抗休克边转运。

5. I

I（immobilization）即可靠制动。现场对骨折和关节严重损伤，进行临时固定，是控制休克、减少伤员痛苦、防止骨折断端移动造成继发性损伤、便于后送的一项重要措施。对于开放性骨折，应先止血包扎，然后固定。现场固定伤肢不同于医院内对骨折的整复固定，要求简单、快速、有效，多就地取材，如树枝、竹竿、木棍、简易夹板等，也可用枪支或健肢或将受伤上肢固定于胸前，固定时要包括伤口上下方关节。

6. T

T（translation） 指搬动伤员，是指将伤员从负伤地点或危险环境中解脱出来，防止再次受伤并立即转移到安全之处或向后转送的过程。现场搬运伤员的方法很多，有各种徒手搬运法和担架搬运法，无论采用何种方法，均应保证不加重伤员伤情和痛苦，同时在搬运中必须考虑伤员紧急治疗的需要，及时给予心肺复苏（CPR）。

（1）单人搬运法 可分为拖运法、搀扶法、双肩抱持法、背负法、肩负法等，具体选择何种搬运法，要依伤情和伤员伤后体位等确定。①如伤员为司机，伤后神志不清，救援者位于伤员左侧，右腿跨进车内，左臂插至伤员左腋下，用手向上托住伤员下颌，另一臂从伤员右肩、腋下绕至伤员腹前，握住伤员前臂（伤员两臂弯曲放在腹前）。②救援者站在伤员背后，双手从伤员肩下、腋下环绕至伤员腹前，抓住伤员前臂，在地面上站立住，拖住伤员向后平移，直至拖出危险区。

（2）双人徒手搬运法 可分为轿式、椅式运送等。双人搬运伤员急救时，两救援者均屈一膝跪地，一人托住伤员下半身，左膝左股支撑伤员双大腿，左手托伤员臀部，另一手托双踝；另一人托伤员上半身，左膝垫在伤员肩背部，有助于保持头后仰姿势，右手托伤员腰部、左肘部，另一手放在伤员前额上，手掌向下施力，使头后倾，气道开放，行口对口呼吸，对许多伤员被认为是合适的。

（3）脊椎骨折伤员搬运法 搬运时应两人或三人用手分别托住伤员的头、肩、臀和下肢，动作一致地将伤员搬起并平放在硬板或担架上，搬运时注意患者神志、呼吸和心脏评估，在畅通呼吸道、判断伤员无呼吸时，做口对口人工通气或面罩通气。如脊椎骨折伤员已处于昏迷状态时，伤员仰卧，舌易后缩而阻塞咽喉，妨碍呼吸，应在抬起伤员时，慢慢平稳地向一侧转动，将伤员侧卧于硬板担架上。当伤员颈部、背部、骨盆或髋部受伤，抬上担架时，一般不必抬得很高，合适的高度以放上担架为宜。三人可直接把伤员抬上担架，如有第四人更好，一人指挥协调其他三人动作一致。如有三名救援者，两人搬运伤员，第三人可给予伤员面罩通气。

用三名救援者搬运脊椎骨折昏迷伤员，以下步骤很重要：第一人位于伤员肩部，第二人在伤员髋部，第三人在伤员小腿部，动作开始，第三人将双手伸到伤员腿下，一只手放在膝下，另一只手放在踝下；第二人把双手放在伤员大腿和腰下；第一人将双手放在伤员颈肩部之下。指挥者下口令，三人同时用力，慢慢抬起伤员，同时慢慢给伤员翻身，使伤员侧卧于担架上。

(4) 担架搬运法　用担架运送伤员是急救的重要环节，为减少运送过程中担架的更换，不增加伤员伤情，可选择以下新型担架。

① 铲式担架：结构简单，由两块金属板构成，能拉拢或拆开。应用时将两块金属板从伤员背部两侧垫入，插入钢钎，固定妥当，即能搬运。对于头部和脊柱外伤伤员就可避免挪动之苦。

② 包裹式真空固定担架：用牢固的橡胶膜制成，不透气，柔软可叠，夹层充有聚酯颗粒或絮片，封套有个通气阀与外界相通，内外气压一致，垫可随意变成任何形状。安置伤员后，绳索紧裹伤员躯体和四肢，然后用泵抽出套内空气。真空使套内小颗粒彼此聚联、垫变、硬扎，且坚实地将伤员固定——犹如全身夹板。由于真空担架贴体，伤员重量均匀地分布垫上，大大减轻了运送时震动对伤员的影响，垫本身已成石膏架，故不需用任何夹板再固定，还有利于压迫止血，而且这种担架能透过 X 线，伤员从现场到手术台，包括繁琐的诊断检查，都不必换担架，对休克的重伤员尤其有利。

③ 充气的固定担架：它是在标准担架上加一个衬垫，衬垫也是胶布垫套，内有弹性颗粒，两侧有固定宽带。使用时，将伤员置在垫中固定。这种担架能有效防止后送过程中的震动和机械冲击，还可在水上漂浮，作为落水人员救捞工具。

三、除颤与除颤方法

1. 电除颤

早期电除颤的理由：①引起心跳骤停最常见的致命心律失常是室颤，在发生心跳骤停的患者中约 80%为室颤；②室颤最有效的治疗是电除颤；③除颤成功的可能性随着时间的流逝而减少或消失，除颤每延迟 1min 则成功率将下降 7%～10%；④室颤可能在数分钟内转为心脏停止。因此，尽早快速除颤是生存链中最关键的一环。

(1) 除颤波形和能量水平　除颤器释放的能量应是能够终止室颤的最低能量。能量和电流过低则无法终止心律失常，能量和电流过高则会导致心肌损害。目前自动体外除颤仪（automated external defibrillators，AED）包括两类除颤波形：单相波和双相波，不同的波形对能量的需求有所不同。

① 单相波形电除颤：《国际心肺复苏指南》(2005) 推荐首次电击能量 360J，首次除颤后如室颤继续存在则继续予 360J 除颤。

② 双相波电除颤：早期临床试验表明，使用 150J 可有效终止院前发生的室颤。低能量的双相波电除颤是有效的，而且终止室颤的效果与高能量单相波除颤相似或更有效。

（2）除颤效果的评价　近来研究表明，电击后5s心电显示心搏停止或非室颤无电活动均可视为电除颤成功。这一时间的规定是根据电生理研究结果而定的，成功除颤后一般心脏停止的时间应为5s，临床比较易于检测。第一次电除颤后，在给予药物和其他高级生命支持措施前，监测心律5s，可对除颤效果提供最有价值的依据；监测电击后第1min内的心律可提供其他信息，如是否恢复规则的心律，包括室上性节律和室性自主节律，以及是否为再灌注心律。

① 除颤指征：重新出现室颤，1次除颤后，患者的循环体征仍未恢复，复苏者应立即实施1min的CPR，若心律仍为室颤，则再行1组3次的电除颤（如一次除颤成功，不必再做第二次），然后再行1min的CPR，并立即检查循环体征，直至仪器出现“无除颤指征”信息或实行高级生命支持（ACLS）。不要在一组3次除颤过程中检查循环情况，因为这会耽搁仪器的分析和电击，快速连续电击可部分减少胸部阻抗，提高除颤效果。

② 无除颤指征

a. 无循环体征：AED仪提示“无除颤指征”信息，检查患者的循环体征，如循环未恢复，继续行CPR，3个“无除颤指征”信息提示成功除颤的可能性很小。因此，行1～2min的CPR后，需再次行心律分析，心律分析时停止CPR。

b. 循环体征恢复：如果循环体征恢复，检查患者呼吸，如无自主呼吸，即给予人工通气，10～12次/分；若有呼吸，将患者置于恢复体位，除颤器应仍连接在患者身体上，如再出现室颤，AED仪会发出提示并自动充电，再行电除颤。

（3）心血管急救系统　心血管急救（ECC）系统可用“生存链”概括，包括四个环节：①早期启动EMSS；②早期CPR；③早期电除颤；④早期高级生命支持。临床和流行病学研究证实，四个环节中早期电除颤是抢救患者生命最关键一环。早期电除颤的原则是要求第一个到达现场的急救人员应携带除颤器，并有义务实施CPR，急救人员都应接受正规培训，急救人员行BLS同时应实施自动体外除颤（AED），在有除颤器时，首先实施电除颤，这样心脏骤停患者复苏的存活率会较高。使用AED的优点包括：人员培训简单，培训费用较低，而且使用时比传统除颤器快。早期电除颤应作为标准EMS的急救内容，争取在心跳骤停发生后、院前5min内完成电除颤。

（4）心律转复　心房颤动转复的推荐能量为100～200J单相波除颤，心房扑动和阵发性室上性心动过速转复所需能量一般较低，首次电转复能量通常为50～100J单相波已足够，如除颤不成功，再逐渐增加能量。

室性心动过速转复能量的大小依赖于室速波形特征和心率快慢。单形性室性心动过速（其形态及节律规则）对首次 100J 单相波转复治疗反应良好。多形性室速（形态及节律均不规则）类似于室颤，首次应选择 200J 单相波行转复，如果首次未成功，再逐渐增加能量。对安置有永久性起搏器或 ICD 的患者行电转复或除颤时，电极勿靠近起搏器，因为除颤会造成其功能障碍。

（5）同步与非同步电复律　电复律时电流应与 QRS 波群相同步，从而减少诱发室颤的可能性，如果电复律时正好处在心动周期的相对不应期，则可能形成室颤。在转复一些血流动力学状态稳定的心动过速，如室上性心动过速、心房颤动和心房扑动时，同步除颤可避免并发症的发生。室颤则应用非同步模式，室速时患者如出现无脉搏、意识丧失、低血压或严重的肺水肿，则应立即行非同步电复律，在数秒钟内给予电除颤。为了应付随时可能发生的室颤，除颤器应随时处于备用状态。

（6）“潜伏”室颤　对已经停跳的心脏行除颤并无好处，然而在少数患者，一些导联有粗大的室颤波形，而与其相对导联则仅有极微细的颤动，称为“潜伏”室颤，可能会出现一条直线类似于心脏停搏，在 2 个以上的导联检查心律有助于鉴别这种现象。

2. 自动体外除颤

由于医院使用的除颤设备难以满足现场急救的要求，20 世纪 80 年代后期出现自动体外心脏除颤仪，为早期除颤提供了有利条件，自动体外除颤（automated external defibrillation，AED）使复苏成功率提高了 2～3 倍，对可能发生室颤危险的危重患者实行 AED 的监测，有助于及早除颤复律（图 3-60）。

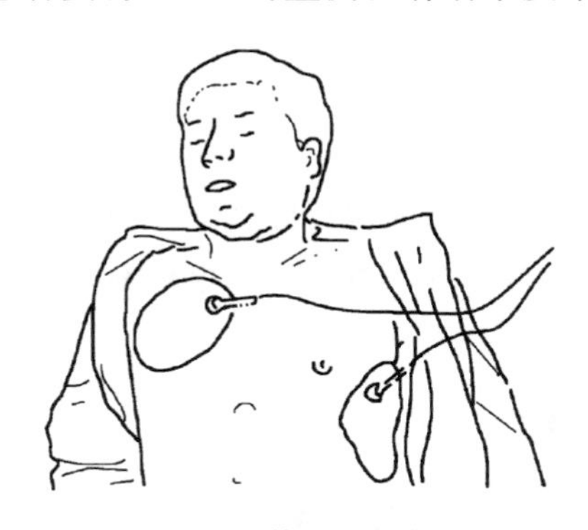

图 3-60　自动体外除颤仪电极位

自动体外电除颤仪包括：自动心脏节律分析和电击咨询系统，后者可建议实施电击，而由操作者按下“SHOCK”按钮，即可行电除颤。全自动体外除颤不需要按“SHOCK”按钮。AED 只适用于无反应、无呼吸和无循环体征的患者。对于无循环体征的患者，无论是室上速、室速还是室颤，都有除颤指征。

3. 公众启动除颤

公众启动除颤（public access defibrillation，PAD）能提供这样的机会，即使是远离 EMS 急救系统的场所，也能在数分钟内对心跳骤停患者进行除颤。PAD 要求受过训练的急救人员（包括警察、消防员等），在 5min 内使用就近预先准备的 AED 仪对心跳骤停患者实施电击除颤。实施 PAD 的初步实践表明，心搏骤停院前急救生存率明显提高（49%）（图 3-61）。

4. 心前叩击

心前叩击可使室性心动过速转为窦性心律，其有效性报道在 11%～25%。极少数室颤可能被心前重叩终止。由于心前叩击简便快速，在发现患者心脏停跳、无脉搏且无法获得除颤器进行除颤时可考虑使用（图 3-62）。

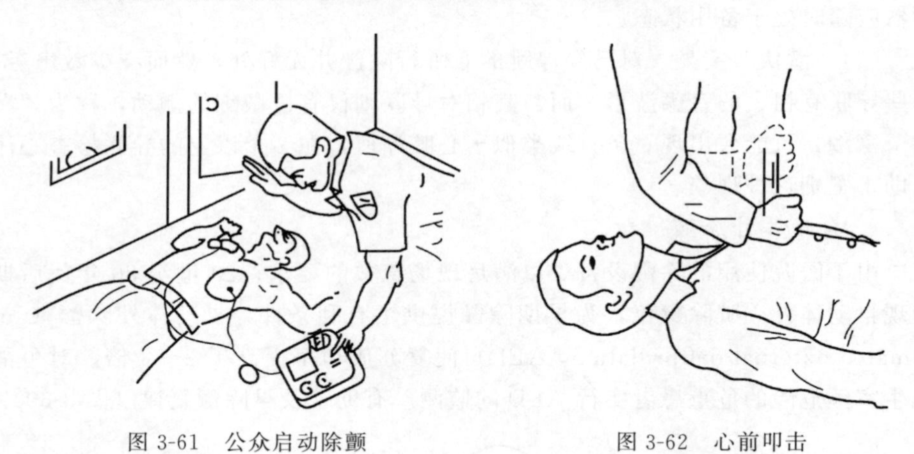

图 3-61　公众启动除颤　　　图 3-62　心前叩击

5. 盲目除颤

盲目除颤指缺乏心电图诊断而进行除颤，目前已很少需要，这是由于自动除颤器有自动心脏节律分析系统，可做出心电诊断，而手持除颤器操作者可以通过电极的心电监测做判断。

四、氧疗与支持通气

如伤员经过 BLS 阶段自主呼吸已恢复，可考虑使用常规给氧方法，如鼻导管、鼻塞等。在紧急情况下，可选择使用食管封闭套管、气管插管和机械通气等措施以支持有效呼吸。常用的通气方法如下。

（1）气管插管　复苏时，如能尽快尽早给伤员插入气管插管，既可保障确切供氧，又有助于防止误吸，有利于气道吸引和使用多种通气方式及气管内给药。插管前，给予伤员充分氧供，操作要迅速，不要反复试插，中断通气时间最多不应超过 30s。气管内插管，导管一经插好，通气就不需再与胸部按压同步，通气频率为 12～15 次/min。

（2）环甲膜穿刺　当用各种方法都不能缓解气道阻塞且又情况紧急时，可用粗针头经环甲膜穿刺后维持通气。主要用于院前急救。

第四节　创建流动便携式 ICU 病房及研制流动便携式 ICU 急救车

一、概述

目前国际医学界对于重症监护治疗（ICU）病房的最新理解是，ICU 应该有三个基本的组成部分：一是训练有素的医生和护士，这个团队应掌握危重病急救医学的理论，有高度的应变能力，善于配合；二是先进的监测技术和治疗手段，借助于这些设备和技术可进行动态、定量的监测，捕捉瞬间的变化，并可反馈于强有力的治疗措施；三是应用先进的理论和技术对危重病进行有效的治疗和护理。其中，医生是 ICU 的主体。

ICU 是医院集中监护和救治危重患者的医疗单元，设置在医院内位于方便患者转运、检查和治疗的区域。但是在灾害、突发事故、局部战争或意外发生时，第一时间内现场死亡人数是最多的。创建流动便携式重症监护治疗（ICU）病房是实现这一目标重要的步骤。该危重病现场急救新模式对降低重大灾害事故和局部战争中伤员的伤残率和死亡率也具有重要的现实意义。

二、流动便携式重症监护治疗病房的创建

（一）流动便携式重症监护治疗（ICU）病房医疗救护队人员组成原则

根据任务的需要，有针对性地做好人员的配置，流动便携式 ICU 病房医疗救护队人员组成原则上由各个专业的专家组成，身体健康，应该是全天候的医疗救护队，一般为 4～5 人，人员精干。设队长 1 人，若针对创伤及局部战争的现场急救，则最好由经过 ICU 专门训练的外科专家担任，队员包括麻醉、内科、专业护理人员各 1 人。所有人员应该进行强化培训，达到一专多能，掌握危重病急救医学的理论，有高度的应变能力，善于配合。根据具体任务，在医疗救护直升机上配置经过 ICU 专门训练的普通外科专家 1 名，骨科专家 1 名，麻醉专家 1 名，心血管内科专家 1 名，专业护士 1 名。在医疗救护车配置

经过ICU专门训练的脑外科专家1名，心血管外科专家1名，烧伤外科专家1名，骨科专家1名，专业护士1名。

（二）流动便携式重症监护治疗（ICU）病房先进的设备配置及药品配置

流动便携式ICU病房的设备配置及药品配置应该根据任务的需求决定。

1. ICU急救设备

带自备电源的多功能除颤仪1台（包括除颤、心电监护、血氧饱和度、血压、心电图），便携式呼吸机1台，便携式吸引器1台，便携式血气分析仪1台，快速气管通气器械1套，急救箱3个（分1、2、3号箱），担架1个，铲式担架1个，手术器械包6个，备用箱1个，被褥2套，4L氧气瓶1个，消毒物品箱1个，冰盒2个，液体箱1箱，杂物箱1箱。

2. 急救箱装箱单

（1）1号箱装箱单　应急灯1个，血压计1个，听诊器2个，体温表3个，小号手电筒1个，注射器50mL 2个，心内注射针2个，敷料盒1个，棉球盒1个，弯盘1个，1.4L供氧器1个，双头吸氧管2个，吸痰管5个，人工呼吸嘴（大、中、小）各1个，8号、9号气管套管各4个，气管导管6.5、7、7.5、8各2个，手套6付，弯型麻醉咽喉镜（附灯泡），成人简易呼吸器1个，12号胸腔穿刺针1个，30号腹腔穿刺针1个，各号针灸针各1个，牙垫2个，1、2、7号备用电池各2节，5号备用电池4节，T形开口器1个，16cm舌钳1个，医疗器械及洞巾包布1个，16cm压舌板1个，18cm敷料镊1个，12.5cm敷料镊1个，尖圆16cm敷料剪1个，16cm药匙1个，直全齿14cm止血钳2个，直弯齿16cm止血钳2个，直圆14cm手术剪2个，16cm持针钳1个，血管外科用持针钳1个，1×2钩12.5cm组织镊1个，9cm布巾钳1个，14cm手术刀柄1个，12号、21号手术刀片各1个，1/2圆0.8×20（mm）缝合针2个，1/2圆0.9×24（mm）2个，丝线缝合线各1个，羊肠线1个，0/3、0/4、0/5、0/6聚丙烯缝合线各2个，双头12.5cm气管牵引器1个，44×33（cm）手术洞巾2个，器械包布1个，洞巾2个。

（2）2号箱装箱单　导尿包1个，14号、16号导尿管11个，一次性引流袋1个，6号半、7号、7号半无菌手套各1盒，胃管1个，外周静脉插管1个，中心静脉插管2个，胸腔闭式引流管1个，骨科夹板6个，弹力绷带1个，宽胶布1个，胶布2个，颈托3个，输液器4个，输血器3个。碘棉球6个，止血带1个，1mL注射器2个、5mL注射器3个、10mL注射器3个、20mL注射器2个、50mL注射器3个。明胶海绵5个，三角巾10个，卡式止血带2个，绷带卷10个，压缩脱脂棉1个，纱布20个，石蜡油棉片3个，敷料贴 3 个，三通延长管 2 个，三通 3 个，头皮针 4 个，套管针 3 个，针头 5 个，沙具 1 个，PPE 管 1 个。

（3）3 号箱药品箱装箱单　1mg 肾上腺素 20 支、10mg 间羟胺 20 支、1mg 阿托品 20 支、10mg 山莨菪碱 10 支、2% 5mL 利多卡因 20 支、0.375mg 尼可刹米（可拉明）20 支、50mg 哌替啶 10 支、10mg 地西泮 10 支、20mg 多巴胺 20 支、止血用生物胶（外用）、1000U 巴曲酶 5 支、5U 垂体后叶素 10 支、250mg 氨茶碱 10 支、2mL 阿尼利定 10 支、0.4mg 毛花苷 C 10 支、5mg 地塞米松 40 支、500mg 甲泼尼龙 4 支、20mL 50%葡萄糖 10 支、70mg 普罗帕酮 10 支、5mg 硝酸甘油 10 支、5mg 维拉帕米 10 支、0.1g 苯巴比妥钠 10 支、200mg 氯胺酮 10 支、8 万 U 庆大霉素 10 支、20mg 呋塞米 10 支、50mg 非那根 10 支、10mg 甲氧氯普胺 10 支、50mg 茶苯海明片 10 片、0.4mg 纳洛酮 12 支、100mg 维生素 B_6 60 支、1mg 异丙肾上腺素 10 支、250mL 5%碳酸氢钠 1 瓶、0.2g 西咪替丁 10 支、40mg 奥美拉唑 4 支、0.1g 氨甲苯酸 5 支、2g 6-氨基己酸 5 支、20mg 多巴酚丁胺 10 支、10mL 10%氯化钾 5 支、10mL 葡萄糖酸钙 5 支、10mL 1%普鲁卡因 5 支、250mL 20%甘露醇注射液 2 瓶、500mL 0.9%氯化钠注射液 2 袋、500mL 琥珀酰明胶注射液（血定安）2 袋、500mL 10%葡萄糖注射液 2 袋、500mL 乳酸林格液 1 瓶、250mL 碘伏（外用）、一次性酒精棉片（外用）、150mg 胺碘酮针剂 12 支、50mg 栓体舒针剂 1 套、头孢曲松钠（罗氏芬）2 支、亚甲蓝 20 支、人血白蛋白 4 支、乳酸左氧氟沙星（来立信）2 瓶、1g 维生素 C 注射液 20 支、3mg 洛贝林 10 支、250mL 输氧康 2 瓶。

3. 应用先进的理论和技术在现场对危重病进行有效的处置

（1）组织机构　现场急救是一个复杂的完整的系统工程。需要一整套合理、高效、科学的管理方法和精干熟练的指挥管理人才和强有力的专家组。流动便携式 ICU 病房的设备和人员应该受现场急救指挥部统一领导。

（2）实施原则和程序

① 原则：对构成危及伤员生命的伤情或病情，应充分利用现场的条件，予以紧急抢救，使伤情稳定或好转，为后送创造条件，尽最大努力确保伤员生命安全。

② 程序

a. 任务前：根据承担任务特点和要求，完成医疗救护队的组织建设、业务培训和任务前动员，并对现场流动便携式 ICU 病房、医疗救护车辆、通信设备、急救设备、药品等进行检查和调试。

b. 任务中：根据突发事故的现场情况，由现场急救指挥部决定进入医疗救护程序的方式，现场流动便携式 ICU 病房及医疗救护人员对伤员的伤情进行初步检查。迅速诊断伤情，立即实施最必需的医学急救措施，如进行通畅气道、给氧、止血、心肺复苏、抗休克等，特别必要时实施现场急救手术，尽可能地稳定伤情，及时消除或减轻强烈刺激对伤员造成的心理不适应。主要伤情处置规范按救治规则进行，当伤员病情允许后送时，由现场医疗救护队队长决策，向指挥长报告，在指挥长的统一指挥下，将伤员后送，后送期间需要进行不间断救治。

c. 后送后：做好伤员的病情和记录交接，后送任务完成。对任务的救治工作进行总结。

（3）制定系统而完整的医疗救护预案　鉴于突发灾害事故、局部战争的医疗救护工作的复杂性和意外伤害的突发性，需要制定突发灾害事故伤员伤病救治规则、医疗救护演练实施细则、现场应急医疗救护处置程序、伤员后送程序和标准、伤员到达医院后的医疗救护程序等。

（4）加强对流动便携式 ICU 病房医疗救护人员的培训和演练　编写现场伤员医疗救护培训教材，完成医疗救护队队员多次培训授课工作。对有关医疗救护队队员进行相关理论和技术培训，并参加多次演练。培训和演练从实战出发，注重实际效果。要求医疗救护队队员熟悉急救物品放置的所在位置，需要时能快速取出，关键是在 1min 左右要分别完成气管插管上呼吸机给氧，心电监护并能立即除颤，静脉通道建立并能注入急救药品。即在 1min 左右的时间内将危重伤员的病情控制在医务人员的手中。

（5）目标是将救命性的外科处理等延伸到事故现场，以降低灾害现场危重伤员的死亡率及伤残率　我们体会，传统现场救治的有效经验要很好地应用，并在此基础上创新。在快速伤员分类的同时，流动便携式 ICU 病房医疗救护人员主要针对Ⅰ类危重伤，需立即抢救的伤员，进行快速有效救治。包括严重头部伤、大出血、昏迷、各类休克、开放性或哆开性骨折、严重挤压伤、内脏损伤、大面积烧伤（30％以上）、窒息性气胸、颈及上颌和面部伤、严重中毒、严重烟雾吸入（窒息）等。实践经验证明，休克、窒息、大出血和重要脏器损伤是伤员早期死亡的主要原因。要尽一切努力确保Ⅰ类伤得到优先抢救，有一支精干的、经过强化训练的医疗救护队在流动便携式 ICU 病房的依托下，能将救命性的外科处理等延伸到事故现场，这样可以降低灾害现场危重伤员的死亡率及伤残率，也就大大提升了现场急救的内容和水平。

三、研制成功我国首辆“流动便携式 ICU 急救车”

首创“流动便携式 ICU 急救车”将 ICU 病房精简后设置在救护车上，能快速进行包括全麻手术在内的各种救命性手术、ICU监护及加强治疗，使抢救达到快速、机动、方便、安全、价格合适。车上配置自动心肺复苏系统，具有可移动心肺复苏功能。即使在交通堵塞的情况下，自动心肺复苏系统能够对心脏停止跳动的患者进行不间断心肺复苏。在多起事故中，“ICU急救车”迅速开到现场，救出伤员在车上快速行加强治疗。“流动便携式ICU急救车”上具备自动心肺复苏功能及救命性手术功能等，将救命性处理延伸到突发事故现场，为现场救治提供了新手段。

第五节　便携式急救包的研制与应用

一、概述

灾害事故现场需要迅速抢救生命，包括止血、包扎、固定、止痛、人工呼吸、抗休克、抗中毒、给予基本生命支持等，急需便携式急救包。我们研制了空降兵便携式航天员急救包，它完全适合各种灾害事故现场的急救。

二、空降兵便携式航天员急救包的任务要求

1. 对急救包的要求

适合空降兵携带的急救包，要求重量轻、体积小、坚固、耐摔打、便于携带、适合空降跳伞用。

2. 救治范围的要求

对航天员出现的各种意外伤害，能够满足空降兵的救治范围需要。空降兵救治范围是：对受伤的航天员实施急救，迅速抢救生命。具体如下。

① 应用加压包扎法止血；如加压包扎仍无效时，可用止血带，应注明时间，并加标记。

② 对呼吸、心跳骤停的伤员，应当立即清理上呼吸道，同时做体外心脏按压，人工呼吸。对上呼吸道阻塞的伤员做环甲膜切开或行气管造口术。

③ 包扎伤口，对肠脱出、脑膨出行保护性包扎，对开放性气胸做封闭包扎。

④ 对长骨、大关节伤，肢体挤压伤和大块软组织伤，用夹板固定。

⑤ 对有舌后坠的昏迷伤员，应取侧卧位，放置口咽腔通气管，防止窒息，保持呼吸道通畅。

⑥ 对张力性气胸，在锁骨中线第二、三肋间用带有单向引流管的粗针头，

穿刺排气。

⑦ 注射止痛药、补液、保温等方法防治休克；注射抗菌药物，防治感染。

⑧ 对面积较大的烧伤，用清洁的布单创面。

⑨ 对中毒人员，及时注射相应的解毒药，对染毒的伤口洗消、包扎。

⑩ 对航天员可能出现的以下急症进行药物治疗：高热、剧痛、抽搐、癫痫、心跳骤停、休克、呼吸衰竭、心力衰竭、昏迷、高血压急症、心律失常、心绞痛、出血、脑水肿、哮喘、抗感染等。

三、急救包技术指标

空降兵航天急救包由两个相同的分包组成，分包左、右各一个，使用中一个左肩右斜，一个右肩左斜。两侧重量大致相当。采用防水拉链和防水迷彩布制作，外形呈长方体，正面有红十字标志。尺寸 33mm×22mm×12mm；重 4kg，内部有多个分袋；径向撕破强力达 60N，纬向撕破强力达 50N；内装急救器材和药品。药品用药盒固定，有标签。背带质量承受能力可靠，接口牢固，拉链搭扣等采用金属制作。漂浮 30min 内，内部无明显渗漏水。

四、药材的选配

根据航天员可能出现的各种意外伤害，特别是载人航天可能出现的特殊疾病种类，及空降兵的救治范围需要，选择下列器材和药品。

1. 急救器材

一次性口罩及帽子各 2 个、手套 2 副，急救手电、听诊器、电子血压计、体温计、多功能剪刀各 1 个，高弹力绷带 5 卷、脱脂棉球 1 包、液体石蜡棉片 1 包、胶布 1 个。一次性注射器 5 个、一次性输液器 2 个，卡式止血带、引流管、胃管、导尿管、引流袋、口咽通气管、气管套管各 1 个，CPR 面罩、组合骨折夹板、急救保温毯、四合一颈托各 1 个，敷料镊、布巾钳、止血钳、穿刺针各 2 把，紧急抽吸器、呼吸道插管组合、抗休克裤、硅胶呼吸囊、手动便携式负压吸引器（小型）各 1 个，速热袋、速冷袋各 2 个，（气管切开、清创、胸腔闭式引流、小手术止血、静脉切开）五合一手术包一套，氧立得一套，气管套管各 2 套等。

2. 急救药品

1mg 肾上腺素 5 支、1mg 阿托品 5 支、10mg 山莨菪碱 5 支、2% 5mL 利多卡因 5 支、100mL 5%碳酸氢钠 1 袋、5mg 地塞米松 5 支、50mg 吗啡 2 支、50mg 哌替啶 2 支、10mg 地西泮 2 支、0.375mg 尼可刹米（可拉明）2 支、20mg 多巴胺 5 支、1000U 巴曲酶 2 支、5U 垂体后叶素 2 支、250mg 氨茶碱 2

支、2mL 阿尼利定 2 支、柴胡注射液 2 支、0.4mg 毛花苷 C 2 支、500mg 甲泼尼龙 2 支、20mL 50%葡萄糖 5 支、70mg 普罗帕酮 2 支、5mg 硝酸甘油 2 支、5mg 维拉帕米 2 支、0.1g 苯巴比妥钠 2 支、200mg 氯胺酮 2 支、8 万 U 庆大霉素 2 支、20mg 呋塞米 5 支、0.4mg 纳洛酮 3 支、克脑迷 2 支、100mg 维生素 B_6 6 支、1mg 异丙肾上腺素 3 支、40mg 奥美拉唑 2 支、0.1g 氨甲苯酸 2 支、20mg 多巴酚丁胺 10 支、10mL 10%氯化钾 5 支、10mL 葡萄糖酸钙 5 支、10mL 1%普鲁卡因 5 支、250mL 20%甘露醇注射液 2 袋、500mL 0.9%氯化钠注射液 2 袋、500mL 琥珀酰明胶注射液（血定安）1 袋、500mL 乳酸林格液 1 袋、250mL 碘伏（外用）、一次性酒精棉片（外用）1 包、150mg 胺碘酮针剂 2 支、头孢曲松钠（罗氏芬）2 支、亚甲蓝 3 支、1g 维生素 C 注射液 3 支、3mg 洛贝林 2 支、云南白药 1 瓶、氯霉素眼药水 1 支，二巯基丁二酸钠、依地酸二钴钠、硫代硫酸钠、谷胱甘肽、二巯丙醇、依地酸钙钠、二巯基丙磺酸钠各 2 支。

五、与其他急救包（箱）的主要区别

（1）使用对象　直升机空降军医。

（2）任务对象　载人航天非正常返回的航天员。

（3）制包要求　空降兵的救护特点是需要跳伞，降落伞又分为主伞和副伞，分别安装在背部和腹部。因此，急救包只能斜挎。又因为体积不能太大，因此以两个包为宜。为抗震、抗摔打，制包材料要好，背带固定牢靠。内部药材更应该固定确实。

（4）药材配备　由于体积和重量的限制，药品的配备以适应救治范围需要，简化急救药品的品种和数量。药品数量以救治 1～2 人为限。特别是配备了与载人航天有关的特殊意外伤害的药品，如抗推进剂中毒药、抗太空辐射药等。

（5）急救器械　为适应载人航天任务的需要，配备了目前市场上较为先进的品种。

六、应用情况

由笔者研制的空降兵航天急救包经过跳伞落地实际应用，符合空降跳伞要求，并且已经在我国载人航天“神舟”五号和“神舟”六号航天员的医疗保障中装备使用，效果满意。具有便携、牢靠、实用、布局合理、急救药品重点突出及急救器材较新的特点，所以空降兵便携式航天急救包也适合于灾害事故现场的救护。

七、优点

根据航天员可能出现的各种危及生命的意外伤害，针对载人航天航天员可能出现的特殊疾病种类和非正常返回特殊环境，根据空降兵的救治范围，研制成本包。包内配备了50类药品及20套器材，基本能满足急救应急的需要。本空降兵航天急救包主要用于伞兵部队执行对非正常返回着陆受伤航天员的现场医疗救护任务。它有机动性强、速度快等优点，在草原、沙漠、复杂地形条件下都可空降着落实施救护。这对非正常返回着陆受伤航天员实施快速医疗救护十分有利，能尽可能地保障航天员安全，圆满完成载人航天任务。

第四章

中毒事故的医疗急救

第一节　中毒事故的特点

我们回顾20世纪的历史时会注意到20世纪时世界上毒性危害不断发生，对人类的健康构成重大威胁。步入21世纪以来，毒性危害也频繁发生。据国家卫生部发布的我国2001年部分市和县前十位主要疾病通报，损伤与中毒的死亡率位于第五位。尤其是群体中毒危害更大。历史告诉人们，中毒事件对社会和人类健康构成严重威胁。国内外历年重大突发性急性中毒事件有：1930年，美国有机磷污染啤酒事件，20000人中毒后下肢瘫痪；1975年，摩洛哥有机磷污染啤酒事件，10000人中毒；1952年，伦敦烟雾事件，死亡10000多人；1953～1956年，日本水俣镉中毒事件，死亡60多人，大批居民中毒；1968年，日本米糠油事件，死亡30多人，1000多人确诊；1984年，印度博帕尔市农药厂异氰酸甲酯储罐泄漏事件，当地居民200000人中毒，20000多人死亡；1943年，美国洛杉矶市，汽车尾气的光化学烟雾中毒事件；1995年，日本东京地铁毒气事件；1993年，中国深圳危险品仓库大爆炸；近年来国内广东肇庆、高要、吴川、广州白云区太和镇、湖北利川、南京等多起鼠药投毒案造成的大规模群体中毒事件；2003年，抗日战争时侵华日军遗留的芥子气炸弹造成突发中毒事故。近些年危险化学品意外中毒事件较频发生，对人们的健康造成严重威胁。

中毒事故有突发性、群体性、紧迫性、复杂性、快速性和高度致命性的特点，它作用时间长，所造成的危害极大，给民众带来的心理恐怖大，远期效应明显，因此突发中毒事故急救十分重要。

1. 突发性

突发中毒作用迅速，危及范围大，常常带来社会不稳定因素。它的发生往往是突发的和难以预料的。中毒途径主要是染毒空气、土壤、食物和水，经呼吸道、消化道、皮肤和黏膜摄入吸收毒物而中毒。

2. 群体性

由于突发中毒事故多发生于公共场所，来源于同一污染源，因此容易出现同一区域的群体性中毒等。瞬间可能出现大批化学中毒、爆炸伤、烧伤伤员，需要同时救护，按常规医疗办法无法完成任务。这时应采用军事医学原则，根据伤情，对伤病员进行鉴别分类，实行分级救护，后送医疗，紧急疏散中毒区内的重伤员。如：1979 年 9 月浙江省温州电化厂液氯钢瓶爆炸，氯泄漏 10.2t，779 人住院，59 人死亡；1995 年的日本东京地铁沙林中毒事件，十几分钟的时间就有超过 5000 人受累，死亡 10 余人；2003 年 12 月 23 日我国重庆市开县发生天然气井喷事故，一夜间造成硫化氢中毒死亡 243 人。

3. 紧迫性

虽然突发中毒事故导致中毒的很多化学物质毒性较大，可导致突然死亡，但大部分毒物中毒过程往往呈进行性加重，有的可造成亚急性中毒或具有潜伏期。因此，只有在短时间内实施救治和毒物清除，救治成功的希望较大。在同一地区同时出现大批中毒伤员，需要充足的救治力量。但突发中毒事故有时可以发生在不发达或偏远地区，因此，救治难度较大。如开县发生天然气井喷事故时绝大部分遇难者在家中死亡。即使像急救体系相对完善的日本东京，面对成千上万人出现中毒，其救治能力也显得不足。

4. 快速性和高度致命性

硫化氢、氮气、二氧化碳在较高浓度下均可于数秒内使人发生“电击样”死亡。其机制一般认为与急性反应性喉痉挛、反应性延髓中枢麻痹或呼吸中枢麻痹等有关。

5. 复杂性

突发中毒事故有时初期很难确定何种毒物中毒，毒物检验鉴定需要一定的设备和时间，大部分中毒是根据现场情况和临床表现进行判断的，容易出现误诊误治。中毒现场救治又需要具有防护能力的医学救治队伍，否则容易造成医务人员的中毒。而且，绝大多数化学毒物没有特效解毒药，往往需要较强的综合救治能力，如生命体征监护、呼吸支持、高压氧和血液净化等特殊手段。即使有特效解毒药，由于平时使用较少，一般医院不储备，国家和地方也储备不足，因而经常出现千里送药或动用国家仅有的少量药品，甚至是临时生产。

6. 危害极大

突发中毒事故在危害程度上远远大于其他一般事故。突发中毒事故的实际杀伤威力依毒物的种类和当时气候条件有很大的差异。

7. 作用时间长

突发中毒事故后化学毒物的作用时间比较长，消失较为困难，有持久性的特点。其表现为毒物毒性内在的持久效应、合并的精神作用和造成的社会影响。由于造成中毒的染毒空气、土壤和水中存在的毒物以及进入体内的毒物，稀释、排泄或解毒需要一定的手段和时间，因此在未有效处置和防护的情况下，可能会出现二次中毒，如东京沙林事件救治过程中，救援人员接触沾有沙林中毒人员的衣物而出现症状；也曾出现过食入因中毒死亡的动物而造成动物或人员中毒。

8. 带来的心理恐慌

突发中毒事故的强烈刺激使人精神难以适应，据统计约有 3/4 的人出现轻重不同的所谓恐怖综合征。有时失去常态，表现有恐惧感，很容易轻信谣言等，突发中毒事故给伤员造成的精神创伤是明显的。对伤员的救治除现场救护及早期治疗外，及时后送伤员在某种程度上往往可能减轻这种精神上的创伤。

9. 重视突发中毒事故致伤伤员的远期效应

必须重视突发中毒事故致伤伤员的远期效应。文献报道，受突发中毒事故致伤伤员的远期效应值得重视，实验研究发现氮氧化物中毒 75%的大鼠有肺纤维化，个别大鼠出现肺低分化腺癌，远期效应明显。基本与调研结果一致。1991 年的海湾战争以后，现在已经受到关注的海湾战争综合征也警示要重视这一问题，提示我们抢救治疗必须越快、越早越好，同时应在整体治疗时，对突发中毒事故致伤伤员的远期效应进行兼顾和并治，在可能的条件下进行预防。

第二节 突发中毒事故的现场抢救

一、突发中毒事故的应急处置

突发中毒事故的应急救援是指各种原因、不同有毒有害物质造成众多人员急性中毒及其他较大社会危害时，为及时控制危害源、抢救受毒害人员、指导群众防护和组织撤离、消除危害后果而组织的救援活动。

1. 应急救援

就医疗卫生方面而言，“救援”系现场急救，使患者迅速而安全脱离事故发生地，并及时送往就近医院救治，同时对受污染的空气等快速检测，迅速查明中毒原因，处理被污染的水源、空气及食品等，尽可能控制危害的范围，减轻危害程度。

2. 应急处置

突发中毒事故具有突发性、群体性、隐匿性、快速性和高度致命性的特点，在瞬间即可能出现大批化学中毒伤员。对此，快速的应急处置与正确的医学救援十分重要。对突发中毒事故的应急处置与医学救援简称“毒救”或“中毒应急”，是突发中毒事故发生后，为及时控制危险源，避免或减少危险化学品事故对国家和人民生命财产造成的损失和危害而采取的措施。

（1）应急处置的主要内容

① 切断（控制）中毒事故源：组织抢险人员切断突发中毒事故源，如关闭阀门、封堵漏洞等。

② 控制污染区：通过检测确定污染区边界，做出明显标志，禁止人员和车辆进入，对周围交通实行管制。

③ 抢救中毒及受伤人员：将中毒人员撤至安全区，进行抢救，送至医院紧急治疗。

④ 检测确定有毒有害化学物质的性质及危害程度：掌握毒物扩散情况。

⑤ 组织受染区居民防护或撤离：指导受染区居民进行自我防护，必要时组织群众撤离。

⑥ 对受染区实施洗消：根据有毒有害化学物质理化性质和受染情况实施洗消。

⑦ 寻找并处理各处的动物尸体：防止腐烂危害环境。

⑧ 做好通信、物资、气象、交通、防护保障。

⑨ 抢救小组所有人员都应根据毒情穿戴相应的防护器材，并严守防护纪律。

⑩ 危害评估。

⑪ 中毒危害的法律咨询。

⑫ 与医疗卫生问题相关的公共信息。

⑬ 中毒公共事件快速反应队。

⑭ 流行病学调查与长期随访。

⑮ 准确鉴定危害与监测残余危险。

⑯ 有效减低危害。

⑰ 消除污染和净化环境。

⑱ 药品供应。

⑲ 中毒人员登记、暴露人员急性和慢性反应登记。

⑳ 供给和装备。

㉑ 工作人员的卫生和安全。

㉒ 精神卫生。

㉓ 病理学检查等。

(2) 应急处置与医学救援的方针　贯彻积极兼容、防救结合、以救为主。基本原则是：预有准备，快速反应，立体救护，建立体系；统一指挥，密切协同；集中力量，保障重点；科学救治，技术救援。

二、突发中毒事故现场检侦与处理原则

判断何种毒物中毒是有效救治的前提，各地区的检测鉴定机构要达到专业和标准化。由于毒物成千上万，对于不十分了解的毒物，可及时咨询中毒控制中心以获得帮助。急性中毒诊断应包括引起中毒的毒物品种、病变性质及严重程度等。全面综合各方面的检查结果，分析其因果关系，并做好鉴别诊断，以得出正确结论。

各地区已建立了相应的检测鉴定机构，但须进一步规范，达到专业和标准化，避免出现不同检测单位的检测结果差异较大现象。中毒专科救治单位应配备相应的检验设备，人员要学会相应的检测方法，用于初期辅助诊断，并需要按照国家有关规定上报，送指定鉴定单位检测。诊断则需要根据现场调查、检测结果结合临床表现，综合分析得出科学的结论，切忌单纯根据某一项异常就轻率判断中毒毒物种类。无检测能力的医疗单位，则需要及时送样到指定单位检测。危险化学品急性中毒诊断应包括引起中毒的毒物品种、病变性质及严重程度等。需要明确毒物与疾病的关系。急性中毒是机体吸收毒物后引起的病变，因此诊断原则是明确毒物（病因）与疾病（中毒）的因果关系。掌握机体吸收毒物的证据，包括吸收毒物的品种、方式、时间以及可能吸收的剂量等。掌握疾病严重程度，通过临床及实验室检查，以了解吸收毒物后引起病变的脏器（系统）、性质及严重程度等。全面综合以上检查的结果，分析其因果关系，并做好鉴别诊断，以得出结论。

（一）毒检方法

1. 感官法

中毒后会出现各种迹象，依靠感官有时即可做出初步判断，根据气味等特征，如沙林呈微弱水果香味等，能提供小量可供参考的信息。

① 发现有气团、烟或烟雾顺风吹来。

② 发现车辆经过的道路有油状液滴或斑痕。

③ 在树木、青草或其他植物上有油状液滴或斑痕，叶片枯萎或变色。

④ 嗅到特殊气味，有刺激感觉。

⑤ 发现有成批死亡的昆虫或其他动物。

⑥ 水面有油膜及死的鱼、虾等。

2. 生物法

昆虫、禽、兽接触毒剂后会发生中毒或死亡；如空气中含有沙林 0.01mg/L 时，鸡、鸽、麻雀出现眨眼、流涎、瞳孔缩小、站立不稳、呼吸困难、无力展翅，约 5min 死亡。在含 2μg/mL 沙林的水中，鱼很快出现游动加快、乱蹦乱跳，然后死亡。

3. 化学侦检法

利用毒物对侦检试剂产生不同的颜色、沉淀、气体、荧光等变化来鉴定化学毒物。在染毒区或现场进行毒剂侦检时，如不能及时、准确判断毒剂的种类，应采样送有关部门进一步分析。采样包括空气、食物、水、泥土、弹片、皮肤及伤口组织或渗液等。采样时应注意防护，不要直接闻或用手摸。应从染毒最重的部位采样。盛样品的瓶应盖紧、封好，并注明现场情况、毒剂特征、采样时间、地点及采样者姓名等，供分析参考。

4. 生化侦检法

利用酶、抗体、受体、核酸等生物识别分子实现对毒物的检定，生化侦检法灵敏度高、特异性好，是毒物检定的主要发展方向之一，如基于酶法、免疫分析、核酸探针等的各类传感器。

5. 仪器分析法

仪器分析法是以危险化学品毒物的物理化学性质为基础的分析方法，主要有色谱法（如薄层色谱法、气相色谱法、液相色谱法），质谱法（如气/质分析法、液/质分析法），离子迁移谱，红外光谱法，核磁共振法。这些方法因需要特殊的仪器设备，一般只作为实验室鉴定方法。由于科学技术的发展，目前军队在野外或野战化验车中也配备了离子迁移谱仪、气相色谱仪和质谱仪等技术，已用于现场分析鉴定，类似技术与装备也日益向民用、反恐怖斗争以及各种突发中毒事件的处置方面普及。

（二）毒物侦检的规范程序

1. 初步判断

通过现场调查、感官（主观）判断，如听（声音）、看（烟云）、嗅（气味）、观察（动植物情况、人员中毒症状等）等进行判断。

2. 样品采取

要做到及时（防止挥散）、准确（采取染毒严重部位）、品种全（多位点采样，有代表性，品种尽量全如水、泥土、食品、植物等）、样品量多（以备复检、上送、留样备查），并注意密封、标记说明（时间、地点、情况、单位、采样人员等）。

3. 采样方法

针对不同来源样品进行采样。

① 空气样品（毒气、毒烟、气雾）：用真空瓶、硅胶管、滤烟纸（片）、溶剂等吸附或吸收。

② 泥土样品（包括冰雪样品）：铲取表层染毒部位。

③ 水样：吸取盛装入瓶，必要时应吸取表层油膜、底部油滴等物。

④ 硬物表面样品（武器装备、弹片、石块或瓦片上）：用棉花、纱布、滤纸擦拭蘸取。

⑤ 粮食、食品、饲料：取严重染毒部位及外包装等物。

⑥ 中毒人员：血、尿、呕吐物、染毒服装等。

要注意个人防护，严防采样中毒。样品采样后应低温存放。

4. 样品处理方法

对比较纯净的样品，如水样、毒气吸收液、冰雪融化液（必要时过滤或离心）、直接侦检样品，可直接用于分析检定。对需进行处理的样品，如固体样品、复杂样品或不宜直接用仪器分析的样品，应采用溶剂浸渍、液（固）相萃取、蒸馏、过柱、热解吸附分离、超临界萃取等方法进行处理。

5. 检验方法、检验结果、注意事项

熟知各方法的原理、灵敏度、专一性（干扰情况）；注意操作方法和步骤（顺序）、反应时间、温度等；对照实验、空白实验、重复实验及多个方法验证实验；检定记录要详细，应留案保存；检验结果要综合分析判断，必要时应将样品上送复查（或留样保存、待查）。

（三）突发中毒事故现场紧急处理原则

1. 突发中毒事故伤员现场救治原则

① 实施抢救前，应先了解危险源的性质和伤员的伤情。

② 尽快进行有针对性的抗毒救治。

③ 设法使伤员脱离毒源，严防毒物继续作用于机体。

④ 及时、正确地应用洗消技术可以避免或减轻人员的伤害程度。

⑤ 竭力维持伤员的生命体征和心、肺、肾的功能。

⑥ 不断注意伤情变化，适时给予针对性的救治。

现场抢救时，抢救与治疗结合进行，以抢救为主。除必须在危害区内抢救的伤员外，一般应将伤员搬移至安全区实施救治。伤员应得到先期救治后再送往医院，防止因输送而加剧伤情或导致死亡。使用特效解毒药虽然是最重要的解毒措施，但绝大部分毒物无特效解毒药，而且大部分解毒药物生产厂家甚少，国家和地方政府正在建立特殊药品储备机制，并应使广大医务工作者人人皆知。因此，专科救治单位除了储备适量解毒药物外，也应重视综合治疗措施，特别是重症监护以及血液净化治疗技术的应用。危重患者均应进行ICU治疗，特别是呼吸支持技术对于救治重症中毒患者至关重要。血液净化技术对于清除体内毒物、缩短病程具有重要意义。

2. 批量伤员现场紧急处置原则

当突发中毒事故发生时，一般总是伴随着批量伤员的产生，批量伤员初期的现场医学救援技术十分重要，因此必须加强现场急救工作，广泛普及CPR现场抢救技术，提高全体人员自救、互救的知识和能力。而通信、运输、医疗院前医学救援的三大要素，必须充分发挥各个因素的功能与作用。救援部门的任务是分类、评估、处理和转运。迅速有效的院前急救和院内救治甚为重要，大量救治工作必须前伸到突发中毒事故现场，重点包括伤检分类、实施救命性医疗措施，以及通过灵敏的通信联络和高效的转运工具等，将危重患者迅速运送至适当的治疗单位。同时积极地合理安排院内救治，可有效抢救成活更多的到达医院的批量伤员。严重突发中毒事故伤员若在入院前得不到及时、有效挽救生命的措施和迅速转运，则往往死于事故现场或转运途中。

3. 医疗抢救专业组在对突发中毒事故现场抢救伤员的原则

通常应从上风、侧风方向进入援救区，每个抢救小组均应由医护人员与担架员编成，并尽可能乘坐轻便车辆。进入染毒区、倒塌区或火灾区时，要随同抢险、消防分队行动。抢救小组所有人员都应根据毒情穿戴相应的防护器材，并严守防护纪律。抢救区域的划分一般采用划片分段的方法。有以下几种情况。

① 事故源超过1h，可按其数量划分若干个抢救小区。

② 按伤情划分，主要抢救力量进入重伤员密集区。

③ 伤员分布范围广，情况复杂，可按地形、地物结构状态，划分成若干抢救小区，或沿道路划分成若干带状抢救小区。

抢救部署应该是有重点的，每个抢救小组则应按任务分工，同时进入，发现伤员及时抢救，分批外送。

4. 突发中毒事故伤员分类的等级紧急处置技术

国际上通用突发中毒事故伤员分类的等级紧急处置技术规则如下。

(1) Ⅰ类　需立即抢救，伤票下缘用红色标示。

（2）Ⅱ类 中重伤，允许暂缓抢救，伤票下缘用黄色表示。

（3）Ⅲ类 轻伤，伤票下缘用绿色标示。

（4）0类 致命伤（死亡），伤票下缘用黑色表示，按规定程序对死者进行处理。

5. 突发中毒事故伤员救护区标志的设置

用彩旗显示救护区的位置在混乱的现场意义及价值十分重要。其目的是便于担架从分类组抬出的伤员准确的送到相应的救护组，也便于转运伤员。Ⅰ类伤救护区插红色彩旗显示；Ⅱ类伤救护区插黄色彩旗显示；Ⅲ类伤救护区插绿色彩旗显示；0类伤救护区插黑色旗显示。

6. 伤员转送

迅速而安全地使伤员离开现场，后送到进行确定性治疗的医疗机构中去。后送要求如下。

① 在及时施行医疗救护过程中，将伤员后送到各相关医疗机构。

② 为提高医疗救护质量，应尽可能减少医疗转送的过程。

③ 将伤员迅速后送到进行确定性治疗的医疗机构中去。

7. 加强紧急救治和监测

坚持科学的救治原则，应该重视中毒事故伤后1h内黄金抢救时间、10min的白金抢救时间。预防是最好的处理方法，一旦发生，快速正确的应急救援和综合治疗是至关重要的。包括心肺复苏、抗泡剂、超声雾化吸入、抗过敏或碱性中和剂的应用、消除高铁血红蛋白血症、适当的体位、高流量吸氧、保证组织细胞供氧、维护重要脏器功能、纠正电解质紊乱及酸碱失衡等。

8. 通用高效紧急救援器材

针对突发中毒事故，要研制一些新型的液体去沾染系统，最好是从市场上很容易获得的工业用化学品，且化学品药源丰富，具有简、便、廉、效四大特点，适合一线救治。研制更多的新型洗消器材，要求新型洗消器材将向着洗消效率高、速度快、洗消剂消耗少、环境适应性好、机动性强和多功能的方向发展。新型洗消方法的研究，如抗毒油漆、微波等离子体消毒、吸附剂消毒、毒剂自动氧化、激光消毒、洗涤剂消毒及热空气消毒等的研究，为寻找经济、简便、迅速、有效的消毒方法开辟了新途径，推动洗消技术的发展。进一步完善洗消消毒灭菌淋浴车，研制简便实用的个人小型洗消消毒盒、消毒包、消毒袋等，可以自救和互救。训练正确选择洗消方法十分重要。研制防化急救箱、复苏器、可反复使用的自动注射器、中毒急救袋、毒剂袖珍检测仪等。

9. 特别要关注的心理危害程度和治疗

突发中毒事故的强烈刺激使部分人精神难以适应，据统计约有3/4的人出现轻重不同的所谓恐怖综合征。有时失去常态，表现有恐惧感、很容易轻信谣言等，突发中毒事故给伤员造成的精神创伤是明显的。对伤员的救治除现场救护及早期治疗外，及时后送伤员在某种程度上往往可能减轻这种精神上的创伤。要特别注意公众的心理危害程度，发生突发中毒事故时，将面临的问题有以下三类。

① 公众对毒物暴露可能带来的长期健康危害的担心程度增高。

② 故意造成事件影响的可能性增加，使得大批患者突然进入医院系统的可能性增大。

③ 使大批人员长期暴露于对健康有危害的低水平有毒化学物质的可能性增加。了解并应注意公众的心理危害程度，必须及时采取正确的应对策略。

由于突发中毒事故多为群体性，且原因并非中毒患者自身所为，虽然中毒及伤害程度不一，但由于周围出现死亡或危重患者，造成患者本人及家属精神负担较重，往往出现主观症状大于客观体征的情况，个别持续时间较长，甚至对医务人员的诊疗措施产生不信任感。医务人员由于超负荷工作，也容易出现麻痹思想。因此，突发中毒事故的医学处置，并不只是医学救治，往往涉及患者及其家属的心理治疗和工作人员的思想工作，后期兼有法律问题。医院处置突发中毒事故的做法和医务人员的行为，均会对患者和家属产生较大影响。因此，医院要在思想上充分认识，行动上严格要求，工作上认真对待，最大限度地降低损害，挽救患者生命。在处置过程中，要特别注意新闻媒体效应，统一新闻口径，遵守新闻纪律。

10. 注意对沾染毒物的食品和水的洗消

在任何洗消进行之前，必须仔细调查沾染的程度和范围，通过调查得到信息，可将暴露项目做如下分类。

（1）第一类　罐装、没有开封的物品，仅仅被气态毒剂沾染。这些物品可在经过室外通风后安全地分发到个人。

（2）第二类　罐装、没有开封的物品，被液态毒剂沾染。通常最好的办法是让其自动洗消，即通过通风及长时间放置，等待其毒性消失。如果内容食物不允许长时间放置，那么就可将其外层包装拆卸，检查内部包装的密封情况，是否有毒剂渗透浸入内包装。如果存在沾染，那么继续拆卸，直到没有发现沾染层为止。

（3）第三类　没有包装或简单包装的食品，被气态、液态毒剂沾染。在没有后备替代供应时，才尝试等待物品自行洗消、毒剂挥发失效。通常按照如下过程洗消。

① 清除表面脂肪或疏松组织。

② 2%碳酸氢钠或1%次氯酸冲洗。

③ 煮沸、烘干、炙烤对肉类残留的神经毒剂、糜烂毒剂不会有什么作用。

通常情况下，对沾染糜烂毒剂、砷类毒剂的食物进行洗消是不现实的做法。消毒方法：被气态毒剂染毒的食物，经通风或温水洗涤至毒剂气味消失，并煮熟后方可食用。被液态毒剂染毒后，粮食、盐、糖等可除去染毒层（4～6cm），余留部分进行通风处理，经鉴定无毒后方可食用；煮沸消毒15min以上多数能去除毒素。

在突发中毒事故发生后，水类也会发生染毒现象，一些基本常识在此做一简要介绍。

① 染毒水可以通过饮用、洗涤、制备食物过程中毒。

② 尽管许多毒剂在水中水解，但希望通过这个过程自行消毒是不现实的，砷类毒剂水解后往往还剩余有毒降解产物。水染毒后不能通过其物理性状来判断是否有毒，必须通过可靠的化学检测才能确认。

③ 开放水源在遭受化学攻击后一律视为已经染毒。深井水如果井盖密闭，或罐装容器盖子紧密关闭，则可认为其相对安全。

对于水的消毒，简单煮沸是不可靠的，下列方法可以用来对水消毒，或组合应用。

① 紧急情况下，少量用水可以用闲置的呼吸面罩过滤器来进行，但要保证滤过速度至少为一滴接一滴进行，如果超过该速度，则失去消毒效果。并且每个滤器只能过滤5L水，不得多次反复使用。

② 大量用水情况下，只有借助改进的滤过装置，比如硅藻土和活性炭过滤层。

③ 次氯酸氧化法：少量水可通过次氯酸氧化法清除微生物污染，但对化学毒剂污染往往无效。

④ 大量需求用水，可在次氯酸消毒后以金属盐类进行沉淀。

⑤ 反向渗透：是最有效的消毒方法，包括对重金属盐类的清除。应强化对重要城市、重点部位水源及食物的监控，建立相应的技术标准及分析、检测方法，突出源头保护技术，对重点水源及食品源配备监测设备，确保人民生命安全。要有一套发生化学恐怖袭击时的应对预案。如果水源被毒剂污染，必须进行水处理。可用反向渗透法、煮沸消毒法等做水净化处理。如有条件，可采用次氯酸钙消毒、活性炭吸附、混凝、沉淀、过滤等综合消毒技术，效果较好。

11. 加强突发中毒事故急救的医学教育，普及医学救护知识

对公民进行广泛宣传教育，培养公民的防突发中毒事故意识。开展针对有

关条例规定和技术标准、规范的学习，特别是要掌握常见大批危突发中毒事故中毒的医学处理与防护；以及医院各种预案，丰富知识结构，提高专业技术理论水平和实践经验。着重应急技术演练，结合医院应急预案，定期组织技术演练，熟悉预案要求，掌握仪器设备的使用，了解处置流程，增强相互间的配合，查找问题、改进技术，提高个人的应急救治现场能力，全面提高突发中毒事故应急队伍素质和水平。同时教会群众掌握简单的自救互救技能，这是突发中毒事故发生后数小时内唯一有效的救护措施。同时编著突发中毒事故的急救手册有重要意义。

三、突发中毒事故医学救治通则

急性中毒是大量毒物在较短时间内进入人体引起的疾病。目前世界上记录在案的化学物质已达1000万种，这些化学物质使用适当即造福人类，使用不当将危害人类健康。急性中毒是威胁生命的疾病，急性中毒的早发现、早诊断、早处理对预后事关重大。掌握好突发中毒事故的医学救治原则是有效救治急性中毒的基础。

（一）毒物的吸收、代谢与中毒机制

1. 毒物吸收

（1）呼吸道　主要形态是粉尘、烟雾、蒸气、气体毒物。毒物由肺部吸收的速度比胃黏膜快20倍。

（2）消化道　主要是生活性中毒吸收，吸收部位在胃与肠道，以小肠为主。胃内pH值、胃肠蠕动及胃肠道内容物对吸收有影响。

（3）皮肤黏膜吸收　主要是脂溶性毒物如苯胺、有机磷农药，部位有头皮、腋窝、腹股沟、四肢内侧。

2. 代谢与中毒机制

（1）毒物的代谢与排泄　毒物吸收入机体代谢部位以肝为主，甚至为肾、胃肠、心、脑、脾、胰、肺、肾上腺、甲状腺、视网膜，各组织的网状内皮细胞也可进行代谢转化。

毒物的排泄以肾脏最为重要，其次为胆道、肠黏膜、汗腺、肺、乳汁等。

从毒物在体内代谢、排泄过程，下列几点必须重视。

① 消化道是生活性中毒吸收、排泄的主要器官，在急救中早期洗胃、导泻、利胆，可尽早减少毒物的吸收，加快毒物的排泄。

② 肾脏参与毒物在机体内代谢，同时又是毒物的主要排泄器官，因此保肾、利尿在抢救急性中毒中有重要意义。

③ 肝脏是毒物在机体内代谢的重要器官，对急性中毒患者观察肝脏功能、保护肝功能措施是不可忽视的。

④ 呼吸道也是毒物的排泄器官，中毒时又易引起中毒性脑病和组织细胞缺氧，急救中应保持呼吸道通畅，尽快有效给氧则有利于毒物的排出和保护组织细胞及大脑的功能。

（2）中毒机制　毒物种类繁多，作用不一。

① 毒物对组织的直接化学刺激腐蚀作用：强酸、强碱可吸收组织中的水分，并与蛋白质或脂肪结合，使细胞变质、坏死。

② 缺氧：一氧化碳、硫化氢、氰化物等窒息性毒物通过不同途径阻碍氧的吸收、转运和利用。脑和心肌对缺氧敏感，易发生损害。

③ 麻醉作用：有机溶剂和吸入性麻醉药有强亲脂性。脑组织和脑细胞膜类脂含量高，因而上述化学物可通过血脑屏障抑制脑功能。

④ 抑制酶的活力：很多毒物是由其本身或其代谢产物抑制酶的活力而产生毒性作用，如有机磷农药抑制胆碱酯酶、氰化物抑制细胞色素氧化酶、重金属抑制巯基酶等。

⑤ 干扰细胞膜或细胞器官的生理功能：如自由基能使肝细胞膜中脂肪酸发生氧化作用而导致线粒体，内质网变性，肝细胞坏死。酚类如五氯酚、二硝基酚等可使线粒体内氧化磷酸化作用偶联，妨碍高能磷酸键的合成和贮存，结果释放大量能量而发热。

⑥ 受体的竞争：如阿托品可竞争和阻断毒蕈碱受体，阿托品中毒出现胆碱能神经抑制现象。

（二）急性中毒的诊断

急性中毒病情多急骤凶险且发展快，如不及时、准确诊断，常延误救治，可危急患者的生命。急性中毒诊断及时准确，必须结合病史，临床表现，毒物检验及救治反应等加以综合分析。

急性中毒诊断时应细心询问病史，了解与中毒有关资料：①明确中毒时间，毒物种类，中毒途径，中毒量；②明确有关原发病史及中毒时前后情况；③明确中毒现场救治的相关资料。

（三）认真分析中毒的临床表现

急性中毒可产生严重的症状，如发绀、昏迷、惊厥、呼吸困难、休克、尿闭等。

1．皮肤黏膜表现

（1）皮肤及口腔黏膜灼伤　见于强酸、强碱、甲醛、苯酚、来苏尔等腐蚀性毒物灼伤。硝酸可使皮肤黏膜痂皮呈黄色，盐酸痂皮呈灰棕色，硫酸痂皮呈黑色。

（2）发绀　引起氧合血红蛋白不足的毒物可产生发绀。麻醉药、有机溶剂抑制呼吸中枢，刺激性气体引起肺水肿等都可产生发绀。亚硝酸盐和苯胺、硝基苯等中毒能产生高铁血红蛋白血症而出现发绀。

（3）黄疸　四氯化碳、毒蕈、鱼胆中毒损伤肝脏可致黄疸。

2. 眼部表现

（1）瞳孔扩大　见于阿托品、莨菪碱类中毒。

（2）瞳孔缩小　见于有机磷农药、吗啡中毒。

3. 神经系统表现

（1）昏迷　常见于麻醉药、镇静催眠药等中毒；有机溶剂中毒、窒息性毒物中毒，如一氧化碳、氰化物等中毒；高铁血红蛋白生成性毒物中毒；农药中毒，如有机磷杀虫剂、有机汞杀虫剂、拟除虫菊酯杀虫剂、溴甲烷等中毒。

（2）谵妄　见于阿托品、乙醇中毒。

（3）肌纤维颤动　见于有机磷农药、氨基甲酸酯杀虫剂中毒。

（4）惊厥　见于窒息性毒物中毒以及异烟肼、有机磷杀虫剂、拟除虫菊酯杀虫剂等中毒。

（5）瘫痪　见于可溶性钡盐、箭毒、蛇毒等中毒。

（6）精神失常　见于四乙基铅、二硫化碳、一氧化碳等中毒。

4. 呼吸系统表现

（1）呼吸气味　有机溶剂挥发性强，而且有特殊气味，如酒味。氰化物有苦杏仁味；有机磷农药有大蒜味，苯酚、来苏尔有苯酚味。

（2）呼吸加快　引起酸中毒的毒物如水杨酸、甲醇等可兴奋呼吸中枢，使呼吸加快。刺激性气体引起肺水肿时，呼吸加快。

（3）呼吸减慢　见于镇静催眠药、吗啡中毒，也见于中毒性脑水肿。呼吸中枢过度抑制可致呼吸麻痹。

（4）肺水肿　刺激性气体、安妥、磷化锌、有机磷农药等中毒可引起肺水肿。

5. 循环系统表现

（1）心律失常　见于阿托品、拟肾上腺素药物、洋地黄、夹竹桃、蟾蜍等中毒。

（2）心脏骤停　可能由于①毒物直接作用于心肌：见于洋地黄、奎尼丁、吐根碱、河豚等中毒。②缺氧：见于窒息性毒物中毒。③低钾血症。

（3）休克的原因　①剧烈的吐泻导致血容量减少。②严重的化学灼伤：由于血浆渗出而血容量减少。③毒物抑制血管舒缩中枢，引起周围血管扩张，有效循环血量减少。④心肌损害：如砷、锑、吐根碱中毒等。

6. 泌尿系统表现

急性肾功能衰竭：中毒后肾小管受损害，出现尿少以至无尿，常见于三种情况。

(1) 肾中毒伴肾小管坏死 如升汞、苯酚、磺胺、先锋霉素、蛇毒、毒蕈等中毒。

(2) 肾缺血 产生休克的毒素可致肾缺血。

(3) 肾小管堵塞 磺胺结晶可堵塞肾小管；毒物所致血管内溶血，游离血红蛋白由尿排出时可堵塞肾小管。

7. 血液系统表现

(1) 溶血性贫血 中毒后红细胞破坏增速，量多时发生贫血、黄疸。急性血管内溶血如砷化氢中毒，严重者可发生血红蛋白尿和急性肾功能衰竭。

(2) 白细胞减少 见于氯霉素、抗癌药等中毒。

(3) 出血 见于由阿司匹林、氯霉素、抗癌药等引起的血小板质或量异常，由蛇毒、杀鼠剂、肝素、水杨酸等引起的血液凝固障碍。

(四) 有针对性查体，明确与中毒相关的体征

急性中毒的急救中，应采取边抢救边针对性体查。首先要明确患者的生命体征，是否有危及生命体征的险情，若有应先努力稳定生命体征，然后行严格系统查体。

1. 皮肤黏膜与中毒相关的体征

① 皮肤潮湿，提示中毒严重导致循环衰竭，大汗提示有机磷中毒。

② 皮肤黏膜发绀，提示亚硝酸盐中毒。

③ 口唇黏膜樱红与皮肤潮湿，提示一氧化碳或氧化物中毒。

④ 皮肤出血、瘀斑及肌肉颤动，提示敌鼠钠盐中毒。

2. 呼吸功能与中毒相关的体征

① 呼吸浅而慢，提示安眠药及一氧化碳中毒。

② 呼吸加快，提示有机磷农药中毒。

③ 呼出气味似酒精味，提示酒精中毒。

3. 心血管功能与中毒相关的体征

① 血压降低，多与氯丙嗪类、安眠药中毒有关。因这类药物可使周围血管扩张，且能对抗肾上腺素中去甲肾上腺素的升压作用。

② 心动过速，多与阿托品类中毒有关。

③ 心动过缓，多与洋地黄类制剂中毒有关。

④ 心跳骤停，多与氰化物、硫化氢、有机磷农药中毒有关。

4. 脑神经功能与中毒相关的体征

① 躁动不安、幻听幻视，可能与阿托品类中毒有关。

② 四肢抽搐，可能与有机磷农药或异烟肼、杀鼠剂（如毒鼠强）中毒有关。

③ 低血钾性软瘫，可能与食用大量棉籽油（棉酚）中毒有关。

④ 昏迷，提示中毒大量毒物，进入身体后导致昏迷。

5. 胃肠功能与中毒相关的体征

① 恶心、呕吐、腹痛、腹泻，提示中毒途径经消化道。

② 黄疸，提示毒物已导致肝功能受损。

6. 肾功能衰竭与中毒

急性肾功能衰竭，提示巴比妥类安眠药、鱼胆中毒有关。

7. 血液系统功能与中毒相关的体征

① 急性溶血，提示毒蕈类或砷化物、硫酸铜中毒有关。

② 出凝血功能障碍，提示与蛇毒、灭鼠灵及敌鼠钠盐中毒有关。

③ 白细胞总数下降，多与化学药物中毒有关。

8. 瞳孔变化与中毒相关的体征

① 瞳孔散大，提示阿托品类中毒有关。

② 瞳孔缩小，提示有机磷农药、安眠药中毒有关。

所谓“中毒综合征”（toxidrome 或 toxic syndrome 或 symptom complex），这些综合征不仅具有诊断意义，还有助于对中毒严重性进行判断。见表 4-1。

表 4-1　某些中毒综合征

综合征	意识	呼吸	瞳孔	其他	毒物
胆碱能	昏迷	加快或减慢	缩小	肌颤、大小便失禁、流涎、心跳过缓、发热、潮红	有机磷杀虫剂、氨基甲酸酯类
抗胆碱能	激动、幻觉	加快	扩大	皮肤和黏膜干燥、尿潴留	抗胆碱药阿托品，曼陀罗等
阿片类	昏迷	减慢	针尖样	体温降低、低血压	阿片类
三环类抗抑郁药	昏迷	最初减慢，后兴奋	扩大	心律失常、惊厥、低血压、Q-T 间期延长、心传导障碍	三环类抗抑郁药

续表

综合征	意识	呼吸	瞳孔	其他	毒物
镇静安眠药	昏迷	减慢	扩大	低体温、反射迟钝、低血压	镇静药、巴比妥类
拟交感药	激动、幻觉	加快	扩大	抽搐、心动过速、高血压、瞳孔扩大	可卡因、苯环利定、咖啡因、茶碱

（五）实验室检查

（1）毒物检验　采集剩余毒物，容器，可疑食物和水样，以及含毒物标本如呕吐物，第一次洗胃、血、尿、便及其他可疑物品送检。

（2）特异检验　如疑有机磷中毒查胆碱酯酶；一氧化碳中毒查碳氧化血红蛋白；亚硝酸盐中毒查高铁血红蛋白。

（3）监测病情　宜查血常规、血糖、血电解质、肝功能、肾功能、心电图、血压、血气分析、X线检查等。

（六）预测病情危重指标

中毒可产生器官损害，引起多脏器功能失常和衰竭。若出现下列情况者，说明患者的中毒进入危重期，必须严密观察病情变化，积极维持机体器官的功能。

① 中枢神经系统抑制，出现昏迷、呼吸抑制、血压下降、惊厥、抽搐。

② 肺水肿。

③ 严重的心律失常。

④ 心脏骤停。

⑤ 发绀，由于严重缺氧或高铁血红蛋白血症。

⑥ 急性溶血性贫血，血红蛋白尿。

⑦ 急性肾衰竭、少尿、尿毒症。

⑧ 肝昏迷。

⑨ 烧伤、化学灼伤、眼灼伤。

（七）鉴别诊断

鉴别诊断除了毒物中毒间的鉴别，还必须与一些急症相鉴别。在诊断急性中毒时需与下列疾病相鉴别。

① 脑血管意外，昏迷时多有偏瘫或脑膜刺激征和局灶定位体征。

② 心源性肺水肿，有心脏病史和相应的体征。

③ 肺性脑病、发绀，有慢性肺病病史。

④ 周期性麻痹，血钾降低，补钾后症状改善快。

⑤ 细菌性食物中毒。

毒物中毒与其他急性疾病的比较见表4-2。

表4-2 毒物中毒与其他急性疾病的比较

器官及系统	症状	引起症状的毒物	类似中毒的急性症状
中枢神经系统	几分钟内迅速死亡	氢氟酸、氰化钾、硫化氢	猝死、脑出血
	昏迷，人事不省，癫痫，氮质血症	酒精、催眠性药物、鸦片、吗啡及其衍生物，一氧化碳、火油、石油精、三氢化砷、氢氰酸、石炭酸、抗凝冻剂、去污剂、亚硝酸盐	尿毒症昏迷、糖尿病昏迷、肝昏迷、脑损伤、脑出血、假尿毒症、缺氧、癔症
	虚脱、人事不省、心力衰竭	催眠性毒性、三氯甲烷、砷、苯胺、磷、苛性碱及酸	
	精神激动、刺激性谵语病、躁狂性疾病、肺炎等	酒精（慢性患者）、阿托品、可待因、印度大麻、一氧化氮、石油精乙炔、硝酸甘油、碘仿、毒蕈、四乙基铅	癔症、急性精神神经系统脑膜炎、肾炎
周围神经系统	阵发性及强直性痉挛、麻痹	士的宁、麦角、山道年、食物中毒、亚硝酸盐、抗凝冻剂、氟化物、草酸	尿毒症、癫痫、中枢神经系统疾病、脑膜炎、癔症
视觉器官	瞳孔扩大	阿托品、莨菪碱、可待因、乌头碱、奎宁、腊肠毒素、窒息时的酒精中毒、氢氰酸、氰化钾	中枢神经系统疾病、视神经萎缩
	瞳孔缩小	吗啡、鸦片及其衍生物、毛过芸香碱、毒扁豆碱、烟碱、苯胺、开始时的酒精中毒	脑出血、肿瘤、脑膜炎
	黑矇（失明）	酒精、奎宁、颠茄、绵马贯众、砷及其衍生物	脑膜疾病、视神经萎缩
	上眼睑麻痹、复视	腊肠毒素	中枢神经系统疾病
	视物呈黄色	山道年	
	结膜炎	强酸、氯、溴、碘和氨	结膜炎
耳	耳聋、耳鸣	奎宁、水杨酸、安替比林	中枢及听觉器官的周围疾病

续表

器官及系统	症状	引起症状的毒物	类似中毒的急性症状
皮肤	皮肤湿润	吗啡、鸦片及其衍生物、毛果芸香碱、毒扁豆碱、山梗菜碱、过量的胰岛素	
	皮肤及黏膜干燥	阿托品、东莨菪碱、腊肠毒素	
	颜面及周围皮肤充血	亚硝酸戊酯、硝酸甘油、吗啡、巴比妥	心脏、血管系统及呼吸系统障碍、延髓疾病
	皮肤蓝色	苯胺、氨基比林、硝基苯、亚硝酸盐、氨苯磺胺	心脏血管系统或呼吸系统障碍、延髓疾病
	巩膜及皮肤黄染	氯酸钾、三氢化砷、焦性没食子酸、溶血性没食子酸、砷、亚硝酸戊酯、硝酸甘油、硝酸钠、醋精、毒蕈、三氯甲烷、四氯化碳	
舌及口腔	黄色	硝酸、氯苯磺胺制剂	
	黄红色	过氧化锰、铬酸及重铬酸盐	
	白色	强碱、苛性碱	
	褐色	铜盐、巴黎绿	
	呼出之气有特臭	酒精、鸦片、氢氰酸、三氯甲烷、醚、亚硝酸戊酯、氨、碘、溴、碘仿、溴仿、去污剂	糖尿病昏迷（醛酮臭）、尿毒症昏迷（尿臭）
肺及呼吸道	声门水肿、肺水肿	苛性碱及酸、吸入强酸、溴、氯、磺、氨、硝酸及内服吗啡、毛果芸香碱、毒蕈碱	白喉（喉炎）、急性心功能不全
	呼吸困难	士的宁（在惊厥期）、氢氰酸（氰化物）、亚硝酸盐	心脏、血管系统和呼吸系疾病、延髓疾病（迷走神经）
胃肠道	流涎	毛果芸香碱、毒蕈碱、烟碱、毒扁豆碱、汞（升汞）、苛性碱及酸	食物中毒、胃及十二溃疡、胆囊炎、阑尾炎及腹部器官疾病
	呕吐	阿扑吗啡、酒精、吐根碱、铜盐、食物中毒、亚硝酸盐	尿毒症、少数传染病、孕妇中毒、脑肿瘤、脊髓结核危象
	腹痛	铅盐、钡盐、苛性碱及酸、升汞及汞、磷、腊肠毒素	急性胃肠障碍、肝肾疾病肠痛、女性生殖器急性疾病、肠血管血栓形成、肝急性黄色萎缩
	肝急性黄色萎缩	磷	
	呕吐及腹泻	砷、锑、升汞、毛果芸香碱、毒扁豆碱、巴豆油、大量铜盐及锌盐、氟化物、食物中毒、铬酸及铬酸盐	食物中毒

续表

器官及系统	症状	引起症状的毒物	类似中毒的急性症状
血管系统	脉搏变慢	鸦片、吗啡、催眠性毒物、麻醉药品、抗凝药	脑出血、脑肿瘤
	脉搏初慢继快而不规律	毛地黄、侧金盏花、筒箭毒子素、红海葱、毛果芸香碱、烟碱、东莨菪碱	
	脉搏频率增快	颠茄、莨菪叶、阿托品、曼陀罗、东莨菪碱	阵发性心动过速
子宫	流血和出血	麦角、磷、毛果芸香碱、毒扁豆碱、大剂量奎宁、汞、苯、高锰酸钾	
	尿红葡萄酒色	索佛拿、胺苯磺胺	
	血尿	苛性毒(酸、碱、重金属盐)、毒蕈	
	血红蛋白尿	氯酸钾、三氢化砷、焦性没食子酸和其他血液毒物、硫酸铜、毒蕈	急性肾炎、肾及膀胱肿瘤、肾结核、阵发性血红蛋白尿、疟疾
肾	无尿	升汞、草酸、醋酸、氯酸钾、焦性没食子酸、斑蝥、抗凝药	急性肾病
	小便困难	毛果芸香碱、苯胺、斑蝥、草酸	急性心脏功能不全

当遇到中毒事故时，要根据流行病学调查所掌握到的情况和中毒者所表现的各种症状，区分中毒事故是细菌性所致还是化学性毒物所致。它们各有其特点。见表 4-3。

表 4-3　细菌性食物中毒和化学性食物中毒的比较

项目	细菌性食物中毒	化学性食物中毒
季节性	有季节性,夏季为多	无季节性
暴发形式	集体性居多	散发式
与食物的关系	与食物发霉或腐败变质有直接关系	与食物发霉或腐败变质无关
食品种类	动物性、淀粉性食物	各种食物
食后中毒的时间	多在食后 3～6h 发生,有的可延至 12～24h,最长的延至数日。但嗜盐菌及葡萄球菌例外,食后 1～3h 即发生	多在食后数分钟至 2h 内发生。除敌鼠强外,一般不超过 6h
中毒人数	通常占入食人数的多数,不全部发病	入食者几乎全部中毒
中毒症状	①多数体温升高,有发热现象 ②以一般胃肠症状为主 ③病情中等或轻微	①多数体温不升高,反而降低 ②除一般胃肠症状外,有不同程度神经症状 ③病情中等或严重

续表

项目	细菌性食物中毒	化学性食物中毒
治疗效果	按一般常规抢救治疗，多数病情迅速好转，死亡率很低	按一般常规抢救治疗，往往不见显著效果，死亡率较高
病程及续发症	轻症1～2h，中等1～2d，重症3～5d，无续发症	轻症1～2d，中症3～5d，重症5～14d，往往有程度不同的头晕、黄疸、水肿等续发症

（八）急性中毒的救治原则与措施

1. 重视急性中毒救治原则

（1）切断毒源　使中毒患者迅速脱离染毒环境。

（2）迅速阻滞毒物的继续吸收　及早洗胃、导泻、清洗皮肤和吸氧。

（3）迅速有效消除威胁生命的毒效应　凡心搏和呼吸停止的应迅速施行心肺复苏术（CPCR）；对休克、严重心律失常、中毒性肺水肿、呼吸衰竭、中毒性脑病、脑水肿、脑疝，应即时对症救治。

（4）尽快明确毒物接触史　接触史包括毒物名称、理化性质与状态、接触时间和吸收量及方式，若不能立即明确，须及时留取洗胃液或呕吐物、排泄物及可疑染毒物送毒物检测。

（5）尽早足量使用特效解毒药。

（6）当中毒的毒物不明者，以对症处理为先和早期器官支持为主。

2. 救治措施

（1）清除尚未吸收的毒物　根据毒物进入途径不同，采取以下三种排毒方法。

① 吸入性中毒：应立即撤离中毒现场，保持呼吸道通畅，呼吸新鲜空气，吸氧。

② 接触中毒：应立即脱去污染衣服，用清水洗净皮肤。注意冲洗皮肤不要用热水以免增加毒物的吸收；毒物如遇水能发生反应，应先用干布抹去沾染物，再用水冲洗。

③ 经口中毒：应采取催吐、洗胃、导泻法以排除尚未吸收毒物。

（2）洗胃　是经口中毒清除未吸收毒物的主要方法，以下几点要特别注意。

① 洗胃以服毒6h以内最有效。对服毒6h以上也不应放弃洗胃。

② 洗胃的原则：早洗、反复洗、彻底洗。

③ 洗胃液多以清水为宜，忌用热水。

④ 每次灌入量以300～500mL为宜，每次洗胃液总量8000～10000mL。

⑤ 洗胃时应注意防止吸入性肺炎和水中毒、脑水肿。

⑥ 对腐蚀性中毒、挥发性烃类化学物（如汽油）口服中毒属禁忌证。

⑦ 对深昏迷、呼吸衰竭者，可先行气管内插管后，再下胃管洗胃。

⑧ 洗胃管宜留置24h间断洗胃，同时防止呕吐及洗胃液误入气管造成不良后果。

3. 常见解毒药的常规用法

（1）金属中毒解毒药　此类药物多属螯合剂，常见的有氨羧螯合剂和巯基螯合剂。

① 依地酸二钠钙（$CaNa_2EDTA$）：可与多种金属形成稳定而可溶的金属螯合物排出体外，主要用于铅中毒。用法：每日1g加于5%葡萄糖液250mL稀释后静滴，用药3d为一疗程，休息3～4d后可重复用药。

② 二乙烯三胺五乙酸（DTPA）：化学结构、作用、剂量与依地酸钠相似，促排铅的效果比依地酸好。

③ 二巯丙醇（BAL）：此药含活性巯基（—SH），巯基解毒药进入体内后可与某些金属形成无毒的、难解离的螯合物由尿中排出。此外，还能夺取已与酶结合的重金属，使酶恢复活力，从而达到解毒。用于治疗砷、汞中毒。急性砷中毒治疗剂量：第1～2天2～3mg/kg，肌内注射，每4～6h1次，第3～10天每天2次。副作用较多，有恶心、呕吐、腹痛、头痛、心悸等。

④ 二巯基丙磺酸钠（Na-DMPS）：作用与二巯丙醇相似，但疗效较高，副作用较少，用于治疗砷、汞、铜、锑等中毒。汞中毒时，用5%二巯基丙磺酸钠5mL，肌内注射，每日1次。用药3d为一疗程，休息4d后可再用药。

⑤ 二巯基丁二酸钠（Na-DMS）：用于治疗锑、铅、汞、砷、铜等中毒。急性锑中毒出现心律失常时，每小时静脉注射1g，连用4～5次。急慢性铅、汞中毒时，每日1g，静脉注射，3d为一疗程，休息4d后可再用药。口服每日1.5g，分3次服用，疗程同上。

⑥ 青霉胺：有促排铅、汞、铜的作用，但不是首选药物。优点是可口服。每日3次，每次0.3g，用药5～7d为一疗程，停药2d开始下一疗程。

（2）高铁血红蛋白血症解毒药　亚甲蓝（美蓝）小剂量可使高铁血红蛋白还原为正常血红蛋白，用于治疗亚硝酸盐、苯胺、硝基苯等中毒引起的高铁血红蛋白血症。剂量：1%亚甲蓝5～10mL（1～2mg/kg）静脉注射。如有必要，可重复使用。但应注意，药液注射外渗时易引起坏死。大剂量（10mg/kg）效果相反，可产生高铁血红蛋白血症，适用于治疗氰化物中毒。

（3）氰化物中毒解毒药　一般采用亚硝酸盐—硫代硫酸钠疗法。中毒后立即给予亚硝酸盐。适量的亚硝酸盐使血红蛋白氧化，产生一定量的高铁血红蛋白；后者与血液中氰化物形成氰化高铁血红蛋白。高铁血红蛋白还能夺取已与细胞色素氧化酶结合的氰离子转变为毒性低的硫氰酸盐排出体外。剂量：亚硝酸异戊酯吸入，3%亚硝酸钠溶液10mL缓慢静脉注射，随即用25%硫代硫酸钠50mL缓慢静脉注射。

（4）有机磷农药中毒解毒药　解磷注射液、阿托品、氯解磷定等。

4. 及时足量使用特效解毒药

① 原则是早期、足量、尽快达到治疗有效量，注意防止副作用。

② 选择正确的给药方法使特殊解毒药在最短的时间发挥最好的疗效。

③ 注意解毒药的配伍，充分发挥解毒药的联合作用如对有机磷农药中毒、阿托品与胆碱酯酶复能药的合用；毒鼠强中毒、地西泮与纳洛酮的合用等。常见毒物中毒的拮抗药见表4-4。

表4-4　常见毒物中毒的拮抗药

常用特效解毒药	对抗毒物
阿托品	有机磷农药中毒及毒蕈中毒、毛果芸香碱、新斯的明中毒
碘解磷定，氯解磷定	有机磷
重金属结合物，二巯丙醇（BAC）	砷、汞、锑、铋、锰、铅中毒
硫代硫酸钠	砷、汞、铅、氰化物、碘、溴中毒
亚硝酸异戊酯	氰化物中毒、木薯
亚硝酸钠	苦杏仁、桃仁、枇杷仁
亚甲蓝（美蓝）氧原剂	小剂量急救亚硝酸盐中毒及高铁血红蛋白血症，大剂量用于治疗氰化物中毒
纳洛酮	吗啡类、乙醇、镇静安眠药
乙酰胺（解氟灵）	灭鼠药（氟乙酰胺）
地西泮＋纳洛酮	毒鼠强

5. 促进毒物的排泄

（1）利尿排毒　大多毒物可由肾脏排泄，因此救治急性中毒注意保肾，有利于充分发挥迅速利尿来加速毒物排泄。

① 积极补液是促使毒物随尿排出的最简措施。

② 碳酸氢钠与利尿药合用，可碱化尿液（pH为8），使有些化合物（如巴比妥酸盐、水杨酸盐及异烟肼等）不易在肾小管内重吸收。

③ 应用维生素C 8g/d，使尿液pH<5，促使有些毒物（苯丙胺等）加速排出。

④ 经补液与利尿药后，水溶性与蛋白结合很弱的化合物（如苯巴比妥、

甲丙氨酯、苯丙胺及锂盐）较易从体内排出。

（2）换血疗法　本法对各种毒物（硝酸盐、亚硝酸盐、氯化物、溴化物、磺胺、硝基苯、含氧化合物等）所致的高铁血红蛋白血症效果好。

（3）透析疗法　本法的适应证如下。

① 水溶性与蛋白结合较少的化合物如对乙酰氨基酚（扑热息痛）、苯丙胺、溴化物、酒精、乙二醇、锂盐、甲丙氨酯（眠尔通）、甲醇、苯巴比妥及水杨酸盐等中毒时透析疗法效果较好。

② 中毒后发生肾功能衰竭者。

（4）血液灌流（hemopefasion，HP）　是近年发展起来的一种新的血液净化疗法。临床证实有较好的排毒作用。如神经安定药、巴比妥类和安定类药物、解热镇静类药、有机磷农药、有机酸、有机氯农药、洋地黄类、茶碱、毒鼠强等。

6. 有效地对症处理

许多毒物至今尚无有效的解毒药，急救措施主要依靠及早排毒及有效地对症处理、支持疗法。

（1）氧疗法　在急救中，氧疗是一种有效的治疗方法。急性中毒常因毒物的毒理作用而抑制呼吸及气体交换（有的毒物抑制组织内细胞呼吸造成组织缺氧）。因此在救治中要监护呼吸，采取有效的吸氧疗法，正确选用鼻导管、面罩、呼吸机、高压氧给氧。

（2）纠正低血压、休克，常见于镇静药、催吐药、抗精神病及抗抑郁药物中毒，其作用机制常是综合性的。除补充血容量外，要重视应用纳洛酮和血管活性药物的应用及中毒性心肌炎防治。

（3）高热与低温的处理　高热常见于吩噻嗪类、单胺氧化酶类及抗胆碱类等药物中毒，甚至可引起休克及恶性神经抑制综合征。低温多见于镇静安眠药物中毒，低温可导致电解质、体液及酸碱失衡，细胞内钠丢失，故要及时处理。

（4）心律失常　有些毒物影响心肌纤维的电作用，另外由于心肌缺氧或代谢紊乱而发生心律失常。救治中早期应用镁极化液有助于预防心律失常，同时可根据心律失常的类型选择应用相应的药物，常用的有利多卡因、阿托品、维拉帕米（异搏定）、普罗帕酮（心律平）、毛花苷C（西地兰）。

（5）心搏骤停　除因严重缺氧外，也有某些毒物的直接作用引起阿-斯综合征所致，如急性有机磷农药或有机溶剂中毒。汽油、苯等刺激β受体，能突然导致原发性的心室颤动而死亡，三氯甲烷、氟乙酸、氟乙酰胺等严重中毒时，可直接作用心肌发生心室颤动，引起心脏骤停，高浓度氯气吸入，可因迷走神经的反射增强而导致心脏骤停。一旦发生心脏骤停，应分秒必争紧急行心、肺、脑复苏，除有效的胸外心脏按压外，迅速开放气道，有效供氧十分重要，有条件时应尽快行气管内插管使用呼吸机。同时根据病情选用肾上腺素、阿托品、纳洛酮等。

(6) 中毒性脑病 主要由于亲神经毒物所致，如一氧化碳、二氧化碳、有机汞、麻醉药、镇静药。主要表现不同程度的意识障碍和颅内压增高症状。此外，抽搐、惊厥也是中毒性脑病常出现症状。中毒性脑病的救治重点是早发生、早防治脑水肿，保护脑细胞。根据病情适时应用脱水药20%甘露醇125mL＋呋塞米20mg＋地塞米松10mg，每3～12h一次，出现抽搐、惊厥可用苯妥英钠，必要时用地西泮。常规使用三磷腺苷、辅酶A、胞二磷胆碱、比拉西坦（脑复康）、纳洛酮。

(7) 防治急性肾功能衰竭 原则是有效控制原发病，维持有效血液循环，纠正缺氧，避免使用对肾有损害的药物，合理使用利尿药。在利尿药使用效果不佳时，注意选用血管扩张药，如酚妥拉明、阿托品、多巴胺。

7. 注意内环境管理

急性中毒常因毒物本身的作用和患者呕吐、腹泻、出汗、洗胃等均可造成内环境的紊乱，主要表现为电解质失衡、酸碱失常，如低血钾、低血钠、酸碱中毒等。在救治中主要注意监测电解质、酸碱平衡的状况。

8. 多器官功能失常综合征的防治

早期认识急性中毒致MODS，早期脏器功能支持，防止发生MODS。当发生了MOF后，才开始脏器支持治疗，这样就不能降低病死率。而早期识别MODS，早期防治，有利降低急性中毒病死率。防治急性中毒致MODS的重点如下。

(1) 早期识别急性中毒致MODS 急性重度中毒患者发病急、病情重，救治不及时可迅速发生多器官功能失常综合征（multiple organ dysfunction syndrome，MODS），甚至引起死亡，一旦出现，病死率达30%～100%，近些年来引起了临床医师的关注。常见急性中毒致MODS的特点如下。

① 急性有机磷农药中毒致MODS：急性有机磷农药（AOPP）可致MODS，引起心源性猝死、呼吸肌麻痹等并发症。

a. 心脏的毒性损害：有机磷农药（OP）对心脏毒性损害的病理改变为心肌细胞脂肪变性，心肌间质充血、水肿、单核细胞浸润、心外膜点状出血、右心病和左心室轻度扩张，具有心肌纤维断裂现象。OP可引起各种类型的心律失常，机制可能与抑制胆碱酯酶（chE）使神经末梢释放的乙酰胆碱（Ach）不能水解，从而影响心脏的传导功能。造成心源性猝死，可能是毒物造成的心肌麻痹或中毒性心肌炎。

b. 呼吸系统损害：AOPP 对呼吸系统的损害是最严重的。死亡的主要原因往往是呼吸衰竭，呼吸衰竭可分为中枢性和外周性。常见的原因有中毒性肺水肿、呼吸肌麻痹、呼吸中枢麻痹。

c. 脑栓塞：OP 是有强烈的神经毒样作用，可引起脑细胞间质水肿，细胞脂肪变性、脑屏障受损、脑组织毛细血管通透性增加以及阿托品的大量应用引起脑血管扩张均可导致脑水肿。脑损害的发生率占 12%。

d. 中毒性肝损伤：OP 在体内分布以肝脏浓度最高，其系非亲肝性毒物，但在较大剂量接触时，部分患者也可发生肝损害，尤以胃肠吸收者存在肝肠循环，肝损害更为明显。氧自由基可能是肝细胞损伤的主要机制之一。OP 在体内的代谢过程由肝脏完成，可产生大量氧自由基。谷丙转氨酶在中毒第 2 天达高峰并持续 6d 后逐渐下降。

e. 中间综合征（IMS）：IMS 发生时间为 OP 中毒后 2～4d，个别为 7d，是 AOPP 经过救治后急性胆碱能危象（ACC）消失后，继发性周围神经病（OPIDP）之前出现的以肌无力为临床一组综合征。危险是因呼吸肌麻痹致外周呼吸衰竭而死亡。

② 禁用杀鼠剂中毒致 MODS：禁用杀鼠剂是指卫生部早在 20 世纪 80 年代已发文严禁使用的一类灭鼠剂，如毒鼠强、氟乙酰胺。氟乙酸钠等毒力极强，且都有明显的蓄积作用，人食用毒死的家畜可引起二次中毒。禁用杀鼠剂中毒致临床表现如下。

a. 脑功能障碍：毒鼠强进入人体后，拮抗中枢神经系统的 γ-氨基丁酸（GABA）。尸检均有脑水肿和散在的脑组织死亡溶解。

b. 心脏损害：是毒物直接损害心肌细胞造成心肌细胞损伤坏死，心肌酶谱异常增高。心电图可有 ST 段及 T 波改变。

c. 肝功能障碍：毒物可直接作用肝细胞造成肝细胞损伤、坏死，引起肝脏转氨酶异常增高，且可出现黄疸。

d. 脑水肿或 ARDS，神经源性肺水肿。

③ 急性有害气体中毒致 MODS：常见的有害气体包括一氧化碳、氰化物、硫化物、石油液化气、煤气。国内宋国平报告重度一氧化碳中毒致 MODS 416 例，其中发生 MODS 76%，治愈率 93.3%，死亡率 1.2%，以脑损害、心脏损害、肺损害为主，以昏迷、呼吸困难、心电图异常为主要表现。

④ 急性重度药物中毒致 MODS：常见于吗啡类药和镇静安眠药，国内王立毅报告老年急性中毒并 MODS 38 例，其中安眠药中毒 8 例，混合性药物中毒 3 例，刘桂花报告急性药物中毒 30 例，酶学变化的临床观察中在急性中毒

后24h内可见心肌损害，表现为心律失常、高度房室传导阻滞。吗啡类药物中毒主要抑制中枢神经系统。表现为昏迷、心动过缓、直立性低血压。此外由于呼吸抑制、缺氧、酸中毒和组胺释放出现非心源性肺水肿，作者曾报道6例海洛因中毒性肺水肿。镇静安眠药中毒致MODS，主要是呼吸抑制、中毒性脑病，随后加重致呼吸衰竭，出现MODS。

（2）早期脏器功能支持、防治MODS

① 早期通气支持：呼吸衰竭是急性中毒致MODS中最突出、最常见的问题。早期通气，目的在于早期保持肺泡张开或再张开，防止缺氧和低氧血症。早期应注意最好发挥患者的自主呼吸，呼吸衰竭时采用持续气道正压通气（CPAP）、间歇指令通气（IMV）、间歇辅助通气（IAV）。通气过程中要防止分泌物的阻塞和防治气道的感染。根据患者呼吸状态，选用呼吸兴奋药。尤其要注意中毒性肺水肿的早期诊断与处理。作者曾报道6例中毒性肺水肿用中西医结合进行救治取得较好疗效，主要是早期诊断，及时应用大剂量糖皮质激素地塞米松和山莨菪碱（654-2）。改善血管的通渗性。

② 早期循环支持：急性中毒患者多有心血管损伤，易致心功能低下和休克，较早期纠正微循环灌注不足和营养心肌是防治急性中毒患者发生MODS的重要措施。正确使用血管活性药物，如多巴胺、多巴酚丁胺和复方丹参注射液。大剂量的维生素E、维生素C、三磷腺苷（ATP）、辅酶A可减轻氧自由基损害和保护心肌细胞，注意及时纠正电解质失衡，尤其低血钾、低血钙等。

③ 早期防治脑水肿：急性重度中毒患者易发生中毒性脑病、脑水肿，较早期防治脑水肿是救治急性重度中毒患者MODS的重要环节。注意适时适量应用甘露醇、地塞米松、呋塞米、胞二磷胆碱、纳洛酮。胞二磷胆碱、纳洛酮改善脑细胞的供血，对促进苏醒有重要作用。

④ 早期防治急性肾功能衰竭：由于许多毒物进入机体要经肾脏排出，故对肾功能有损害，如鱼胆中毒几乎100%引起急性肾功能衰竭。急性重度中毒若发生急性肾功能衰竭，给救治带来困难：一是毒物不能尽快地排泄，继续毒害机体；二是肺水肿、脑水肿、脑疝不能有效地控制；三是电解质失衡不能够有效地调节。因此，要重视肾的血氧供应、合理使用利尿药，适时适量应用血管扩张药。

⑤ 纠正水、电解质和酸碱的失衡：急性重度中毒造成酸碱失衡及水、电解质紊乱相当多见。除毒物本身的酸碱度外，中毒本身常引起呼吸障碍或组织内气体交换障碍，引起代谢紊乱，造成体内酸碱失衡；患者的呕吐、洗胃及大剂量的药物均可引起机体水、电解质紊乱，对此主要是加强监测，及时调整。

第三节　中毒事故急救注意事项

中毒事故给产生和人们的生命和生命安全直接造成危害是较大，同时给国家经济和社会稳定是造成一定影响。如何在突发中毒事故急救中发挥快速反应，有序、有效救治，降低致残率和死亡率，恢复正常的生产、生活秩序？在救治中要注意以下几个方面。

一、熟悉突发中毒事故的表现形式

（1）生活中毒较为多见　频繁发生的食物中毒事件。据有关资料统计，市场蔬菜中有20%以上农药残留超过国家标准。部分城市超标率达70%。在我国部分地区，猪肉中瘦肉精检出率也高。环境污染，如有的地区发生儿童铅中毒、砷中毒事件。

（2）灭鼠剂引发的重大中毒事故频繁发生且毒害大　主要为国家禁止使用的毒鼠强、氟乙酸钠、甘氟、毒鼠硅等抽搐性灭鼠剂。此类灭鼠剂无色、无味且毒性高，发病快，病死率高，易被不法分子用于投毒的毒品之一。2003年1～9月，全国剧毒鼠药事件60起，中毒人数1122人，死亡83人，其死亡人数占同期全部中毒死亡人数的33.1%。

（3）职业中毒事件时有发生　此类多为乡镇企业，资企业作业环境中发生了有害物资浓度严重超标，铅、苯等使生产的员工出现成批中毒。

（4）环境污染造成的突发中毒事故危害大　主要一些企业工厂没有环保意识，废气、废水的排放未行无雾化处理，其次是危险化学品运输过程中泄漏造成水质、环境、空气的污染，影响面大。

（5）化学恐怖　化学恐怖是当前国际社会恐怖分子常用的手段。一旦发生，造成人员的伤亡和心理损害均较大，易影响社会的稳定。

（6）化学武器　化学武器多为战争中使用，造成的伤亡大。更值得我们注意的是，抗日战争时期侵华日军在我国19个省市投放了毒气弹，至今在我国仍留下毒气弹200万枚，并已出现过伤害人群的报道。

二、明确突发中毒事故急救的基本任务

突发中毒事故急救是及时控制危险源、抢救受害人员。指导群灾防护和组织。消除中毒危害后果并为政府提出处理突发中毒事故的策略。

（1）有效控制危险源和及时控制造成事故的危险源是应急救援工作的首要任务，只有及时控制住危险源，才能有效防止事故的继续扩展；才能及时有效

地进行现场的急救处理。特别是发生在城市或人口稠密地区的化学事故，应尽快协调组织抢险队与事故单位技术人员一起及时堵毒源，控制事故继续扩展。

（2）快速有效地抢救受害人员是现场应急救援的重要任务　在应急救援中，应该及时、有序、有效地实施现场急救与安全转送伤员相结合，这是降低伤亡率、减少事故损失的中心环节。

（3）及时有序指导群众防护　中毒事故突然发生，组织群众及时有序地撤离现场，这最能保护人民群众健康。

（4）做好现场清洁　消除突发中毒事故的危害后果，应及时建议和组织人员明确有毒物质，防止对人的继续危害和对环境的污染。

（5）及时查清突发中毒事故原因　要及时做好危害程度的预测，寻查事故发生原因和事故的性质。估计出事故的危害波及范围和危害程度，查明人员伤亡情况。做好事故的调查，有利于政府对突发中毒事故处理的科学决策。

三、突发中毒事故现场急救应注意的问题

1. 中毒的诊断问题

中毒救治成功与否取决于两个因素：①及时与正确的诊断；②恰当的及时救治措施。在临床常常有将急性有机磷农药中毒误诊为急性胃肠炎、支气管哮喘急性发作或镇静安眠药中毒等；将毒鼠强中毒误诊为乙型脑炎、癫痫大发作；将酒精中毒引发的并发症急性脑血管意外误认为酒精中毒的昏睡期；也有将年轻人的脑血管意外误诊为安眠药中毒；海洛因戒毒症状误诊为海洛因中毒等，而造成延误抢救引发医疗事故。要做到早期准确的诊断，以下几点可以借鉴。

（1）重视中毒病史的采集，详尽的病史采集是诊断的首要环节。

（2）对中毒患者的临床表现要认真判断的分析。

① 对突然出现发绀、呕吐、昏迷、惊厥、呼吸困难、不明原因的休克，尤其是同时出现的多人同样的临床症状，首先要考虑急性中毒的可能性。

② 对突发昏迷的患者除要考虑急性中毒的可能性，同时要除外急性脑血管意外、糖尿病昏迷、肝性脑病、中暑等。在灾害中的昏迷患者特别注意有毒气体中毒的可能。

③ 要特别注意“中毒综合征”对急性中毒的诊断有重要参考价值。

（3）认真仔细做针对性体格检查，查体首先是评估生命体征的状态，是否有存在危及生命的情况，善于发现有诊断意义的阳性体征与阴性体征。

（4）严密观察病情，认真分析病情变化是及时寻找正确诊断的依据，同时也是救治患者的中心细节。

（5）善于借助辅助检查是及时做出准确的诊断的重要方法。中毒患者的排泄物，胃液血液及现场的采样送检。如有机磷农药中毒的胆碱酯酶活性测定。毒鼠强中毒患者的胃液、尿液、血液的检测，有毒气体中毒的现场采样和血液检测均有意义。

2. 中毒患者的毒物清除问题

毒物主要经消化道、呼吸道及皮肤进入体内。清除未进入血液、体液的毒物，主要是洗胃和保持呼吸道通畅是十分关键的。

（1）洗胃清除毒物　洗胃是经口中毒清除未吸收毒物的主要方法。以下几点特别要注意。

① 洗胃的原则：早洗、反复洗、彻底洗。

② 对重度昏迷的患者可先行气管插管后洗胃或切开胃洗胃。

③ 洗胃液多以清水为宜，每次灌胃内 300～500mL 为宜，每次洗胃液总量为 8000～10000mL，以胃液清亮为原则。重度中毒者应留置胃管 24h 间断洗胃，有利于清除胃黏膜吸收的毒物。

④ 洗胃后目前主张间歇灌入泻药和吸附药，如大黄、甘露醇、思密达。大黄可下瘀血、荡涤胃肠，可改善胃肠黏膜的血液灌注，保护胃肠黏膜和清除胃肠道的毒物。思密达对胃肠道毒物、病菌、毒素有极强的吸附作用，与黏膜蛋白结合，增强黏膜液屏障，阻止胃肠道农药吸收。

（2）应用利尿药　对轻中度中毒患者可通过利尿药的应用加速毒物从肾脏排出。应用利尿药排毒要注意补液，同时根据毒物的理化性质，碱化尿液合用碳酸氢钠；酸化尿液合用维生素 C。

（3）血液净化　血液净化在救治重度急性中毒患者中越来越受到重视，不仅可达到清除血液中的毒物，而且可清除炎症因子。但要注意对解毒药物的血药溶度的影响。

3. 中毒的救治要点与技巧

（1）当中毒的毒物不明者以对症处理为先和早期器官功能支持为主。

（2）当中毒的毒物明确，应及早应用特殊解毒药物，其原则是早期、足量、联合和维持有效时间的应用。选择较好的给药方法、途径及时间。如百草枯中毒，尽早使用白陶土，早期行血液灌流是目前认为清除毒物的最佳方法，同时应用维生素 C、维生素 B_1，早期、足量应用糖皮质激素可提高救治成功率。

（3）用好救治急性中毒的几种常用急救药物和方法。

① 纳洛酮：纳洛酮化学结构与吗啡极为相似，是阿片受体的纯拮抗药，能阻滞 β-内啡肽。脂溶性高，并迅速分布全身，尤以脑、心、肺、肾为高，透

过血脑屏障的速度为吗啡的16倍，约50%的洛络酮与血浆蛋白结合，作用时间维持45～90min，注射后48～72h约65%从尿中排出，人血浆半衰期为90min。在急性中毒急救中，国内外文献报道和临床救治急性中毒不仅用于阿片类药物、镇静催眠类药、酒精中毒效果好，也可用于有机磷中毒、有害气体中毒、毒鼠强中毒，取得较好的临床疗效。在心、肺、脑复苏时应用能提高复苏功能成功率。对感染性休克、中毒性呼吸衰竭、中毒性脑病、昏迷患者均有较好的疗效。

② 地西泮：可用于鼠药中毒的抗惊厥作用。目前认为对有机磷农药中毒也有较好疗效。a. 抑制中枢神经细胞释放乙酰胆碱（Ach）；b. 抑制神经接头受体结合；c. 对抗对心、脑中毒损害有较好的疗效；d. 对抗肌颤、抽搐、惊厥减少中毒对机体的损害。

③ 糖皮质激素：常用的有地塞米松、甲泼尼龙、氢化可的松。此类药有较好的抗毒、抗炎、抗休克、抗过敏、保护细胞作用，减少组织渗出较好。但可降低机体的防卫能力，应用时要加以注意。

④ 有效的通气与供氧：急性中毒较先出现呼吸困难，而呼吸衰竭其原因可与毒物性质与侵入途径有关。

a. 安眠药、乙醇中毒主要对大脑皮质的直接抑制。

b. 一氧化碳、亚硝酸盐类化学物质中毒，主要严重影响血红蛋白的携氧能力；十分关注，及时地清除呼吸道分泌物，解除呼吸道支气管的痉挛，适时合理地应用呼吸机。

⑤ 血液净化技术是抢救重度急性中毒的重要手段之一，血液净化技术已被临床证实可较快较好地清除进入血液中的毒物和炎症因子。

⑥ 及时输些新鲜血制品，也可达到一定程度的解毒和协助患者度过危险期。

4. 重度急性中毒致MODS的认识与救治

重度急性中毒致多器官功能失常征和征与中毒的毒物有关。毒物的量与就诊时间及救治方法是否有效有直接的关系。除毒物本身毒害机体组织细胞，也有机体受损伤后产生的炎症因子和内毒素有关，这些在救治中均要加以考虑。如有机磷农药较易出现呼吸功能、心脏功能和肝功能受损；杀鼠剂毒鼠强中毒易出现中枢神经系统的损害等。救治中重点是及时、足量、联合使用特殊解毒药，严密观察病情变化，及时有效地对症处理和早期器官功能支持，尤其注意早期有效通气、维持呼吸功能；早期循环功能支持，保持有效血循环；早期防治脑水肿，保护脑细胞；早期防治急性肾功能衰竭和维持内环境的稳定。

第四节　急性中毒降阶梯救治

王佩燕教授提出的“降阶梯”临床思维方法是急诊医学思维的创新。“降阶梯”概念是指在急诊临床工作的症状鉴别诊断时，从严重疾病到一般疾病，从迅速致命疾病到进展较慢疾病依次鉴别的思维方式。目的是为争取时间尽快给高危患者以有效救治。急诊医学的临床任务是抢救生命、缓解症状、稳定病情和安全转诊。院前急诊的主要任务是抢救生命，而院内急诊的临床工作还包括对有潜在致命危险疾病和迅速恶化疾病的识别与处理。“降阶梯”思维模式就是首先要保证患者生命，生命是第一位的。在接诊患者时要抓住威胁患者生命的主要矛盾，分清轻重缓急。

一、降阶梯救治之一

首先评估患者的生命体征，及时进行有效处理威胁生命体征的情况。

1. 首先评估患者的生命体征

有无意识障碍，有无呼吸困难，有无休克状态，心跳是否存在，有无威胁生命体征的主要问题，及时进行有效处理威胁生命体征的情况。同时开通抢救生命的通道即有效通气与建立静脉通道和生命体征鉴别。

2. 预测病情危重指标

中毒可产生器官损害，引起多脏器功能失常和衰竭。若出现下列情况者，说明患者的中毒进入危重期，必须严密观察病情变化，积极维持机体器官的功能。

① 中枢神经系统抑制，出现昏迷、呼吸抑制、血压下降、惊厥、抽搐。

② 肺水肿。

③ 严重的心律失常，心脏骤停。

④ 发绀，由于严重缺氧或高铁血红蛋白血症。

⑤ 急性溶血性贫血，血红蛋白尿。

⑥ 急性肾衰竭、少尿、尿毒症。

⑦ 肝昏迷；中毒性肝损害。

⑧ 烧伤、化学灼伤、眼灼伤。

3. 及时进行有效处理威胁生命体征的情况原则

(1) 迅速有效消除威胁生命的毒效应　凡心搏和呼吸停止的应迅速施行心肺复苏术（CPR）；对休克、严重心律失常、中毒性肺水肿、呼吸衰竭、中毒性脑病、脑水肿、脑疝，应即时对症救治。

（2）切断毒源　使中毒患者迅速脱离染毒环境。

（3）迅速阻滞毒物的继续吸收　及早催吐、洗胃、导泻、清洗皮肤和吸氧。

（4）尽快明确毒物接触史　接触史包括毒物名称，理化性质与状态、接触时间和吸收量及方式，若不能立即明确，须及时留取洗胃液或呕吐物、排泄物及可疑染毒物送毒物检测。

（5）尽早足量使用特效解毒药　原则是早期、足量、尽快达到治疗有效量，注意防止副作用；选择正确的给药方法，使特殊解毒药在最短的时间发挥最好的疗效；注意解毒药的配伍，充分发挥解毒药的联合作用如对有机磷农药中毒、阿托品与胆碱酯酶复能药合用；毒鼠强中毒、地西泮与纳洛酮合用等。

二、降阶梯救治之二

早期诊断与及时足量使用特殊解毒药。

急性中毒早期诊断是救治成功的关键。诊断明确，处理措施针对性强，早期、足量使用特殊解毒药临床效果显著。

（1）严密观察病情变化　严密观察病情变化是尽早明确诊断的主要诊断方法。主要是监测患者的神志、呼吸、血压、脉搏等生命体征，心电、血氧饱和度和各重要脏器的功能状态，内环境情况及患者的呕吐物、排泄物，动态分析辅助检查结果。

（2）辨别是否急性重度中毒　急性重度中毒患者送至医院往往都处于昏迷状态，而昏迷是有许多原因可致。常见的有脑血管意外、糖尿病性昏迷、肝性脑病等。要根据病史、体格检查及辅助检查去伪存真，认真分析，做出诊断。

（3）辨别急性中毒的毒物种类　辨清毒物种类，就可及时运用特殊解毒药。在临床中可根据中毒的现场，患者的气、色和特殊的体征和实验室检查，进行分析。

临床误诊造成延误抢救常见有：急性有机磷农药中毒误诊为急性胃肠炎、支气管哮喘急性发作、镇静安眠药中毒等；毒鼠强中毒误诊为乙型脑炎、癫痫大发作；酒精中毒引发的并发症急性脑血管意外误诊为酒精中毒的昏睡期；年轻人的脑血管意外误诊为安眠药中毒；海洛因戒毒症状易误诊为海洛因中毒等。

三、降阶梯救治之三

用好急性中毒救治核心技术。

1. 快速有效清除毒物，阻止毒物损伤细胞与组织

尽早彻底清除毒物，注意体内毒库（支气管、胃肠、脂肪组织等）清除是防治重度中毒并发 MODS 的首要措施。越早越彻底预后越好，MODS 的发生率和病死率就越低。

（1）切断毒源　使中毒患者迅速脱离染毒环境。

（2）迅速阻断毒物的继续吸收　及早进行催吐、洗胃、导泻、清洗皮肤和吸氧等。必要时应反复洗胃，以减少从胃内腺体内再释放毒物的吸收。

经研究表明，洗胃有以下几点。

① 首次彻底洗胃后胃液中有机磷对外源性胆碱酯酶的抑制仍可达 100%。

② 7d 后再次洗胃，胃液中仍可检出游离的有机磷农药，AOPP 的洗胃时间不应受传统 6h 生理排空时间的限制。

③ 胃肠道是有机磷农药的短暂贮存库，具有再释放的特点。

洗胃必须反复多次。改进的洗胃方法是：患者彻底洗胃后保留胃管，持续引流胃液，并多次少量液体（每次 500～1000mL）洗胃，检测胃液无毒物时则可拔出胃管。通过反复多次洗胃，减轻再中毒，防止反跳，并起到了胃肠减压的作用。

避免“水中毒”：反复洗出胃液中仍有农药气味。但要避免盲目大量持续洗胃，以免引起“水中毒”，导致低渗性脑水肿。

洗胃液温度应接近体温，掌握在 30～37℃。过凉使患者寒战，可促进胃肠蠕动；过热则使胃壁血管扩张，促进毒物在胃内直接吸收。

经皮肤吸收的毒物要尽早彻底清洗皮肤。

经呼吸道吸入的毒物要尽早开放气道，有效吸氧。

（3）重视血液净化、利尿、利胆，尽早排出进入血液的毒物　血液净化在救治重度急性中毒患者越来越受重视，不仅可清除血液中的毒物，而且可清除炎症因子。血液净化治疗的时机选择与准备如下。

最佳时机为一般药物或毒物中毒在 6～8h 内。中毒后到采用血液净化的时间长短会影响治疗效果，原则是只要有血液净化的指征就应尽早进行，治疗越早效果越好。但有时中毒时间并不一定对血液净化的效果起决定作用。如毒鼠强中毒一周后就诊的患者，频繁抽搐，经 3 次血液灌流治疗后康复。

注意并发症：短期应用血液介导的净化疗法，可偶见因操作不当或技术故障引起的发热、出血、溶血、气栓等并发症。以往最常见的急性并发症如低血压、失衡综合征等，随着技术水平的不断提高，目前已明显减少。长期血液透析的常见并发症有营养缺乏、肾性骨病、贫血、微量元素异常、脑病、神经病、肾囊肿病等。

2. 及时足量使用特殊解毒药

(1) 及时足量使用特殊解毒药　原则是早期、足量、尽快达到治疗有效量，维持药效时间，注意防止副作用。

选择正确的给药方法，使特殊解毒药在最短的时间发挥最好的疗效。

注意解毒药的配伍，充分发挥解毒药的联合作用如对有机磷农药中毒给阿托品与胆碱酯酶复能药的合用；毒鼠强中毒给大剂量维生素 B_6、二巯基丙磺酸钠（Na-DMps）、地西泮与纳洛酮合用、一氧化碳中毒的早期高压氧治疗等。

如有机磷农药中毒，及时应用胆碱酯酶复能药是“治本”的方法。原则为早期，足量，反复应用。

早期用药：目的是抢在“时间窗”内给药（48h），2h 内为给药的“黄金时间”。由于中毒时间短，中毒酶能快速恢复，并且直接与毒物的磷酰基结合变为无毒产物排出，还能减少有机磷在肝、胆、脂肪库等滞留，起到早期预防呼吸肌病发生的作用。

首次足量给药：首次用量、用法是否合理直接关系到患者生死。目前倾向于首次负荷量给药的方法，即给血有效药浓度（4μg/mL）2 倍剂量（10mg/kg），使药血浓度升高（7～14μg/mL），半衰期延长，肾清除率下降。研究表明，如此高的血药浓度是安全、有效的用法。首剂量应根据患者中毒程度，患者体表面积大小而估计，亦需结合使用药物、患者基础条件如肾功能等不同而考虑用量差异，不可一概而论，盲目加大剂量也无必要。首次足量给药，目前临床上碘解磷定采用静脉滴注方法是不妥的，因为该药半衰期仅 54min，就是将最大首量 2～3g 全加入 500mL 中持续静滴也不能达到有效血药浓度，故起不到复能效果。正确用法：将碘解磷定 1.5～2.0g 稀释成 2.5%溶液，先行静脉注射，速度宜缓，8～10min 注完。过快会导致呼吸抑制和心律失常等。重复分次或连续给药。治疗中有磷酰化乙酰胆碱酯酶（AchE）的重新活化，也有 AchE 重新抑制，两者处在动态变化中。持续结合者（老化酶）只是一部分，还存在着毒物重吸收和再分布，仍有非持续结合状态磷酰化 chE 和游离的有机磷，复能剂半衰期仅 1～1.5h，肾脏排泄很快，故要根据病情重复给药以保持体内药效，给药间隔时间：一般为一个半衰期，最长不超过 2h 为宜，以 500～3000mg/h 输入，WHO 推荐以 8mg/(kg・h) 速度静滴。分次连续用药总量不超10～12g/d，根据病情调整间隔及每次量，中重症患者延时应用胆碱酯酶复能药 5～7d。但用量小，一般 2～3g/d 即可。发生 IMS 者，冲击量使用复能药有效。复能药剂量调整及停药以 AchE 活力渐上升为宜：患者一般情况好，提示中毒酶复活；毒物清除好，毒物重吸收很少或无再吸收。阿托品无增/减量情况下，AchE 活力稳定或上升，复能药可逐渐减量，第一日减量 1/3，第二日继减半量，第三日再减 1/2 量至停用，若病情不稳或 AchE 活力波动，则恢复前日用量或酌情加量，待 AchE 活力达 60%以上时可考虑停用。AchE 无变化，阿托品化状态下中毒酶可能老化；复能与毒物继续吸收呈动态平衡，在保持阿托品化状态下再次清除毒物如洗胃等，并注意复检胆碱酯酶活力。若病情稳定，阿托品先减量观察，再考虑复能药减量。AchE 下降应排除是否用量不足或过大、大量毒物重吸收、大量输液酶被稀释等。可反复洗胃、清洗皮肤和毛发，分析用量是否规范合理并加以调整，严密观察病情变化，注意烟碱样表现，新鲜血液输入以补充活力 AchE，在阿托品化状态下阿托品谨慎减量，若阿托品减量后病情平稳，再考虑复能药渐减量，复能药使用可适当延长。联合用药可起到标本兼治的目的，有利于较好控制患者临床症状和促进恢复。常用联合用药方式，胆碱酶复能药与阿托品、山莨菪碱（654-2）、东莨菪碱等剂量可酌减，肟类复能药忌与碱性药物碳酸氢钠配伍，否则会产生剧毒产物（氰化物）。

常用特效解毒药见表 4-4。

阿托品使用要点如下。

① 阿托品的使用原则："虎头蛇尾，见好就收，密切观察，酌情增减"，合理阿托品化。

② 合理阿托品标准：皮肤出汗消失并干燥，肺部啰音消失，面色由灰白转为潮红，心率增快。

③ 阿托品使用方法：根据中毒程度主张静脉给药。

（2）当中毒的毒物不明者，以维持生命体征为先，对症处理与早期器官功能保护为主。

3. 密切观察与及时有效对症治疗

密切观察与对症治疗是救治急性中毒的重要手段，针对中毒患者的全身状况，尽快给予正确的对症和支持治疗，以挽救生命，恢复机能。大多数急性中毒尚无特殊解毒药，即使有，也不可忽视对症治疗。

其原则如下。

① 密切观察各种生命体征。

② 发现威胁生命体征稳定的主要问题。

③ 及时处理威胁生命体征稳定的主要问题。

④ 保护器官功能与内环境稳定。

及时有效的对症处理的重点如下。

① 惊厥与抽搐：首选地西泮。

② 休克：除补充血容量外，尤其注意中毒性心肌炎，可用生脉注射液。

③ 心律失常：密切观察、处理好中毒性心肌炎，调整好内环境。

④ 呼吸困难：管理好呼吸道，合理、有效给氧。

⑤ 颅内压增高：及时发现与应用脱水药。

⑥ 尿少：注意肾功能、补充血容量，用好活血扩血管药和利尿药，不用对肾脏损害的药物。

⑦ 高热：查明病因，对症处理。

⑧ 及时处理心衰、呼衰、脑水肿、肺水肿。

⑨ 心跳呼吸骤停：心跳呼吸骤停是急性中毒最为严重的危象，及时有效地心肺复苏可达到较好的临床疗效。

4. 早期重视脏器功能保护与支持

当发生了 MOF 后才开始脏器支持治疗，就不能降低病死率，应在急性中毒救治中和在 MODS 的早期进行。急性中毒的早期脏器功能支持的重点是：早期通气支持、早期循环支持、早期防治脑水肿、早期防治急性肾功能衰竭、早期肝功能保护。

（1）早期通气支持 呼吸衰竭是急性中毒致 MODS 中最突出、最常见的问题。早期通气目的在于早期保持肺泡张开或再张开，防止缺氧和低氧血症。早期应注意发挥患者的自主呼吸；呼吸衰竭时采用持续气道正压通气（CPAP）、间歇指令通气（IMV）、间歇辅助通气（IAV）。通气过程中要防分泌物的阻塞和防治气道的感染。根据患者呼吸状态，选用呼吸兴奋药。尤其要注意中毒性肺水肿的早期诊断与处理。笔者曾报道 6 例中毒性肺水肿用中西医结合进行救治取得较好疗效，用好解毒药和及时应用大剂量糖皮质激素与山莨菪碱（654-2）。

（2）早期循环支持 急性中毒患者多有心血管的损伤，易致心功能低下和休克，较早期纠正微循环灌注不足和营养心肌是防治急性中毒患者发生 MODS 的重要措施。正确使用血管活性药物，如多巴胺和复方丹参注射液、生脉注射液、大剂量的维生素 E、维生素 C、三磷腺苷、辅酶 A 可减轻氧自由基损害和保护心肌细胞。

① 保护心肌细胞和血管功能主要是保证有效的血容量、平衡血压、纠正休克、改善微循环。

a. 优化心肌能量代谢治疗、保护心肌细胞：万爽利、能量合剂、极化液、1,6-磷酸果糖、生脉注射液等。

b. 处理高血压：对于严重或持续的高血压，为保护心脏功能及防止脑损伤，可适当给予处理。

c. 纠正低血压及休克：患者血压低于90/60mmHg，但循环良好、心跳不快、脉搏有力、无少尿者，可暂时观察。若出现循环衰竭时立即积极抗休克治疗。常用方法是：合理补充血容量，合理用好血管活性药物，如多巴胺、间羟胺，同时可应用中药制剂如生脉注射液和参附注射液。

d. 用好糖皮质激素。

② 心律失常的处理：急性中毒心血管损害常可出现心律失常，主要是心肌细胞中毒和机体内电解质的紊乱，尤其是钾、钙、镁的失衡。临床实践提示对症处理，同时注意保护心肌细胞，调整电解质酸碱的平衡，重视镁盐的应用，镁是Na^{+}-K^{+}-ATP酶辅助因子，有中枢神经镇静、防治室性心律失常、保护细胞线粒体功能等作用。常见的几种心律失常的处理如下。

a. 室性心动过速：可选用利多卡因100mg加入液体20mL缓慢静注。

b. 室上性心动过速：可选用普萘洛尔10mg口服或普萘洛尔3～5mg加入液体20mL中缓慢静注。

c. 缓慢性心律失常：可选用阿托品或异丙肾上腺素。

d. 传导阻滞：当出现二度或三度房室传导阻滞可选用阿托品或异丙肾上腺素。

③ 及时足量使用特殊解毒药，达到尽早消除毒物对心血管的损害。其原则是早期、足量、尽快达到解毒的有效量，维持药效时间，防止副作用；选择正确的给药方法。

④ 尤其要重视电解质与酸碱的平衡。

⑤ 保护心功能要早期注意其他脏器功能支持：在防止急性中毒对心血管的损害的同时要对其他重要器官功能早期保护与支持，尤其是呼吸系统、中枢神经系统、肝肾功能的好坏对心血管的功能恢复影响较大。

（3）早期防治脑水肿　急性重度中毒患者易发生中毒性脑病、脑水肿，较早期防治脑水肿是救治急性重度中毒患者MODS的重要环节。注意适时适量应用醒脑静、甘露醇、地塞米松、呋塞米、胞二磷胆碱、纳洛酮。胞二磷胆碱、纳洛酮可改善脑细胞的供血，对促进苏醒有重要作用。

（4）早期防治急性肾功能衰竭　由于许多毒物进入机体要经肾脏排出，故对肾功能有损害，如鱼胆中毒几乎100%引起急性肾功能衰竭。急性重度中毒若发生急性肾功能衰竭，给救治带来困难：一是毒物不能尽快地排泄，继续毒害机体；二是肺水肿、脑水肿、脑疝不能有效地控制；三是电解质失衡不能够有效地调节。因此，要重视肾的血氧供应、合理使用利尿药，适时适量应用血管扩张药。

（5）早期肝功能保护　机体在遭受急性中毒严重打击后，由于补体激活，炎症介质释放，毒素吸收和缺血-再灌注损伤等一系列病理生理变化，导致全身多脏器功能损害；肝是人体最大的腺体，具有极复杂多样的生物化学功能，被称为机体的化工厂，危重患者中肝功能损害的发病率为2%～47%。在各器官功能障碍相互影响中，肝脏是关键器官，肝功能障碍不仅影响肾，而且可影响肺，乃至多器官损害，进一步诱发MODS，影响预后。丰诺安＋维生素 B_6，丰诺安（20AA复方氨基酸注射液）500mL每日一次静脉缓慢滴注，滴速每分钟30～50滴；0.9%氯化钠注射液200mL＋维生素 B_6 3～5g＋维生素C 2g，有明显的解毒和抗氧化作用。

维生素 B_6 的主要作用：维生素 B_6 能保护大脑免受有害的代谢产物，如自由基的伤害；它又是天然的利尿药；维生素 B_6 为人体内某些辅酶组成成分，参与多种代谢反应，尤其是和氨基酸代谢有密切关系，现已知肝脏内有60多种酶需要维生素 B_6；对痉挛不止的控制有良好效果。

丰诺安通用名为复方氨基酸注射液（20AA），英文名Compound Amino Acid Injection。适应证：预防和治疗肝性脑病，肝病时肝性脑病急性期或表现期的静脉营养。禁忌证：非肝源性的氨基酸代谢紊乱。给药途径：可经中央静脉输注。剂量：7～10mL/(kg·d)。规格：50g∶500mL。

（6）纠正水、电解质和酸碱的失衡　急性重度中毒造成酸碱失衡及水、电解质紊乱相当多见。除毒物本身的酸碱度外，中毒本身常引起呼吸障碍或组织内气体交换障碍，引起代谢紊乱，造成体内酸碱失衡；患者的呕吐、洗胃及大剂量的药物均可引起机体水、电解质紊乱，对此主要是加强监测，及时调整。

（7）医中药救治急性中毒具有潜在研究价值　中医“四证四法”的辨证治疗原则：活血化瘀法治疗血瘀证；清热解毒法治疗毒热证；扶正固本法治疗急性虚证；通里攻下法治疗腑气不通证。急性中毒救治注意胃肠功能的保护：①胃肠道麻痹导致腹腔间隙综合征。②及早进食，保护胃肠微生态稳定。

四、急救的注意事项

（1）应高度重视生命体征的变化，若心跳、呼吸骤停，应及时而准确地实施心肺脑复苏，维持有效呼吸与循环。

（2）应该及时准确判断威胁患者生命体征的主要矛盾是什么？及时处理首要和次要的问题是什么？解决其问题的最快捷、最有效的方法是什么？

（3）应根据具体病情，及时联系相关专科会诊，协同抢救使患者能在最短的时间得到最佳的救治方案。

（4）在抢救过程中（一切抢救措施、病情交代、与单位及家属的谈话内容等）必须认真、准确、及时记录并注意记录时间的准确性。

（5）应根据实际病情向家属或单位详细告知病情的严重状况及预后，以取得必要的理解和配合。

（6）在抢救急性中毒患者时，发生3人以上成批中毒应及时向上级医师及有关领导报告，涉及法律问题应向有关公安部门汇报。

（7）在抢救成批急性中毒患者时，应及时启动应急救援预案响应，要立即成立相应的救护组，如抢救指挥组、危重病抢救组、诊查组、护理治疗组、后勤联络组使抢救工作紧张有序。尤其重要的是在救治成批中毒时要分清是化学性中毒和细菌性中毒，最危重的患者是哪些，当前急需处理的问题是什么？

（8）运送和交接要点

① 将患者安全平卧在救护车担架上。

② 保持呼吸道通畅，有效给氧，必要时建立人工气道。血氧饱和度保持在90%以上。

③ 保持静脉通畅，维持收缩压在100mmHg。

④ 观察病情变化，尤其是神志、呼吸、心电、血压的变化。发现险情，及时处理。

⑤ 途中要注意防窒息、防休克、防颠簸。

⑥ 向接受医院预报，交代患者评估情况，初步诊断，目前处理以及进一步处理所需条件，如洗胃、复苏和相关科室急会诊等情况。

（9）急性中毒降阶梯救治黄金规则

① 抢救最先危及生命体征与复苏。

② 清除毒物。

③ 查明化学物质毒性。

④ 不忘排毒特殊技术。

⑤ 动态观察及时处理危急值。

⑥ 尽力保护器官功能，安全度过危险期。

（10）用好急性中毒处理流程图　急性中毒救治流程图见图4-1；常见急性中毒救治流程图见图4-2；成批急性中毒救治流程图见图4-3。

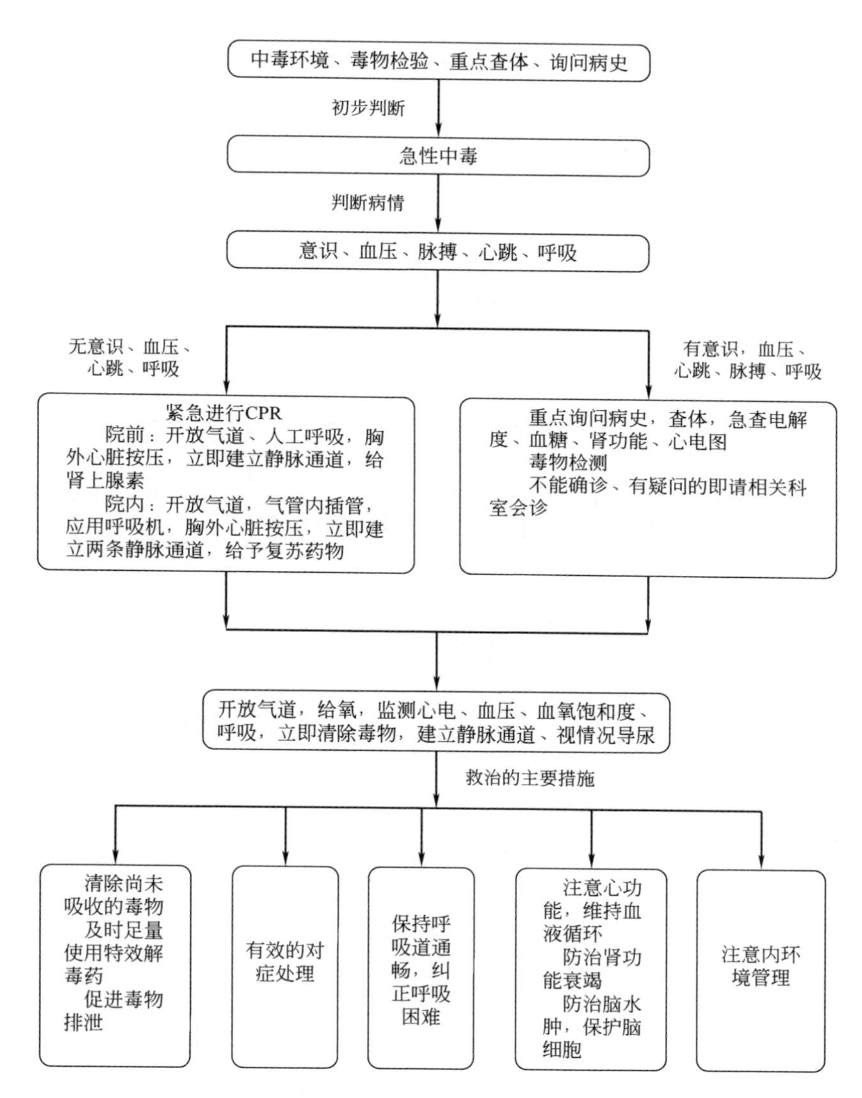

图 4-1　急性中毒救治流程图

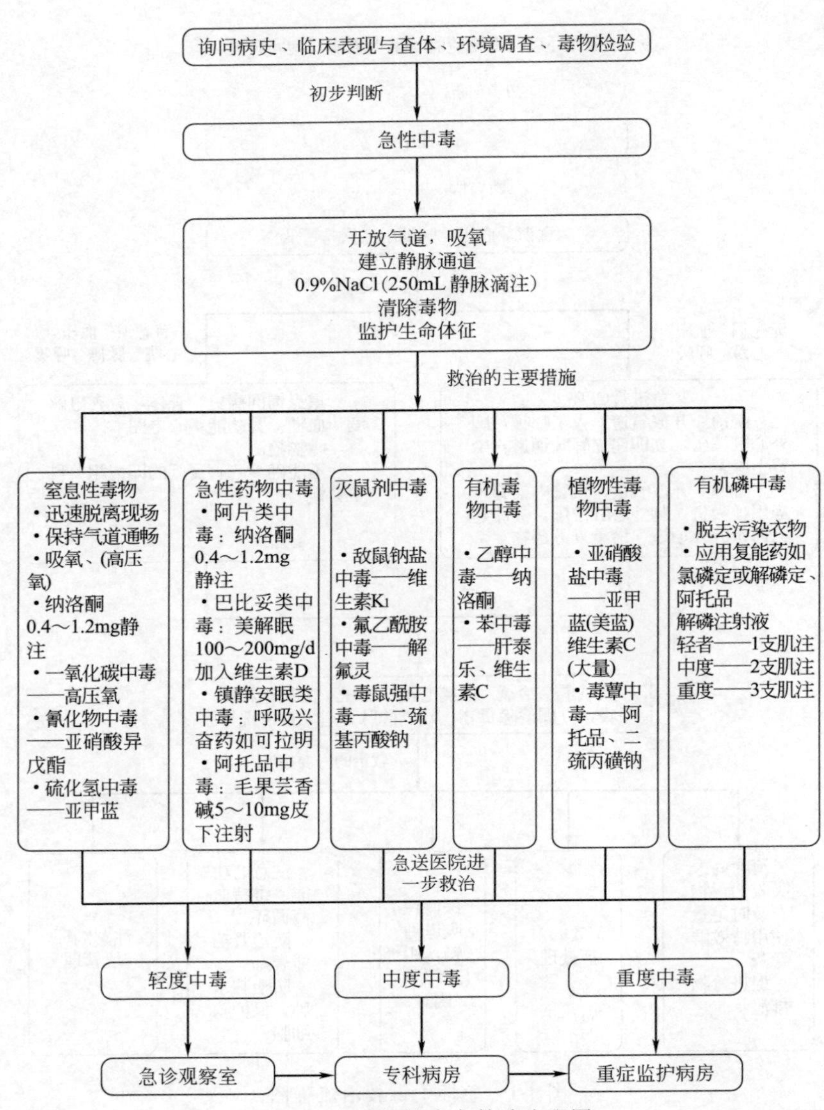

图 4-2　常见急性中毒救治流程图

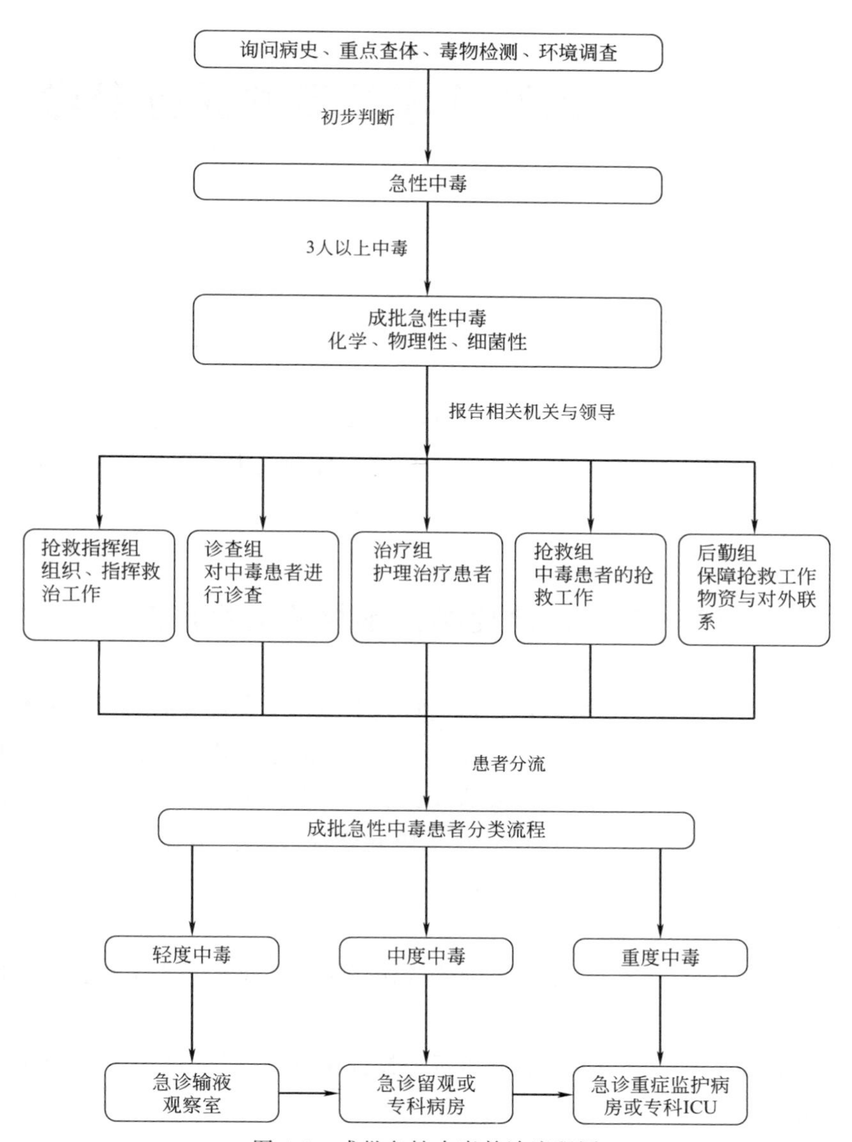

图 4-3 成批急性中毒救治流程图

第五章

危险化学品事故医疗急救

危险化学品事故就是指由危险化学品造成的人员伤亡、财产损失或环境污染事故。

我国是一个化工、农药大国，也是化学毒物、农药、鼠药等化学中毒灾害高发生率的地区，危险化学品事故主要是发生各种火灾、爆炸、中毒事故等。系统研究危险化学品事故的特点及紧急救治对策具有重要意义。

第一节　危险化学品事故的发生机制

危险化学品事故主要是指：一是危险化学品发生了意外的、人们不希望的变化，包括化学变化、物理变化以及与人身作用的生物化学变化和生物物理变化等；二是危险化学品的变化造成的人员伤亡、财产损失、环境破坏等事故后果。危险化学品事故最常见的模式是危险化学品发生泄漏而导致的火灾、爆炸、中毒事故。这类事故的后果往往非常严重。

1. 危险化学品泄漏

（1）易燃易爆化学品→泄漏→遇到火源→火灾或爆炸→人员伤亡、财产损失、环境破坏等。

（2）有毒化学品→泄漏→急性中毒或慢性中毒→人员伤亡、财产损失、环境破坏等。

（3）腐蚀品→泄漏→腐蚀→人员伤亡、财产损失、环境破坏等。

（4）压缩气体或液化气体→物理爆炸→易燃易爆、有毒化学品泄漏。

（5）危险化学品→泄漏→没有发生变化→财产损失、环境破坏。

2. 危险化学品没有发生泄漏

（1）生产装置中的化学品→反应失控→爆炸→人员伤亡、财产损失、环境破坏等。

（2）爆炸品→受到撞击、摩擦或遇到火源等→爆炸→人员伤亡、财产损失等。

（3）易燃易爆化学品→遇到火源→火灾、爆炸或放出有毒气体或烟雾→人员伤亡、财产损失、环境破坏等。

（4）有毒有害化学品→与人体接触→腐蚀或中毒→人员伤亡、财产损失。

（5）压缩气体或液化气体→物理爆炸→人员伤亡、财产损失、环境破坏等。

第二节　危险化学品事故现场急救

（1）救援人员需要掌握一定的医疗急救技术　危险化学品事故现场急救是十分复杂的工作，要求救援人员除掌握一定的医疗急救技术外，还需要懂得化学危险品的理化特性和毒性特点，懂得防护知识，还应对气象和地形环境知识有所了解，使之能更有效地实施救援又能保护自身安全。另外现场情况千变万化，救援人员要灵活机动、随机应变，切忌机械与教条。

（2）努力创建一条安全有效的绿色抢救通道，抢救中毒人员　将中毒人员撤离至安全区，进行抢救，送至医院紧急治疗。

（3）立即解除致病原因　切断（控制）危险化学品事故源、灭火和控爆、防爆等工作是处置该类事件的关键，我国已将这一重要任务赋予了公安消防部队。

（4）控制污染区　通过检测确定污染区边界，做出明显标志，制止人员和车辆进入，对周围交通实行管制。

（5）检测确定有毒有害化学物质的性质及危害程度　掌握毒物扩散情况。

（6）组织受染区居民防护或撤离　指导受染区居民进行自我防护，必要时组织群众撤离。

（7）对受染区实施洗消　根据有毒有害化学物质理化性质和受染情况实施洗消。皮肤染毒，首先迅速、及时洗消是关键，再加特效解毒药的快速应用。对危险化学品中毒关键性治疗为特效解毒药的应用，原则是早期、足量、尽快达到治疗的有效量，注意防止副作用。莨菪碱类药物联用地塞米松冲击疗法对大部分危险化学品中毒有较好效果。高铁血红蛋白血症时，可给予1%亚甲蓝5mL+维生素C 2g加入5%葡萄糖液20mL中静脉缓缓注入；早期也可用泼尼松、氢化可的松或地塞米松减轻溶血反应。

（8）寻找并处理各处的动物尸体　防止腐烂危害环境。

（9）做好通信、物资、气象、交通、防护保障。

（10）抢救小组所有人员都应根据毒情穿戴相应的防护器材，并严守防护纪律　对突发危险化学品事故的应急处置与医学救援的方针是贯彻积极兼容、防救结合、以救为主。基本原则是：预有准备，快速反应，立体救护，建立体系；统一指挥，密切协同；集中力量，保障重点；科学救治，技术救援。

（11）注意保护好伤病员的眼睛　在为伤病员做医疗处置的过程中，应尽可能地保护好伤病员的眼睛，切记不要遗漏对眼睛的检查和处理。

（12）处理污染物　要注意对伤员污染衣物的处理，防止发生继发性损害。特别是对某些毒物中毒（如氰化物、硫化氢）的伤员做人工呼吸时，要谨防救援人员再次引起中毒，因此不宜进行口对口人工呼吸。

（13）置神志不清的病员于侧卧位，防止气道梗阻　缺氧者给予氧气吸入，呼吸停止者立即施行人工呼吸；心跳停止者立即施行胸外心脏挤压。

（14）皮肤烧伤应尽快清洁创面　用清洁或已消毒的纱布保护好创面，酸、碱及其他化学物质烧伤者用大量流动清水和足够时间（一般 20min）进行冲洗后再进一步处置，禁止在创面上涂敷消炎粉、油膏类（眼睛灼伤后要优先彻底冲洗）。

（15）支持治疗　严重中毒要立即在现场实施病因治疗及相应对症、支持治疗；一般中毒病员要平坐或平卧休息，密切观察监护，随时注意病情的变化。

（16）正确的固定　骨折，特别是脊柱骨折时，在没有正确的固定的情况下，除止血外应尽量少动伤员，以免加重损伤。

（17）防误吸　勿随意给伤病员饮食，以免呕吐物误入气管内。

（18）置患者于空气新鲜环境中　置患者于空气新鲜、安全清静的环境中。

（19）防止休克　特别是要注意保护心、肝、脑、肺、肾等重要器官功能。

（20）迅速抗休克、抗中毒治疗及纠正脑疝，同时防治肺水肿和脑水肿　积极有效地防治肺水肿和脑水肿对改善危险化学品爆炸致复合伤的预后起着重要的作用。危险化学品严重爆炸复合伤伤员早期死亡的主要原因为休克、脑疝、重度烧伤、中毒、创伤后心脏停搏等，早期积极地抗休克、抗中毒及纠正脑疝治疗是抢救成功的关键，同时还要防治肺水肿和脑水肿。

（21）特别注意危险化学品事故给公众造成心理的危害程度　突发危险化学品事故的强烈刺激使部分人精神难以适应，据统计约有 3/4 的人出现轻重不同的所谓恐怖综合征。有时失去常态，表现有恐惧感、很容易轻信谣言等，突发危险化学品事故给伤员造成的精神创伤是明显的，要特别注意公众的心理危害程度，并立即采取正确的应对策略。

（22）综合治疗是至关重要　危险化学品爆炸致冲烧毒复合伤在临床上病情发展迅猛，救治极为困难，死亡率极高，所以综合治疗是至关重要的，包括心肺复苏、抗泡剂应用、超声雾化吸入、抗过敏或碱性中和药的应用、消除高铁血红蛋白血症、适当的体位、高流量吸氧、保证组织细胞供氧、维护重要脏器功能、纠正电解质紊乱及酸碱失衡等对症治疗和支持疗法，积极促进机体的修复和愈合等。

第三节　烧冲复合伤的急救

危险化学品爆炸致烧冲复合伤具有杀伤强度大、作用时间长、伤亡种类复杂、群体伤员多、救治难度大等特点，在平时及战时均可发生。这种由热力、冲击波同进或相继作用于机体而造成的损伤，称之为烧冲复合伤。它是一种最难急救的伤类，其核心是难以诊断，难以把握救治时机。本文探讨爆炸致烧冲复合伤的特点和紧急救治对策。

一、流行病学

（1）平时意外事故致伤　主要见于化工厂、军工厂、烟花爆竹工厂、弹药库和地下矿井等爆炸事故致烧冲复合伤。

（2）自杀式恐怖爆炸。

（3）运载火箭、导弹和航天飞行器研制、试验和使用过程中发生意外爆炸。

（4）导弹、燃料空气炸弹（FAE）、联合攻击弹药（JDAM）等爆炸性武器的爆炸致伤。高能投射物击中飞机、舰艇、潜艇、装甲车和密闭工事时致伤。

（5）武器发射时的烧冲致伤等。

二、致伤机制

爆炸所致的烧冲复合伤，致伤机制十分复杂，尚有待进一步研究阐明。其损伤机制推测可能与热力和冲击波的直接作用及其所致的继发性损害有关。

1．热力的致伤机制

爆炸起火可引起不同程度的皮肤烧伤，吸入高温的蒸气或烟雾可致呼吸道烧伤。由于热力的直接损害，使烧伤区及其周围的毛细血管受损，导致其通透性增高，血浆样液体从血管中渗出，从创面丧失或渗入组织间隙。由于大量液体渗出，有效循环血量锐减，回心血量不足，血压下降，心输出量降低，使组织灌流不良，导致低血容量性休克。当吸入高温蒸气和烟雾时，可引起呼吸道烧伤，除气管和支气管损伤外，肺毛细血管通透性增高，从而产生肺水肿，引起低氧血症、低碳酸血症、肺分流量增加和代谢性酸中毒。烧伤创面感染和肠源性感染是烧伤感染的主要原因，由于肠屏障功能破坏、肠道免疫功能降低和菌群生态失衡以及缺血再灌损伤，产生细菌和内毒素移位，由此诱发多种递质和细胞因子升高，如组胺、5-羟色胺、激肽、血栓素、白三烯、氧自由基、肿瘤坏死因子（TNF）、IL-1、IL-8、PAF等，进一步使血管内皮细胞和肺泡上皮细胞受损，导致脓毒症和多器官功能障碍，甚至可因多器官功能衰竭而死亡。

2. 冲击波的致伤机制

爆炸所产生的冲击波可致人员冲击伤。冲击波超压和负压主要引起含气脏器如肺、胃肠道和听器损伤，动压可使人员产生位移或抛掷，引起肝、脾等实质脏器破裂出血、肢体骨折和颅脑、脊柱等损伤。冲击波超压和负压的主要致伤机制如下。

（1）内爆效应（implosion effect） 当冲击波通过含有气泡或气腔的液体介质时，液体基本上不被压缩，而气体压缩却很大。冲击波通过后，受压缩的气体极度膨胀，好似许多小的爆炸源，其压力值可达 10^7kPa，它呈放射状向四周传播能量，从而使周围组织（如含空气的肺泡组织和胃肠道）发生损伤。

（2）剥落（碎裂）效应（spalling effect） 当压力波自较致密的组织传入较疏松的组织时，在两者的界面上会引起反射，致使较致密的组织因局部压力突然增高而发生损伤，如肺泡撕裂、出血和水肿及心内膜下出血、膀胱黏膜出血、含气的胃肠道损伤均可由此种效应而引起。

（3）惯性效应（inertia effect） 致密度不同的组织，压力波传递的速度有所不同，在较疏松的组织中传递较快，在较致密的组织中传递较慢。由于这种惯性的差异，使得冲击波作用时，致密度不同的连接部分易出现分离现象，从而造成撕裂与出血，如肋间组织与肋骨连接部的出血、肠管与肠系膜连接部的出血。

（4）负压效应（underpressure effect） 有关冲击波负压在致伤中的作用过去很少注意。近期研究表明，在一定条件下，负压可造成严重的肺损伤，如广泛的肺出血、肺水肿等。在致伤参数中有压力下降速率、负压峰值和负压持续时间，其中负压峰值最为重要。作者实验室的研究表明，在－84.0～－47.2kPa条件下，大鼠可发生轻度至极重度肺损伤。胸部动力学相应测定和高速摄影结果提示肺组织撞击胸壁是冲击波负压引起肺损伤的主要机制。

(5) 血流动力学效应（hemodynamic effect） 超压作用于体表后，一方面压迫腹壁，使腹腔内压增加，膈肌上顶，上腔静脉血突然涌入心、肺，使心肺血容量急剧增加；另一方面又压迫胸壁，使胸腔容积缩小，胸腔内压急剧上升。超压作用后，紧接着就是负压的作用，这时因减压的牵拉作用又使胸廓扩大。这样急剧的压缩与扩张，使胸腔内发生一系列血流动力学变化，从而造成心肺损伤。我们既往的研究表明，冲击波作用瞬间，心腔及肺血管内的压力可净增26.0～57.6kPa，最高达86.0kPa。显然，一些微血管经受不了这样急剧的压力变化而发生损伤。

三、损伤特点

(1) 致伤因素多，伤情伤类复杂 爆炸所致的烧冲复合伤致伤因素多，热力可引起体表和呼吸道烧伤；冲击波除引起原发冲击伤外，爆炸引起的玻片和沙石可使人员产生玻片伤和沙石伤；建筑物倒塌、着火可引起挤压伤和烧伤；另外导弹和炸弹等爆炸性武器爆炸时可产生大量的破片，引起人员损伤，给救治带来更大困难。

(2) 外伤掩盖内脏损伤，易漏诊误诊 当冲击伤合并烧伤或其他创伤时，体表损伤常很显著，此时内脏损伤却容易被掩盖，而决定伤情转归的却常是严重的内脏损伤。如果对此缺乏认识，易造成漏诊误诊而贻误抢救时机。

(3) 肺是损伤最主要的靶器官 肺是冲击波致伤最敏感的靶器官之一，肺也是呼吸道烧伤时主要的靶器官。因此，肺损伤应是烧冲复合伤救治的难点和重点。

(4) 复合效应，伤情互相加重 爆炸所致的烧冲复合效应不应理解为各单一致伤因素效应的总和，而是由于热力和冲击波各致伤因素的相互协同、互相加重的综合效应。由于烧冲复合伤的这种复合效应，其结果将使伤情更重，并发症更多，治疗更为困难。

(5) 伤情发展迅速 在重度以上冲击伤伤员，伤后短时间内可出现一个相对稳定的代偿期，此时生命体征可维持正常，但不久会因代偿失调和伤情加重而使全身情况急剧恶化，尤其是有严重颅脑损伤、内脏破裂或两肺广泛出血、水肿的伤员，伤情发展更快，如不及时救治，伤员可迅速死亡。因此，对重度烧冲复合伤的伤员，应加强现场和早期救治，争取在尽可能短的时间内获得有效的处理。

（6）治疗矛盾突出　烧冲复合伤致伤的靶器官主要为肺，特征性的病理改变为肺出血和肺水肿。烧伤因大量液体损失而产生低血容量性休克，处理原则要求按烧伤面积和深度迅速补液，以纠正低血容量性休克。当烧冲复合伤合并创伤、失血时也需通过补液恢复有效循环血量。但冲击伤致伤时，肺水肿又要求限制输液，如输液不当，则可加重肺水肿，加重伤情，甚至产生严重的后果。因此，如何处理好这种治疗上的矛盾是烧冲复合伤救治的难点之一。

四、临床表现

烧冲复合伤致伤因素多，伤情伤类复杂，因此临床表现也呈多种多样，可以是两种致伤因素的综合表现，也可以出现以某种致伤因素为主、辅以其他致伤因素的表现，其主要临床表现如下。

1. 症状和体征

主要的症状和体征有一般情况差，咳嗽频繁，呼吸困难甚至呼吸窘迫，每分钟可达35～40次以上，心动过速，每分钟可达125次以上，发绀、胸痛、胸闷、恶心、呕吐、头痛、眩晕、软弱无力等。胸部听诊时双肺呼吸音低，满布干性和湿性啰音，伴支气管痉挛时可闻及喘鸣音。伴有创伤和烧伤性休克时，可见低血容量性休克的临床表现。冲击伤有胃肠道损伤时可见便血，有肾和膀胱损伤时可有血尿，有肝、脾和胃肠道破裂时则有腹膜刺激症状。

2. 实验室检查

（1）血常规　通常有白细胞总数升高，分类中中性粒细胞百分数升高。如复合伤时有红细胞、白细胞和血小板全血细胞减少，伴有体温下降，则预示伤情严重，预后不良。

（2）X线胸片　可见肺纹理增粗，片状或云雾状阴影；胃肠道破裂时可见膈下游离气体。

（3）心电图　可见心动过速、低电压、ST-T下降甚至T波倒置。

（4）呼吸功能　血气分析可见PaO_2明显下降。王正国等报道，狗冲击伤后8h肺分流量平均由伤前的4.7%增至21.6%；其他尚有肺顺应性降低和阻塞性通气功能障碍等改变。

（5）冲击波引起心肌挫伤时，可见SGOT、LDH、CPK-MB升高，而肝破裂时可见SGPT和SGOT升高。

(6) 其他辅助检查 B超、CT可显示冲击波引起的肝、脾、肾破裂的改变，并可对损伤程度进行分型。

根据以上所述的临床症状和体征及相关的实验室检查，结合爆炸事故发生的原因，即可明确烧冲复合伤的诊断。

五、急救措施

(一) 现场急救和紧急救治

(1) 立即阻断致伤因素，迅速脱离爆炸现场 热力烧伤时，应尽快脱去着火的衣服，如来不及脱衣服时，可就地迅速卧倒，慢慢滚动压灭火焰，或用不易燃的军大衣、雨衣、毛毯等覆盖，使之灭火，创面用敷料或干净被单等覆盖。对处在爆炸事故现场的伤员，均应考虑有冲击伤的可能性，应密切注意观察。

(2) 保持呼吸道通畅 清除口、鼻分泌物；有呼吸停止者做人工呼吸；对有舌后坠的昏迷伤员做牵舌固定，或用口-咽导管维持通气；对有呼吸道烧伤、严重呼吸困难和较长时间昏迷的伤员做气管切开，清除气管内的分泌物，以保持呼吸道通畅。

(3) 止血 有伤口出血者做加压包扎止血，对肢体动脉干出血可用止血带止血，并加上明显标记，优先后送。

(4) 防治气胸 胸部伤口需用厚敷料紧密包扎，有张力性气胸者做穿刺排气。

(5) 止痛 口服或注射止痛药以防休克，胸痛者可做肋间神经封闭止痛。

(6) 补液 因失血而发生低血容量性休克时，可输入右旋糖酐40或代血浆，能饮水者可口服抗休克液。烧伤伤员可口服烧伤饮料或含盐饮料，有条件时，按烧伤面积和深度开始输入晶、胶液体以纠正烧伤休克。

(7) 抗感染 给予抗菌类药物等。

(二) 早期治疗

1. 内脏损伤

怀疑有闭合性内脏损伤要仔细检查，及早诊断，并及时采取相应的措施。对疑有腹腔脏器损伤的伤员及时剖腹探查，冲击伤伤员禁用醚麻；如有严重的颅脑损伤、胸腹联合伤、开放性骨折或大血管伤，可按各专科要求施行紧急手术。

2. 多发伤

应根据先轻后重的原则，对影响呼吸循环功能、出血不止或已上止血带的伤部，优先清创。如同时有休克，一般要在伤情稳定后再做清创；但有活动性内出血时，应在抗休克的同时手术止血。血胸可在伤情稳定后做胸腔穿刺排血，如胸壁裂口较大，可用缝合术。

3. 听器伤

听器是冲击波的主要靶器官之一。鼓室出血时需清除外耳道异物，保持干燥，禁滴油液和冲洗，勿用力擤鼻，防止水灌入耳内，给予抗菌药物防中耳炎和全身感染。

4. 烧伤

继续给予晶体、胶体溶液和给氧等综合措施，纠正低血容量性休克；给予抗菌药物预防创面和全身感染。

5. 诊断要迅速、准确、全面

通常是边抢救边检查和问病史，然后再抢救、再检查以减少漏诊。诊断有疑问者在病情平稳时可借助一定的辅助检查（B 超、X 线、CT 等）获得全面诊断。特别应注意：①重型颅脑损伤患者是否合并休克、颈椎损伤；②严重腹部挤压伤是否合并膈肌破裂；③骨盆骨折注意有无盆腔或腹腔内脏器损伤；④严重胸部外伤是否合并心脏伤；⑤下胸部损伤注意有无肝、脾破裂等；⑥特别在烧冲复合伤或机械性创伤复合冲击伤时，机体冲击伤是最易被人们所忽略的。

6. 手术治疗的顺序

应遵循首先控制对生命威胁最大的创伤的原则来决定手术的先后。一般是按照紧急手术（心脏及大血管破裂）、急性手术（腹内脏器破裂、腹膜外血肿、开放骨折）和择期手术（四肢闭合骨折）的顺序，但如果同时都属急性时，先是颅脑手术，然后是胸腹盆腔脏器手术，最后为四肢、脊柱手术等。提倡急诊室内手术。对于严重复合伤患者来说时间就是生命，如心脏大血管损伤，手术越快越好，如再转送到病房手术室，许多患者将死在运送过程中。手术要求迅速有效，首先抢救生命，其次是保护功能。

7. 防治肺水肿和脑水肿

烧冲复合伤的重要靶器官之一是肺，可引起严重的肺出血和肺水肿。积极有效的防治肺水肿和脑水肿，对改善烧冲复合伤的预后起着重要的作用。

（1）急性肺水肿的处理

① 卧床休息：疑有肺损伤的患者都应卧床休息，以减轻心、肺负担，防止肺出血加重。

② 保持呼吸道通畅：有呼吸困难者应保持半卧位，气管和支气管有分泌物时，应及时吸出；如有呼吸道烧伤、严重上呼吸道阻塞或有窒息危险时，应

早做气管切开术。

③ 氧疗：间断高流量（3～5L/min）吸氧，同时湿化吸入50%的酒精抗泡或用1%二甲基硅油雾化剂消泡，每次1～3min，每30min一次。

④ 解除支气管痉挛：用0.25%～0.5%异丙肾上腺素或0.2%沙丁胺醇或地塞米松气雾剂，每次吸数分钟，直至症状改善为止；也可用支气管扩张药氨茶碱0.25～0.50g加入50%葡萄糖20mL中，由静脉缓慢注入。

⑤ 机械辅助呼吸：如氧疗不能纠正氧分压的降低，全身缺氧情况也未见改善，则需采取机械辅助呼吸。一般可采用间歇正压呼吸（IPPB），以提高有效肺泡通气量，减少生理死腔和肺分流量，改善氧合作用。如IPPB不能使氧分压达到10.7kPa（80mmHg），可考虑改用持续正压呼吸（CPPB）。但一般认为冲击伤伴有气栓存在者应禁止使用，如治疗过程中出现气栓时，也应立即停用。有人推荐用高频通气疗法，因为其提供的潮气量和气道压力都较低，可选用于空气栓塞的患者，并能减少气栓的危险性。

⑥ 脱水：通常用呋塞米20mg，每天1～2次，连续使用2～3d；或用20%甘露醇250mL静脉滴注，30min内滴完。

⑦ 增强心肌收缩力：心率快者用0.2～0.4mg毛花苷C静推，出现循环衰竭现象时可用毛花苷K 0.125～0.25mg于25%葡萄糖溶液20mL中缓慢静注。

⑧ 输血输液：烧冲复合伤时，烧伤和其他创伤引起内脏破裂出血可致低血容量性休克，应及时输血输液以恢复血容量和心排血量。但输液的量过大或过快时，有可能加重肺水肿，甚至发生左心功能衰竭。因此，最好进行中心静脉或肺动脉插管，监测血流动力学的变化，同时输液过程中密切观察胸部听诊啰音是否增加以及尿量的变化，输液的量以中心静脉压略有增加而心排血量还有所增加较为理想。如中心静脉压增高而心排血量无任何变化或有所降低，表示心肌收缩力障碍，此时如继续输注大量液体，则可能会加重肺水肿，应予以特别注意。

⑨ 防治出血和感染：可应用各种止血药，如卡巴克洛、对羧基苄胺等。如有严重肺破裂伴大出血时，应立即手术，缝合肺裂口或做肺叶切除术。此外，全身应用抗生素以预防肺部感染。

⑩ 镇静止痛：为减轻疼痛和烦躁不安，可用针刺、肌内注射哌替啶等止痛，胸壁疼痛者可做肋间神经封闭。伴有脑挫伤者禁用吗啡。

⑪ 高压氧：冲击伤伤员伴有气栓时，可给予608kPa压的高压氧（其中氧不超过253kPa），持续2h，继之用36h减压，结果证明是有效的。

⑫ 莨菪碱联用糖皮质激素冲击疗法：莨菪碱联用糖皮质激素对急性化学

性肺水肿治疗有效。原则是早期、足量、尽快达到治疗的有效量，注意防止副作用。其用法为：在去除病因并积极支持主要器官功能基础上，联用大剂量地塞米松（40mg/8h）、山莨菪碱（654-2）（20mg/8h）连续3d。

（2）急性脑水肿的处理　持续吸氧，对有昏迷、排痰困难或窒息的伤员应做气管切开。头部降温或用亚低温治疗有利于减低脑组织耗氧量，增加脑细胞对缺氧的耐受性，对防止脑水肿也有一定的帮助。限制液体输入量对防止脑水肿也很重要。对血管源型脑水肿可选择高渗脱水药如甘露醇、葡萄糖、血浆蛋白和利尿药如呋塞米等。对细胞中毒型脑水肿应及时纠正酸中毒，改善缺氧状态和补充高能量药物如三磷腺苷和脑细胞代谢药物（如辅酶A、细胞色素C等），高压氧、类固醇糖皮质激素、自由基清除药、钙通道阻滞药和兴奋性氨基酸拮抗药等对控制脑水肿也有较好疗效。伴有颅脑损伤者按颅脑损伤一般原则处理。

8. 对症治疗和支持疗法

对症治疗和支持疗法是烧冲复合伤救治的一个重要方面，其基本的原则包括：①密切观察伤情变化，特别是冲击伤引起的动脉气体栓塞、迟发性胃肠道穿孔等。②维持水、电解质及酸碱平衡，及时纠正低氧血症。③脏器功能支持，预防器官功能障碍的发生，如充分有效的复苏，清除和引流感染灶以及循环、呼吸和代谢的支持等。④适时适量补充血浆或白蛋白等。⑤有效控制抽搐与惊厥，当给予维生素B_6仍不能止痉时，可肌注苯巴比妥钠0.2g。⑥抗氧化药的应用，如维生素C、维生素E、谷胱甘肽、类脂酸或牛磺酸单独或联合应用，有助于减轻氮氧化物引起的肺效应。⑦免疫调理，如给予人参皂苷、黄芪多糖、人工重组胸腺素、干扰素-γ等，以增强机体的免疫功能，积极促进机体的修复和愈合等。

第四节　化学中毒与烧伤

危险化学品一旦发生爆炸，伤员很容易导致化学中毒与烧伤，化学烧伤是一类特殊性质的烧伤，由化学中毒与烧伤所致的烧毒复合效应不应理解为各单一致伤因素效应的总和，而是由于热力和毒气各致伤因素的相互协同、互相加重的综合效应，因此伤情更为严重。鉴于危险化学品事故具有突发性、群体性、快速性和高度致命性的特点，在瞬间即可能出现大批化学中毒与烧伤等伤员，处理困难，一般没有成熟的经验。因此系统了解化学中毒与烧伤的特点及紧急救治对策具有重要意义。

一、特点

(1) 化学烧伤不同于一般的热力烧伤　化学烧伤的致伤因子与皮肤接触时间往往较热烧伤长，因此某些化学烧伤可以造成局部很深的进行性损害，甚至通过创面等途径吸收中毒，导致全身各脏器的损害。

(2) 伤员以化学烧伤为主要损伤的复合伤多见　不同的伤员，损伤的侧重面不同。由于化学毒物的性质、释放方式和继发效应等原因，很大一部分伤员有化学烧伤或以化学烧伤为主要损伤的复合伤。

(3) 化学烧伤中眼及呼吸道的烧伤较一般火焰烧伤更为常见。

(4) 化学烧伤的严重性不仅在于局部损害，更严重的是有些化学物质可从创面、正常皮肤、呼吸道、消化道黏膜等吸收，引起中毒和内脏继发性损伤，甚至死亡。

(5) 突发性　化学烧伤常见于危险化学品事故，它的发生往往是突发的和难以预料的。

(6) 群体性　瞬间可能出现大批化学中毒、爆炸伤、烧伤伤员，需要同时救护，按常规医疗办法，无法完成任务。这时应采用军事医学原则，根据伤情，对伤病员进行鉴别分类，实行分级救护，后送医疗，紧急疏散中毒区内的重伤员。

(7) 危害极大　化学烧伤在危害程度上远远大于其他一般事故。危险化学品事故的实际杀伤威力，依危险化学品的种类和当时气候条件有很大的关系。

(8) 作用时间长　危险化学品事故后化学毒物的作用时间比较长，消失较为困难。

(9) 带来的心理恐怖大　化学烧伤的强烈刺激使部分人精神难以适应，据统计约有 3/4 的人出现轻重不同的所谓恐怖综合征。有时失去常态，表现有恐惧感、很容易轻信谣言等，化学烧伤事故给伤员造成的精神创伤是明显的。对伤员的救治除现场救护及早期治疗外，及时后送伤员在某种程度上往往可能减轻这种精神上的创伤。

(10) 重视化学烧伤伤员的远期效应　必须重视化学烧伤伤员的远期效应。研究证实，化学烧伤伤员的远期效应值得重视，应在整体治疗时，对化学烧伤伤员可能发生的远期效应进行兼顾和并治，在可能的条件下进行预防。

二、致伤机制

1. 化学烧伤的局部损害机制

化学烧伤的局部损害与化学物质的种类、性质、浓度、剂量以及与皮肤接触的时间等均有关系。化学物质的种类不同，局部损害的方式也不同，例如酸凝固组织蛋白；碱则皂化脂肪组织。有的则毁坏组织的胶体状态，使细胞脱水或与组织蛋白结合；有的则因本身的燃烧而引起烧伤，如磷烧伤；有的本身对健康皮肤并不致伤，但由于爆炸燃烧致皮肤烧伤，并进而引起药物从创面吸收，加深局部的损害或引起中毒等。局部损害中，除皮肤损害外，黏膜受伤的机会也较多，尤其是某些化学蒸气或发生爆炸燃烧时更为多见。因此，化学烧伤中眼及呼吸道的烧伤较一般火焰烧伤更为常见。

化学烧伤的严重程度，除与浓度及作用时间有关外，更重要的是取决于该化学物质的性质。例如一般酸烧伤，由于组织蛋白凝固后，局部形成一层痂，可防止氢离子透入深层组织。碱烧伤则易于向深部组织扩展。

2.化学烧伤的全身损害机制

化学烧伤的严重性不仅在于局部损害，更严重的是能引起全身中毒和内脏继发性损伤。有时烧伤并不太严重，但由于合并有化学中毒，增加了救治的困难，使治愈率较同面积与深度的一般烧伤明显降低。

化学烧伤患者除了与火焰烧伤患者同样所面临的烧伤休克、创面感染、免疫系统功能和凝血机制紊乱、代谢失调、内脏损害和功能受损等严重问题外，还存在机体被大量毒物侵袭，从而导致更严重的重要器官功能损害、致命性的全身中毒等一系列并发症的危险性。中、小面积的化学烧伤即可因中毒致人死亡。虽然化学致伤物质的性能各不相同，全身各重要内脏器官都有被损伤的可能，但多数化学物质系经肝、肾而排出体外，故此二器官的损害较多见，病理改变的范围也较广，常见的有中毒性肝炎、局灶性急性肝出血坏死、急性肝坏死、急性肾功能不全及肾小管肾炎等。神经系统障碍、肺水肿也较常见，除了由于化学蒸气直接对呼吸道黏膜的刺激与吸入性损伤所致外，不少挥发性化学物质多由呼吸道排出，可刺激肺泡引起肺水肿。此外，尚有一些化学物质如苯可直接破坏红细胞，造成大量溶血，不仅使伤员贫血、携氧功能发生障碍，而且增加肝、肾功能的负担与损害；有的则与血红蛋白结合成异性血红蛋白，发生严重缺氧；有的则可引起中毒性脑病、脑水肿、周围或中枢神经损害、骨髓抑制、心脏毒害、消化道溃疡及大出血等；血管通透性增加，常发生严重休克，以致引起多器官系统功能障碍。

三、诊断要点

（1）判断有否吸入烧伤非常重要，可通过以下方面判定。

① 面部、颈部、胸部周围的烧伤。

② 鼻毛烧焦。

③ 口、鼻周围的烟尘痕迹。

④ 头发内有由火引起的化学物质。

(2) 受伤史　包括受伤时间、地点（环境）、经过，局部表现。

(3) 大部分患者呼吸加快、呼吸困难、声音嘶哑、胸闷、喘息、咳嗽、痰中有烟尘，甚至出现发绀和精神错乱等。数日后可发生肺炎等并发症。肺部可听到干湿啰音和捻发音，可出现呼吸道阻塞征象。特殊毒物中毒则可表现出相应的症状和体征。

(4) 由于黏膜水肿和分泌物造成气道阻塞，呼吸极度困难，血氧不足。

(5) 查体及化验检查　有无呼吸困难、声嘶咽痛等呼吸道损伤症状，双肺听诊有无异常；呼出气体有无异味，如黄磷烧伤患者呼出气味有大蒜味；口渴程度，精神状况，大小便情况；入院后查血电解质及肝、肾功能情况，确定有无化学物质中毒，有无肝、肾等内脏损伤等。必要时行骨髓穿刺，检查造血功能。

(6) 碳氧血红蛋白　多数伤员血中碳氧血红蛋白在10%～50%，但在停止烟雾吸入之后可发生解离，尤其在给予高浓度氧吸入后明显降低，这往往会使医师低估中毒的严重程度。

(7) X线检查　对烟雾吸入中毒的早期诊断意义较少，大部分患者胸部X线片无异常。48h后少数患者表现出肺泡和间质水肿，局限性肺浸润，一般数日消失，部分有肺炎表现。

根据以上所述的临床症状和体征及相关的实验室检查，结合事故发生的原因，即可明确化学中毒与烧伤的诊断。

四、急救措施

化学烧伤的处理原则同一般烧伤。应迅速脱离现场，终止化学物质对机体的继续损害，采取有效解毒措施，进行全面体检和化学检测。

1. 现场急救

现场救治原则是先救命后治伤，先重伤后轻伤，先抢后救，抢中有救，尽快脱离事故现场，先分类再后送，医护人员以救为主，其他人员以抢为主，以免延误抢救时机。

(1) 现场应急处置

① 创建一条安全有效的绿色抢救通道。

② 切断（控制）危险化学品事故源。

③ 控制污染区：通过检测确定污染区边界，做出明显标志，禁止人员和车辆进入，对周围交通实行管制。

④ 抢救中毒人员：将中毒人员撤至安全区，进行抢救，送至医院紧急治疗。

⑤ 检测、确定有毒有害化学物质的性质及危害程度：掌握毒物扩散情况。

⑥ 组织受染区居民防护或撤离：指导受染区居民进行自我防护，必要时组织群众撤离。

⑦ 对受染区实施洗消：根据有毒有害化学物质理化性质和受染情况实施洗消。

⑧ 寻找并处理各处的动物尸体：防止腐烂危害环境。

⑨ 做好通信、物资、气象、交通、防护保障。

⑩ 抢救小组所有人员都应根据毒情穿戴相应的防护器材，并严守防护纪律。基本原则是：预有准备，快速反应，立体救护，建立体系；统一指挥，密切协同；集中力量，保障重点；科学救治，技术救援。

（2）冲洗　脱离现场，终止化学物质对机体的继续损害。应立即迅速脱离受伤环境，不能盲目求快而不予处理即送往医院。当化学物质接触皮肤后，其致伤作用与这些化学物质的浓度、作用时间有关。一般来说，浓度越高、时间越长，对机体的损害越重。故受伤后应立即脱去被化学物质浸渍的衣服，用大量清水冲洗创面及其周围的正常皮肤。其目的：一是稀释，二是机械冲洗。将化学物质从创面和黏膜上冲洗干净，冲洗时可能产生一定的热量，但由于持续冲洗，可使热量迅速消散。冲洗用水要多，时间要够长。一般清水（自来水、井水和河水等）均可使用。冲洗持续时间一般要求在1h以上，尤其在碱烧伤时，冲洗时间过短很难奏效。如果同时有火焰烧伤，冲洗尚有冷疗的作用。当然有些化学致伤物质并不溶于水，但冲洗的机械作用可将其创面清除干净。如生石灰烧伤时，应先将石灰去除再用大量清水冲洗，以免石灰遇水后生热，加深创面损害。大面积烧伤应注意保暖，因此要求冲洗的水温以40℃左右为宜，应持续冲洗后包裹创面，迅速送往专科医院治疗。

（3）皮肤染毒的救治　皮肤染毒，首先迅速、及时洗消是关键，再加特效解毒药的快速应用。对化学中毒和烧伤的关键性治疗为特效解毒药及抗休克药物的应用，原则是早期、足量、尽快达到治疗的有效量，注意防止副作用。莨菪碱类药物联用地塞米松冲击疗法对大部分化学中毒和烧伤有较好效果。高铁血红蛋白血症时，可给予1%亚甲蓝5mL＋维生素C 2g加入5%葡萄糖液20mL中静脉缓缓注入；早期也可用泼尼松、氢化可的松或地塞米松减轻溶血反应。有些毒物迄今尚无特效解毒药物，在发生中毒时，应使毒物尽快排出体外，以减少其危害。一般可静脉补液以及给予利尿药，以加速排尿。氰化物、苯胺或硝基苯等中毒所引起的严重高铁血红蛋白血症，除给氧外，可酌情输注适量新鲜全血，以改善缺氧状态。

（4）化学烧伤时眼部外治　头面部烧伤时，要应注意眼、鼻、耳、口腔内的清洗，特别是眼，应首先冲洗，动作要轻柔，如有条件可用等渗盐水冲洗，否则一般清水亦可。如发现眼睑痉挛、流泪、结膜充血、角膜上皮损伤及前房混浊等，应立即用生理盐水或蒸馏水冲洗，持续时间在半小时以上。然后，碱烧伤再用3%硼酸液冲洗，酸烧伤用2%碳酸氢钠液冲洗。再用2%荧光素染色检查角膜损伤情况，轻者呈黄绿色，重者呈瓷白色。为防止虹膜睫状体炎，可滴入1%阿托品液扩瞳，每日3～4次，用0.25%氯霉素液，1%庆大霉素液或1%多黏霉素液滴眼，以及涂0.5%金霉素眼膏等以预防继发感染。还可用醋酸可的松眼膏以减轻眼部的炎症反应。局部不必用眼罩或纱布包扎，但应用单层油纱布覆盖以保护裸露的角膜，防止干燥所致损害。石灰等溶解时产热的化学烧伤时，在清洗前应将石灰去除，以免石灰遇水后生热，使创面损伤加深。

（5）迅速抢救生命　在抢救化学烧伤的同时，尤其要注意的是检查有无直接威胁生命的复合伤或多发伤存在。如窒息、心跳呼吸骤停、脑外伤、骨折或气胸等，若有则应按外伤急救原则做相应的紧急处理。

（6）采取“一戴、二隔、三救出”及“六早”的急救措施，相应内容请参见第一章第二节。

（7）保护创面　创面要用清洁的被单或衣服简单包扎，尽量不弄破水疱，保护表皮。严重烧伤者不需要涂抹任何药粉、药水和药膏，以免给入院后的诊治造成困难。眼部烧伤时可用生理盐水冲洗，用棉签拭除异物，涂抗生素眼膏或滴消炎眼药水。

（8）镇静止痛抗休克　烧伤患者都有不同程度的疼痛和烦躁不安，应给予口服安定镇静药（如氯氮䓬、地西泮等），伤员若出现脱水及早期休克症状，如能口服，可给淡盐水少量多次饮用，不要饮用白开水和糖水。超过40%的大面积烧伤伤员，进食后易呕吐，加上吞咽气体易致腹胀，因此伤后24h内必须禁食，伤员口渴不止时，可给少量水滋润口咽，注意保暖。

（9）对症治疗

① 对昏迷者，碳氧血红蛋白＞40%，给予高压氧治疗。

② 防止发生声门痉挛和喉头水肿，可用2%碳酸氢钠溶液、异丙肾上腺素或麻黄碱雾化吸入，必要时气管插管或切开。

③ 根据血压、尿量和血流动力学补充液体，减少肺水肿发生。发生肺水肿时给予相应治疗如吸氧、抗泡沫，进行性缺氧需持续气道正压、呼气末正压、氧疗或用呼吸器配合氧疗。

④ 超声雾化吸入使痰易于咳出，减少感染。剧咳可适量吸入酒精或乙醚。支气管痉挛喘息可静注氨茶碱或吸入沙丁胺醇。

⑤ 防治并发症：约15%的烟雾吸入中毒伤员有并发症，特别是肺部感染等。

2．伤员运送

伤员运送是将伤员经过现场初步处理后送到医疗技术条件较好的医院的过程。搬运伤员时要根据具体情况选择合适的搬运方法和搬运工具。后送伤员：首批进入现场的医务人员应对化学中毒与烧伤伤员即时做出分类，掌握后送指证，做好后送前医疗处置，指定后送，使伤员在最短时间内能获得必要治疗。而且在后送途中要保证对危重伤员进行不间断地抢救和复苏。

3．医院救治

对危重化学中毒与烧伤伤员应尽快进行专科治疗，鉴于所有批量伤员的涌现都是突然的，而且，轻患者总是最先到达，所以只有组织严密，才能有条不紊地完成有目的的分类工作。有时需纠察人员维持秩序。伤员大批到达时，必须放弃一般原则，以便尽快和尽可能多地救护伤员。不要在轻伤员和长时间复苏或费时费事的手术上耗费时间。因此，不可避免地要使用与一般情况下不同的另一些分类标准和治疗原则。应立即通知医院管理部门，协调全院的可利用资源。安排合理的救治空间、人员、物资等。停止尚未开始的择期手术，腾出手术室，准备接受紧急手术伤员。病房准备好收治伤员，药房及器械科室准备好抢救药品及器材。

（1）基本救治方法　迅速抗休克、抗中毒治疗及纠正脑疝，同时防治肺水肿和脑水肿。及时、有效地抗休克复苏治疗对预后有积极的影响。强调及时、快速、充分的液体复苏，以保证广泛的组织氧供，同时应用抗氧化药或氧自由基清除药，防止缺血再灌注损伤。

积极有效的防治肺水肿和脑水肿，对改善化学中毒和烧伤致复合伤的预后起着重要的作用。严重化学中毒和烧伤致复合伤伤员早期死亡的主要原因为休克、脑疝、重度烧伤、中毒、创伤后心脏停搏等，早期积极地抗休克、抗中毒及纠正脑疝治疗是抢救成功的关键，同时还要防治肺水肿和脑水肿。

（2）休克期输全血　休克期输全血不仅有助于患者平稳度过休克期，而且保护了脏器功能，有利于机体的稳定，大大提高了抗休克的质量。另外，苯胺或硝基苯中毒所引起的严重高铁血红蛋白血症，适量新鲜全血还可改善缺氧状态。

（3）积极处理创面及解毒，早期切痂植皮　入院后在持续冲洗的同时应用解毒药或中和药，在保证患者生命安全的前提下尽早清创，早期去除Ⅲ度创面焦痂，削除深Ⅱ度创面坏死组织，以切断毒物来源，减少毒物的继续吸收，应用解毒药或中和药促进解毒和排毒，并给予相应的治疗。对于大面积化学烧伤患者来说，仅靠清水冲洗，施以解毒药或中和药仍是不够的，因为大多化学物质都具有强烈的腐蚀性、刺激性和渗透性，固态、液态的化学物质常可造成皮肤的深度烧伤，形成焦痂，有的甚至深达肌肉、骨骼，形成难以愈合的溃疡。有的还带有强烈的毒性。因此，尽早切、削除焦痂，除去毒物来源至关重要。

(4) 感染控制 除了上述尽快消灭创面以防治感染外，尚应注意：①大面积化学烧伤患者常伴有吸入性损伤，对有中度以上吸入性损伤的患者应予以雾化吸入、叩背排痰，必要时行气管切开冲洗，预防肺部感染的发生；②及时封闭创面作为控制创面感染的根本措施；③缩短置管时间和加强管周消毒，避免导管菌血症的发生；④密切监视创面菌群变迁和抗生素敏感性变化，合理审慎应用抗生素。

(5) 特别注意肾脏与肝脏功能的保护 对于大面积化学烧伤患者来说，休克和中毒往往是肾脏与肝脏功能衰竭的重要诱因。对此应做到早期诊断、及早治疗。

① 肾脏系统：有肾衰竭危险的患者应首先在急诊室快速静注 1000～2000mL 液体，缩短肾脏缺血时间，在复苏补液的同时，应用 20% 甘露醇 125mL 加入 5%葡萄糖 500mL 中多次重复静滴，疏通肾小管，防治氧自由基损伤。应强调的是，肾脏是机体排泄毒物的主要器官，从尿中可排出各种可溶性或非溶性、有机的或无机的化合物，如芳香族、各种盐类、重金属、生物碱、氰化物、甲醇、乙二醇等，从肾脏还可排出机体解毒后的产物如硫氧化物。水溶性毒物从肾脏排泄较快，溶解性差的毒物如砷、重金属等，多较长时间停留组织中，对肾脏的排泄功能有一定的影响。静脉补液及给予利尿药有利于加速毒物的排泄。

② 肝脏系统：毒物在机体内的代谢主要在肝脏内进行，这是因为肝脏内有各种酶，能与毒物作用而解毒。但毒物也可通过破坏核糖核酸的代谢，引起机体中毒。因此，要及早应用保肝药物，并注意对肝功能的监测。

(6) 呼吸道并发症的防治 除蒸气态毒物可经肺吸收中毒外，其他液态和固态毒物的气溶胶态（雾态和烟态）也可经肺吸收中毒，如芥子气。肺部毛细血管较丰富，进入肺泡的毒性物质可迅速被吸收而直接进入血循环（毒性物质由肺部进入血循环较由胃进入血循环快 20 倍），所以一旦毒性物质经肺侵入机体，则中毒症状严重，而且病程发展也较快，可引起喉头水肿、支气管痉挛、呼吸肌痉挛及肺水肿等，甚至抑制或麻痹呼吸中枢。大面积化学烧伤易并发 ARDS，对此应及时准确判断病情，选准抗生素，果断气管切开，雾化吸入，呼吸机辅助呼吸（PEEP），一旦 PaO_2、$PaCO_2$ 维持在满意水平时果断停机。

（7）胃黏膜功能障碍及衰竭的防治　危重化学中毒与烧伤伤员极容易引起胃黏膜功能障碍及衰竭，其防治方法如下。

① 积极治疗原发病。

② 保护胃黏膜：氢氧化铝凝胶 10～15mL，3～4 次/天。镁乳每次 4mL，3 次/天。乌贝散 3g，3 次/天。乐得胃 2 片/次，3～4 次/天。吉福士凝胶 3.2g，3 次/天。

③ 抑制胃酸分泌：雷尼替丁 150mg，2 次/天口服，或 100mg 静脉滴注，2～3 次/天；西咪替丁 200mg，3 次/天，或 400mg 静脉滴注，4 次/天；法莫替丁 20mg 静滴，2 次/天。

④ 抑制 H^+/K^+ 泵：奥美拉唑 40mg 静滴。

⑤ 出血者用冰生理盐水洗胃：冷生理盐水 250mL，加入去甲肾上腺素 8mg，冷却到 4℃左右，从胃管内注入，每 6h 1 次。

⑥ 拮抗氧自由基：在严重烧伤休克期，给予别嘌醇 50mg，口服，每日 3 次。

⑦ 若发现大出血，应立即建立静脉通道，及时输血。酌情选用以下止血药。云南白药每次 1g，每日 3 次。氨甲苯酸每次 0.2～0.4g，静脉滴注，2 次/天。酚磺乙胺每次 0.5～1.0g，静脉滴注，2～4 次/天。垂体后叶加压素 20U 加入 5%葡萄糖 200mL 中静脉点滴，30min 内滴完，必要时 4h 后还可重复给药。巴曲酶 1kU，静脉滴注，4 次/天。

⑧ 经纤维内镜下止血。

⑨ 出血治疗无效时，则需手术治疗。

（8）完全的代谢营养支持及免疫营养支持治疗　高消耗是深度化学烧伤重要的代谢特征之一。合理的营养支持与代谢调理是防止病情恶化的重要手段之一。代谢营养支持的方法可分肠外（TPN）和肠内（TEN）两大类。我们采用分阶段代谢营养支持治疗。

① 第一阶段即患者处于高度应激状态、有效循环量、水盐电解质平衡得到初步处理后，但胃肠功能仍处在明显障碍时，应采用完全的胃肠外营养（TPN），患者每日应该从中心静脉或周围静脉注入 TPN 营养液、人体白蛋白强化治疗等。

② 第二阶段即病情有缓解、胃肠道功能有明显恢复时，可肠内、肠外营养同时进行，其配方应合理组合，肠内营养可给予易于消化和吸收的要素饮食如能全素、安素、爱伦多等。

③ 第三阶段即病情得到完全控制、胃肠道功能完全恢复时，逐步过渡直

至全部应用肠内营养。另外生长激素和生长抑素联合治疗腹部外科疾病并发MODS患者有效，可应用。代谢支持的重点是尽可能保持正氮平衡，而非普通的热量供给。这是阻止病情进一步发展的关键性环节之一。这也对其他综合治疗措施的实施有着重要的临床意义，也为MODS患者最终获得治愈提供了一个极为有利的条件。某些营养物质不仅能防治营养缺乏，而且能以特定方式刺激免疫细胞增强应答功能，维持正常、适度的免疫反应，调控细胞因子的产生和释放，减轻有害的或过度的炎症反应，维护肠屏障功能等。人们将这一新概念称之为免疫营养，以明确其治疗目的。具有免疫药理作用的营养素已开始应用于临床。具有免疫药理作用的营养素包括谷氨酰胺、精氨酸、ω-3脂肪酸、核苷和核苷酸、膳食纤维、益菲佳、能全素、安素、爱伦多、益力佳等。输注特殊的肠道营养物质证明能更好地维护肠黏膜的屏障功能。

（9）积极治疗脓毒症及预防MODS的发生　对于合并MODS、脓毒症休克的患者，在强有力的抗生素使用情况下，应用大剂量地塞米松、山莨菪碱和双嘧达莫短程联合治疗，可有效改善机体状况，为后续治疗赢得时间。

（10）功能康复　化学中毒和烧伤患者在挽救生命的基础上还应重视伤员生存质量的改善。早期应用整形美容原则和技术处理深度烧伤创面，结合体疗、皮肤护理、理疗等综合康复技术的应用，使大面积深度烧伤伤员的部分功能得到改善或恢复。

（11）综合治疗至关重要　烧毒复合伤在临床上病情发展迅猛，救治极为困难，死亡率极高，所以综合治疗是至关重要的，包括心肺复苏、抗泡剂应用、超声雾化吸入、抗过敏或碱性中和药的应用、消除高铁血红蛋白血症、适当的体位、高流量吸氧、保证组织细胞供氧、维护重要脏器功能、纠正电解质紊乱及酸碱失衡等对症治疗和支持疗法，积极促进机体的修复和愈合等。

五、现场急救注意事项

（1）染毒区人员撤离现场的注意事项

① 做好防护再撤离：染毒区人员撤离前应自行或相互帮助戴好防毒面罩或者用湿毛巾捂住口鼻，同时穿好防毒衣或雨衣把暴露的皮肤保护起来免受损害。

② 迅速判明上风方向：撤离现场的人员应迅速判明风向，利用旗帜、树枝、手帕来辨明风向。

③ 防止继发伤害：染毒区人员应尽可能利用交通工具撤离现场。

④ 应在安全区域实施急救。

（2）现场急救时正确地对病伤员进行冲洗、包扎、复位、固定、搬运及其他相应处理可以大大地降低伤残率。通过一般及特殊的救护达到安定伤员情绪、减轻伤员痛苦的目的。

（3）做好自身防护，实行分工合作，做到任务到人，职责明确，团结协作。

（4）现场急救处理程序要有预案。

（5）处理污染物，要注意对伤员污染衣物的处理，防止发生继发性损害。

（6）注意保护好伤员的眼睛，切记不要遗留对眼睛的检查和处理。

（7）危险化学品事故现场急救是一项复杂的工作，医务人员除掌握一定的医疗急救技术外，还需要懂得危险化学品的理化特性和毒性特点，懂得防护知识。

第六章

火灾事故医疗急救

火灾是一种不受时间、空间限制，发生频率较高的灾害。我国每年约有3000多人死于火灾。而89.4%的火灾系人为因素所致，以用火不慎引起火灾为最常见。忽视消防措施、使用电器不当、用火不慎、生产中违反操作规程、大人吸烟和小孩玩火等这些火灾的常见原因都是可以预防的。我们需要掌握火场烟雾及有关毒物中毒的临床表现、火灾的扑救与报警、自救与互救措施、火灾救治要点等。

第一节　火场烟雾及有关毒物中毒的临床表现

一、火场烟雾及有关毒物

发生火情时，火场烟雾的蔓延速度是火的5～6倍，烟气流动的方向就是火势蔓延的途径，温度极高的浓烟在2min内就可以形成烈火，由于浓烟烈火升腾，严重影响了人们的视线，使人看不清逃离的方向而陷入困境，所以发生火灾时，一定要保持清醒的头脑，争分夺秒，快速离开。

（1）火场烟雾包括有毒气体和颗粒性烟尘。据报告在28%的建设物火灾中，一氧化碳是主要的毒物，10%的火灾中，一氧化碳超过急性致死浓度（0.5%）；在非建筑性火灾中，氰化物和缺氧是潜在的致死因素。

（2）烟雾中可能有下列5种类型的毒物。

① 全身性毒物：包括重金属（锑、镍、铅、锡、锌、汞、铜等）和金属烟雾（铝、铁、银、镁的氧化物等）。

② 全身窒息剂：包括一氧化碳、丙烯腈等。它们干扰氧的输送和传递，造成组织缺氧。

③ 单纯窒息剂：包括氮气、二氧化碳、甲烷等。

④ 呼吸道刺激剂：包括氨气、氯化氢、氟化氢、丙烯醛及其他醛类、乙酸、氮氧化物、二氧化硫、光气等。这些气体会导致化学性气管-支气管炎，急性肺水肿，上呼吸道阻塞或肺炎。

⑤ 支气管平滑肌刺激剂：包括二氧化硫、异氰化物等。

二、火场烟雾中毒的临床表现

（1）随烟雾的辛辣程度，患者的眼睛可能有不同程度的刺痛感或流泪。大部分患者呼吸加快、呼吸困难、声音嘶哑、胸闷、喘息、咳嗽、痰中有烟尘，甚至出现发绀和精神错乱等。数日后可发生肺炎等并发症。肺部可听到干湿啰音和捻发音，可出现呼吸道阻塞征象。特殊毒物中毒则可表现出相应的症状和体征。

（2）呼吸道刺激剂引起气管-支气管炎。

（3）由于黏膜水肿和分泌物造成气道阻塞，呼吸极度困难，血氧不足。

（4）导致肺泡渗出和肺水肿。

（5）痰液检查　早期痰液中带有烟尘、细菌的检查有助于肺炎的诊断和治疗。

（6）碳氧血红蛋白　多数伤员血中碳氧血红蛋白在10%～50%，但在停止烟雾吸入之后可发生解离，尤其在给予高浓度氧吸入后明显降低，这往往会使医师低估中毒的严重程度。

（7）X线检查　对烟雾吸入中毒的早期诊断意义较少，大部分患者胸部X线片无异常。48h后少数患者表现出肺泡和间质水肿、局限性肺浸润，一般数日消失，部分有肺炎表现。

第二节　火灾的扑救与报警

一、火灾的扑救

火灾初起阶段火势较弱，范围较小，若能及时采取有效办法，就能迅速将火扑灭。据统计，70%以上的火警都是在场人员扑灭的。如果不“扑早”，后果不堪设想，对于远离消防队的地区首先应强调群众自救，力争将火灾消灭在萌芽状态。

1. 冷却灭火

（1）在单位灭火　利用灭火器、消防给水系统灭火。

（2）若无消防器材设施，则用桶盆等传水灭火。

（3）在家庭或机关　就地取水灭火，可用自来水和盆、缸存水浇火，迅速冷却灭火。如果水少、估计不足以灭火时，可将有限的水洒在火点四周，淋湿周围的可燃物，控制火势，赢得再取水灭火的时间。

2. 窒息灭火

① 利用设备本身的顶盖，如船舱的舱盖，油罐、油桶的顶盖等。

② 室内着火，用棉被、毯子、棉大衣等覆盖，水浸湿后覆盖效果更好。油锅着火立即盖上锅盖。

③ 室外可用浸湿的麻袋、沙土覆盖，对忌水物质必须用沙土扑救。

④ 利用泡沫灭火器喷射燃烧物。

3. 扑打灭火

对固体可燃物、小片草地、灌木等小火用衣服、树枝、扫帚等扑打。但对容易飘浮的絮状物不宜采用扑打法。

4. 阻断可燃物灭火

① 关闭可燃气体和液体的阀门。

② 采用泥土、黄沙筑堤，阻止流淌的可燃液体流向燃烧点。

③ 移走周围的可燃物。

5. 切断电源灭火

① 电气引起的火灾或火焰威胁到电线，都要立即断电。

② 使用水、泡沫灭火器之前，首先切断电源。

6. 阻止火势蔓延灭火

关闭毗邻的房门和窗户，减少新鲜空气的流入，也要设法防止火势的火点周围蔓延，例如淋湿或移走周围的可燃物。

7. 防止爆炸

① 对有爆炸危险的容器快速冷却降温。

② 迅速转移易燃易爆物资，远离火场。

③ 有手动放泄压装置的立即打开阀门泄压。

二、火灾报警

1. 报警

火灾初起，一方面积极扑救，另一方面火速报警。

2. 报警对象

① 周围人员：召集前来扑救。

② 本单位消防与保卫部门：迅速组织灭火。

③ 公安消防队：报告火警电话119。

④ 周围群众：发出警报，组织疏散。

3. 报警方法

① 本单位报警利用呼喊、警铃、汽笛、敲钟、敲锣等平时约定的手段。

② 利用广播。

③ 电话。

④ 距离较近的可直接派人到消防队报警。

⑤ 向消防部门报警的重要性：应该强调指出的是，火灾发生后即应向消防部门报警，即使在场人员认为自己有能力灭火，仍应报警。

第三节　火灾的自救与互救

发生火灾时若被大火围困，应想方设法自救。

（1）匍匐前进，逃出门外　火初起，烟雾大，热气烟雾向上升，应趴在地面匍匐前进，逃出门外。若火势来自门外，开门前应先用手探察门的温度，如已发烫，不宜开门。

（2）浸湿外衣，冲下楼梯　楼梯已着火，火势尚不很猛烈时，披上浸湿的外衣、毛毯或棉被冲下楼梯。

（3）利用阳台向下滑　若房间火盛，门被烈火封住或楼梯已被烧断，无法通行时，利用阳台或流水管向下滑。

（4）用绳子一端拴住沿此向楼下滑　生命受到威胁又无路可逃时，用绳子或床单撕成条状连接起来，一端拴在门窗栏杆或暖气上，沿此向楼下滑。

（5）被迫跳楼时要缩小落下高度　若楼层不甚高，被迫跳楼时，先扔下棉被、海绵床垫等物，以便缓冲，然后爬出窗外，手扶窗台向下滑，以缩小落下高度。

（6）正确等待救援　不敢向下滑者，紧闭门窗，减少空气流通，延缓火势蔓延速度。坐在窗台上，向外扔出小东西发出求援信号，或用手电摇动，等待救援。

具体情况的自救与互救措施如下。

1. 平房起火

① 如果是睡觉时被烟呛醒，应迅速下床，俯身冲出房间，不要等穿好衣服才往外跑，此刻时间就是生命。

② 如果整个房屋起火，要以匍匐的方式爬到门口，最好用湿毛巾捂住口鼻。

③ 如果烟火封门，千万别出去！应改走其他出口。

④ 如果你被烟火困在屋内，应用水浸湿毯子或被褥，将其披在身上，尤其要包好头部，用湿毛巾捂住口鼻，做好防护措施后再向外冲，这样，受伤的可能性要小得多。

⑤ 千万不要趴在床下、桌下或钻到壁橱里躲藏。

⑥ 不要为抢救家中的贵重物品而冒险返回正在燃烧的房间。

2. 教学楼起火

① 当发现楼内起火时，切忌慌张、乱跑，要冷静地探明着火方位，确定风向，并在火势未蔓延前朝逆风方向快速离开着火区域。

② 起火时，如果楼道被烟火封死，应该立即关闭房门和室内通风孔，防止进烟，随后用湿毛巾堵住口鼻，防止吸入毒气，并将身上的衣服弄湿，以免引火烧身。如果楼道中只有烟而没有火，可在头上套一个较大的透明塑料袋，防止烟气刺激眼睛和吸入呼吸道，并采用弯腰的低姿势，逃离烟火区。

③ 发生火灾时，不能乘电梯，因为电梯随时可能发生故障或被火烧坏，应沿防火安全通道朝底楼跑。

3. 楼梯被烟火包围

楼梯一旦被烧断，你似乎陷入了“山穷水尽”的绝境，其实不然，你可以照下面的方法去做。

① 可以从窗户旁边安装的落水管往下爬，但要注意查看是否牢固，防止人体攀附上后断裂脱落造成创伤。

② 将床单撕开连接成绳索，一头牢固地系在窗框上，然后顺绳索滑下去。

③ 楼房的平屋顶是比较安全的处所，也可以到那里避难。

④ 从突出的墙边、墙裙和相连接的阳台等部位转移到安全的区域。

⑤ 到未着火的房间内躲藏求援。

4. 楼内房间被火包围

楼房发生火灾后，能冲出火场就冲出火场，能转移就要设法转移。火势猛烈，实在没有通路逃离时，你可以采用下列方法等待救援。

① 紧闭房门，用衣服将门、窗封堵住，同时要不断地向门上、窗上泼水。

② 室内一切可燃物，如床、桌椅、被褥等，都需要不断向上泼水。

③ 不要躲到床下、柜子或壁橱里。

④ 设法通知消防人员前来营救。要俯身呼救，如喊声听不见，可以用手电筒或挥动鲜艳的衣衫、毛巾或往楼下扔东西等方法引起营救人员的注意。

5. 身上的衣服着火

首先扑打，应该倒在地上来回打滚，火就会被压灭，也可跳入身旁的水中；其次，如果衣服极易撕开，也可以用力撕开并脱掉衣服。

6. 电影院、商场等公共场所着火

进入电影院、商场，着先要观察太平门的位置，了解紧急救生路线，这样，万一发生危险，也有望从容脱险；烟火起时，不要惊慌，应辨明方向，认准太平门、安全出口的准确位置，选好逃离现场的路线；沿着疏散通道往外走，千万不要来回跑；不要往舞台上跑，因为舞台上没有安全出口，而且围墙很高；如果烟雾太大或突然断电，沿着墙壁摸索前进，不要往座位底下、角落或柜台下乱钻。火灾现场正确逃离方法见图 6-1。

图 6-1　火灾现场正确逃离方法

第四节　火灾救治要点

（1）迅速移出伤员　应使伤员立即离开烟雾环境，置于安静通风凉爽处，解开衣领、裤带，适当保温。对其他毒物也应采取有效的防护措施。

（2）迅速抢救生命　摘下义齿并保持呼吸道通畅，对呼吸停止者实行人工呼吸，给予吸入高浓度氧气，尤其是缺氧或氰化物、一氧化碳等中毒患者，氧吸入应持续到动脉血气和碳氧血红蛋白正常。

（3）判断有否吸入烧伤非常重要　可通过以下方面判定：①面部、颈部、胸部周围的烧伤；②鼻毛烧焦；③口、鼻周围的烟尘痕迹；④头发内有由火引起的化学物质。

（4）保护创面　创面要用清洁的被单或衣服简单包扎，尽量不弄破水疱，保护表皮。严重烧伤者不需要涂抹任何药粉、药水和药膏，以免给入院后的诊治造成困难。眼部烧伤时可用生理盐水冲洗，用棉签拭除异物，涂抗生素眼膏或滴消炎眼药水。

（5）镇静止痛抗休克 具体内容参见第五章第四节“化学烧伤的急救”。

（6）对症治疗 具体内容参见第五章第四节“化学烧伤的急救”。

（7）伤员运送 伤员运送是将伤员经过现场初步处理后送到医疗技术条件较好的医院的过程。搬运伤员时要根据具体情况选择合适的搬运方法和搬运工具。对于转运路途较远的伤员，需要寻找合适、轻便且震动较小的交通工具。途中应严密观察病情变化，必要时做急救处理。伤员送到医院后，陪送人应向医务人员交代病情，介绍急救处理经过，以便入院后的进一步处理。

第五节 火灾现场急救注意事项

① 当火场发生紧急情况，危及救援人员生命和车辆安全时，应当立即将救援人员和车辆转移到安全地带。

② 采取工艺灭火措施灭火时，要在失火单位的工程技术人员的配合指导下进行。

③ 火场内如有带电设备应采取切断电源和预防触电的措施。

④ 火场救援时一定要清点本单位人数和器材装备。如发现参加灭火人员缺少时，必须及时查明情况。若有在火场上下落不明者应该迅速搜寻，逐个落实。

⑤ 在使用交通工具运送火灾伤员时，应密切注意伤员伤情，要进行途中医疗监测和不间断的治疗。注意伤员的脉搏、呼吸和血压的变化，对重伤员需要补液治疗，路途较长时需要留置导尿管。

⑥ 冷却受伤部位，用冷自来水冲洗伤肢以冷却伤处。

⑦ 不要刺破水疱，伤处不要涂药膏，不要粘贴受伤皮肤。

⑧ 衣服着火时禁站立或奔跑呼叫，以防止增加头面部烧伤或吸入损害。

⑨ 迅速离开密闭或通风不良的现场，以免发生吸入损伤和窒息。

⑩ 用身边不易燃的材料，如毯子、雨衣、棉被等，最好是阻燃材料，迅速覆盖着火处，使之隔绝空气。

⑪ 凝固汽油弹爆炸、油点下落时，应迅速隐蔽或利用衣物等将身体遮盖，尤其是裸露部位；等待油点落尽后，将着火的衣服迅速解脱、抛弃，并迅速离开现场，不可用手扑打火焰以免手烧伤。

⑫ 头面部烧伤时，应首先注意眼睛，尤其是角膜有无损伤，并优先予以冲洗。尤其是碱烧伤。

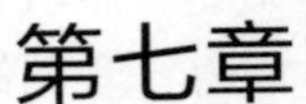

第七章

矿山事故急救

第一节 矿山急救的特点

随着工业现代化的发展，现在煤矿创伤的特点由20世纪90年代“发生率高、死亡率高、致残率高、合并症多、多发伤多（三高两多）”变成了“群体伤多、高能量伤多、复合伤多、危在瞬间的多、死亡率高（四多一高）”。

1. 矿山事故的基本情况

矿山事故常见有瓦斯爆炸、火灾、冒顶、透水、塌方等。矿山事故有它自身的特点，因事故大多发生在井下，而且致伤因素多，导致伤情复杂。一些伤员可能会在有氧、无水、无食或有氧、有水、无食的情况下生活多天，有的还可能达到人的生命极限才被救出。

2. 救治条件受限，难度增大

矿井内的救护条件相对比较差，矿山事故使伤员急救十分艰难，缺乏条件好的救治场所，救治条件受限，且局部环境恶化，如断水、断电等。主要靠做好自救，才有可能进行互救。

3. 矿山事故的伤势特点

伤势重，并发症多，病（伤）死率较高：严重瓦斯爆炸复合伤伤员常死于致伤现场，即使部分伤员能度过早期的休克等难关，往往会死于后期的严重并发症。目前，尚缺乏有关复合伤伤死率的详细报告。根据研究，导致复合伤并发症多、伤死率高的原因如下。

（1）休克加重　当机体机械性创伤复合烧伤时，体液丧失比单纯烧伤或单纯创伤要增加1～2倍，可进一步加重机体的休克程度。

（2）感染途径多样化　开放创伤、复合烧伤的感染不仅来自创面，而且也可来自肠道。肠源性感染不仅诊断十分困难，病（伤）死率也极高。

（3）局部与全身抵抗力极度低下等。

4．治疗困难和矛盾

瓦斯爆炸复合伤治疗中最大的难题是如何处理好由不同致伤因素带来的治疗困难和矛盾。就烧冲复合伤而言，烧伤的病理生理特点是迅速发生的体液损失，致有效循环血容量下降而发生休克。因此，在烧伤的早期，迅速补液是防治休克的重要原则与措施之一。但在合并胸部冲击伤时，病理改变为肺泡破裂、肺泡内出血、肺水肿以及肺气肿等，治疗原则上输液要特别慎重。因此，如何处理好治疗烧伤应迅速输液与治疗肺冲击伤应慎重输液的矛盾是治疗的关键。原则上首先应区别复合伤是以烧伤为主还是以冲击伤为主，即使在严重的烧冲复合伤，除抢救生命外，输液原则上应少输、慢输，补充的液体最好和丢失的液体成分相似。

5．可能内伤和外伤同时存在

矿山事故常见有瓦斯爆炸、火灾等。很可能内伤和外伤同时存在，容易造成漏诊、误诊等。

6．现代矿山救护有三大特点

（1）中国的矿山救护有两个三级急救网络系统　一个是原国家安全生产监督管理总局（简称安监总局）矿山医疗救护中心、省级矿山医疗救护分中心、各矿山企业总医院；另一个是各矿山企业总医院、各矿山的矿医院、井口保健站。

安监总局矿山医疗救护中心指导协调全国矿山事故伤员的急救工作，必要时派出国家矿山救援技术专家组，为重大、特大矿山事故的应急处理提供技术支持；省级矿山医疗救护中心根据需要指导、协调省区内矿山事故伤员的救治工作；矿山企业医疗救护机构负责企业矿山事故伤员的医疗急救。

（2）矿山救护队与医院救护相结合——矿山救护队在前，医院救护在后　矿山救护工作在矿山安全生产中处于十分重要的地位。矿山救护队是处理矿井火、瓦斯、煤尘、水和顶板等灾害的专业队伍，实行军事化、规范化管理。矿山救护人员统一配发和穿着企业专职消防人员服装、训练服和矿山救护服，佩戴矿山救援标志。为了保证救援工作的及时性和有效性，矿山救护队特别强调救护队的独立作战能力，它作为应急救援工作中十分重要的角色，要求队员们必须具有较高的综合素质，有好的体能，具备相关知识，熟练掌握技术，有较强的应变能力等，这是一支救护队具备较强独立作战能力的基础。

① 矿山救护队的初期职责：一线指挥部的设置、人命救助、防止事故的扩大与恶化、灭火、清除障碍物、救助被困矿工、确保进出通道安全、与相关

急救机构联系、准备特殊用具（照明、搬运机等）、运出死亡者。

② 矿山救护队需要完成的保健性医疗服务援助

a. 排除火灾、化学物质、电或其他危险品，开辟安全活动场所和确保进出事故现场的通道畅通。

b. 提供具有照明、防水的避难所，以改善活动现场；为救出被困者开通道路。

c. 为救出被困伤者提供必要的技术和装备。

d. 按照学习到的矿山救护知识、矿山救护设备的使用方法及受灾人员就医前的急救方法，用手固定颈椎，支撑骨折部位，加压止血等。

e. 将负伤者从事故现场搬运到井口保健站或现场救护所。然后由医生、护士进行现场救护。

（3）矿工的互救和自救能力　鉴于矿山作业的特殊性，要求每个井下工作人员不仅要知道怎样防止和排除事故，还必须知道并且要熟练地掌握怎样正确而又迅速地进行自救和互救，使自己和其他人员能安然脱险得救。自救就是井下发生意外灾变时，在灾区或受灾变影响的区域内的每个工作人员进行避灾和保护自己的方法。互救是在有效地进行自救的基础上，去救护灾区内受伤人员的方法。为了达到矿工自救和互救的目的，每个井下工作人员必须熟悉并掌握所在矿井的灾害预防，熟练地使用自救器，掌握发生各种灾害事故的预兆、性质、特点和避灾方法，抢救灾区受伤人员的基本方法以及学会最基本的现场急救操作技术等。每个煤矿的领导者应有计划地对所有煤矿工作人员进行这方面培训，不能熟练掌握自救、互救和现场急救技术的人员就不能算是一名合格的矿工，不允许下井工作。

第二节　矿山救护医疗急救的基本程序

矿山救护医疗急救工作基本分为两个阶段，即院前急救（现场、保健站、途中）和院内急救（急诊科、病房、监护室），但并不应该人为地加以截然分开，而必须将外伤现场信息、解脱伤员、伤情的初期判断、基本救护、各级通信联系、边救边送以及高级救治等急救工作加以程序化管理。时间上突出一个“急”字，技术上突出一个“救”字，遵循程序的规定，争取在最短的时间内有效地完成急救和安全转运任务。

一、院前急救阶段

系指外伤现场至伤员到达医院进行外伤确定性治疗的过程，如果伤员需要由矿医院转送到企业总医院救治，则矿医院也可列入院前急救阶段。

① 现场事故发生后，首先由通过急救训练的班组长组织指挥解脱伤员，同时用井下电话进行呼救。如遇井下重大的事故，在局长、矿长的直接指挥下，组织专人（救护队）解脱伤员。对于压埋时间较长的伤员，必要时可施行适当的医疗措施（上止血带、口服医制饮料、为挽救生命进行现场截肢等）。

② 伤员解脱后，立即进行现场急救处置，在急救员尚未到达现场前，应由受过急救训练的工人实行互救与自救。

③ 井下急救员接到电话后，迅速携带急救包奔赴现场，实行确切的初级ABC急救和止血、包扎、固定。初步判断伤情严重度，对伤情危及生命的伤员，在进行初级急救的同时，要及时通知井口保健站医生入井协助抢救，并在严密的监护下安全护送升井。每个伤员必须填写伤员登记表，随伤员一起转送（表7-1）。

表 7-1 伤员转送登记表

受伤现场登记

姓名________男、女　年龄________　工种________

____年____月____日____时____分　受伤　地点：井上　井下

受伤原因：擦、扭、碰、摔、撞、挤压、埋没、坠落、电击、溺水、烧、刺、炸、其他

受伤部位：头、颈、胸、腹、四肢、躯干、脊柱

意　识：清醒、嗜睡、迟钝、躁动、昏迷

测定值：脉搏______次/分　血压______kPa　RPM值________

抢救方式：开口牵舌、口咽通气管、气管插管、人工呼吸、心脏按压、抗休克裤、加压包扎、夹板固定、上止血带时间________

自救

互救

给药________

未救

____日____时____分　升井

急救员________

向矿、局总院转送登记

保健站抢救：心肺复苏、气管切开、血管结扎、开放性气胸封闭、胸腔闭式引流、膀胱穿刺、其他____

____

输血输液（名称数量）________________________

给药________________________

伤后________小时到矿、局总医院

________矿保健站　签名________

____年____月____日____时____分

④ 经井口保健站施行高一级 ABC 急救后，伤情允许时迅速安全地向上一级医院（矿或局医院）转送。在途中坚持“边送边救”的原则。

⑤ 当井下发生重大事故后，根据伤情和需要，井下调度、矿调度、局调度分别向各级急救机构传递呼救信息。矿医院迅速派医护人员赶赴现场、保健站参加抢救，企业矿山创伤救护领导小组迅速赶赴企业总医院参加抢救。

⑥ 凡在矿医院抢救或治疗后，需要向企业总医院转送者，应携带病志及其有关材料，由矿医院医护人员直接护送到企业总医院外科监护室，尽量减少搬动次数。

二、院内急救阶段

（1）急诊科

① 首先查阅“伤员卡”，向意识清楚的伤员和护送人员简单地询问受伤机制、时间及院前急救经过。如果上有止血带，应询问经过的时间，必要时放松止血带以恢复肢体的灌注。

② 对呼之不应、推之不动或呼吸、心跳停止的伤员，立即施行 ABC 急救治疗。

③ 吸氧。

④ 检查生命体征即血压、脉搏、呼吸、体温。

⑤ 对有极度呼吸困难、发绀的伤员，除因开放性气胸或连枷胸呈反常呼吸而已实行包裹压迫固定原封不动外，高压性气胸者可用粗针头束以带孔指套穿入胸腔放气或行胸腔闭式引流。

⑥ 立即建立两个静脉通道（包括中心静脉插管），必要时迅速施行静脉切开，进行快速输液，以补充血容量。对颅内压增高者，快速静注脱水药物。

⑦ 留置导尿，观察并记录尿的色泽、尿量，然后送检。

⑧ 抽血化验血常规、出凝血时间、血小板计数、血型、血细胞比容和配血。

⑨ 在完成上述对生命危险最大的呼吸循环衰竭、休克、颅内压增高等急救处置后，再详细地采集病史，了解受伤原因、机制及伤后救治情况。

⑩ 按头→颈→胸→腹→肛门、生殖器→四肢→脊柱→神经系统等次序全面进行检。对有可疑脏器的损伤，要进行重点复查和特殊检查，如腹腔灌洗等。

⑪ 多科会诊：根据伤员的需要，邀请五官科、妇产科、内科、麻醉科、外科等会诊。

⑫ 根据需要进一步行血尿素氮、血肌酐、二氧化碳结合力、血清离子、

血清胆红素、血气分析、心电图检查。

⑬ 如果生命体征稳定，可护送伤员去放射科进行X线摄片、血管造影、CT扫描等。注意，凡有头部损伤者，一定要同时拍摄头颅正侧位和颈椎正侧位片。

⑭ 再次权衡和分析多系统方面损伤伤员的伤情，以最大威胁生命的创伤作为首入科室的条件。有急诊手术指征者，尽快做好术前准备，然后送往手术室施行手术。对于合并伤，首治科室可与有关专科共同进行计划性协作治疗。

（2）创伤重症监护室（创伤ICU） 凡危及生命的损伤者和严重多发性损伤者，都应放置在创伤ICU病房中进行救治。

第三节 矿山事故现场急救

一、井下作业人员的自救与互救

矿井发生事故后，矿山救护队不可能立即到达事故地点进行组织抢救。实践证明，在事故发生初期，矿工如果能够及时采取措施，正确地开展自救互救，可以减小事故危害程度，减少人员伤亡和国家财产损失。

所谓“自救”，就是矿井发生意外灾变事故时，在灾区或受灾变影响区域的每个工作人员进行避灾和保护自己的方法。而“互救”则是在有效自救的前提下妥善地救护他人及伤员的方法。自救和互救的成效如何决定于自救方法措施的正确性，其具体内容及要求主要包括：熟悉并掌握所在矿井的灾害预防和处理计划；熟悉矿井的避灾路线和安全出口；掌握抢救伤员的基本方法及现场急救的技术。

1. 现场抢救工作

井下灾害事故发生后，一般都有一个由小到大的发展过程。做好现场抢救工作就能将事故消灭于萌芽之中，具体做法如下。

① 出现事故时，在场人员一定要头脑清醒、沉着、冷静，要尽量了解判断事故发生地点、性质、灾害程度和可能波及的地点，迅速向矿调度室报告。

② 在保证人员安全的条件下，利用附近的设备、工具和材料及时处理，消灭事故，当确实无法处理时，就应由在场的负责人或有经验的老工人带领，根据灾害地点的实际情况，选择安全路线迅速撤离危险区域。撤离时，不要惊慌失措、大喊大叫、四处乱跑。

③ 在遇险人员暂时不能撤出灾区的情况下，应该尽快寻找避难峒室待救。

2. 矿工自救设施——自救器的使用

当井下发生火灾、瓦斯和煤尘爆炸、煤与瓦斯或二氧化碳突出等灾害时，井下人员应立即佩戴自救器脱险，免于中毒或窒息而死亡。

自救器有过滤式和隔离式两种。过滤式自救器实际是一种小型的防毒面具，它能吸收空气中的一氧化碳。隔离式自救器则是一种小型的氧气呼吸器，它能利用自救器内部配备的化学药品，通过化学反应产生氧气，供佩戴者呼吸。

佩戴过滤式自救器时，左手握住外壳下底，右手掀起红色开启扳手，扯开封口带，去掉外壳上盖，将药缸从外壳中取出。然后从口具上拉开鼻夹，把口具片塞进嘴内，咬住牙垫，但嘴唇必须紧贴口具，用鼻夹夹住鼻子。取下矿帽，把头带套在头顶上，再戴上矿帽，用嘴呼吸。

以下举例可以充分说明佩戴自救器的重要性：1980 年 11 月 22 日，××煤电公司××矿 7110 集中运输皮带发生火灾，31 人遇险，其中有 30 人携带了自救器。事故发生后，有 25 人佩戴自救器安全脱险：3 人虽然带有自救器，但因不会使用而中毒死亡；1 人使用不正确，也中毒死亡；1 人使用自救器原地待救 3.5h，经抢救后脱险。这充分说明自救器在关键时刻发挥了不可估量的作用。

3. 灾区作业人员正确选择撤退路线

事故发生后，灾区作业人员应根据事故通知信号以及事故发生时的特征，判断事故性质、地点，人员的分布位置，考虑巷道断面、坡度、风速及局部障碍等因素的影响，遵循在最短的时间内安全撤退的原则，选择正确的避灾撤退路线。一般来说。位于事故地点进风流中的人员，则应顺风流撤出；但遇有转入进风流的贯通巷道时要迅速转入进风流中撤退；处在事故地点回风流的人员，如确认在不冒生命危险的情况下，逆着风流行走一小段路程即可到达新鲜风流中，则可沿此捷径迅速撤到安全地点。灾区人员撤出路线选择的正确与否决定自救和互救的成败。

4. 无法迅速撤离时措施

在遇险人员无法撤出灾区时，应借助于独头巷道、各类峒室和两道风门之间等位置，利用现场的木板、风门、煤块、岩石、泥土、风筒等物资构筑隔离墙或风帐，隔绝有害气体，人员在内避难待救。同时，应注意在隔离墙外留有明显标志，如挂矿灯或衣物、写粉笔字等，并经常有规则地敲击岩石或管道，发出呼救信号，使抢救人员容易发现，便于抢救。

5. 防止爆炸火源烧伤措施

如果人员距离爆炸源很近但无法撤出时，则应面向下方就地卧倒，最好将湿毛巾捂在口鼻面部或俯入水沟内，以免烧伤。

6. 在避难峒室待救

如果灾区人员没有撤退路线（如独头区、冒顶阻塞区），应迅速退到附近避难峒室或寻找适当地点建筑临时避难峒室待救。

避难人员在峒室避难时应静卧，不得走动与呼喊，以免消耗体力和氧气。特别要注意减少氧气的消耗，延长在峒室内的待救时间。

7. 出现井下冒顶事故后的自救措施

① 发现采掘工作面有冒顶的预兆而自己又无法逃脱现场时，应立刻把身体靠向硬帮或有强硬支柱的地方。

② 冒顶事故发生后，伤员要尽一切努力争取自行脱离事故现场。无法逃脱时，要尽可能把身体藏在支柱牢固或岩石架起的空隙中，防止再受到伤害。

③ 当大面积冒顶堵塞巷道，即矿工们所说的“关门”时，作业人员堵塞在工作掌子面，这时应沉着冷静，由班组长统一指挥，只留一盏灯供照明使用，并用铁锹、铁棒、石块等不停地敲打通风、排水的管道，向外报警，使救援人员能及时发现目标，准确迅速地展开抢救。

④ 在撤离险区后，可能的情况下，迅速向井下及井上有关部门报告。

8. 掌握抢救伤员的基本方法及现场急救的操作技术

对于矿工来说，以达到救命为目的，需要掌握抢救伤员的基本方法及现场急救的操作技术，其中包括观察伤员的神志及脉搏、人工呼吸及胸外心脏按压、骨折的支撑、加压包扎止血、保护脊柱下的搬运等。

二、安全转运伤员须知

(1) 昏迷和严重颌面外伤的伤员，如果不能保持呼吸道通畅，不能转送。

(2) 有呼吸循环者，先复苏后转送。

(3) 有效地控制外出血后才能转送。

(4) 对休克伤员，经抗休克治疗收缩压＞10.6kPa，脉压＞2.66kPa，并保持静脉通畅的条件下才能转运。

(5) 内脏损伤、骨盆骨折及下肢骨折的伤员，应就地穿着抗休克裤后再转送。

(6) 遇开放性气胸、高压性气胸，必须紧急做相应处理后，取半卧位转送。

(7) 腹内脏器脱出时，切不可还纳，用无菌敷料覆盖保护后再转送。

(8) 骨科患者施行良好固定后再转送。

① 颈椎骨折：平卧位，以沙袋置于颈的两侧。

② 胸腰椎骨折：使用脊柱组合固定夹板或多带硬质担架或多用担架固定后搬运。

③ 下肢、骨盆骨折穿着抗休克裤，四肢骨折可用木夹板或充气夹板固定骨折的上下两个关节后再转送。

④ 连枷胸出现异常浮动胸壁，用胸壁固定带或毛巾包扎固定后再搬运。

(9) 伤员要保暖，无禁忌证者，可注射有效的镇痛药后再转运。

(10) 凡需转运的伤员，必须有急救人员护送。途中要监测生命体征，执行“边救边送”的原则，随时给予应急处理。

(11) 重伤员转送前应用电话通知接收医院，做好接诊救治的准备工作。

第四节　现场急救注意事项

① 在矿工实施互救时，应是在有效自救的前提下，妥善地救助他人及伤员，防止扩大灾情。

② 进行急救时，不论伤者还是救援人员都需要进行适当的防护。这一点非常重要！特别是把伤者从严重灾区救出时，救援人员必须加以预防，避免成为新的受害者。

③ 将受伤人员小心地从危险的环境转移到安全的地点时，应至少2～3人为一组集体行动，以便互相监护照应，所用的救援器材必须是防爆的。

④ 因为瓦斯是一种无色、无臭、无味、易燃、易爆的气体，一旦瓦斯的浓度在5.5%以上时，遇明火即能发生爆炸。瓦斯爆炸会产生高温、高压、冲击波，并放出有毒气体。因此，在现场急救时，应加倍注意二次爆炸的发生。当听到或看到瓦斯爆炸时，应背向爆炸地点迅速卧倒，如眼前有水，应俯卧或侧卧于水中，并用湿毛巾捂住鼻口。

⑤ 急救处理程序化，应遵守“先救后送，边救边送”的原则。

⑥ 要沉着冷静。首先迅速、正确戴好自救器，保证呼吸道不受伤害，保存生命，切不可惊慌失措、束手待毙。只要还有一口气，就要为自己的生命而拼搏。

⑦ 发现矿难伤员时，严禁用头灯光束直射其眼睛，以免在强光刺激下造成眼睛失明。

⑧ 发现矿难伤员时，不可立即抬运出井，应注意保护体温，需要在井下安全地点进行初步处理并等待其情绪稳定以后，才送到医院进行特别护理。

⑨ 矿难伤员长期没有进食物，消化系统功能极度减弱但又急需要补充营养，所以应该采用少量多餐的方法，以容易消化又具有高营养、高蛋白的食物为宜。

⑩ 用好自救器是自救的主要环节，因为井下发生大火和瓦斯爆炸时，都会产生大量的一氧化碳气体，应用自救器可防止有害气体中毒。

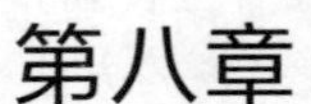

第八章

地震现场医疗急救

地震往往会在瞬间给人类、社会造成灾害。地震现场的及时抢救，不仅包括严重的压、砸、土埋窒息的救护，同时更有烧伤、中毒、触电等一系列次生伤害，以及挤压综合征、各种宿疾的急性发作的救护。现场处理正确得当，能明确地减轻地震对生命健康的危害以及后遗症的发生。我国是地震灾害严重的国家，强度大的地震往往会在瞬间给人类及社会造成严重灾害。

地震灾区的医疗救护工作是一项多部门配合协同作战的艰巨工作，它需要交通运输、通信联络、水电供应、工程技术等各方面密切配合，才能取得医疗救护工作的高效率，完成救灾的医疗保障任务。

第一节　正确选择避震方式

大震前会出现地光、地声、地面的初期震动等现象，这是地震向人们发出的最后警报。一般来讲，从地下初动到房屋开始倒塌会有一个短暂的时间差，称之为救生时间。只要事先掌握一定的避震知识，地震来临时抓住时机，冷静判断，正确选择避震方式和避震空间，就有可能劫后余生。

一、家庭避震的原则

(1) 因地制宜，正确选择避震方法　地震时每个人所处的环境、状况千差万别。避震方式也不可能千篇一律。这些情况包括：是住平房还是住楼房，地震发生在白天还是晚上，房子是不是坚固，室内有没有避震空间，你所处的位置离房门远近，室外是否开阔、安全。

(2) 行动果断、切忌犹豫　避震能否成功，就在千钧一发之际，绝不能瞻前顾后，犹豫不决。如住平房避震时，更要行动果断，或就近躲避，或抓紧外出，切勿往返。

(3) 伏而待定，不可疾出　发生地震时，不要急着跑出室外，而应抓紧求生时间寻找合适的避震场所，采取蹲下或坐下的方式，静待地震过去。按照国家有关标准，北京地区居民楼房应具有抵御烈度为8度的地震破坏的能力。地震发生时先不要慌，保持视野开阔和机动性，以便相机行事。国内外许多地震实例表明，在地震发生的短暂瞬间，人们在进入或离开建筑物时，被砸死、砸伤的概率最大，因此。室内避震条件好的，首先要选择室内避震。如果建筑物抗震能力差，则尽可能从室内跑出去。

特别要牢记的是：① 不要滞留在床上。②不可跑向阳台。③不可跑到楼道等人员拥挤的地方去。④不可跳楼。⑤不可使用电梯，若地震时在电梯里应尽快离开，若门打不开时要抱头蹲下。⑥另外，要立即灭火断电，防止烫伤、触电和发生火情。

(4) 避震位置至关重要　住楼房避震，可根据建筑物布局和室内状况，审时度势，寻找安全空间躲避。最好找一个可形成三角空间的地方。蹲在暖气旁较安全，暖气的承载力较大，金属管道的网络性结构和弹性不易被撕裂，即使在地震大幅晃动时也不易被甩出去。暖气管道通气性好，不容易造成人员窒息，管道内的存水还可延长存活期，更重要的一点是，被困人员可采用击打暖气管道的方式向外界传递信息，而暖气靠外墙的位置有利于最快获得救助。

(5) 正确求生　当大地震蓦然而至，若开始时震级不高，人们应当迅速离开建筑群，分散到空旷的场地上去。来不及离开建筑物的往往会被坍塌的房屋埋没或砸伤。从我国1976年唐山大地震的资料看，有些被埋没在瓦砾中的人之所以能生存下来是因为：①没有受到致命的内脏伤。②试着寻找出路，找到通气口，然后找到出口，并迅速脱离房屋废墟。③在没有听到挖掘声及寻呼声时，不大呼大叫或无谓地翻滚折腾，惊慌失措、乱喊乱叫会加速新陈代谢，增加耗氧量，还会吸入大量烟尘而致窒息。

(6) 近水不近火，靠外不靠内　这是确保在都市震灾中获得他人及时救助的重要原则。

① 立即关闭电源、火源。

② 不要靠近煤气灶、煤气管道和家用电器。头部最好戴安全帽、顶塑料盆等，以保护头部。

③ 不要选择建筑物的内侧位置，尽量靠近外墙，但不可躲在窗户下面。

④ 尽量靠近水源处，一旦被困，要设法与外界联系，除用手机联系外，可敲击管道和暖气片，也可打开手电联系。

⑤ 住平房者迅速跳出到比较宽广的地方；住楼房者可躲在桌子下面或有支撑和管道多的室内。

⑥ 不要靠近狭窄的夹道、壕沟、峭壁和岸边等危险地方。

⑦ 居住在海边的居民要防海啸，防止海水倒流的水灾。

⑧ 居住近山者，要警惕山崩和泥石流的发生。

⑨ 跑散时不要过度惊慌，要有条不紊。

⑩ 注意余震，但不要听信谣言。

二、在各种场所避震

（1）在公共场所避震　①听从现场工作人员的指挥。②不要慌乱，不要拥向出口。③要避免拥挤，要避开人流，避免被挤到墙壁附近或栅栏处。

（2）在家庭避震　①迅速躲在炕沿下、坚固家具附近或内墙墙根、墙角。②如果离厨房、厕所、储藏室等开间小的地方很近可以迅速躲到里面。③不要跳楼，不要站在窗边及靠阳台墙边，不要到阳台上去。

（3）在学校避震　①正在上课时，要在教师指挥下迅速抱头、闭眼，躲在各自的课桌下。②在操场或室外时，可原地不动蹲下，双手保护头部，注意避开高大建筑物或危险物。③如在室外，注意不要回到教室去。

（4）在户外避震　①就地选择开阔地避震，蹲下或趴下，以免摔倒；不要乱跑，避开人多的地方；不要随便返回室内。②避开高大建筑物，如楼房，特别要避开有玻璃幕墙的建筑，避开过街桥、立交桥、高烟囱、水塔等。③避开危险物，如变压器、电线杆、路灯、广告牌、吊车等。④避开其他危险场所，如狭窄的街道、危旧房屋、危墙、女儿墙、高门脸、雨篷下及砖瓦、木料等物的堆放处。

（5）在影剧院、体育馆等处避震　就地蹲下或趴在排椅下，注意避开吊灯、电扇等悬挂物，用包等保护头部。等地震过去后，听从工作人员指挥，有组织地撤离。

（6）在行驶的电车、汽车内避震　抓牢扶手，以免摔倒或碰伤；降低重心，躲在座位附近；地震过去后再下车。

（7）在野外避震　①避开山脚、陡崖，以防山崩、滚石、泥石流等；避开陡峭的山坡、山崖，以防地裂、滑坡等。②遇到山崩、滑坡，要向与滚石前进方向垂直的侧方跑，切不可顺着滚石方向往下跑；也可躲在结实的障碍物下，或蹲在地沟、坎下，特别要保护好头部。

（8）在商场、书店、地铁、展览馆避震　此时遇到地震，最忌慌乱，可选择近处的大柱子和不易倾倒的大件商品旁边（避开商品陈列橱），或朝着没有障碍的通道躲避，用手或其他东西护头，然后屈身蹲下，等待地震平息。处于楼上位置，原则上向底层转移为好，但注意楼梯往往是建筑物的薄弱部位。避开玻璃窗、橱窗及柜台。避开高大不稳和摆放重物、易碎品的货架。避开广告牌、吊灯等高耸或悬挂物，待地震过后再有序地撤离。特别是在仓储超市购物时，如发生地震要立刻冲到开阔地区，护住头部以防被砸伤。

（9）在工作岗位上 若地震时正在工作岗位上，一定要采取紧急措施，使仪器、机床、计算机断电、停转，然后迅速躲避。车间工人可躲在车、机床及较高大设备下。井下作业工人注意不要站在巷道口或竖井井口处，因为地震时地下建筑物相对地面建筑比较安全，所以也不要急于向外跑。化工厂工人在避震时要防止易燃、易爆气体外泄。工作在高炉旁的钢铁工人要避开炉门或水流淌的钢槽。如果医院的大夫正做手术或产妇正在临产，最理想的办法是在震前对手术室就进行加固，用角铁做成支撑房架，并有防尘罩。一旦地震发生，等几秒过后，手术可照常进行。如无加固设备，医护人员要首选保护患者安全。

第二节 地震现场急救

一、现场组织急救

1. 自救与互救

（1）由现场干部、群众、部队等自动组织起来，根据伤者的呼叫和他人提供的情况，先把压在废墟下的伤者刨、挖出来。刨、挖要快、准、稳，以免再受伤。先把伤者头面露出，并清理口鼻内异物，以利呼吸。对埋在瓦砾中的幸存者，先建立通风孔道，以防缺氧窒息、土埋窒息，挖出后应立即清除口、鼻腔异物，检查伤员，判断意识、呼吸、循环体征等。从缝隙中缓慢将伤者救出时，保持脊柱水平轴线及稳定性。地震发生后，应积极参与救助工作，可将耳朵靠墙，听听是否有幸存者声音。使伤者先暴露头部，保持呼吸畅通，如有窒息，立即进行人工呼吸。

（2）一旦被埋压，要没法避开身体上方不结实的倒塌物，并设法用砖石、木棍等支撑残垣断壁，加固环境。地震是一瞬间发生的，任何人应先保护自己，再展开救助。先救易，后救难；先救近，后救远。

（3）埋压较深的人，呼喊会消耗过大的体力，用敲击的方法，声音就可以传到外面，这是被压埋人员示意自己位置的一种较好的方法。

（4）当被压埋在废墟下时，至关重要的是不能在精神上崩溃，生存需要的是不能在精神上崩溃，生存需要勇气和毅力。被压埋时，还要谨防烟尘呛闷窒息的危险，可用衣袖等捂住口鼻，尽快想办法摆脱困境。当只能留在原地等待救援时，要听到外面有人时再呼喊，尽量减少体力消耗，寻找一切可以充饥的食品，并利用一切办法与外面救援人员进行联系。

(5) 地震只是一“瞬间”，并不是抢救他人的时刻，每一个人都应该当机立断，先保护自己，震后再及时抢救别人。先救青壮年和医务人员，以增加帮手。使用工具挖掘时要注意被埋压者的安全，接近人体时最好用手挖。

在保证救护者安全的前提下，现场采取先抢后救的原则，即开展对震区现场人员的搜寻、脱险、救护医疗一体化的大救援观念。

(6) 先挖后救，挖救结合　震后的自救与互救是灾区群众性的救助行动。它的成效在于能赢得抢救伤员的有利时机。在大体查明人员被埋情况后，应立即组织骨干力量，建立抢救小组，就近分片展开，先挖后救，挖救结合，按抢挖、急救、运送进行合理分工，提高抢救工作效率。

2. 对垂危伤员进行急救

(1) 先救命、后治伤　特别要注意清除口鼻中的泥土，保持呼吸道通畅。

(2) 对开放性伤面给予包扎，骨折应予固定。

(3) 脊柱骨折在地震中十分常见，在现场又难以确诊，因此，要严加注意，用硬质担架并将伤员固定在担架上。

(4) 分类　在群众性自救互救基础上，对需要进行医疗救护的伤员，必须初步分类，分清轻重缓急。对严重威胁生命的重伤员，如窒息、骨折、大出血、昏迷等，先行抢救。在交通运输条件许可的情况下，必须实施分级医疗救护，以减轻灾区救护任务的压力。

(5) 救出伤员后，及时检查伤情，遇颅脑外伤、神志不清、面色苍白、大出血等危重症优先救护，外伤、出血者给予包扎、止血，骨折者应固定。要正确搬运脊柱骨折伤员。

(6) 地震时强烈的精神刺激可出现精神应激反应，常见的症状是疲劳、淡漠、失眠、迟钝、易怒、焦虑、不安等，要加以处理。

(7) 恐惧心理可加重原有心脏病、高血压的病情，严重时可引起猝死，对此类伤员要特别关注。

(8) 地震后，余震还会不断发生，所处的环境还可能进一步恶化，要尽可能改善自己所处的环境，保存体力，敲击求救，设法脱险，包扎伤口。

① 设法避开身体上方不结实的倒塌物、悬挂物或其他危险物。

② 搬开身边可搬动的碎砖瓦等杂物，扩大活动空间。

③ 设法用砖石、木棍等支撑残垣断壁，以防余震时再被埋压。

④ 不要随便动用室内设施，包括电源、水源等，也不要使用明火。

⑤ 不要乱叫，保持体力和节约氧气，用敲击声求救。

⑥ 闻到煤气及有毒异味或灰尘太大时，要用湿衣物捂住口、鼻。

⑦ 保护和节约使用饮用水和食物。

（9）防止火灾　地震常引起许多“次生灾害”，火灾是常见的一种。在大火中应尽快脱离火灾现场，脱下燃烧的衣帽，或用湿衣服覆盖身上，或卧地打滚，也可用水直接浇泼灭火。切忌用双手扑打火苗，否则会引起双手烧伤。用消毒纱布或清洁布料包扎后送医院进一步处理。

二、危重伤员的现场救护

（1）呼吸、心跳停止者，在现场立即进行心肺复苏。重伤者如呼吸、心跳停止，大出血，头部或内脏受伤，应优先抢救。

（2）止血、固定　砸伤和挤压伤是地震中常见的伤害。开放性创伤，外出血应首先抬高患肢，同时呼救。对开放性骨折，不应做现场复位，以防止组织再度受伤，一般用清洁纱布覆盖创面，做简单固定后再进行运转。不同部位骨折，按不同要求进行固定，并参照不同伤势、伤情进行分类、分级，送医院进一步处理。

（3）妥善处理伤口　挤压伤时，应设法尽快解除重压，遇到大面积创伤者，要保持创面清洁，用干净纱布包扎创面，怀疑有破伤风和产气杆菌感染时，应立即与医院联系，及时诊断和治疗。对大面积创伤和严重创伤者，可口服糖盐水，预防休克发生。

（4）休克伤员取平卧位，对伴有胸腹外伤者，要迅速护送转至医疗单位。

① 对严重的、开放性、污染的伤面，要除去泥土秽物，用无菌敷料或其他干净物覆盖。

② 人体如在地震时被挤压，因四肢肌肉丰满部位长时间受压，致使肌肉组织缺血性坏死、肢体肿胀及急性肾功能衰竭，伤者救出后，表现少尿或无尿。对此类伤者的伤肢稍加固定限制活动，肢体严禁用加压包扎、止血带，口渴者给予碱性饮料，尽快就医。

③ 同时要预防破伤风和气性坏疽，并且要尽早深埋尸体，注意饮食饮水卫生，防止大灾后的大疫。

第三节　现场急救注意事项

（1）紧急有序撤离　由于地震灾害具有瞬间的突发性，人们免受伤亡的程度往往取决于保持镇静的程度。因此，在紧急撤离建筑物时，千万不要慌乱，既要争分夺秒，也要从容镇定。首先要关闭燃气阀、切断电源、锁好房门，防止次生火灾发生。从容、镇定、有序地撤离，防止抱小孩“上下颠倒”，勿忘房门“拉推有别”，要扶老携幼，互相照顾，防止高处跌落物体的袭击。如在街道上遇到地震，应迅速远离楼房，及时转移到空旷安全的场地，不要躲避在高大建筑物、窄巷广告牌、路灯、高压线附近。要避开桥梁、陡崖、危岩滚石地带，到桥下避震更是错上加错。

（2）需要特别注意的是，当躲在厨房、卫生间时，尽量离炉具、煤气管道及易破碎的碗碟远些。此外，不要钻进柜子或箱子里，因为一旦钻进去后便立刻丧失机动性，视野受阻，四肢被缚，不仅会错过逃生机会，还不利于被救。躺卧的姿势也不好，人体的平面面积加大，被击中的概率要比站立大5倍，而且很难机动变位。

（3）保持冷静，忙而不乱，有效地指挥现场急救。

（4）分清轻重缓急，分别对伤员进行救护和转送。

（5）怀疑有骨折，尤其是脊柱骨折时，不应让伤员试行行走，以免加重损伤。

脊柱骨折在地震时多见。脊柱骨折现场搬动和转送时要格外注意。脊柱骨折伤员一定要用木板搬运，不能用帆布等软担架搬运，防止脊髓损伤加重。

（6）特别要警惕地震后可能发生的次生灾害，如火灾、电击伤、冻伤、中毒、灾后瘟疫等，要加以预防。

（7）保持镇静　在地震中，有人观察到，不少无辜者并不因房屋倒塌而被砸伤或挤压伤致死，而是由于精神崩溃，失去生存的希望，乱喊、乱叫在极度恐惧中“扼杀”了自己。这是因为，乱喊乱叫会加速新陈代谢，增加氧的消耗，使体力下降，耐受力降低；同时，大喊大叫，必定会吸入大量烟尘，易造成窒息，增加不必要的伤亡。正确态度是在任何恶劣的环境下始终保持镇静，分析所处环境，寻找出路，等待救援。

第九章

洪涝水灾医疗急救

我国是洪涝灾害频发的国家，也是洪涝灾害危害最严重的国家之一。洪涝灾害不仅给人民群众的生命财产造成严重威胁，而且会带来严重的公共卫生问题。随着社会经济的发展，物质财富的迅猛增长，每次水灾造成的直接经济损失也随之上涨。一个地区在一段时间里降水太多了，超过了当地的承受能力，就可能形成洪涝灾害。洪涝灾害直接对人的伤害主要是淹溺、浸泡、受寒、断粮饥饿、建筑物倒塌砸伤及应激性心理精神损伤等。目前，我国各级卫生防疫机构尚未建立系统、完善的洪涝灾害应急反应系统，洪涝灾害发生时疾病的预防控制工作尚未实现科学化、信息化，主要表现为：洪灾期间不能及时地获取灾区有关的基础信息及受灾和各种疫情隐患信息，如自然疫源地破坏、生态环境改变、人口流动等，导致洪涝灾害应急反应决策缺乏科学依据。所以完善的洪涝灾害应急反应系统和进行突发洪涝水灾时的医疗急救十分重要。

第一节　洪涝水灾的特点

（1）受洪水淹溺，可能被泥沙活活掩埋，或呛入异物（泥沙、水草等）致人窒息，吸入大量河水，能致肺水肿、血液稀释、电解质紊乱，甚至可因心功能、肺功能、肾功能衰竭，缺氧、脑水肿等，导致死亡，溺水者即使心肺复苏成功，也容易继发感染。大批建筑物被冲毁，可造成人员伤亡，尤以颅脑外伤、脊柱脊髓损伤、骨折、出血、挤压伤、休克等多见。

（2）洪水漫溢，人畜粪便及腐败的尸体污染水源，不洁饮水和变质（或受污染）食物均会引起腹泻等食源性疾病，甚至引起痢疾、伤寒、肝炎等肠道传染病的暴发流行。灾民长时间浸泡水中，除容易罹患浸渍性皮炎等皮肤病外，水源性传染病（如钩端螺旋体病、血吸虫病）的感染机会也会大大增加。

（3）洪水冲毁家园，缺衣少食，人居环境恶化，机体抗病能力普遍下降

（老弱病幼者更加严重），容易引发各种疾病，尤其传染病。

（4）次生灾害　常见次生灾害有火灾、电击伤、冻伤、中毒、灾后瘟疫，洪水冲垮家园，灾民流离失所，聚居于简陋拥挤的帐篷，因烤火取暖或炊事失慎，容易引发火灾，造成人员伤亡。

（5）天气寒冷，没有取暖设备的帐篷，可致人冻病。

（6）野外生活，易遭受蚊虫侵袭，导致虫媒传染病（如乙脑等）的发生与流行。

（7）在水中的带电电缆、倒坍电杆上的电线，会使人遭到电击而受伤。

（8）被洪水浸泡而外溢，冲入水源或污染食物的农药、毒物和放射性物质，可致人中毒，甚至危及生命。

第二节　水灾可能引起的疾病

1. 饮食中毒

这是指由于饮用或进食了被有毒有害物质污染的水、果蔬、粮食后而发生的不良反应或中毒症状。为防止灾后食物中毒，对已被污染的饮用水源要进行检测和化验，对达不到卫生与安全饮用标准的水源要禁止采供。不要食用被污水浸泡或冲刷过的水果、蔬菜；禁止食用过水或受潮后已变质发霉的粮食等。

2. 疟疾

疟疾是由疟原虫引起的传染病，临床上以间歇性寒战、高热、出汗和脾大、贫血为主要特征。疟疾的传播媒介是蚊子，在我国南方一些地区时有发生，尤以雨水泛滥、蚊子肆虐的夏秋两季易发。预防措施是消灭蚊蝇滋生场所，避免遭受蚊虫叮咬。

3. 肠道传染病

水灾过后，容易造成痢疾、伤寒等多种肠道传染病的流行，患者以严重的腹痛、腹泻、下痢、高热为主要特征。发生伤寒时，患者初期表现全身不适、乏力，有时皮肤有玫瑰色斑疹，以后随着病情加重，出现体温升高、腹胀、腹痛、肝脾大，甚至肠出血或肠穿孔等危急症状。为了预防和控制肠道传染病的发生与流行，水灾过后各地要切实做好环境的清洁与卫生消毒工作，确保饮用水源和食品卫生；个人要养成良好的卫生习惯，如饭前便后洗手、不喝生水、不吃生冷食物，严把“病从口入”关。同时要增强机体的抗病能力。

4. 皮炎

皮炎多因在水灾区由于被洪水围困或出于救灾之需在水中长时间作业而发

病。主要症状是指（趾）间隙及指侧皮肤发生肿胀、溃烂。防治措施：下水工作时尽量穿着隔水服装，或在下水之前在皮肤上涂些凡士林等油乳剂；出水后及时擦干皮肤，涂抹干燥粉。如已发病，可用生理盐水浸泡后，涂抹常用抗菌类药膏治疗。

5. 钩体病

钩体病（钩端螺旋体病的简称）是通过暴露部分的皮肤进入人体而获得感染的人畜共患病。传播途径是：鼠或猪的带菌尿液污染水和土壤，人吃了被污染的水或食品后而发病，轻者似感冒，仅表现有轻微发热；重者起病急骤，高热畏寒，头痛，表浅淋巴肿大。预防措施：在流行区和流行季节，禁止在疫水中游泳、捕鱼，尽量少涉污沟和河塘；在水中作业时尽量避免皮肤受伤。对动物要加强卫生检疫，做好灭鼠工作。

6. 寄生虫病

水灾还容易引起多种人畜共患的寄生虫病。但只要切实搞好环境消毒与卫生工作，保持良好的生活习惯，一般都能够得到有效预防。

第三节　洪涝水灾现场急救及现场急救注意事项

根据世界气象组织（WAO）的资料，暴雨洪涝灾害在全球发生的范围之广和频率之高是其他大多数自然灾害所无法相比的。暴雨洪涝造成的直接伤害有溺水，因此必须对患者进行现场急救。不能简单地转送患者，以免丧失宝贵的抢救时机。在专业急救人员到达之前，现场急救应由目击者实施，并一直持续到专业急救人员到来。洪水退后医疗急救的主要任务是卫生防疫及防治传染病，不需要投入太多的外科急救资源。

一、洪涝水灾现场急救

（1）做好有序撤退，自救互救，减少伤亡　一旦发生洪灾，形势十分紧急，有关人员应根据当地政府的安排立即组织居民有序撤退，把灾民尽快转移到地势较高的安全区，劝告灾民不要为了死守家产而白送性命，只有保住性命才能重建家园；要及时救捞落水难民，因为落水者的性命危在旦夕。有条件者，要对伤病员进行力所能及的救治。

（2）首先要加强疫情监测与报告，以便救灾防病指挥中心果断做出有效指挥　重点做好饮水卫生、食品卫生、环境卫生、消毒、杀虫灭鼠工作，预防控制各类传染病，尤其是细菌性肠道传染病、病毒性腹泻、甲型肝炎、流行性出血热、急性出血性结膜炎、虫媒病毒病、钩端螺旋体病、疟疾、血吸虫病、鼠疫、炭疽及其他可用疫苗预防的疾病。此外，预防和控制浸渍性皮炎对保护抗洪战斗力也有重要意义。

(3) 及时做好食品、饮水卫生监督工作，开辟新的安全水源 彻底消毒饮水、食物，防止食源性疾病及肠道传染病。

(4) 做好粪便、垃圾卫生管理 妥善处理动物尸体，消除蚊蝇，维护环境卫生，防止疾病。

(5) 对高危人群（老弱病幼）给予营养支持 对外来人员进行必要的免疫接种或预防给药，预防各类传染病的暴发与流行。

(6) 改善生活条件，解决衣、食、住、御寒保暖等问题 提高抗洪大军和灾民的体质与御病能力，确保抗洪战斗力，搞好救灾防病工作。

(7) 用最安全、快捷的方法将落水难民救至舰船上。

① 缓慢接近目标：发现落水难民后，担任援救的舰船应备小艇和各种捞救器材，缓慢接近目标。

② 直接进行捞救：应用有效的捞救器材直接进行捞救。将落水难民移上担架，迅速由医疗救护人员对伤情进行初步检查、会诊确认。

(8) 如果发现落水难民发生淹溺伤情，应立刻做人工呼吸，至少连续15min，不可间断，同时由别人解开衣扣，检查呼吸、心跳情况，取出口、鼻内的异物，保持呼吸道通畅，注意保暖。

(9) 有呼吸、心跳者可先倒水 救起的发生淹溺的伤员，若尚有呼吸、心跳，可先倒水，动作要敏捷，切勿因此延误其他抢救措施。

(10) 具体施救方法

① 救护者一腿跪地，另一腿屈膝，将淹溺的难民的腹部置于救护者屈膝的大腿上，将头部下垂，然后用手按压背部使呼吸道及消化道内的水倒排出来。

② 抱住淹溺的难民两腿，腹部放救护者的肩上并快步走动。

③ 如呼吸、心跳已停止，应立即进行心肺复苏术。行胸外心脏按压术和口对口人工呼吸，吹气量要偏大，吹气频率为14～16次/分。要坚持较长的时间，切不可轻易放弃。

④ 若有条件时做气管内插管，吸出水分并做正压人工呼吸；如果发生昏迷，可针刺人中、涌泉、内关、关元等穴，强刺激留针5～10min。

⑤ 呼吸、心跳恢复后，人工呼吸节律可与伤员呼吸一致，给予辅助，待自动呼吸完全恢复后可停止人工呼吸，同时用干毛巾向心按摩四肢及躯干皮肤，以促进血液循环。

⑥ 有外伤时应对症处理，如包扎、止血、固定等；苏醒后可继续治疗，防治溺水后并发症。

二、洪涝水灾现场急救注意事项

① 不要因倒水而影响其他抢救。

② 要防止急性肾衰竭和继发感染。

③ 注意是否合并肺气压伤和减压病。

④ 不要遗漏任何伤情，应有专人观察、监护。

⑤ 要动作迅速、有条不紊，注意伤员伤情的变化。

⑥ 室温和体温的测量应准确，禁用高温局部烘烤。

⑦ 不要过量补液。

⑧ 不要轻易放弃抢救，特别有低体温（＜32℃）者应抢救更长时间。

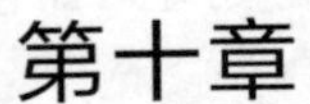

第十章

航空事故医疗急救

随着航空事业的迅速发展，尽管飞机性能及导航技术也在提高，但由于飞行次数和频率增加，加之近年人为破坏因素增多，总体飞行事故及空难并未减少。

空难的医学急救主要针对民航商业运输的飞行事故而言，属于灾难医学范畴，与日常医学急救常规有所不同，必须采用灾害的急救原则和方法。同时，从事空难现场救护的医务人员更应该具有灾难医学的理念。如果说在某日、某地会出现空难的预测几乎是不可能的，但针对可能发生灾害的准备是必要的。正所谓预则立、不预则废，准备得越充分，救援行动将越有效。

突发航空事故医疗救护的特点：①事故发生的突然性，毫无规律可循；②事故性质的严重性，其救治对象往往是相对大规模人群，伤者情况错综复杂，涉及的问题广泛，以严重多发伤、复合伤、烧伤、气体所致窒息为常见；③抢救工作的困难性，有时在交通极为不便的山区、水中或沼泽地带，尽管在机场和机上都有救生救护设施，但是空难一旦发生，主要靠现场救护；④突发航空事故的紧急救援除医疗救护外，还包含社会学、心理学、管理学等方面的内容。

第一节　航空事故的致伤特点

一、飞机失事导致空难发生的原因

导致突发航空事故最主要的原因有人为因素、机械故障和气象状况三大类。

具体因素：①发动机故障；②误入跑道，撞到障碍物；③飞鸟撞击，损坏飞机；④起落架脱落或无法放下；⑤飞机上打斗、抢劫或纵火；⑥起飞时漏油，摩擦起火导致爆炸；⑦机体自然解体，机械疲劳；⑧飞行员操作失误或者情绪化使飞机失控；⑨恐怖分子劫机或导弹击落；⑩塔台错误指挥，导致飞行员操作失误；⑪风切变、夏日雷电；⑫安检失误等。

二、突发航空事故的致伤因素

突发航空事故主要致伤因素有机械伤、烧伤、窒息、气体中毒、减压病等。

1. 飞机坠落或碰撞导致的机械性损伤

机械性损伤系外力作用于人体，造成组织器官的损坏和位移。其主要原因是飞机在坠机或碰撞中剧烈的突然减速所致，飞机的动能非常大，力的变化也很大。此外，固定系统失败如未系安全带或安全带断裂，在飞机碰撞地面或其他障碍物时，会使人体跌倒、翻滚、碰撞其他物体致伤。此外，受到飞逸物件击打等飞机结构损坏所造成的打击也是机械性致伤的一个重要原因。

机械性损伤按发生机制分为直接、间接和惯性损伤三类。

（1）直接损伤　是指致伤物直接造成的，如皮肤擦伤、皮下出血、挫裂伤、骨折，大都是飞机坠地或与其他障碍物相撞，未系安全带或安全带松脱导致人体与机舱物体相碰撞时的损伤。

（2）间接损伤　指远离致伤物直接作用点而出现的损伤。如外力作用于臀部，造成脊柱压缩性骨折；外力作用于足部，造成长管骨骨折。间接伤的特点是骨折处相应部位软组织没有损伤。

（3）惯性损伤　是飞机在紧急制动或碰撞时所致，如骨间关节断离，与被安全带固定在座椅上的躯干分离，由于安全带的固定，乘客头部发生“甩动”致头颈部伤，身体惯性前移导致双下肢离断，还可能造成体腔内的器官发生裂伤，如心脏在体腔内是不对称的，常在受冲击时身体不动而心脏自由地依惯性向前摆动，使大动脉在受到扭转作用力而发生致命性裂伤。

从大样本资料分析，空难人员的机械性损伤几乎包括全身各个系统和所有部位。有报道发现，空难时几乎所有患者均有机械性损伤。最常见的是颅脑外伤、四肢骨折、颈胸脊柱骨折合并截瘫、胸部挤压伤、血气胸、腹腔脏器破裂出血、肾挫伤、大面积软组织挤压伤、撕裂伤等。

2. 起火与爆炸所致的烧伤及缺氧、有害气体导致的窒息

由于飞机失火导致的损伤主要是烧伤、烟雾吸入伤及毒物中毒。如果飞机起火后爆炸，则情况更为复杂。爆炸冲击伤亦成为致伤的一重要原因。美国民用航空器事故医学调查表明，飞机失事后，有40%的人死于失火，乘客除体表、呼吸道烧伤外，由于氧气不足造成窒息，机舱内装饰物品燃烧产生的一氧

化碳及其他有毒物质造成中毒。

飞机的失火与爆炸可分为以下两种类型。

（1）飞机在飞行中失火　这种情况可能随时都会发生，它的严重性决定于：①失火的性质，火势，机舱内最初和最主要的失火部位。②机组的反应能力。③能否正确使用安全设施和控制可能出现的乘客恐慌。④失火和着陆之间可利用的时间。一架飞行中的飞机失火，在机舱内不能扑灭，温度将会骤然升高，烟雾迅速蔓延，随着事态的恶化，很快发展成为不可救药的状态。一项实验表明，一架飞机失火的时间少于 2min，机内平均温度可达 200℃，氧气的百分比可下降 8%，一氧化碳的浓度可升至 80×10^{-3}。我国 1982 年 10 月 24 日，一架伊尔 18 飞机在某机场降落时，因乘客乱丢烟头致火灾，客舱起火后又缺乏有计划的疏导和自救，由于烈火及毒焰的袭击，飞机在混乱中降至稻田附近，又遭到机械性损伤，机上 69 人中 34 人受伤、25 人死亡（多为吸入一氧化碳、氮氧化物等化学混合物窒息而死）。

（2）飞机在机场坠毁后起火或撞山后起火　飞机坠毁时油箱破裂，随之发生飞机使用的高挥发性燃油等易燃液体溢出，它们同高温的飞机金属部分接触，或由于搬移飞机残骸或损伤电路而引起着火的可能性很大。1997 年 5 月 8 日某航空公司一架波音 737 客机执行重庆至深圳 CZ3456 航班任务，在深圳机场降落时因操作不当，撞击地面，飞机被折断成三节，中间及机翼部分因飞机油箱爆炸而发生大火燃烧，机上乘客 65 人中有 33 名死亡（烧伤致死占 60%，其中 18 具高度烧焦而无法辨认面容）。

3. 溺水

常见于飞机掉入江河湖海之中所致。是否引起窒息死亡则与溺水前是否已有其他损伤有关。1989 年 8 月 15 日由上海飞往南昌的某航班在上海虹桥国际机场起飞过程中不幸失事，飞机从 5m 上空下跌，冲过护场沟，掉进小河，机翼和前部机身全部没入水中，机身后 1/3 露出水面。此次事故造成 34 人遇难，6 人经救治生还。事后分析原因发现，6 名生还者座位都是在第 6 排以后，而且多靠近客舱的右侧。6 排以前无人生还。可能有两个原因：一是飞机突然向右侧倾斜接地时，在惯性力作用下，左侧乘客较右侧的更易摔离座椅，当飞机撞击并越过护场沟时，前者创伤可能更为严重。二是，前部人员在飞行遇到障碍物时所受外力作用较大，不少人可能意识丧失，当飞机掉进小河时这些人大都被淹，以致窒息而死。

2005 年 8 月 6 日，一架突尼斯航空公司 ATR-72 客机在意大利西西里岛附近坠海。当时，机上有 4 名机组人员和 35 名乘客，乘客全部为意大利人。此次事故可能由于飞机发动机故障的原因在海上迫降。当地时间 15 时 24 分，西西里岛首府巴勒莫市机场控制塔台突然收到这架飞机的呼救信号，驾驶员称飞机出现故障，需要紧急迫降。16min 后，指挥塔上再次传来机长急促的声音："我已无法降落在陆地上，我正试图紧急降落在海上。"15 时 50 分，飞机坠海的消息传来，事故地点距巴勒莫市 10 海里（约 16km），距西西里岛西北部的加洛角 12 海里（约合 22km）。飞机在接触海面以后断成了三部分。可能由于是有准备的迫降，机上全部 39 人中 19 人死亡或失踪，20 人获救。奇迹生还的乘客在死里逃生后说："我们能够生还真是一个奇迹"。

4. 高空飞机密封增压座舱突然失密所导致的减压病

高空飞行时密封增压座舱突然失密发生迅速减压，就会立即产生缺氧和气压性损伤。迅速减压对人体的主要影响是：发生在 4000m 以上高度出现暴发性或急性高空缺氧，在 6000m 以上高度出现高空胃肠胀气，在 8000m 以上高空出现减压病。

（1）高空飞行增压舱突然失密的主要表现　迅速减压可听到"轰"的爆破声，天昏地暗、轰鸣震耳（慢性减压可听到漏气声），机舱内出现水蒸气烟雾，舱内压力表指向零。机上乘员由于快速减压体腔内气体急剧膨胀，空气从口鼻内突然喷出，面颊和口唇在气流中"跳动"，急性高空缺氧和寒冷随之而来。

（2）减压病的机制　大气压力突然降低使人体内溶解的氮气形成气泡而发生减压病导致肺损伤，肺表面或深部出血、胸膜破裂、气胸、肺萎缩以及气栓等病理改变。如不采取紧急措施，一般人只能坚持十几秒到数分钟即可出现意识丧失，最严重时暴露时间超过 3～4min 即可引起急性心力衰竭、脑组织损伤如脑水肿甚至死亡。

（3）事故性减压对人体的危害　主要取决于两个因素。一是发生减压的高度，高度越高，对人体的影响越大。如发生在中低空，对人体安全威胁较小。二是减压的速度，减压速度越快，影响越大。减压时间与机舱容积和舱内外压差密切相关。机舱裂口越大，机舱容积越小，舱内外压差越大则减压时间就短，即迅速减压（或叫爆炸性减压）。如机舱破口或裂缝面积较小，机舱容积较大，舱内外压差较小，则减压速度就小，称为慢性减压，有时能及时发现并立即采取应急防护措施可减少对人机安全的威胁。2005 年 8 月 14 日，塞浦路斯"赫利俄斯航空公司"一架波音 737 客机，在希腊首都雅典以北的历史名城马拉松附近坠毁，机上 115 名乘客和 6 名机组人员全部遇难。希腊政府表示，此次空难可能是由机舱内气压突然降低或缺氧等技术因素造成的。

5. 航空毒物中毒

航空毒物对人体的损害主要以气体形式且多在飞机失火或爆炸后出现。由于是气体，一般看不见、摸不着，也很难闻到特别异样的气味，易被人们忽视。因此，其潜在的威胁不可小视。

常见的有害气体有一氧化碳、二氧化碳、醛类、航空燃料等。

（1）一氧化碳　主要来自燃油废气、润滑油及电气设备绝缘物的热分解产物中。利用发动机进行座舱加温的飞机可能污染座舱。一氧化碳与血红蛋白的亲和力大，严重影响氧的运输而致急性缺氧，轻者头痛头晕、恶心呕吐，重者心慌、意识障碍、血压下降。

（2）二氧化碳　主要来自化学灭火剂，喷气式发动机废气中含有一定浓度，运输鲜货保持低温的固体二氧化碳等在机内通风装置失效时挥发进入座舱。二氧化碳中毒的主要症状为呼吸快而深，有窒息感，头痛头晕等。

（3）醛类　喷气式飞机座舱中常见的有害气体。它是润滑油的热分解产物，即刺激性很强的丙烯醛和甲醛，它可刺激眼、鼻黏膜，引起疼痛、流泪，影响视力，还可导致注意力不集中、心理功能障碍。

（4）航空燃料　航空煤油和航空汽油均属碳氢燃料，燃油蒸气可因通风系统、液压系统的故障和座舱裂缝进入座舱而污染空气，急性中毒时头痛头晕、恶心、兴奋、口干，严重时可发生意识障碍。如气体中加入抗爆剂四乙基铅，其毒性更大。其蒸气浓度过高时则有可能出现双重危险——中毒及爆炸。

（5）毒物的联合作用　飞机上的高分子化合物本身是微毒或无毒的，但遇热分解以后可产生碳氧化合物、氮氧化物、氟化物、氢化物、硫化物等。在飞机起火事故中毒物的联合作用是必然的，并产生增毒效应，使病情复杂化，目前已知毒物达 20 种以上。但最大的危害仍是缺氧和一氧化碳中毒，其次是氰化物中毒。在客舱不大的密闭空间中，这种毒害可迅速达到危及受难者生命的程度，一些遇难者可直接由于急性中毒而死，但更多的是合并烟雾吸入伤与烧伤。

6. 心理应激反应与伤害

因为空难的发生不仅导致机体生理上的可见性损害，其对心理的打击也是巨大甚至是难以承受的。心理损害程度与个体体质、心理素质、个性特征、应对能力、社会支持力度相关。有些当事人由于突发的心理创伤，可能出现反应性精神障碍或加重原有疾病（例如高血压、急性心梗、糖尿病），孕妇可能导致流产等。

三、空难下生存的不利因素

飞机在起飞、着陆阶段发生在机场及机场周边地区的飞行事故占飞行事故总数的 60%左右，也就是说，仍有一定比例空难事故的发生未远离机场和城市。如果发生在偏远山区或环境恶劣地区，而救援人员不能立即到达，这对于幸存者也是一个严峻的考验。因为一旦发生事故，生存便是主要的问题。生存几乎与事故同时开始，生存需要清醒的头脑、机智和对活下去的愿望。但空难发生后存在六个不利于生存的因素。

（1）疼痛　是一种自然反应，它促使人们注意身体某一受害部位。在坠机后紧张而又精神高度集中的活动中，可能暂时注意不到疼痛。然而有时疼痛会降低人们对生存的意志；因此，注意会造成明显疼痛的损伤是很重要的。

（2）寒冷　对生存者也是一个重大的威胁。它不仅能使人的注意力降低，而且容易使人丧失采取措施的意愿而只想使身体保持暖和。寒冷可以麻痹人的精神、躯体和意志。幸存者必须抵抗住强烈睡眠的愿望。

（3）干渴　即使不十分严重，也可使人们的思想迟钝。然而，如果生存的愿望十分强烈，人们几乎可以把干渴忘掉。

（4）饥饿　能削弱人们合理的思维能力，而且增加了对寒冷、疼痛和恐惧等使身体衰弱作用的敏感性。在长时间生存时，饥饿因素更为重要。

（5）疲劳　会降低人的精神活动能力。疲劳可使人粗心大意和缺乏动力。疲劳实际上可能是由于绝望、缺乏目的、不满、挫折或厌烦造成的。疲劳可能是一种对过分艰难的环境的逃避。

（6）厌烦和孤独　是生存中两大顽敌。在对救援抱着很大的期望但又什么也没发生的情况下，可能产生一种被遗弃的感觉，会使人在无形之中失去使自己努力获救的能力。

四、空难伤情特点及病理生理改变

空难伤情最大的特点是复合伤、多发伤多，合并症多，死亡率高。有人统计在重大空难事件中，死亡约占50%，重伤约占25%，幸存包括轻伤约占25%。

坠机或撞击伴飞机失火、爆炸的空难，除机械性致伤因素外大都伴有烧伤、冲击波伤，以复合伤居多；即使不伴随失火、爆炸等情况，也以多发伤常见。所谓多发伤，根据国内外大多数学者认同的标准：①同一致伤因素；②两个或两个以上解剖部位或脏器受到损伤；③至少应该有一个部位的损伤是严重的。多发伤、复合伤属于急性严重创伤。这种严重创伤涉及全身各脏器与组织，它可使人体完整的生理解剖系统崩解，重要的生命器官失去功能，可能迅速导致患者死亡。在多发性创伤中，即使每一种创伤本身似乎并不严重或无致命的危险，然而，由于合并伤的存在，就会使生命功能的损害明显加重，合并伤越多，死亡率越高。1990年10月2日发生在广州白云机场的重大空难，现场死亡120人，受伤65人（其中8名伤员送医院后抢救无效死亡），生还102

人。死亡原因包括颅脑外伤、烧伤、胸腹部外伤、四肢骨折伴失血性休克等。受伤患者情况包括严重颅脑外伤，肾挫裂伤，腹腔脏器出血，多发性骨折，颈椎骨折并截瘫，胸椎骨折并截瘫、血胸，创伤性休克等。

第二节　航空事故的现场急救

航空飞行事故导致的空难像其他灾难一样，同样具备突发性和群发性的特征。虽无人能够预测，但必须做好防范措施及应急准备，要有组织领导，有周密计划，有专业人员，有必需设备，有分工协作。从20世纪初，在美国发生的世界上第一起动力飞机致命事故中，空军中尉Selfridge与Orville Wright一起飞行时牺牲以后，人们认识到束缚系统和头盔的作用，到目前针对大型喷气式客机失事后，应用现代灾难医学理念对空难当事者的处置，人们对空难的医学救治日趋成熟。为提高抢救成功率和患者的生存率，有必要将空难的紧急医学救治的内涵进一步扩大，如空中急症的处理、发生空难最初的自救和互救、空难后在一定时间内的生存能力的训练、搜索营救的训练、空难伤员的院内救治、心理治疗等。当然，最重要的仍然是空难事故现场的紧急救治。

一、空中急症的救护

当在空中出现急症时，哪怕是简陋的现场紧急救护也显得特别重要，空中救护的目的是给患者以持续的生命支持，为进一步的治疗赢得时机，将患者的病情变化和发展进行科学的记录和传递，从而使后续治疗更加准确快捷。一旦出现急症情况，机组人员一般都会采取一定的措施，给患者以最大的帮助。对于危及生命的急危重症，如果继续飞行会危及生命，机组往往会采取紧急措施，即到最近的机场备降。

1. 患者出现异常情况的表现

胸、腹或头痛、昏迷、呼吸声音的消失、躯体较长时间不活动、颜面及嘴唇颜色的异常改变、痛苦表情的出现、面部及躯体大汗淋漓、衣物和地面的非正常性潮湿、呼吸急促或喘气、震颤、突然性摔倒或身体委顿、呻吟、微弱的呼救或求救动作、异常气味等。

2. 需把握的重点

正确判断患者的生命体征，例如意识状态、瞳孔变化、呼吸、心率、血压。如果患者能够正确回答问题，说明患者意识是清醒的。如果患者对摇动还有反应，但不能够正确回答问题，证明患者意识还是存在的，但病情比较严重。如果患者完全没有反应，则说明患者的意识已经丧失，病情非常严重，需要立即开展抢救。如果患者意识丧失、呼吸及大动脉搏动消失，可以初步判定患者属于猝死，应该立即进行心肺复苏，即人工呼吸和胸外按压，迅速开展抢救。如果患者疼痛剧烈、大汗淋漓、面部颜色改变，则或者多属于与疼痛有关的疾病如心绞痛、结石等疾病，结合患者的病史，就不难得出正确的诊断。如患者呼吸困难、张口抬肩，则多半属于呼吸系统的疾病，如哮喘、肺气肿、突发气胸等。如患者心慌、胸闷、气短，则多属于心脏疾病，如冠心病等。如患者头晕、头痛非常厉害，则应该考虑到高血压危象的可能，应该积极争取给患者测量血压，明确诊断。如患者出现喷射性呕吐、头痛剧烈、肌肉张力增加、迅即昏迷等症状，则多半属于脑出血等疾病。我们一定要注意的是，疾病是不断在变化和发展的。因此，我们的观察也必须是动态的，即从始至终都要对患者进行细致的观察，尤其要发现患者体征和症状的变化，并因此调节和修正诊断与抢救的方法。

3. 抢救措施

飞机上空间相对较狭小，不可能为救护提供充足的空间。有许多疾病的救治应该选择在患者的座位上进行，尽量减少患者的移动，以便对患者的病情造成不利的影响，如心肌梗死等；还有许多症状较轻、在服用某些药物就可以得到缓解且不需要特殊护理的疾病，原则上也应该在原座位上完成。如果患者生命垂危，必须立即进行抢救，抢救需要较大的空间环境，如猝死的心肺复苏等，则应该将患者移到比较宽敞的位置，如飞机的前部（震动较轻，受气流影响较小，救护设备容易展开，飞机降落后后续救援能够迅速展开，转运也方便），并对乘客的座位进行必要的调节，给抢救挪出较大的空间。

科学进行人工呼吸和心外按压常常是患者得以重生的关键。在某些长途飞行，特别是越洋飞行的飞机上，常常备有先进的心电监护除颤仪，一定要及时给猝死的患者使用，往往能够取得满意的效果。除颤的正确方法是，敞开患者胸部的衣物，在除颤电极上涂抹导电油（紧急情况下如果没有则可以用盐水代替），选择适当的能量进行充电，然后将电极分别紧密按在患者的胸骨右侧第二、三肋间和心尖区进行放电除颤，必要时可以重复进行。

二、空难的自救和互救

2005 年 8 月 2 日，法国航空公司 358 号班机、一架型号为 A340 的空中客车由法国巴黎飞抵加拿大多伦多，下午 4 时 03 分在雷电交加的恶劣天气下降落皮尔逊国际机场时失控滑出机场跑道，坠进 401 高速公路旁的一处丛林沟壑，人们猜测风切变、闪电可能是坠机的因素。当时机上乘客及机员共 309

人，在危急关头及时疏散，机上大部分乘客连同其中一名副机师在飞机失控后不到 6min 内逃离机舱，在飞机起火前全部人员撤离飞机。消防队在 52s 内赶到时，已有四分之三乘客和机组人员逃离飞机。事后乘客和机组人员分别表示“机组人员表现出色，他们都受过疏散乘客的训练”“乘客表现亦相当理智”。在这次惊心动魄的危难中，43 名伤者中大多数仅受轻伤，该班次更被称为“奇迹 358 班机”。这是突发航空事故中一次成功的自救互救范例。

空中常见紧急情况的处理如下。

(1) 增压舱失密的紧急处理　机组人员会立刻打开紧急用氧开关，戴氧气面罩吸氧，并将飞机紧急下降高度；乘务员就近使用氧气面罩或活动氧气瓶，边吸氧边广播；乘客头顶上的氧气面罩会自动下垂，此时应立即吸氧，绝对禁止吸烟。到达安全高度后一般乘客会停止供氧，需继续吸氧的乘客可使用活动氧气瓶供氧；若飞机安全降落后对患有减压病的伤员，特别是表现有头痛、疲劳、恶心和呼吸困难者应立即送往加压氧舱治疗。在接受加压氧舱加压治疗以前的急救包括：面罩吸 100%的纯氧，促进氮的排除，减少氮气泡的增多；输等渗液体；应用阿司匹林抑制血小板聚集；对症治疗；服用镇静药等。

(2) 飞机失火的急救　飞机在飞行中失火的严重性取决于失火和着陆之间可以利用的时间，乘客和机组人员的生命常在于此。如果机舱内失火，应迅速利用机上消防设备扑灭火势，可用二氧化碳灭火瓶和药粉灭火瓶（驾驶舱禁用）；非电器和非油类失火应用水灭火瓶。乘客要听从指挥，尽量蹲下，处于低水平位，屏住呼吸，或用湿毛巾堵住口鼻，防止吸入一氧化碳等有毒气体而中毒。若飞机能在几分钟内到达一个机场，则可能获救。而对飞机坠地后失火的应对是紧急撤离现场，幸存者因离机方法不当仍可导致死亡。

(3) 飞机机械故障的应对　飞机机械故障可能表现为机身颠簸；飞机急剧下降；舱外出现黑烟；发动机关闭，一直伴随着的飞机轰鸣声消失等，飞机或许随时都有可能紧急迫降。此时乘客仍应系好安全带；认准自己的座位与最近的应急出口的距离和路线；若头顶部有重而硬的行李必须挪至脚旁；保持最稳定的安全体位即弯腰，双手握住膝盖下，把头放在膝盖上，两脚前伸紧贴地板；若飞机在海洋上空失事，要立即换上救生衣；飞机下坠时，要对自己大声呼喊：“不要昏迷，要清醒！兴奋！”并竭力睁大眼睛，用这种“拼命呼喊式”的自我心理刺激避免“震昏”；当飞机撞地轰响的一瞬间，要飞速解开安全带系扣，猛然冲向机舱尾部朝着外界光亮的裂口，在油箱爆炸之前逃出飞机残骸；因为飞机坠地通常是机头朝下，油箱爆炸在十几秒后发生，大火蔓延也需几十秒之后，而且总是由机头向机尾蔓延。

(4) 史密斯空难逃生启示　曾有一架波音客机在欧洲某地坠毁，乘客与机组人员几乎全部遇难，只有美国一家汽车公司的职员史密斯等几人逃过此劫。当时史密斯在机舱中处于不利位置，空难发生后却只受点轻伤。相反，其他在机舱后座断裂处被侥幸救出的乘客却伤势严重。

根据史密斯所讲，当飞机翻转下落时，他就双手紧紧握住安全带系扣。在天崩地裂般的机身撞地爆炸的刹那间，他瞬间便解开了系扣，犹如离弦之箭，快速逃往机舱后部，向着光亮奔去。他认定那亮处是机身的断裂处，是逃生之门。终于，他逃脱了坠机时那凶猛追身的大火吞噬，爬下了飞机残骸，成为唯一的轻伤幸存者。

史密斯这种奇特的空难逃生术，很快引起了人们的广泛关注。西方国家不少研究空难问题的专家认为，"史氏求生法"不失为一种简单易行、具有实效的科学方法。因为，由于沉重的发动机通常总是安装在飞机的前半部分甚至机首部分，所以，飞机坠落时也大都是头朝下，导致绝大部分机头粉碎，机身四分五裂，火也常从机首燃起，几秒、十几秒甚至几十秒才能蔓延全机。因此，采用"史氏求生法"避空难是可行的。但有些空难专家通过研究分析认为，所谓"史氏求生法"也有一重要缺陷，就是当飞机发生故障时，乘客的心情是非常紧张的，尤其是在飞机坠地时，即使没有完全失去知觉，也会被震得头昏目眩，进而不能及时解开安全带系扣，更无法准确地向机舱后方缺口处逃生。1993年，美国有关方面专家通过多次模拟实践证实，富有奇效的"心理紧张控制法"可以弥补"史氏求生法"的不足之处，在飞机下坠时大声呼喊，自我警告："不能昏迷，不能，绝对不能!"这样，往往可通过中枢神经的快速调节，使体内肾上腺素在极短时间内大量分泌，造成心跳加快，大脑血流量增加，神经系统的承受力增加，不仅可大大减轻头晕的程度，并使机体应激能力提高，反应更加灵敏。不过，经全机乘客参与试验表明，百余人都一起疾呼狂喊，那么谁也听不清自己的声音。于是，空难专家建议，不妨试试各自在心中呐喊。经试验，这也是有效的。至此，"史氏求生法"算是补充完整了。但是，心理学家认为运用"史氏求生法"即便有效，也不可离开一个最基础的因素，那就是心理健康。因此，人们平时就要注重加强心理锻炼，养成遇事冷静、果敢沉着的心理素质，遇上空难时逃生的可能性就更大了。

三、对空难幸存者的搜索与营救

空难发生以后找到生存者的可能性和他们生存的机会每过一分钟都在减少。因此，重要的是立即进行所有的搜索和救援活动，以免危及生存者的生命。地形气候条件、生存者的伤情、能力和耐力、生存装备都是至关重要的。对搜索和救援情况做出迅速的反应也是极为重要的，因为时间是飞机事故幸存者能否成功得到援救的关键。在事故发生后的最初 8h 内，生存率超过 50%；然而超过 48h，则生存率降到 10%以下。个人生存意志、生存知识和体力状况对生存机会也有很大影响。当收到发生紧急情况或者可能出现紧急情况的消息时，即开始行动；当生存者或遇险的飞机分别被送到治疗或安全地点，确定已无紧急情况存在时，搜索和救援活动才告停止。搜索和救援系统的应急部门应具有四大能力：①平素对搜索救援人员进行紧急救治训练；②对生存者的救命和维持生命服务训练；③生存者后送和运送设备；④接收受伤生存者的医疗设施。

国际民航组织（ICAO）在搜索和营救方面较为突出，为国际民航进行搜索和救援活动制定了广泛的标准，提出了实际措施和方法。根据国际民航协定的条款，每个签字国都要承担在其领土内任何国籍飞机遇难时提供救援手段。该协定还规定，当搜索失踪的飞机时，每个签字国应与有关国家合作并协调其行动。目前如美国、德国等一些发达国家都已形成全国性的救灾网络，并发展为立体化医疗后送体系。通过军民结合、平战结合形成医疗后送网络化部署。由于国际合作的加强，使在特殊环境中失事或迫降的飞机搜索营救工作有了极大的改善。20 世纪 80 年代，美国、苏联、加拿大、法国等组建了第一个国际卫星救援系统。医疗后送网络化部署大大缩短了抢救半径，更由于具有空中急救功能的医疗直升机——“空中医院”的出现，极大地改善了特殊地区空难的应急救援工作，但目前能如此完善的还仅限于少数发达国家。

在 2002 年，一架备有全套重症监护系统急救设备的飞机出现在中国北京机场。这架被称为“空中医院”的飞机可以执行国际标准的空中紧急救援与医疗转运工作，属于国际 SOS 救援中心的这家空中医院除配备有高压氧舱、心血管和呼吸支持系统外，还配备了经过紧急医疗护理、航空医疗、飞机和系统设施安全起降以及飞行护理等方面专业培训的医疗救护小组。这标志着中国已经开通了专业航空救援服务。我国为保证载人航天航天员的着陆医疗救护安全，解放军第 306 医院特种医学中心岳茂兴教授等，结合神舟“五号”“六号”航天员的医疗保障经验，针对特殊的野外环境，创新地把高质量的 ICU 建在医疗救护直升机上，从而加快了反应速度，提高了抢救成功率。经济条件许可的情况下，突发航空事故的现场抢救可以借鉴。

四、应急救援组织计划

空难发生时，作为应对灾难的突发事件，从中央到地方各级政府和职能部门都有相应的救治预案、条例和措施。中国民航《民用航空器飞行事故应急反应和家属援助规定》第四十三条规定，机场应当成立由当地人民政府、民航地区管理局或其派出机构、机场管理机构、空中交通管理部门、公共航空运输企业和其他驻场单位共同组成的机场应急救援领导小组，负责机场及其邻近区域内民用航空器飞行事故应急救援的组织与协调。

成功地实施机场应急救援工作的前提是必须有一个完善的应急救援组织机构——应急指挥中心。依据飞行事故预测可能导致的最大灾情，确立应急救援的具体组织机构，即包括消防、公安、法医、医疗救护等各相关部门。明确各个部门实施救援时应担负的任务、相互之间的关系、应急救援工作的指挥程序、救援规范、报警设施、通信手段、交通疏导等。制订应急预案，负责领导、指挥、协调各方面工作。所谓“3C”概念，即指挥（command)、通信(communication)、合作（cooperation)。

五、急救模式及医疗设施

1. 急救模式

飞机在起飞、着陆阶段发生在机场及机场周边地区的飞行事故占飞行事故总数的60%左右。美国的一项统计也表明，飞行最危险的阶段仍然是着陆，占事故的40%，起飞占事故的20%，起飞和着陆是飞行最危险的两个阶段，国际上把起飞后6min、降落前7min称为可怕的13min。飞行事故大都发生在机场附近，而目前国内大多数在机场周边地区无大型医院，如果突发空难事件，现场紧急救护则存在抢救力量相对不足的情况。1989年发生在上海虹桥国际机场的空难，由于现场抢救存在不足，失去许多宝贵机会。送往某医院的8名伤病员，可能都没有经过现场急救，无伤票，没有初步的止血、包扎和固定，也没有随车的医务人员，伤员到达后，医院工作人员不知道伤员有无污水接触或溺水史，抢救的针对性必然不强。有一名伤员到医院时呼吸已经停止，但心电图还偶尔显示心搏。如果此伤员能在现场积极抢救，在送院途中也不终止抢救，有可能生还。还有现场抢救和送院延误情况，从飞行事故到首批伤员送到医院时间长达1h。因此，应加强机场第一现场的抢救力量，从人员培训到设施准备。

目前国内各地急救模式可能有不同之处，现有机场中人员配备尚无统一标准，但均有医务人员及相应的急救设备，国内大部分机场均有急救中心建制。欧美各机场的医疗急救也各不相同，大都社会化。机场大都无专职医护人员，有的为“红十字”会培训的急救人员随消防车或急救车救护；有的通过政府部门指定机场（如英国利物浦市急救指挥调度中心）或成立相应急救体系（如丹麦哥本哈根机场有应急救援中心)；有的与机场当局消防部门合为一体（如美国洛杉矶机场消防局担负着当地应急救援指挥与协调救援工作，医疗急救受其指挥）。

我国目前某些大型机场医疗应急组织构建及抢救运行模式如下。

(1) 指挥组　由卫生行政部门的行政主管或当日医疗行政总值班担任组长，相应管理者参与。主要任务是听从机场指挥部门的调遣并与其保持联络，指挥和现场协调医疗急救人员抢救等工作。

(2) 事故伤情营救组　主要由“红十字”会员（兼职）将伤亡者从飞机或飞机残骸中抢出，搬运至伤员集中区域（伤情分类组），并负责抬担架，搬上救护车（限在事故现场）。

(3) 伤情分类组　要由有经验的内、外科（主要为外科）医护人员组成。按民航局有关文件精神，将伤员分为四类（0类～Ⅲ类），并用统一标签标示。

① 0类：死亡。用黑色标签。

② Ⅰ类：危重类。需立即抢救，用红色标签。含严重头部外伤、开放性骨折、严重挤压伤、大面积烧伤、各类休克、内脏损伤等。

③ Ⅱ类：中重伤。允许暂缓抢救。用黄色标签。无症状休克、外伤、闭合性骨折、<30%体表面积轻度烧伤等。

④ Ⅲ类：轻伤。无生命之危。用绿色标签。

除以上分类外，部分乘客虽无躯体受伤，但精神创伤或心理受到不同程度的刺激，亦应重视。

紧急处置治疗组：主要负责抢救Ⅰ类、Ⅱ类危重伤员，稳定病情，以便尽快脱离现场，运送至附近医疗机构做进一步诊治。

(4) 转送运输组　由医护人员、司机和救护车组成。按伤情分类及抢救情况，以先重伤、后轻伤原则转运，并负责转运途中的救护工作。

第一现场医务人员要掌握四种特殊技术。一是登机抢救技术，特别在烟雾和毒气存在时的抢救技术；二是现场初步急救技术，包括止血、结扎、固定和心肺复苏等；三是对伤员分类运送技术，尽速将伤员分为0类（致命伤）、Ⅰ类（危重伤）、Ⅱ类（中重伤）、Ⅲ类（轻伤），并用不同交通工具尽快运送到医院；四是特殊抢救技术，包括航空中毒（飞机燃料燃烧产物一氧化碳、氰氢酸、氮氧化物中毒）和严重烧伤、休克处理。在整个过程中坚持先抢后救、抢中有救，先救命后治伤、先重伤后轻伤，先分类、后运送的救护原则。要达到上述要求，从现场急救的组织指挥到医务人员急救技能的掌握、伤员运送安排、医院准备接受等一系列过程，都要经过演习、实施、落实，以备一旦空难事故发生时援救行动。此外，在现场急救中，耐心细致地做好搜寻援救是十分重要的，往往可使一些遇险者脱险还生，从这个角度出发，要求医务人员能掌握一定的伞降急救技术，这可能是不久的将来对医院医务人员提出的一个新的要求。

2. 人员和设施

(1) 抢救人员　包括机场消防人员、机务人员、各种车辆的司机及部队战士。最好能动员专门急救组织的人员，如红十字会和消防部门的急救人员。救援和消防人员是主要力量，他们应有良好的品质，强壮的体格，反应灵敏，训练有素。他们的主要任务首先是登机寻找和抢救幸存伤员，能有主动献身精神，有能力对火情作出较为明确的判断，能迅速打开飞机紧急出口和驾驶舱门，能安全转运出伤员。

(2) 医务人员　包括现场的医生和护士，医生必须经过专门训练，由有急诊医学临床经验的高年资医生担当，他们必须具有高水平的鉴别诊断能力，必须掌握各种急救技术，如心肺复苏、气管切开、止血、包扎、固定技术等，必须熟悉交通事故创伤的处理方法，同时又有一定的行政管理和协调能力。对护士的要求是能主动、有效地协助医生抢救。

(3) 急救医疗设备　包括担架（普通担架和产式担架）数量（150副），颈托及颈椎固定板，固定垫，成型袋内的空气抽出后变为较硬的不易弯曲的固定垫，轻便实用，夹板（普通夹板或充气夹板）数量（100副），急救箱内装有一套四种伤情分类颜色的塑料标签，止血带，止血垫，环甲膜穿刺针，吸氧管，剪刀和敷料等。

医护常用的物品有急救药品，注射器，复苏液体，吸引器，外科切开缝合包等。此外还有交通工具、通信设备。

(4) 其他用品等。

六、大型医院急诊专业参与现场急救的模式

1. 医疗模式思考

突发航空事故紧急救护属于灾害医学范畴，而灾难医学是急诊医学的一个分支。对急诊医学专业来说，急诊医疗服务体系（EMSS）是其临床活动的精髓。院前急救、急诊室抢救和急诊ICU的进一步治疗是环环相扣、有机相连的整体，只是针对空难的救治更侧重于院前（现场）。根据空难救护的特殊性质，在应对空难突发事件时，急诊医疗服务体系的天平应该向院前急救倾斜，技术力量和专业设备应该更多地投入现场急救。大型医院的急诊专业队伍从技术力量到抢救设备都更优于一般医疗机构，他们需要的是更加快速的反应。1990年广州白云机场“10.2”空难的医疗救援是一个较为成功的案例。在此次事件处理中，在应急指挥中心的统一指挥协调下，医疗救护除白云机场医务

人员参与外，广州市13家大型医院的急诊专业院前救护小组参与了现场救援，第一批救护车在接到指令1～3min内赶到现场，并直接参与第一现场抢救和后续治疗。

2. 医疗急救实施

（1）检伤分类　空难有可能发生在任何时间和地点，医疗救护工作在接到指令后一定要在最短时间内到达现场，要有专人指挥并接受现场指挥部的指挥。首先将患者脱离现场，移至上风处100m左右的地点集中（也有人提出500m处），警惕飞机第二次爆炸，避免患者再受伤及医护人员受伤。由于短时间内有大批伤员，救治力量肯定是有限的，存在着伤员救治需要与可能之间的矛盾，因此，必须进行快速、准确验伤、鉴别和伤情分类。

（2）要严防重大漏诊

① 颅脑或颌面外伤要注意是否合并颈椎骨折或脱位，颅脑外伤一旦发生血压下降应立即想到内脏出血的可能，腹部穿刺可定性诊断。

② 下胸部骨折要注意有无肝、脾破裂；左侧的多发性肋骨骨折及血气胸需检查心电图，注意有无心肌挫伤、心脏压塞等情况。

③ 严重腹部挤压伤要检查有无膈肌破裂。

④ 骨盆骨折要注意有无后尿道损伤，可试行留置导尿管。

⑤ 股骨近端骨折是否合并同侧髋关节脱位。

⑥ 掌握救治—诊断—再救治—再诊断的原则。

⑦ 抢救医疗文书要客观、准确记录。

（3）抢救措施

① 保持患者呼吸道通畅，尤其是头面部、颈胸部外伤伴昏迷或窒息者，让伤者处于侧俯卧位，清除口腔和气管内异物（海氏法），防止舌后缀，解开衣领，必要时做环甲膜穿刺或气管切开术，行机械通气。

② 有呼吸、心跳骤停的必须立即行心、肺、脑复苏。

③ 开放性气胸，特别是张力性气胸，应做相应紧急处理。

④ 控制可见的出血，可根据情况行填塞压迫止血或止血带止血，原则上尽量缩短使用时间，做好标记，一般不超过1h为宜。

⑤ 颅脑开放伤脑膨出、腹部开放伤脏器脱出，应给予无菌包扎，勿还纳，对于颅底骨折和脑脊液漏的患者切忌填塞，以免导致颅内感染；颅脑外伤、血压稳定者可暂行脱水治疗。

⑥ 骨折固定与搬运：长骨干骨折应行跨关节固定；怀疑脊柱骨折应保持脊柱在水平位搬运，头颈部外伤或昏迷者应使用颈托，以防高位截瘫。

⑦ 刺入体内的可见异物原则上不允许去除，因为在没有充分手术准备情

况下有可能导致不可控制的大出血。

⑧ 对于烧伤患者除迅速脱离致伤源和现场外，患者勿呼救和奔跑，勿用手扑打，可迅速脱去衣服或由抢救者用水浇或用衣被等覆盖明火，烧伤部位可用冷水冲淋或浸泡。

⑨ 爆炸伤的处理原则主要是清创术，依据对功能的影响及技术条件而定，要注意抗感染、抗破伤风治疗。

⑩ 对严重挤压伤患者要早期发现有无急性肾衰竭，注意尿量及尿的颜色，伤肢不应抬高，非必要时尽量不用止血带或加压包扎，可服用碱性饮料或静脉输入 5%碳酸氢钠溶液 250mL。

⑪ 镇痛，给氧，建立两条静脉通道，留置导尿。

⑫ 有心理恐惧或障碍的患者给予必要的安慰，视情况可给予镇静药，或给他们安置在远离事故现场的适当房间内并由专人陪护或由心理、精神病专科医生处理。

⑬ 根据伤病情况迅速转运并与医院取得联系，各专科、设备做好相应准备。批量伤员后送应有伤票及简明记录。

(4) 后送顺序

① 第一优先的是有严重危及生命并发症的Ⅰ类伤员，但应先做适当的抢救治疗，待病情相对稳定后再送往医院，例如心肺复苏成功者，张力性气胸已行简易胸腔穿刺闭式引流的伤员。后送时需采用有进一步生命支持功能的监护型救护车并由专门的医务人员陪送，途中要严密监测病情变化，医疗与后送相结合，保证伤员安全抵达医院。直升机运送伤员，虽然有更为快捷的优越性，但大批伤员的后送仍以陆地车辆为主。第二优先的是伤情严重但短时间内尚无生命危险的Ⅱ类伤员。可以用监护型救护车，由专人护送。第三优先的是损伤较轻，包括自己可以行走的伤员，此类伤员可由护士陪同乘运输型救护车送院即可。

② 在转送伤员时，对头颈部损伤、脊柱骨折的伤员无论搬运或在途中都要避免加重损伤造成截瘫；伤员在救护车中，其头端应与汽车行驶方向一致，一般重伤员可取仰卧位；胸部伤伴有呼吸困难的，取半卧位，吸氧；神志不清、有呕吐的伤员的头部应偏向一侧，以防发生窒息；有长骨骨折伤员，应将肢体放在合适或舒适的位置。原则是，在严密观察伤情变化的同时快速送达医院，确保后续救治的进行。

③ 伤员送院时应提前通知有关接收医院，途中保持联系，通报伤者的情况以便接收医院有针对性地做好接诊准备。

第三节　航空事故急救注意事项

（1）严防重大漏诊　具体内容参见本章第二节“医疗急救实施”。

（2）要警惕飞机第二次爆炸，避免患者再受伤及医护人员受伤。由于短时间内有大批伤员，救治力量肯定是有限的，存在着伤员救治需要与可能之间的矛盾，因此，必须进行快速、准确验伤、鉴别和伤情分类。

（3）在现场要尽快明确既死与非既死、致命与非致命、器质性与非器质性的三条界限；对于批量多发性创伤伤员要分清绝对救治、紧急救治、优先救治、相对急救、次要急救（外科治疗可延迟至18h进行）、第三位急诊（18h后手术）、无需住院治疗的创伤、超限度急救（由于时间、地点和医疗技术的限制，无条件立即治疗或生存希望很小，可仅给予镇痛治疗）。

（4）航空事故致急性严重创伤强调抢救优先于诊断和治疗，或者诊断与伤情评估同时进行，正确判断生命体征，把抢救生命放在第一位。

（5）航空事故致急性严重创伤时看采用损伤控制外科技术（damage control surgery，DCS）。病情不允许实施确定性手术时，可用最简单的方法控制出血和污染，伤员送重症监护室进行复苏，包括纠正低温、纠正凝血障碍和酸中毒、呼吸支持，直到伤员生理条件允许时再实施确定性手术。

第十一章

爆炸事故现场医疗急救

第一节　爆炸事故的致伤特点

（1）爆炸伤事故突发性强，组织指挥困难　发生爆炸等意外，事故突发性强，现场人员多、机构多，加之人员、装备、设施受损严重，卫生力量运筹不及，给组织协调带来困难，组织指挥困难。

（2）爆炸事故很容易导致冲烧毒复合伤　冲烧毒复合伤是所有复合伤中最严重的一种，伤情最重，最难急救。冲烧毒复合伤的发生率与离爆心远近有关：离爆心越近，发生冲烧毒复合伤的机会越多，其次是冲毒复合伤。

（3）致伤因素多，伤情复杂　爆炸事故致复合伤的致伤效应是两种或两种以上致伤因素作用的相互加强或扩增效应的结合，因此，病理生理紊乱常较多发伤和多部位伤更加严重而复杂。它不仅损伤范围广，涉及多个部位和多个脏器，而且全身和局部反应较强烈、持久。热力可引起体表和呼吸道烧伤，冲击波除引起原发冲击伤外，爆炸引起的玻片和沙石可使人员产生玻片伤和沙石伤，建筑物倒塌、着火可引起挤压伤和烧伤，毒剂中毒除引起肺损伤外，有的还可引起神经系统的损伤。

（4）致伤机制十分复杂　爆炸事故其损伤机制推测可能与冲击波、热力和有毒气体的直接作用及其所致的继发性损害有关。爆炸事故所致的冲烧毒复合效应不应理解为各单一致伤因素效应的总和，而是由于热力、冲击波和毒气各致伤因素的相互协同、互相加重的综合效应，因此伤情更为严重。

（5）外伤掩盖内脏损伤，易漏诊误诊　单纯的冲击波超压致伤时，体表多完好无损，但常有不同程度的内脏损伤，即呈现外轻内重的特点。当冲击伤合并烧伤或其他创伤时，体表损伤常很显著，此时内脏损伤却容易被掩盖，而决定伤情转归的却常是严重的内脏损伤。如果对此缺乏认识，易造成漏诊误诊而贻误抢救时机。因此，在化学毒物爆炸事故的现场，不管有无烧伤、创伤和毒气伤，均应根据受伤史怀疑有内脏冲击伤的可能，做周密的体检，必要时可观察一段时间。

（6）肺是爆炸事故损伤最主要的靶器官　肺是中毒致伤、冲击波致伤最敏感的靶器官之一，肺也是呼吸道烧伤时主要的靶器官。因此，肺损伤应是爆炸事故致冲烧毒复合伤救治的难点和重点。

（7）爆炸事故致冲烧毒复合伤在临床上病情发展迅猛，救治极为困难　表现为伤势重，并发症多，病（伤）死率较高：严重的爆炸复合伤伤员常死于致伤现场。

（8）伤亡人群扩大化　爆炸事故致复合伤的破坏作用和地面杀伤力异常巨大，人员伤亡比一般伤类时呈扩大趋势。

（9）杀伤强度大，作用时间长　爆炸事故致冲烧毒复合伤的早期并发症凶险，晚期并发症增多；杀伤面积大，损伤部位多，造成多部位伤的比例增加；随着休克、出血、昏迷等并发症和冲击伤、多部位伤、烧伤的增多，重伤的比例也相应增加。

（10）治疗困难和矛盾突出　爆炸事故致冲烧毒复合伤治疗中最大的难题是如何处理好由不同致伤因素带来的治疗困难和矛盾。处理好治疗烧伤的迅速输液与治疗肺冲击伤慎重输液和抗中毒的矛盾是治疗冲烧毒复合伤的关键。

（11）外伤掩盖内脏损伤，易漏诊误诊　当冲击伤合并烧伤或其他创伤时，体表损伤常很显著，此时内脏损伤却容易被掩盖，而决定伤情转归的却常是严重的内脏损伤。如果对此缺乏认识，易造成漏诊误诊而贻误抢救时机。

第二节　爆炸事故的急救原则

（1）设立一个爆炸事故的应急救援高层急救指挥机构　爆炸事故的医学应急救援工作是一个完整的系统工程。需要一整套合理、高效、科学的管理方法和精干熟练的指挥管理人才。必须加强应急救援卫勤的组织指挥，建立强有力的指挥机关负责应急救援及抢救的总指挥，迅速组织强有力的抢救组进行抢救，加强治疗和护理，这是保证抢救成功的关键措施。充分发挥现场一线救治和应急救援专家组的技术指导作用。

（2）创建一条安全有效的绿色抢救通道　建立快速爆炸事故致伤分类系统。在有条件的单位可建立一些设备优良、机动性好、有综合救治能力的应急医疗队。创建一条安全有效的绿色抢救通道。

（3）立即阻断致伤因素，迅速脱离爆炸事故现场　热力烧伤时，应尽快脱去着火的衣服，如来不及脱衣服时，可就地迅速卧倒，慢慢滚动压灭火焰，或用不易燃的军大衣、雨衣、毛毯等覆盖，使之灭火，创面用敷料或干净被单等覆盖。当有毒气体中毒时，应立即终止接触毒物，快速有效地切断毒物进入途径，伤员应立即撤至上风向的安全地域。对溅到皮肤和眼中的氮氧化物，可用大量水冲洗，眼内滴硫酸阿托品及抗生素溶液预防眼部感染。对处在爆炸事故现场的伤员，均应考虑有冲击伤的可能性，应密切注意观察。

（4）及早、全面诊断爆炸事故致复合伤的部位、类型、程度　对危及生命及肢体存活的重要血管、内脏、颅脑损伤、中毒及窒息等，在休克复苏的同时，应优先处理；不危及生命或肢体存活的复合伤，应待烧伤休克及中毒症状基本被控制，全身情况稳定后再进行处理。

（5）迅速抗休克抗中毒治疗及纠正脑疝，同时防治肺水肿和脑水肿　积极有效地防治肺水肿和脑水肿对改善爆炸事故致复合伤的预后起着重要的作用。严重爆炸复合伤伤员早期死亡的主要原因为休克、脑疝、重度烧伤、中毒、创伤后心脏停搏等，早期积极地抗休克、抗中毒及纠正脑疝治疗是抢救成功的关键，同时还要防治肺水肿和脑水肿。抗休克的重要措施为迅速建立两条以上静脉通道，进行扩容、输血及足够的氧气吸入，应在积极抗休克的同时果断手术，剖胸或剖腹探查以紧急控制来势凶猛的部位伤。早期降颅压纠正脑疝的主要措施仍为20%甘露醇250mL静脉滴注，30min内滴完。同时加用利尿药，通常用呋塞米20mg，每天1～2次，连续使用2～3d。早期大剂量的地塞米松及人体白蛋白应用可减轻脑水肿，但需积极术前准备尽快手术清除颅内血肿、挫裂伤灶或施行各种减压手术才是抢救重型颅脑损伤、脑疝的根本措施。但在颅脑损伤合并出血性休克时就会出现治疗上的矛盾，应遵循：先抗休克治疗，后用脱水药；使用全血、血浆、右旋糖酐40等胶体溶液，既可扩容纠正休克，又不至于加重脑水肿。

（6）皮肤染毒，首先迅速、及时洗消是关键，再加特效解毒药的快速应用　对偏二甲基肼中毒关键性治疗为特效解毒药维生素B_6，原则是早期、足量、尽快达到治疗的有效量，注意防止副作用。莨菪碱类药物联用地塞米松冲击疗法对四氧化二氮中毒有较好效果。有高铁血红蛋白血症时，可根据伤员发绀情况给予1%亚甲蓝5mL＋维生素C 2g加入5%葡萄糖液20mL中静脉缓缓注入；早期也可用泼尼松、氢化可的松或地塞米松减轻溶血反应；口服大量（每天10g以上）碳酸氢钠或5%碳酸氢钠静脉滴注碱化尿液，防止游离血红蛋白堵塞肾小管；严重溶血性贫血时，反复输少量新鲜血，最好是输红细胞悬液。

（7）诊断要迅速、准确、全面　通常是边抢救，边检查和问病史，然后再抢救、再检查以减少漏诊。诊断有疑问者在病情平稳时可借助一定的辅助检查（B超、X线、CT等）获得全面诊断。

（8）紧急手术治疗的顺序　应遵循首先控制对生命威胁最大的创伤的原则来决定手术的先后。一般是按照紧急手术（心脏及大血管破裂）、急性手术（腹内脏器破裂、腹膜外血肿、开放骨折）和择期手术（四肢闭合骨折）的顺序，但如果同时都属急性时，先是颅脑手术，然后是胸、腹、盆腔脏器手术，最后为四肢、脊柱手术等。提倡急诊室内手术。对于严重复合伤伤员来说时间就是生命，如心脏大血管损伤，手术越快越好，如再转送到病房手术室，许多伤员将死在运送过程中。手术要求迅速有效，首先抢救生命，其次是保护功能。ARDS及MOF是爆炸复合伤伤员创伤后期死亡的主要原因，因此应早期防治。

（9）联合采用静脉注射山莨菪碱、地塞米松、维生素B_6为主的冲击疗法　在病情危重的特定情况下，联合采用静脉注射山莨菪碱或东莨菪碱（20mg/8h）、地塞米松（20mg/8h）、大剂量维生素B_6（3g/8h）为主的冲击疗法，使爆炸伤伤员的病情得到逆转。

（10）注意爆炸事故给公众造成心理的危害程度　突发爆炸事故给伤员造成的精神创伤是明显的。对伤员的救治除现场救护及早期治疗外，还要重视公众在精神上造成的创伤并采取正确的应对策略。

（11）对症治疗和支持疗法　对症治疗和支持疗法是冲烧毒复合伤救治的一个重要方面，其基本的原则包括：①密切观察伤情变化，特别是冲击伤引起的动脉气体栓塞，迟发性胃肠道穿孔，中毒引起的迟发性肺水肿等。②维持水、电解质及酸碱平衡，及时纠正低氧血症。③脏器功能支持，预防器官功能障碍的发生，如充分有效的复苏，清除和引流感染灶以及循环、呼吸和代谢的支持等。④适时适量补充血浆或白蛋白等。⑤有效控制抽搐与惊厥，当给予维生素B_6仍不能止痉时，可肌注苯巴比妥钠0.2g。⑥抗氧化剂的应用，如维生素C、维生素E、谷胱甘肽、类脂酸或牛磺酸单独或联合应用，有助于减轻氮氧化物引起的肺效应。⑦免疫调理，如给予人参皂苷、黄芪多糖、人工重组胸腺素等，以增强机体的免疫功能。

第三节　爆炸事故的注意事项

（1）爆炸现场可能存在险情　一是现场仍有没有爆炸的爆炸物品，特别容易因救护人员、调查人员的移动、吸烟等外力作用，诱发再次爆炸；二是被炸的建筑物再次倒塌；三是爆炸后的封闭空间存在毒气；四是电气设备仍然带电。所以救护人员必须对此提高警惕，做好预防工作。迅速将伤员脱离爆炸事故现场，及时对伤员进行紧急救护。

（2）爆炸事故现场急救分卧倒自救、离开自救、滚动自救、止血自救等。对于爆炸伤的特重症伤员，需对冲击波、烧伤和中毒等因素所致的多重损伤进行兼顾和并治。

（3）爆炸伤急救的综合治疗是至关重要的，包括心肺复苏、抗泡剂应用、超声雾化吸入、抗过敏或碱性中和药的应用、消除高铁血红蛋白血症、适当的体位、高流量吸氧、保证组织细胞供氧、维护重要脏器功能、纠正电解质紊乱及酸碱失衡等。

（4）早期积极地抗休克、抗中毒、抗肺水肿及纠正脑疝治疗是抢救成功爆炸复合伤的关键。对特殊爆炸伤的患者要进行特殊处理。

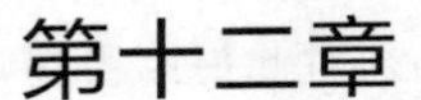

第十二章

道路交通事故医疗急救

道路交通伤亡是一个公认的全球性的重大公共卫生问题，交通事故目前已成为人们日常生活中最主要的杀手之一。据联合国世界卫生组织（WHO）的一项报告，平均每年有70万人死于机动车车轮下，受伤者达1000万～1500万。我国的机动车数量虽仅占世界的15.8%，但交通事故死亡人数却占全世界交通事故死亡人数的14.3%。据统计，中国交通死亡人数世界第一，连续3年死亡人数超过10万人，平均每天死亡300人。因此努力提高道路交通伤的急救水平已是当务之急。这需要从事本学科研究的专业人员孜孜以求地不断探索，还需要危重病急救工作者及中国全科医师等将相关知识进行普及和推广，让广大民众普及现代救护新概念和技能，以便能在现场及时、有效地开展救护，从而达到“挽救生命，减少伤残”的目的。

第一节　道路交通伤事故现场的特点及其发生原因

一、道路交通伤事故现场的特点

1. 受伤人群的特点

交通事故可以伤害任何人群和年龄组，但常见于青壮年，这与户外活动频繁有关，伤亡最大年龄组为16～35岁；男性高于女性，男女之比1.94∶1；事故发生高峰时间为下午6点至晚间10点，受伤人群以骑自行车和摩托车为最多。

2. 事故现场一般较为混乱

瞬间可能出现较多伤员，需要同时救护，现场救护条件差。

3. 交通伤伤情复杂，病情变化快

最常见的损伤是挫伤和骨折，受伤部位大多为头部、四肢、盆腔、肝、脾、胸部。其死亡的主要原因为头部损伤、严重的复合伤及碾压伤等，占全部重度损伤的 47%。急诊死亡率高为 2.4%；有 1/3 的伤员需住院治疗，1/5 的伤员需留观处理，急诊手术占就诊人数的 21.7%，这一现象说明，在急诊医疗体系中需配置足够的专科医护人员。在高速公路交通伤中，多发伤的发生率约占患者总数 50%。

4. 机动车之间相互撞击后燃烧所致的烧伤和复合伤增多

创伤合并烧伤的复合伤发生率约为 19.7%，死亡率约为 32.3%。

5. 休克发生率和致残率高

休克发生率约为 34%，致残率为 20.7%左右。

6. 死亡率高

由于常常是多辆车的相互冲撞和挤压，其结果是造成人员的大量伤亡。与一般公路相比，高速公路交通伤患者死亡率明显为高。

7. 交通事故的医疗急救特点

① 急救资源以外科为主。

② 注意保护现场，及时拨打“122”“110”电话通知交通管理部门。

③ 鉴于交通事故发生后，受伤者常被困于变形的交通工具中，现场急救时要与有关部门协作，使用专用工具解救被困者。

④ 急救时要警惕交通工具中的油料燃烧、毒物泄漏和爆炸的可能。

二、道路交通伤的发生原因

交通事故的“罪魁”是酒后驾车，其后依次为超速、不系安全带、路况差、汽车性能不佳、交通违章和缺乏紧急医疗救护。目前城市驾车新手渐多。有 1～2 年驾龄的人，最容易引发车祸；有 3～4 年驾龄以后，技术已全面，但心理仍不稳定，加上漠视交通规则，也易出事。自行车出车祸的多因在机动车道上行驶、随意穿行、刹车不灵等。

第二节　道路交通伤急救的新概念

对于现场急救来说，时间就是生命。传统的急救观念往往使得处于生死之际的伤员丧失了最宝贵的几分钟、十几分钟“救命的黄金时间”。所以必须提倡和实施现代救护的新概念和技能。加强现场的急救能力和提高后送途中的救治水平，这是提高危重病现场急救水平的重要环节。救护车上配备氧气、止痛药、静脉注射液、夹板、担架、吸引装置、创伤急救装备、消毒装备、远程咨询设备等，这样可大大提高后送时救治伤员的能力，有条件的地方可使用医疗救护直升机。道路交通伤急救的新概念强调伤后即刻救治、复苏、稳定和后送。强调“医疗与伤员同在”“立体救护、快速反应”等。应建立一些规模小、多功能、机动能力强的医疗救护队，具备快速反应医疗增援的能力，以满足紧急救护需要。

传统现场救治方式与现代道路交通伤急救新概念二者比较有以下几点。

（1）正常救治　现场急救→后送→急诊科检查和治疗→ICU 加强医疗。

（2）现代道路交通伤急救新概念　即 ICU 加强医疗（基本一步到位）→受伤现场，将救命性的外科处理延伸到事故现场，必要时将一个高质量的 ICU 病房前移至事故现场。这对于呼吸、心跳骤停的伤员就能及时进行清理上呼吸道，行人工呼吸；同时做体外心脏按压及电击除颤和药物除颤等；气道阻塞行环甲膜穿刺术或行紧急气管造口；对开放性气胸能做封闭包扎；对张力性气胸，在锁骨中线第二、三肋间用带有单向引流管的粗针头，穿刺排气；对有舌后坠的昏迷伤员，放置口咽腔通气管，防止窒息，保持呼吸道通畅；对肠脱出、脑膨出行保护性包扎；对重度中毒伤员，及时注射相应的解毒药；对面积较大的烧伤，用烧伤急救敷料保护创面；对长骨、大关节伤，肢体挤压伤和大块软组织伤，用夹板固定；应用加压包扎法止血，如加压包扎仍无效时，可用止血带；特别紧急时，能实施简单的救命性手术。当伤员因发生大出血、休克等严重伤情而无法后送时，对大血管损伤行修补或结扎；对呼吸道阻塞行紧急气管切开术；对开放性气胸行封闭缝合，张力性气胸行闭式引流等。这样就大大提升了现场急救的内容和水平。我们在救治 101 例爆炸伤伤员的过程中，除 7 例严重的爆炸伤伤员当场死于致伤现场外，所有伤员在 1h 的黄金抢救时间得到治疗，94 例伤员中仅 1 例伤员死于后期的严重并发症——多器官功能衰竭，总病死率为 6.9%。

（3）道路交通伤伤员初期的现场急救特别重要　应重视伤后 1h 的黄金抢救时间、10min 的白金抢救时间，使伤员在尽可能短的时间内获得最确切的救治。最好将救命性的外科处理延伸到事故现场。建立一些设备优良、机动性好、有综合救治能力的精干（3～5 人）的应急医疗救护队，在事故发生的现场，可以及时对病情进行包括简单手术在内的决定性治疗，真正体现“医疗与伤员同在”的现代救护新概念，这种策略有可能改善预后，降低道路交通伤伤员的死亡率和伤残率。在比较规范的急救网络，应兼顾到最近的距离和有效的医疗条件，建立以立体交叉的交通伤卫勤指挥救援系统为中心的高技术平台。

第三节　道路交通伤现场抢救原则

1. 紧急生命评估

按A、B、C、D、E程序进行紧急生命评估。

① A：气道是否通畅，梗阻时是否出现吸气性呼吸困难，不完全梗阻时是否出现喉鸣，严重伤员的喉鸣是威胁生命的标志。

② B：呼吸是否正常，有无反常呼吸、端坐呼吸、呼吸困难、发绀等。

③ C：循环状态：观察脉搏、血压、肤色、毛细血管充盈时间、尿量等。

④ D：神经系统：观察瞳孔大小、对光反射、肢体活动度、意识障碍程度，进行昏迷程度（GCS）评分。

⑤ E：暴露患者身体，以利全面充分估计病情。

2. 创建一条安全有效的绿色抢救通道

人类今天已步入了信息网络化时代，车上人员差不多都有手机，可紧急呼救“120”等。

是否能够准确详实地叙述现场情况直接关系到伤亡者的“黄金抢救时间”，下面就电话报警呼救内容做一简要介绍。

① 发生事故的地点。

② 是什么样的事故，如车撞车、车撞物、翻车等。

③ 有无其他连锁事故？如起火、爆炸、建筑物倒塌等。

④ 多少人受伤。

⑤ 报警人的姓名等。

因此，创建安全有效的绿色抢救通道十分重要而且可行，能保证医疗救护网络、通信网络和交通网络的高效运行。

3. 现场抢救原则是先救命后治伤，先重伤后轻伤，先抢后救，抢中有救

尽可能使重伤员在“伤后10min得到救治”，尽快脱离事故现场，先分类再后送，医护人员以救为主，其他人员以抢为主，快速后送，减少伤员在现场停留时间，同时还应消除伤员的精神创伤，在医疗救护中，能体现“立体救护、快速反应”的救治原则，尽可能应用现代高新技术服务于医疗救护，这样可大大提高抢救成功率，减少伤残率。同时将失事车辆引擎关闭，拉紧手刹或用石头固定车轮，防止汽车滑动。

现场救护具体措施如下。

① 创伤出血的止血处理。

② 呼吸道管理。

③ 四肢骨折固定。

④ 脊柱损伤的搬运。

⑤ 肢体离断后的处理。

⑥ 胸部伤的处理。

⑦ 腹部伤的处理：特别是开放性损伤，有内脏脱出时，不要把脱出内脏送回，以免加重污染。现场救护特别注意：严重损伤时，伤情复杂，注意不要被表面现象所迷惑，而忽略了隐蔽的或者更严重的损伤。对于不十分需要的重伤员，尽量不要用麻醉性止痛药。注意观察伤员的表情和体征。要建立静脉通道，以维持血压、呼吸等基本生命体征，为进一步救治创造条件。伤情略稳定后尽快后送。注意体位摆放，防止呕吐引起气道阻塞窒息。

4. 训练一批自救互救骨干

强调提高基本治疗技术是提高道路交通伤伤员救治的最重要的问题，要坚持科学的救治原则。

5. 应急与急救措施

① 抢救，如迅速止血、处理休克等。

② 密切注意周围环境，防止其他危险再度发生。

③ 保护现场，维护秩序。

④ 应由有医护知识或较熟练的人来进行。

⑤ 就近寻找合适的场地，临时安置伤员。

⑥ 包扎伤口。

⑦ 将有生命危险者迅速送往医院或移交给赶来现场的专职救护人员。

⑧ 其他帮助。

6. 救护车在行驶时的注意事项

救护车上配备氧气、止痛药、静脉注射液、夹板、担架、吸引装置、创伤急救装备、消毒装备、远程咨询设备等，这样可大大提高后送时救治伤员的能力，有条件的地方可使用医疗救护直升机。

① 行车前方如出现障碍，应逐渐减速，而不要突然刹车，以防与后车碰撞。

② 救护车应在离出事地点一段距离时就停下来，并尽可能停在马路两旁的人行道上，保证再度启动时车辆平稳，并仍靠右行驶。

③ 救护车必须打开警示灯、声响装置，必要时司机可打开车门以便及时观察。另外，可将后车盖打开。

④ 确定事故地点后，离事故地点尽可能远些，并放置三角警告指示标志。

对高速行驶的车辆至少距离事故地点100m以外就应放置警告标志。

⑤ 对迂回曲折的道路或者凹凸不平的小路，要细心注意障碍物。

⑥ 对川流不息的车辆，应要求放慢车速行驶。交通管理人员应坚守岗位，协助处理。

⑦ 在高速公路上，要警惕因前面的汽车司机出于好奇而突然减慢自车速度而引起后车碰撞前车的事故。

7. 如何抢救昏迷不醒的受伤者

交通意外事故后可能产生昏迷的原因如下。

① 天气炎热。

② 缺氧。

③ 各种原因中毒。

④ 暴力刺激大脑。

伤者不会讲话是判断昏迷失去知觉的症状。抢救前应检查伤者呼吸，保持侧卧。对失去知觉的伤者，可采用下列措施：拉长颈部，检查呼吸，如无呼吸应立即行人工呼吸。

8. 如何抢救呼吸中断者

呼吸中断后，应立即分秒必争进行抢救！否则会由于缺氧而危及生命。呼吸中断者的症状表现为无呼吸声音和无呼吸运动。抢救方法：抬下颌角使呼吸道畅通无阻，这种措施在很多场合下对恢复呼吸起很大作用。如果受伤者仍不能呼吸，那就要进行口对口的人工呼吸。如果上述人工呼吸不能起作用时，就要检查口和咽喉中是否有异物，并设法排出，继续进行人工呼吸。

9. 失血受伤者的抢救

如果受伤者失血过多，将会出现危险，如出现休克等症状。处理失血措施应立即通过外部压力，使伤口流血止住，然后系上绷带。失血过多往往会发生休克，所以流血止住后，应接着采取一些防止休克的措施。

休克症状表现如下。

① 面色苍白。

② 四肢发凉。

③ 额部出汗。

④ 口吐白沫。

⑤ 显著焦躁不安。

⑥ 脉搏跳动变得越来越快和虚弱，最后脉搏几乎摸不出来。

以上症状有时会部分出现，有时又一起出现。由于休克时间过长可能致死，所以应及时采取下列措施。

① 安置患者到安静的环境。

② 自我输血：抬起腿部到处于垂直状态，使休克停止。

③ 检查脉搏与呼吸。

④ 语言安慰。

⑤ 防止热损耗。

⑥ 积极输液抗休克，补充血容量，纠正创伤性休克。尽快送往医院。

10. 骨折处置

① 防止休克。

② 不要移动身体的骨折部位。

③ 脊柱可能受损时，不要改变受伤者姿势。

④ 确实是骨折，要小心用消毒胶片包扎，并按发生后的状态保持部位静止。

11. 头部损伤救护

如果伤员神志清醒，呼吸、脉搏正常，损伤不严重时，可进行伤部止血，包扎处理。然后扶伤员靠墙或树旁坐下。找一块垫子将头和肩垫好，若伤员出现昏迷，要保持呼吸道畅通，并密切注意呼吸和脉搏。在救护转移时，护送人员扶置伤者呈半侧卧状，头部用衣物垫好，略加固定，再转移。加强护理和病情监测，强调动态观察，特别观察6个通道（耳道、鼻、口、尿道、直肠、阴道）分泌物有无和多少；观察6根导管（气管插管、两条大静脉管、鼻胃管、胸腔引流管、福氏导尿管）通畅情况和引流物多少。

12. 药物治疗

心跳骤停时紧急应用肾上腺素1mg静脉注射，每5min重复1次。也可用大剂量肾上腺素5mg静脉注射，总量至15mg。同时配合使用阿托品1～3mg静脉注射。创伤性休克时血管活性药物应在补液基础上合理应用，并随时监测血流动力学、血液酸碱度等指标，防止盲目增加升压药物用量。止血药物可用巴曲酶1000U肌内注射或静脉注射，也可用酚磺乙胺4～6g静脉滴注。另外，镇痛、镇静、降颅压以及注意水、电解质平衡和能量供应、氧供应也十分重要。污染的伤口合理使用抗生素。

13. 掌握后送指征

有下列情况之一的伤病员应该后送。

① 后送途中没有生命危险者。

② 手术后伤情已稳定者。

③ 应当实施的医疗处置已全部做完者。

④ 伤病情有变化但已经处置者。

⑤ 骨折已固定确实者。

⑥ 体温在 38.5℃以下者。

有下列情况之一者暂缓后送。

① 休克症状未纠正，病情不稳定者。

② 颅脑伤疑有颅内高压，有发生脑疝可能者；颈髓损伤有呼吸功能障碍者。

③ 胸、腹部术后病情不稳定者；骨折固定不确定或未经妥善处理者。

在道路交通伤急救中还有许多难题没有解决。所以进一步开展道路交通伤急救的防治研究，降低其发生率、伤残率和病死率是新世纪的呼唤。

第十三章

触电、雷电事故医疗急救

第一节　触电对人的伤害

电能在生产、输配和使用过程中，由于其本身看不见、摸不着，当人们一经接触或接近带有电压的设备或导体时，有可能发生触电事故。对人体来说，触电可能造成严重伤害，轻则受伤致残、丧失劳力，重则造成死亡。全世界每年因触电伤亡者达数十万人次。电流通过人体内部，能使肌肉产生突然收缩效应，产生针刺感、压迫感、打击感、痉挛、疼痛、血压升高、昏迷、心律失常、心室颤动等症状，这不仅可使触电者无法摆脱带电体，而且还会造成机械性损伤。更为严重的是，流过人体的电流还会产生热效应和化学效应，从而引起一系列急骤、严重的病理改变。热效应可使肌体组织烧伤，特别是高压触电，会使身体燃烧。电流对心跳、呼吸的影响更大，几十毫安的电流通过呼吸中枢即可使呼吸停止。直接流过心脏的电流只需达到几十微安就可使心脏形成心室纤维性颤动而死亡。触电对人体损伤的程度与电流的大小及种类、电压、接触部位、持续时间以及人体的健康状况等均有密切关系。

触电对人的伤害有以下几种情况。

（1）对神经的伤害　触电除了生理伤害以外，神经也可能受伤。

（2）对肌肉的伤害　触电往往可以使肌肉坏死，骨髓受伤。治疗中多数需要截肢，严重者会导致死亡。

（3）对眼睛的伤害　在强烈的电弧刺激下数日才能恢复视力。

第二节　防止触电事故的措施及触电现场急救要点

1. 防止直接接触电击

① 利用绝缘材料对带电体进行封闭和隔离。

② 采用遮栏、扩罩、护盖、箱匣等将带电体与外界隔离。

③ 保证带电体与地面、带电体与其他设备、带电体与人体、带电体之间有必要的安全间距。

2. 防止间接接触电击

(1) 保护接地　是最基本的电气防护措施，又可分为IT、TT、TN系统。

(2) 工作接地　指正常情况下有电流通过，利用大地代替导线的接地。

(3) 重复接地　指零线上除工作接地以外的其他点的再次接地，以提高TN系统的安全性能。

(4) 保护接零　指电气设备正常情况下不带电的金属部分与配电网中性点之间金属性的连接，用于中性点直接接地的220/380V三相四线配电网。

(5) 速断保护　指通过切断电路达到保护目的的措施，用的有熔断器和电流脱扣器。

3. 防止直接和间接接触电击

① 双重绝缘　兼有工作绝缘和保护绝缘的绝缘。

② 加强绝缘　在绝缘强度和机械性能上具备双重绝缘同等能力的单一绝缘。

③ 安全电压　通过限制作用于人体的电压，抑制通过人体的电流，保证触电时处于安全状态。

④ 电气隔离　通过隔离变压器实现工作回路与其他电气回路的电气隔离，将接地电网转换为范围很小的不接地电网。

⑤ 漏电保护（又称剩余电流保护）　用于单相电击保护和防止因漏电引起的火灾，可配合其他电气安全技术使用，作为互相补充。

4. 采用电工安全用具

5. 保证检修安全

严格完善的工作记录和操作记录等。

6. 触电现场急救要点

① 迅速关闭开关，切断电源。

② 用绝缘物品挑开或切断触电者身上的电线、灯、插座等带电物品。

③ 保持呼吸道畅通。

④ 立即呼叫“120”急救服务。

⑤ 呼吸、心跳停止者立即进行心肺复苏，并坚持长时间进行。

⑥ 妥善处理局部电烧伤的伤口等。

第三节　雷击的特点及对人的伤害

我国雷暴活动主要集中在每年的6～8月。打雷时，出现耀眼的闪光，发出震耳的轰鸣。打雷的时间短（一次雷击时间约60ms），电流大（可高达几万至几十万安），电压高（可高达数十万至数百万伏）。如果没有可靠的防雷装置，建筑物、设备装置或人体遭到雷击，那将造成火灾、爆炸、死亡等严重甚至毁灭性的灾害事故，造成巨大的损失。

雷击损伤一般伤情较重，非死即伤。主要造成灼伤，神经系统损伤，耳鼓膜破裂、爆震性耳聋，白内障、失明，肢体瘫痪或坏死而需截肢，重则呼吸心跳停止、休克、死亡等。高压电的电击伤类似雷击造成的损伤。

1. 决定雷电致人伤害的因素

（1）晕电压　打雷闪电正负电位差可达几千万甚至几亿伏，遭遇雷击时的电压足以致人死亡，即使不死也会严重受伤。

（2）电流　超出人体忍受强度的电流即可对人造成伤害。电流愈强，伤害愈大。电击的电流足以致人体神经-肌肉痉挛、灼伤甚至休克或死亡。

（3）晕电击部位与触电时间　一般电流通过大脑、心脏等要害器官者危害大，触电时间长者危害更大。

2. 电击造成的主要伤害

（1）大脑神经系统损伤　致昏迷、休克、惊厥、神经失能、痉挛、伤后遗忘等。

（2）心血管系统损伤　造成心脏停跳，血管灼伤、断裂，形成血栓、供血中断等。

（3）呼吸系统损伤，由于脑、神经传导及呼吸肌的痉挛等，造成呼吸功能失常，导致呼吸停止或异常。

（4）运动系统损伤　由于昏迷、休克、惊厥或肌肉灼伤，可致运动功能丧失；高空作业者从高处坠落，伤亡更重。

3. 雷击的特点

（1）雷击（电击）损伤瞬间发生，伤情严重，生命危在旦夕，必须立即施救。多数患者要给予心肺脑复苏抢救，有心室颤动、心律异常者，应给以除颤复律治疗。

（2）雷击损伤较为复杂，要求多学科综合救治。重点在于维持呼吸、稳定血压、纠正酸中毒、医治烧灼伤等。

第四节　躲避雷击的规则

1. 室内预防雷击

（1）电视机的室外天线在雷雨天要与电视机脱离。

（2）雷雨天气应关好门窗，防止球形雷窜入室内造成危害。

（3）雷暴时，人体最好离开可能传来雷电侵入波的线路和设备 1.5m 以上。

① 尽量暂时不用电器，最好拔掉电源插头。

② 不要打电话。

③ 不要靠近室内的金属设备，如暖气片、自来水管、下水管。

④ 要尽量离开电源线、电话线、广播线，以防止这些线路和设备对人体的二次放电。

⑤ 不要穿潮湿的衣服，不要靠近潮湿的墙壁。

2. 室外预防雷击

雷电通常会击中户外最高的物体尖顶，所以孤立的高大树木或建筑物往往最易遭雷击。人们在雷电大作时，在户外应遵守以下规则，以确保安全。

① 雷雨天气时不要停留在高楼平台上，在户外空旷处不宜进入孤立的棚屋、岗亭等。

② 远离建筑物外露的水管、煤气管等金属物体及电力设备。

③ 不宜在大树下躲避雷雨，如万不得已，则须与树干保持 3m 的距离，下蹲并双腿靠拢。

④ 如果在雷电交加时，头、颈、手处有蚂蚁爬走感，头发竖起，说明将发生雷击，应赶紧趴在地上，并除去身上佩戴的金属饰品等，这样可以减少遭雷击的危险。

⑤ 如果在户外遭遇雷雨，来不及离开高大物体时，应马上找些干燥的绝缘物放在地上，并将双脚并拢坐在上面，切勿将脚放在绝缘物以外的地面上，因为可能导电。

⑥ 在户外躲避雷雨时，应注意不要用手撑地，同时双手抱膝，胸口紧贴膝盖，尽量低下头，因为头部较之身体其他部位更易遭到雷击。

⑦ 当在户外看见闪电几秒内就听见雷声时，说明正处于近雷暴的危险环境，此时应停止行车，两脚并拢并立即下蹲，不要与人拉在一起，最好使用塑料雨具、雨衣等。

⑧ 在雷雨天气中，不宜在旷野中打伞或高举羽毛球拍、高尔夫球棍、锄头等；不宜进行户外球类运动，雷暴天气进行高尔夫球、足球等运动是非常危险的；不宜在水面和水边停留；不宜在河边洗衣服、钓鱼、游泳、玩耍。

⑨ 在雷雨天气中，不宜快速开摩托、快速骑自行车和在雨中狂奔，因为身体的跨步越大，电压就越大，也越容易受伤。

⑩ 如果在户外看到高压线遭雷击断裂，此时应提高警惕，因为高压线断点附近存在跨步电压，身处附近的人此时千万不要跑动，应双脚并拢，逃离现场。

⑪ 如在车厢里，不要将头、手伸出。不管在车里或车外，都要尽量保持身体干燥，不被淋湿，因潮湿状态更易遭电击。

第五节　雷击或电击的急救要点

1. 雷击伤员现场救护

① 人体在遭受雷击后，往往会出现“假死”状态，此时应采取紧急措施进行抢救。首先是进行人工呼吸，雷击后进行人工呼吸的时间越早，对伤者的身体恢复越好，因为人脑缺氧时间超过十几分钟就会有致命危险。

② 其次应对伤者进行心脏按压，并迅速通知医院进行抢救处理。

③ 如果伤者遭受雷击后衣服着火，此时应马上让伤者躺下，以使火焰不致烧伤面部。并往伤者身上泼水，或者用毯子等把伤者裹住，以扑灭火焰。

2. 电击伤员现场救护

因各种原因遭到电击伤害的人也与日俱增。鉴于高压电对人伤害的情况与雷击类似，所以抢救电击者可参考雷击者现场救护措施的基本内容。

① 抢救电击者时，要注意自身安全。应首先切断电源，用干木棒或塑料棍等绝缘物拨开电击者身上的电线，将伤者移至干燥处抢救。呼吸、心跳停止者，应立即予以人工呼吸及心脏复苏。

② 接触电击者时，施救者应穿戴绝缘鞋和手套，则更为安全。用绝缘物品挑开或切断触电者身上的电线、灯、插座等带电物品。

③ 绝缘物品　干燥的竹竿、木棍、扁担、擀面杖、塑料棒等，带木柄的铲子、电工用绝缘钳子。

④ 抢救者可站在绝缘物体上，如胶垫、木板；穿着绝缘的胶底鞋等。触电者脱离电源后，立即将其抬至通风较好的地方，解开患者衣扣、裤带。轻度触电者在脱离电源后，应就地休息 1～2h 再活动。

⑤ 如果呼吸、心跳停止，必须争分夺秒进行口对口人工呼吸和胸外心脏按压。对触电者必须坚持长时间的人工呼吸和心脏按压。

⑥ 立即呼叫“999”“120”急救医生到现场救护。并在不间断抢救的情况下护送医院进一步急救。

⑦ 注意在电源切断之前，抢救者切不可用手直接拉拽触电者和电线，更不可用金属物品或潮湿的东西去解救触电者，以免发生触电。

⑧ 电击事故十分常见，为要提高医疗救援效率，平时要做好防雷击（电击）的科普教育，以及电击抢救的技能训练和物资准备。

⑨ 触电程度轻重不同，临床表现也不同。轻者只有局部四肢麻木或震颤，面色苍白。个别患者会发生晕厥。重者被击倒在地，意识不清，心跳加快、呼吸变慢，如不及时救治，会很快死亡。电击可引起电烧伤。电烧伤一般都是Ⅲ度烧伤。

⑩ 发现有人触电，切不可惊慌失措，必须尽快采取正确的急救措施。抢救触电的方法不正确，既累及自身，又救不了触电者。

第十四章

狭窄空间事故医疗急救

第一节　狭窄空间医学的定义及与正常急救医疗的区别

数不清的狭窄空间（confined space）意外造成了非常惨痛的人员伤亡，其根本的原因就在于相关人员未能清楚地认识到狭窄空间内部或邻近区域存在的危险或潜伏的危险，或者狭窄空间本身并无重大危害，但未考虑到在狭窄空间内所从事的作业可能引起环境变化或引入与作业相关的新的危害，使得狭窄空间成为一个又一个"安静的杀手"。

1. 狭窄空间及狭窄空间医学的定义

美国国家标准学会（American National Standards In-stitute，ANSI）对于狭窄空间的定义原文如下："An enclosed area that is large enough and so configured that an employee can bodily enter and has the following characteristics：—its primary function is something other than human occu-pancy；—has restricted entry and exit；—may contain potential or known hazards."狭窄空间指一个封闭的、其形体大小和构造足够使人员身体进入其间并具有以下特征：主要用途并非供人员使用；进入及离开受限；存在可能的或者明确的危害。现在专家学者们对狭窄空间有更为广泛的内涵与外延，不仅包括密闭空间，还包括受限制的空间。

狭窄空间医学（confined space medicine，CSM）是指在以上相对受限制的空间内进行的医疗活动。CSM 要救助的伤病需救助者与日常的外伤需救助者不同，因其有独特的病理生理，因此治疗不能仅仅局限于对需救助者进行开放呼吸道、呼吸与循环的救治，还应减轻需救助者的疼痛，对出现挤压综合征的特殊需救助者在救出前进行大量输液和使用碳酸氢钠的治疗，防止急性循环血容量锐减引起休克以及高钾血症诱发的心律失常和心跳停止。还有，通过声音支援或肢体接触等方式对伤病需救助者从精神层面上给予帮助。

2. 常见的狭窄空间类型

狭窄空间它有更为广泛的内涵与外延，不仅包括密闭空间，还包括受限制的空间，如：①储罐；②管道；③容器；④坑道、隧道；⑤井道和与之类似的结构、污水渠、下水道；⑥地窖；⑦轮船隔舱；⑧检修孔；⑨船舶、洞穴、矿山、地下通道等黑暗、狭窄的空间等。

另外，因灾害及突发事故造成人员被迫处在狭窄空间中，比较常见的有：①地震建筑物坍塌；②泥石流及倒塌的建筑物；③爆炸造成的狭窄空间；④车祸，也包括交通事故后变形的车内；⑤航天返回舱内；⑥潜艇狭窄空间；⑦风洞狭窄空间；⑧狭窄空间中火箭推进剂作业；⑨煤矿事故狭窄空间等。

3. 狭窄空间医学的特点

(1) 活动环境恶劣　需救助者身处黑暗、狭窄、酷热、寒冷、潮湿、流水、大雪、粉尘的环境中，还会有锐利的障碍物（玻璃、破碎物品）、有毒气体、缺氧、漏电等各种危险物存在。这样的环境很可能会引起医疗人员和伤病需救助者继发性损害。

(2) 活动受限　救助人员因穿着防护服、头盔、防风镜、防尘口罩、耳塞、手套、护腕、护膝等保护装置，会影响医疗操作者的视野和限制自身的活动，也妨碍了过细的医疗操作。

(3) 伤病需救助者的多样性　伤病需救助者在年龄、性别、基础疾病（背景因素）、受伤机制等方面有较大差异。密闭空间场所的差异导致了受伤需救助者的表现形式呈多样性。常见的疾病以骨折、皮肤外伤、多发伤、头部外伤、低体温、脱水等为主。对一些既往有慢性疾病的需救助者处置时要格外注意，因 CSM 处置的伤病需救助者的病理生理以进行性恶化为主要特征，尤其对有慢性病史长期服药治疗的伤病需救助者如高血压、糖尿病要积极干预，防止恶化。对待外国人要考虑到语言交流的困难。

(4) 需救助者心理压力十分普遍　黑暗和狭窄都使得需救助者出现高度的紧张和恐怖感，精神压力巨大。

4. 正常外伤急救医疗与狭窄空间医疗的区别

CSM 是院前急救医疗的延长。由于灾害环境的复杂性和疾病的特殊性，决定了仅有日常的外伤急救经验还不足以应对。从事 CSM 者不仅要具备丰富的院前救治经验和技术，还要掌握在救治活动中自身安全第一的大原则。CSM 与日常的外伤急救医疗相比有很大不同。见表 14-1。

表 14-1　正常外伤急救医疗与狭窄空间医疗的区别

区别点	外伤	CSM
救治场所	救出后	狭窄空间内
现场处置所需时间	短	较长
现场急救危险物	没有	较多
防护服	轻便	复杂装备
支援者	多数	无(仅为后方支援)
确认生命体征	容易	困难
救命处理	基本操作	复杂、困难
脊柱保护	必需、简单	困难、常常妨碍救出需救助者
镇痛	不必马上进行	首选

第二节　狭窄空间事故现场应急救援原则

灾害后的狭窄空间有很多潜在的危险因素，为防止继发性损伤，在进行医疗救援时要有完善的准备及活动指导。CSM 活动包括：①进入前准备；②进入；③医疗活动；④处置完成—救出；⑤救出完成—搬送。

一、进入前准备

1. 原则

① 遵守和听从负责人的指挥，相互之间进行有效沟通。

② 确认现场状况和危险程度。

③ 确认伤病需救助者的位置以及状况。

④ 与消防人员共同制订救出计划，估测救出所需要的时间。

⑤ 使用的器材全部在外部准备。

⑥ 再次确认自身的安全装备和着装，要时刻铭记其关乎自身的生命安全。

⑦ 牢记安全的 123 原则：自身（self)、现场（scene）和生存者（survivor)。

2. 进入原则

① 尽可能施行非进入救援。

② 救援人员未经许可，不得进入狭窄空间进行救援。

③ 以下情况采取 A 级防护后方可进入救援：狭窄空间有害环境性质未知；缺氧或无法确定是否缺氧；空气污染物浓度未知、达到或超过立即威胁生命或健康（IDLH）浓度。

④ 如必须救援人员进入狭窄空间进行救援，原则上只允许 1 名人员进入，需特殊处理时可考虑 2 名人员进入。

⑤ 狭窄空间内的活动必须有外界的支援。

⑥ 活动中要经常和需救助者进行联系，在处理伤情时要耐心说明。

二、进入

① 在进入狭窄空间后，要牢记退路（标记符号）。提前同需救助者进行语言交流，给予精神支持。根据其应答大致了解需救助者状态、年龄、性别以及受伤人数等。

② 到达需救助者身边：从保护颈椎的角度来看，能够安装颈托最为妥当。无法安装颈托时，要告知需救助者不要活动头部。

③ 评估需救助者全身状况和决定救出计划。

三、医疗活动

1. 原则

① 为确保需救助者的安全，救助者要迅速进行最低限度的医疗处置。

② 准确判断医疗行为能不能与可不可做，不要浪费时间。

2. 内容

(1) 稳定生命体征　通过确保气道开放、管理呼吸、维持循环、防止挤压综合征的发生、除颤以及保温等措施稳定生命体征。

(2) 对骨折部位和脊柱进行保护和固定。

(3) 切断四肢　当需救助者生命出现危机、其他的救出手段无效时，四肢切断又是唯一的救命手段，而且有足够准备的情况下，急救人员应确定最终的选择方法。

(4) 镇痛　无论从人道，还是从预防疼痛、防止疾病恶化的角度来看，现场使用镇痛药是必要的。在美国，现场常使用吗啡和氧化亚氮等。

(5) 精神支持　黑暗和狭窄会使需救助者高度紧张、充满恐怖感，将要经历长时间的痛苦。利用声音和肢体接触与需救助者建立良好的信任关系，缓解需救助者的不安，给予需救助者精神上的支持。支持和鼓励在治疗上是非常有效的一个手段。

四、处置完成——救出

尽快使被救助者脱离险境。

① 处置完成后尽快使被救助者离开狭窄空间。

② 需救助者身体上方去除压迫物体时，要注意病情变化，积极应对。判断挤压时间：一般认为骨骼肌大约 30%（一侧上肢占 15%，一侧下肢占 30%）2h 以上受到挤压，就有可能引起挤压综合征。挤压综合征容易导致心跳骤停，要准备各种抢救药物以及除颤仪。

③ 在需救助者救出或转移时，要对其生命体征进行完整的再评估。在出现室颤时要及时除颤。

五、救出完成——搬送

（1）条件具备时最好被救出者立即上“流动便携式 ICU 急救车”，要对其生命体征进行完整的再评估，同时进行抢救、加强治疗和护理。

（2）综合治疗是至关重要的，包括心肺复苏、抗泡剂应用、超声雾化吸入、抗过敏或碱性中和药的应用、适当的体位、高流量吸氧、保证组织细胞供氧、维护重要脏器功能、纠正电解质紊乱及酸碱失衡等。早期积极地抗休克、抗中毒、抗脑水肿、抗肺水肿治疗是抢救成功的关键。迅速纠正隐性低灌注及微循环障碍。应快速给予短程大剂量山莨菪碱联用地塞米松及丰诺安联用大剂量维生素 B_6 的新疗法。

① 丰诺安（20AA 高支链肝病复方氨基酸注射液）联用大剂量维生素 B_6 新疗法

a. 重症患者：丰诺安 500mL/d，1 次/日；5% 葡萄糖氯化钠注射液 250mL＋维生素 B_6 5g＋维生素 C 2g，每日 2 次中心静脉滴注给药，连续使用 3～9d。

b. 中度患者：丰诺安 500mL/d，1 次/日；5% 葡萄糖氯化钠注射液 250mL＋维生素 B_6 5g＋维生素 C 2g，每日 1 次静脉滴注给药，连续使用 3～6d。

c. 轻度患者：丰诺安 500mL/d，1 次/日；5% 葡萄糖氯化钠注射液 250mL＋维生素 B_6 3g/次＋维生素 C 2g，每日 1 次静脉滴注给药，连续使用 2～5d。

d. 对于特殊糖尿病重症患者，使用 0.9%氯化钠注射液替代 5%葡萄糖氯化钠注射液。

采用丰诺安联用大剂量维生素 B_6 新疗法确有利尿、解毒、抗氧化、减少渗出、促进机体酶代谢、保护大脑及神经系统功能的功效。

② 短程山莨菪碱联用地塞米松冲击疗法：5%葡萄糖氯化钠注射液 250mL＋山莨菪碱 0.33mg/(kg・次)；地塞米松 0.33mg/(kg・次)，2 次/天；静脉滴注或静脉推注，共 3d。临床证实确有改善微循环及抗毒、抗炎、抗休克，减少

渗出作用。

（3）确保转运工具，与接收医院进行提前沟通　对出现挤压综合征的需救助者转运时要考虑当地急救水平，如有必要可选择急救直升机远距离转运，并在转运前进行良好的沟通。

（4）记录　在混乱的灾害现场，为确保救助者和被救助者的安全，有关对活动的记录非常必要，记录内容应包括个人情况、现场危险程度、被救助者的疾病状态和活动的时间与详细内容。

第三节　狭窄空间事故医学应急救援注意事项

1. 医疗小组到达灾害事故现场后，首先应该向现场指挥总部报到

确认指挥命令系统，因在现场需要和消防人员共同活动，相互之间充分交流构筑信任关系。现场指挥部承担救助活动的全部责任，医疗小组必须在其指挥下进行行动。自由行动只会给救助活动带来障碍，有时还会引起多人危险。

2. 在进入前要通过消防组织尽可能收集现场资料

CSM 医疗小组的活动，80%在狭窄空间外，内部活动仅占 20%，活动成败取决于进入前的准备和计划。因此在进入前要通过消防组织尽可能收集现场资料（包括现场安全、狭窄空间内部状况、危险程度、需救助者的情况、紧急状况下的应对以及天气、湿温度等）。与消防合作制订营救计划。

3. 进入狭窄空间前准备是最重要的

（1）个人安全防护用品准备十分重要，要牢记安全第一的原则。

（2）至少要携带和穿着安全七件套　①带有灯光的安全帽；②防风镜；③防尘口罩（尽量使用带有吸附管的 N95）；④皮手套；⑤安全靴；⑥护肘、护膝；⑦通信器械、口哨。

（3）携带必要的医疗器材与药品等。

（4）在进入狭窄空间后，要牢记退路（标记符号）。

4. 尽快到达到遇难者的身边

搜索被救助者以便尽快到达遇难者的身边是实施狭窄空间医学救援的第一步，救援人员应该充分利用各种工具和设施，现场采用生命探测仪探测有关生命迹象，以便及早发现处在狭窄空间的被救助者，并与之建立有效的联系。

5. 被救助者迅速脱离险境是抢救遇难者的先决条件

无论何种场合，只要现场存在危险因素，如火灾现场的爆炸因素、地震现场的再倒塌因素、毒气泄漏现场的毒气扩散因素等，都可能危及遇难者及抢救

者的生命，使抢救者无法完成急救任务，甚至危及自身安全，所以，必须要先将被救助者想方设法转移至安全处。

6. 对救出后的需救助者要再次观察和评估

迅速对被救助者的伤情再次作出正确判断与分类：掌握救治的重点，确定急救和后送的次序。一定要在有限的时间、空间、人力、物力条件下，发挥救护人员的最大效率，尽可能多地拯救生命、减少伤残及后遗症，应根据现场医疗条件和伤员的数量及伤情，按轻重缓急处理。发现生命垂危的伤病者后，首先对这部分患者实施紧急抢救，以拯救其生命，而对轻病微伤的患者则可稍后处理。曾发生过的一些血的教训，不管伤轻伤重，甚至对大出血、严重撕裂伤、内脏损伤、颅脑重伤伤员，未经检伤和任何医疗急救处置就急送医院，有的一上车就死了，有的到急诊室心跳已停。因此，必须先做伤情分类，把伤员集中到标志相同的救护区，有的损伤需待稳定伤情后方能后送。

7. 判断伤情的主要内容

① 气道是否通畅，有无呼吸道堵塞。

② 呼吸是否正常，有无发绀，有无张力性气胸。

③ 循环情况，有无大动脉搏动，有无循环障碍。

④ 有无大出血。

⑤ 意识状态如何，有无意识障碍，瞳孔是否对称或有异常。

⑥ 精神状态是重要观察项目。在灾害事故后，伤员精神受到不同程度刺激，出现情绪激动、喊叫、呻吟。特别要注意情绪低落、蹲缩者，对反应冷漠者更需要提高警惕。

8. 防止或减轻后遗症的发生

从狭窄空间救出的被救助者还需要注意防止或减轻后遗症发生，把灾害事故给伤病者带来的损失减到最小。

① 尽快给予伤病者生命支持。

② 采取预防措施，防止病情加重或发生继发性损伤。

③ 对脊柱损伤的患者切不可随意搬动，以免发生或加重截瘫。需在医务人员指导下搬动。

④ 如有必要应进行追加处置，确保安全将需救助者转运到医院。

⑤ 狭窄空间内外的协调、医疗和消防密切合作、医务人员与需救助者配合，以上三个合作是救援成功的关键。

第十五章

核武器、化学武器、生化武器伤害的医疗急救

第一节　核武器伤害的防护与现场急救

一、核武器的杀伤因素及其致伤特点

（1）光辐射的直接作用可造成向爆心侧的暴露部位的烧伤（光辐射烧伤），吸入炽热的气流与烟尘可发生呼吸道烧伤，通过其他物体燃烧可造成间接烧伤（火焰烧伤），强光能引起闪光盲，如直视火球可造成眼底烧伤。

（2）冲击波的超压能造成空腔脏器和听器的爆震伤，动压能将人体抛掷和撞击造成实质脏器、四肢、脊柱等机械性损伤，吹起的沙石、碎玻片等投射或建筑物倒塌可造成各种间接损伤。

（3）早期核辐射可引起全身射线伤（急性放射病）。急性放射病分为轻、中、重、极重四度。轻、极重度病程不典型。中、重度的病程分四期：初期1～3d；假愈期2～4周；极期1～2周；恢复期2～4周。照射剂量越大，假愈期越短，极期越严重，恢复期越长。

（4）放射性沾染可从三个方面对人员造成危害　丙种射线对全身造成体外照射，能发生与受早期核辐射作用基本相同的损伤；皮肤受到落下灰沾染后，严重时可发生局部皮肤乙种射线烧伤；食入、吸入或经伤口吸收进入体内，造成体内照射，对局部脏器有一定危害。

（5）受上述两种以上杀伤因素的共同作用时，能造成大量的复合伤。复合伤的各种损伤有主有次，而且互相加重。

二、致伤特点

1. 致伤途径

① γ射线造成人员全身或局部外照射损伤，可能引起急性放射病。

② 体表被放射性物质沾染时，由β射线引起的皮肤、黏膜受照射损伤。

③ 食入有放射性物质污染的食物、饮用水以及吸入被污染的空气引起的体内照射损伤。其中，射线对机体外照射的危害是主要的。

此外，在放射性物质沾染的地区活动的人员，如果不采取防护措施，可能受到上述三种方式的复合照射。

2. 致伤特点

（1）外照射损伤　大量放射性物质释放到空气中，或沉积在地面、物体、衣服及体表皮肤上，可造成人员急性外照射损伤。

（2）内照射损伤　吸入空气中的放射性物质，食入受放射性污染的食物和水，以及通过皮肤、伤口的吸收放射性物质，可引起人员体内放射损伤。

（3）放射复合伤　人员受到放射损伤的同时，复合有冲击伤、烧伤等其他损伤。

（4）创伤　主要是烧伤、冲击伤及其他机械性创伤。

三、急性放射病的诊治要点

急性放射病是指人体短时间内一次或多次受到大剂量射线照射所引起的全身性疾病。所谓射线，主要是指γ射线、X线和中子等，具有很强的穿透能力，是引起急性放射病的致伤因素。

（一）影响急性放射病的几种因素

射线照射是急性放射病的致病因素，因此所致急性放射病病情的轻重主要与机体受到照射的剂量大小有关，即受照射的剂量与急性放射病的类型、严重程度、临床征象、病程的长短及患者的预后都有密切的关系。一般地讲，照射剂量越大、所致急性放射病的病情越重、疾病进展越快、病程越短、预后越差；在临床表现方面，照射剂量越大、临床表现越多、发生越早、严重程度越重、持续时间亦越长。

急性放射病的病情轻重除与照射剂量有关外，机体的功能状况及合并其他损伤也有一定影响。幼儿、孕妇、老人对射线的抵抗力较弱，同样剂量照射后的病情比成年人要重；合并其他损伤（如外伤、烧伤）会加重病情；患慢性感染性疾病、疲劳、寒冷等可加重病情。

（二）急性放射病的主要临床特征

急性放射病可分为骨髓型急性放射病、肠型急性放射病和脑型急性放射病三种类型。

1. 骨髓型急性放射病

全身受到1～10Gy的照射，以骨髓造血组织损伤为基本病变，以白细胞数减少、感染、出血和代谢紊乱为主要临床表现。病程一般出现初期、假愈期、极期和恢复期四个阶段。按病情的严重程度，骨髓型急性放射病可分为轻度、中度、重度和极重度四个伤情等级。

2. 肠型急性放射病

全身受到 10Gy 以上的照射，以胃肠道损伤为基本病变，以频繁呕吐、严重腹泻、水和电解质代谢紊乱为主要临床表现，具有初期、假愈期和极期三个病程阶段。病情严重且发展迅速，整个病程为 3～20d，甚至更短。

3. 脑型急性放射病

全身受到 50Gy 以上的照射，以脑组织损伤为基本病变，以意识障碍、定向力丧失、共济失调、肌张力增强、抽搐震颤等中枢神经系统症状为特殊临床表现，病程具有初期和极期两个阶段，病情极其严重，发展极快，通常伤后于 1～2 周即出现休克、昏迷而死亡。

（三）急性放射病的分类诊断

急性放射病的分类诊断原则：依据受照史、临床表现和实验室检查结果，结合受照剂量综合分析，对受照个体是否造成放射损伤及伤情的严重程度作出正确的分类诊断。

1. 早期分类诊断

依据伤员受照史、受照剂量、伤员初期临床反应和实验室检查结果，进行早期分型、分度诊断。其严重程度与剂量大小、个体状况和受照部位等有关。

详细询问受照史，特别注意了解在发生事故时伤员所处的位置、防护情况及在事故发生地或放射性沾染区停留时间等；收集可供估计伤员受照剂量的物品（如个人剂量仪等），估计受照剂量。

临床检查应注意有无头晕、乏力、恶心、呕吐、腹泻、皮肤红斑、腮腺肿大、意识不清、痉挛等初期症状及开始出现时间，其中尤其要注意有无呕吐和腹泻症状。

条件许可时，尽可能每隔 12～24h 给伤员检查一次外周血白细胞总数、分类和淋巴细胞绝对数，必要时做染色体核形分析和微核率测定。

早期分型、分度诊断，可依据表 15-1 和图 15-1 进行。

2. 临床分类诊断

依据病程发展速度，临床症状和体征出现时间与严重程度，实验室全面检查结合物理剂量估算结果，对临床分型、分度进行诊断。

在全面检查和严密观察病情发展的情况下，按照表 15-2 进行综合性分析，最终确定临床分型、分度诊断。

表 15-1　各型急性放射病的初期反应和受照剂量下限

分　型	初期表现	照后 1～2d 淋巴细胞绝对数 /(×10^9/L)	剂量下限 /Gy
骨髓型：轻度	乏力，不适，食欲减退	1.2	1.0
中度	头晕，乏力，食欲减退，恶心，呕吐，白细胞短暂上升后下降	0.9	2.0
重度	多次呕吐，可有腹泻，白细胞数明显下降	0.6	4.0
极重度	多次吐泻，休克，白细胞数急剧下降	0.3	6.0
肠型	频繁吐泻，休克，血红蛋白升高	<0.3	10.0
脑型	频繁呕吐，休克，共济失调，肌张力增加，震颤，抽搐，昏睡，定向和判断力减退	<0.3	50.0

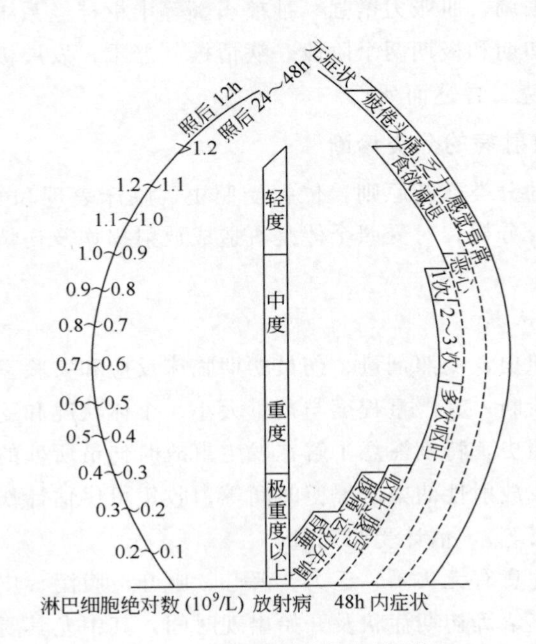

图 15-1　急性放射病早期诊断图

使用方法：按照后 12h 或 24～48h 内淋巴细胞绝对值和该时间内患者出现过的最重症状（图右柱内侧实线下角）做一连线通过中央柱，柱内所标志的程度就是患者可能的诊断；如在照后 6h 对患者进行诊断时，则仅根据患者出现过的最重症状（图右柱内侧实线的上缘）做一水平横线至中央柱，依柱内所标志的程度加以判断，但其误差较照后 24～48h 判断时大。第一次淋巴细胞检查最好在使用肾上腺皮质激素或抗辐射药物前进行

对轻、中、重度骨髓型的分类诊断相对容易，而极重度骨髓型与肠型、肠型与脑型放射病的鉴别则相对较困难。根据受照后伤员的临床表现、受照剂量和病程，区分三种类型急性放射病的诊断依据列于表 15-3。

表 15-2　各型急性放射病的临床诊断依据

项　目	骨髓型				肠型	脑型
	轻度	中度	重度	极重度		
初期：呕吐	－	＋	＋＋	＋＋＋		
腹泻	－	－	－～＋	＋～＋＋	＋＋＋	＋～＋＋
共济失调，定向、判断力减退	－	－	－	－	－	＋＋＋
极期：开始时间/d	不明显	20～30	15～25	<10	3～6	立即
口腔炎	－	＋	＋＋	＋＋～＋＋＋	－～＋＋	－
最高体温/℃	<38	38～39	>39	>39	↑或↓	↓
脱发	－	＋～＋＋	＋＋＋	＋～＋＋＋	－～＋＋	－
出血	－	＋～＋＋	＋＋＋	－～＋＋＋	－～＋＋	－
柏油便	－	－	＋＋	＋＋＋	－～＋＋	－
血水便	－	－	－	－	＋＋	－～＋
腹泻	－	－	＋＋	＋＋＋	＋＋＋	＋＋＋
拒食	－	－	－～＋	＋	＋	＋
衰竭	－	－	＋＋	＋＋＋	＋＋＋	＋＋＋
白细胞总数最低值/($\times 10^9$/L)	>2.0	1.0～2.0	0.2～1.0	<0.2		
受照剂量下限/Gy	1.0	2.0	4.0	6.0	10.0	50.0

注：1. －表示不出现，＋表示轻度，＋＋表示中度，＋＋＋表示重度。

2. ↑表示体温升高，↓表示体温降低。

表 15-3　极重度骨髓型、肠型及脑型急性放射病的鉴别要点

项　目	极重度骨髓型	肠型	脑型
共济失调	－	－	＋＋＋
肌张力增强	－	－	＋＋＋
肢体震颤	－	－	＋＋
抽搐	－	－	＋＋＋
眼球震颤	－	－	＋＋
昏迷	－	－	＋＋
呕吐胆汁	－～＋	＋＋	＋～＋＋
稀水便	＋	＋＋＋	＋
血水便	－	＋＋	－～＋
柏油便	＋＋＋	－～＋＋	－
腹痛	－	＋＋	＋
血红蛋白升高	－	＋＋	＋＋
最高体温/℃	>39	↑或↓	↓
脱发	＋～＋＋＋	－～＋＋	－
出血	－～＋＋＋	－～＋＋	－
病程/d	<30	<15	<5
受照剂量/Gy	6～10	10～50	>50

注：－为不发生，＋为轻度，＋＋为中度，＋＋＋为重度。

（四）急性放射病的救治要点

根据急性放射病的程度和各期不同的特点及当时的救治条件，积极采用中西医结合综合救治措施，使其得到及时、有效、合理的救治。

骨髓型急性放射病的治疗原则及措施如下。

1. 轻度

轻度急性放射病一般不需住院治疗或特殊处理，有症状者在门诊进行对症处理和医学观察，注意休息，加强营养。

2. 中度和重度

中度和重度急性放射病必须住院治疗，根据病情采取不同等级的保护性隔离措施，并针对各期不同特点制定相应的治疗方案。

（1）初期　尽早使用抗放药，调节自主神经和内分泌系统功能，改善微循环，防治胃肠道反应。主要治疗措施如下。

① 入住有隔离区段的消毒隔离病房或无菌层流病房。对患者进行彻底的卫生清洁护理。

② 尽早使用辐射损伤治疗药物，最好在受照当天口服“523”片，一次30mg；照后当天和伤后第4天、第9天每天口服“408”片300mg。如呕吐较重，可不用“523”片，改用“500”针剂10mg一次肌注。

③ 改善微循环，照后1～2d宜给予右旋糖酐40（500mL/d）、丹参注射液、地塞米松（2～4mg/d）、维生素C等静脉滴注。

④ 对呕吐重且进食少者，可酌情输液以补给营养物质和维持体液平衡。

⑤ 伴有皮肤红斑或潮红者，可给予抗过敏药物并避免刺激；合并外伤者，应注意局部卫生护理并酌给抗生素药物，必要时外科处理。

⑥ 重度患者在照后即开始口服肠道灭菌或抑菌药物（黄连素、庆大霉素、制霉菌素等），以控制肠道菌滋生。

⑦ 刺激造血，在照后1～3d开始使用粒细胞集落刺激因子（G-CSF），成人每天用量为300～400μg［7μg/(kg·d)］静脉缓慢滴注或皮下注射，直至白细胞数达（4～5）$\times10^9$/L时逐渐减少和停药；如出现发热等副作用，用小剂量地塞米松或吲哚美辛多可缓解。

⑧ 加强卫生护理，防止外伤，卧床休息，给予高蛋白、高热量、高维生素且易消化的饮食。

⑨ 早期对症治疗。

（2）假愈期　抓紧时机补充营养，增强体质，消灭潜在感染灶。有指征地（白细胞总数低于3.0$\times10^9$/L，皮肤、黏膜出血）预防性使用抗感染药物，主要针对革兰阳性球菌；保护造血功能，预防出血。当外周血白细胞总数低于 2.0×10^9/L、血小板数低于 50×10^9/L 时，应输注经 γ 射线 15～25Gy 照射的新鲜全血或血小板悬液。主要治疗措施如下。

① 给予高营养、易消化饮食，口服多种维生素。

② 清除潜在的感染灶：及时发现和处理口腔溃疡、龋齿、龈炎、足癣、小疖肿及小伤口等，以防局部炎症扩散为全身感染；如发生放射性烧伤或口腔炎，应积极治疗。

③ 预防感染：继续加强口腔卫生护理，可用多种灭菌溶液交替含漱；口服肠道灭菌药物。当出现脱发、皮肤黏膜出血点、血沉加快、局部感染灶或外伤、白细胞数低于 3×10^9/L 等指征之一时，开始预防性口服复方磺胺甲噁唑(复方新诺明)。

④ 预防出血：改刷牙为灭菌溶液轻拭和含漱；避免碰撞引起的皮肤出血；口服维生素 C、维生素 P 等增强毛细血管功能的药物；女性患者月经前肌注丙酸睾酮 50mg，以预防子宫出血。

⑤ 加强心理辅导，为极期来临做好心理准备。

⑥ 此期宜加强临床观察和血液学检查，以早期判定极期的来临，及时实施相应治疗。

(3) 极期　根据细菌学检查或对感染源的估计，及时、准确、有力地采取抗感染措施（特别注意针对革兰阴性细菌）。当血小板数减少至 20×10^9/L、白细胞总数减少至 1.0×10^9/L 或中性粒细胞数低于 0.5×10^9/L，或出血严重、感染不易控制时，应输注经 γ 射线 15～25Gy 照射的新鲜全血或血小板悬液。消毒隔离措施要严密，有条件时可住进层流罩或层流病房。及时纠正酸中毒和水、电解质紊乱。注意防治肺水肿。主要治疗措施如下。

① 抗感染治疗：预防性使用复方磺胺甲噁唑可抑制呼吸道和肠道细菌，推迟发热和减少抗生素用量。一旦出现发热感染，宜根据对病原体的估计和检测结果，及时有针对性地予以抗菌治疗。一般先发生呼吸道革兰阳性球菌感染，后期多发生大肠杆菌或其他革兰阴性杆菌感染。在实施抗生素治疗时，宜先选用窄谱抗生素，后用广谱抗生素。对重症感染者，可两种抗生素配伍应用。应用抗生素时，宜根据感染控制情况和细菌培养药敏试验结果及早更换有效药物，注意维持药物的有效抗菌浓度。对于中度偏重病例宜几种抗生素交替配伍应用，用药量宜大，以静脉给药为主。对于极期发生的口腔问题，如出现黏膜溃疡极易伴发单纯疱疹病毒感染，可用 3%阿昔洛韦溶液含漱，每天数次。对重度患者，因机体免疫力严重低下，在大量应用抗生素时容易诱发霉菌感染，可用抗霉菌药物含漱、雾化吸入或全身应用。为了增加机体免疫力，可

给予人血丙种球蛋白溶液静脉滴注，每次 2g，必要时每 1～2d 1 次。

② 抗出血治疗：当血小板数降至（30～50）$\times 10^9$/L 时，各种处理和操作宜轻柔，减少肌内注射和穿透，防止诱发出血。预防性给予常用止血药物，特别是伍用大剂量维生素 C 静脉输注。极期初，可视病情需要每天给予维生素 C 0.5～1.0g，维生素 P 120～180mg，维生素 K_3 8～12mg。出血明显时，可加大上述药物用量。对局部黏膜和皮肤表浅外伤出血，可用止血海绵局部压迫止血。对严重出血患者，可用巴曲酶 1kU 静脉滴注，必要时可输注新鲜全血或血小板悬液，是防治出血最有效的措施。一般在血小板数低于（20～30）$\times 10^9$/L 或皮肤黏膜有出血点时，宜开始输注新鲜血小板悬液，每 1～2d 1 次（输血小板数宜在 5×10^{10}/L 以上）。选择 HLA 相合或半相合的亲属作为供血者，可提高输注效果；如无亲属供血者，尽量选择同一供血者供血小板，以减少免疫反应。输血及其有形成分。重度病例极期外周血白细胞数可降至 0.5×10^9/L 以下，此时抗生素的抗菌效果明显降低，需要输注粒细胞悬液。为了确保输注效果和减轻输注反应，宜血小板悬液输注前应体外照射15～25Gy。

③ 全血或粒细胞悬液输注：重度患者极期外周血白细胞数降至$<1\times 10^{10}$/L 或合并严重感染时，可酌情输注粒细胞悬液。选择 HLA 相合或半相合供血者可提高输注效果。一般每次输注 2～4 个单位，视病情轻重可每 1～2d 输注 1 次。输注前宜体外照射 15～25Gy。输注全血或粒细胞悬液时，应对供血者进行严格的病原体检查，防止传染病毒性疾病。

④ 造血生长因子的应用：极重度时继续应用造血生长因子（G-CSF 或 GM-CSF），以加快造血功能的恢复。

⑤ 维持营养和水电解质平衡：输注次数视白细胞数降低程度和持续时间而定，严重病例输注全血或其有形成分可能引起的病毒感染应予重视，维持营养和水、电解质平衡。在出现吐泻、拒食、发热时，应及时补给葡萄糖溶液、生理盐水、氨基酸注射液、脂肪乳等；根据血生化检查结果，轮换输注电解质溶液和碱性注射液。

⑥ 肾上腺皮质激素的应用：一般不提倡应用肾上腺皮质激素。对高热不退、衰竭或休克的患者，在加强对症治疗的同时，可适当使用肾上腺皮质激素，多选用地塞米松（5～10mg/d）或氢化可的松（100～200mg/d），一般在用药数天后逐渐停药，并注意感染扩散等副作用的防治。

（4）恢复期　防治贫血，促进造血功能恢复和强壮治疗。主要治疗措施如下。

当外周血白细胞数恢复至 3×10^9/L 以上、体温连续 3d 正常时方可停用抗感染药物，但需密切观察以防感染复发。血小板数升至 $50\times10^9/L$ 以上及出血症状停止时，可停用抗出血药物。轻度贫血者可给予对胃肠刺激性小的铁剂、维生素 B_{12} 和叶酸。严重贫血时可输注红细胞悬液。此期患者处于恢复阶段，可适当给予调理脾胃、滋阴益气的中药制剂，扶持机体恢复。加强营养，适当活动，对康复是有益的。

（五）极重度急性放射病的治疗原则及措施

1. 强化对症综合治疗措施

参照中度和重度急性放射病的治疗原则，但应更早地采取抗放、抗感染和抗出血等措施，使用有力的综合对症支持疗法。特别要注意纠正水、电解质紊乱及酸中毒，可保留 Hickman 导管插管，持续输液，积极缓解消化和神经系统症状，注意防治肠套叠。在大剂量应用抗生素的同时，要注意霉菌和病毒感染的防治。

2. 及时输注全血及有形成分

极重度造血损伤重，外周血白细胞数和血小板数可降至接近 0；贫血发生早，应及时输注全血及其有形成分。一般在假愈期开始少量输注全血，适当增加输血次数和输注细胞量，必要时每 1～2d 输注粒细胞或血小板悬液 1 次。最好选用 HLA 相合者供血并进行严格的病源学检查，输前行体外照射 15～25Gy。

3. 造血生长因子和造血干细胞移植

极重度患者造血功能损伤十分严重。若估计造血功能尚可恢复，应及早给予造血生长因子，如 G-CSF、IL-11 等。如估计造血功能已不能自身恢复（如受 9Gy 以上照射的患者），宜在照后头几天进行骨髓等造血干细胞移植，最好有 HLA 相合的同胞供髓者。造血干细胞移植后，应加强对症治疗，同时注意移植物抗宿主病（GVHD）和放射性间质性肺炎等并发症的防治。移植后伍用造血生长因子有助于造血功能的重建。

4. 定期使用大剂量人血丙种球蛋白

极重度患者机体免疫功能处于严重低下状态，定期输注人血丙种球蛋白对提高机体抗感染能力是十分必要的。一般在照后数天内就开始静脉输注人血丙种球蛋白，每天或隔天输注 2～4g，以维持血中丙种球蛋白（IgG）含量处于正常或稍高水平。

对于极重度患者，在恢复期仍需密切注意病情的发展，如有反复，及时采取适当防治措施。

（六）肠型急性放射病的治疗原则

针对肠道损伤，保护肠黏膜，积极稳妥地采取综合对症支持治疗，止吐、止泻及改善微循环，纠正水、电解质紊乱和酸碱失衡，尽早抗感染、抗出血，有条件时对轻度肠型急性放射病可考虑进行骨髓移植。

（七）脑型急性放射病的治疗原则

减轻患者痛苦，延长患者生命。积极使用镇静药制止惊厥，有脑水肿时应快速给予脱水药保护大脑，抗休克，使用肾上腺皮质激素等综合对症治疗。

四、核武器损伤伤员现场分类与救治

发生核武器损伤时，可能在短时间内发生大量的伤员。在此条件下，为使现场伤员救治快速、有效地进行，行伤员现场分类是十分必要的。

（一）伤员的现场分类

伤员的现场分类，指受核与辐射致伤的伤员，在受伤地域由医务人员对其伤后早期的伤情、伤类进行初步的判断和划分。

1．分类的目的和意义

伤员分类的目的是确定伤员受伤的种类和受伤的程度，以便及时对其进行合理的医疗救治和后送治疗，提高治愈率，减少伤残率。在核与辐射事故救援中，伤员分类是重要卫勤救治措施之一，尤其是大批卫生减员的情况下，其作用显得更为重要。

2．分类的基本原则

对伤员的分类，一般按下述四项原则进行。

① 伤员是否受到核辐射外照射损伤及伤类和伤情。

② 伤员是否有体表、体内及创口放射性污染及污染程度。

③ 伤员是否需要医疗救治，需要救治的紧急程度和救治方法。

④ 伤员是否需要医疗后送，后送时机和地点。

3．分类的基本要求

在核与辐射事故时，尤其是造成大批伤员的情况下，为有效地进行伤员分类，要求采用适合于大量伤员的方式进行分类。

① 专人负责：由专人负责，首先分检出必须紧急救治的伤员，优先送到有关科室进行紧急医学处理。

②力求快速准确：因待检伤员量大，伤类、伤情复杂，因此力求以最快的速度对伤情和伤类作出力求准确的判断。

③ 紧张有序：由于伤员多，伤势轻重不一，在短时间内涌向医疗机构，容易造成人员拥挤、秩序混乱的局面，因此必须重视并采取措施，做好充分的人员和物质准备，保证分类工作能紧张、有序地进行。

4. 分类的基本形式

（1）设置伤员分类组 在发生大批伤员的情况下，一线医疗机构在展开收容伤员时，应组建伤员分类组，并下设至少包括核辐射剂量检测和检伤分类两个小组。各小组分工负责，互相配合，共同进行伤员的现场分类工作。

（2）现场检伤分类 首先进行核辐射监测，分检出有无放射性沾染，紧接着快速观察伤员外观和体征，重点询问受伤史，迅速分检出不同伤类和伤情，并迅速填写伤票或伤员登记表。然后，将伤员送到指定的救治机构进行医学处理。在救护所和早期救治机构，通常将伤员分为四类。

① 优先分检危急伤员：在分类场，对大批伤员的分类不可能做得过细，优先把需要紧急救治的伤员，如窒息、大血管损伤、内脏破裂并严重出血、严重休克、严重呼吸困难、后送途中有危险的重度复合伤等伤员分出来，送到手术室或有关科室进行手术或急救治疗。检查放射性沾染超过控制量者，送洗消组洗消，洗消后分送有关科室，伤势严重者先救治后洗消。

按核爆炸三种瞬时因素所致损伤分出烧伤、创伤和放射损伤三类；复合伤则按主要损伤并考虑治疗的需要分别划入三类中，送往有关科室。放射病和以放射损伤为主的复合伤，送内科；复合深度烧伤和以烧伤为主的复合伤，送烧伤科；创伤和以创伤为主的复合伤，送外科。

脑型、肠型和骨髓型极重度偏重的急性放射病伤员，是紧急救治的对象之一。受核辐射照射后初期，临床症状出现越早、越重、越多，表明病情越严重，因此可根据伤后初期的症状对急性放射病进行初步分类。

a. 伤后 1～2h 出现站立不稳、步态蹒跚、定向力和判断力障碍等共济失调征象，可初步判定为脑型急性放射病。

b. 伤后即刻出现严重恶心、频繁呕吐，继则腹泻、腹痛、排稀便甚至血水样便等，可初步判断为肠型急性放射病。

c. 受照射后 2h 内呕吐，呕吐次数较多者，多为重度或极重度。受照后 2 小时以后呕吐，呕吐仅 3～5 次，多为中度。受照射后 1～2d 内出现腮腺肿痛或有 37～38℃的体温升高，提示可能为中度或更重。若初期发生较大面积的皮肤潮红或红斑，则提示中度或重度的可能性大。受照射后 1d 内，若伤员仅有恶心而无呕吐，多为轻度；照后 2h 前后出现呕吐，2～3d 后出现食欲下降，大便稀但无水样便，全身状况尚可者，多半为骨髓型急性放射病。

② 可直接后送的伤员：此类伤员伤情不急而又需进一步治疗，可直接后送或稍做一般处置即可后送。如中度放射病或放射复合伤、中度烧伤、一般骨关节伤和后送途中无危险的重度放射损伤或复合伤等。

③ 观察与留治的重伤员：此类伤员已生命垂危，应视情况给予护理、减

少痛苦的措施。如脑型、肠型放射病、极重度冲击伤等。

④ 留治可治愈的轻伤员：各类轻伤单独划一类。此类伤员伤情较轻，如面积不大的轻度烧伤、轻微的软组织损伤等，送轻伤处置室，就地做完一些简单处理后，在上级规定的留治期限内可治愈归队，或可让其回家或转有关部门照料。

5. 治疗分类

治疗分类是由早期救治机构各科在治疗的同时做进一步的分类。

根据负伤史、临床症状、体征、化验结果以及个人剂量计测试数据判定伤势。凡疑有放射病和放射复合伤者，均应注意观察和记录放射损伤所特有的指征；疑有放射性物质进入体内者，应在病历上注明；冲击波引起的损伤多为闭合性损伤，常表现为“外轻内重”，有时被烧伤所掩盖，要仔细做全身检查。

在核与辐射事故发生时，根据受伤史和临床征象判断伤情，下列情况有助于对伤员的进一步分类诊断。

① 依据伤员受照史、受照剂量、伤员初期临床反应和实验室检查结果进行早期分型、分度诊断。其严重程度与剂量大小、个体状况和受照部位等有关。

② 详细询问受照史，特别注意了事故发生时伤员所处的位置、有无防护、在事故发生地域或沾染区的停留时间等；收集可供估计伤员受照剂量的物品，如个人剂量计等，并结合事故发生的方式、规模大小及严重程度等，估计受照剂量。

③ 临床检查应注意有无头晕、乏力、恶心、呕吐、腹泻、皮肤红斑、腮腺肿大、意识不清、痉挛等初期症状及开始出现时间，其中尤其要注意有无呕吐和腹泻症状。

④ 条件许可时，尽可能每隔 12～24h 给伤员检查一次外周血白细胞总数、分类和淋巴细胞绝对数，必要时做染色体核形分析和微核率测定。

⑤ 早期分型和分度的方法，可参照表 15-2、表 15-3 和图 15-1 进行。

（二）后送分类

由后送组主动深入各科室了解伤类、伤势和各科安排的后送次序，根据当时的运输工具统一安排后送。

放射损伤的伤类可分为单纯放射损伤和放射复合伤。由核辐射一种致伤因素引起的损伤，称为单纯放射损伤。由核辐射和非辐射（如创伤、烧伤等）致伤因素引起的损伤，称为放射复合伤。放射损伤伤类的划分见图 15-2。

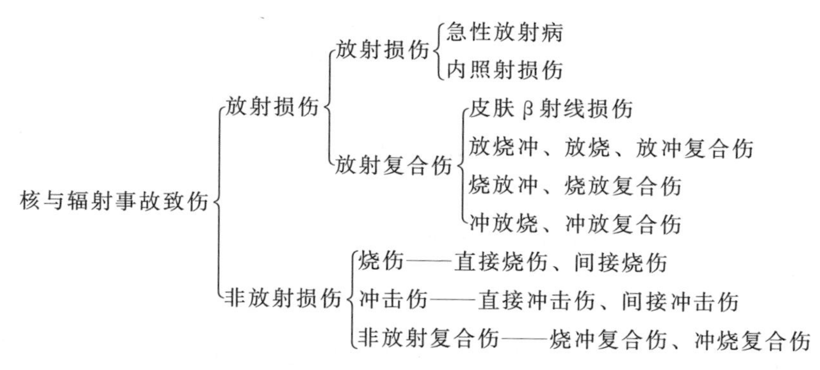

图 15-2 放射损伤伤类划分

放射损伤的伤情可分为轻度、中度、重度和极重度四个伤情等级，具体分度诊断见本章前文。人员体内放射性污染，在事故现场通常难以对其作出判断，因此，对此类伤员的体内放射性污染，主要由后方有条件的医院在治疗中进行分类诊断。

（三）在伤员分类中应注意的问题

1. 加强伤员分类训练

大量伤员来到早期救治机构，如没有良好的分类，医疗秩序容易发生混乱，尽管很快把伤员抢救下来了，由于分类不好，延误治疗，结果达不到迅速、合理救治的目的。因此，对分类组人员，应进行培训。

2. 派出分类调整小组

现场救护展开之后，即应派出调整小组，设在距现场的分类场 200～300m 处，主要任务是迎接伤员，进行初步登记，并指明车辆进出路线和停靠地点，调控伤员到达分类组的时间，防止分类组过分拥挤、混乱和车辆事故。要派了解情况并有一定组织指挥能力的人担任这一工作。

3. 分清主要和次要损伤

在治疗分类中，要注意分清主要和次要损伤。例如，烧伤容易诊断，而冲击伤往往表现为“外轻内重”，且易被烧伤所掩盖。所谓“外轻内重”，指体表外观损伤轻或无伤，而体内损伤较重。尤其是对位于事故中心附近的伤员，要警惕冲击伤存在，注意内脏伤情，详细询问负伤史，细致检查，密切观察，防止“外轻内重”现象掩盖而失去对需要抢救的伤员的救治时机。

（四）核武器伤员救治的原则和程序

根据严重及危害程度，立即启动医学应急响应系统，组织实施医学救援。对严重事故及大量伤亡情况下，一般认为，以三级救治方式组织实施较为有效。一级为现场救护，主要由基层医疗单位和指定的卫勤组织实施；二级为早期救治，主要由事故发生地附近的医疗单位承担；三级为专科治疗，由专科医院负责。但是，如果当时的条件允许，也可以实行两级救治，伤员在现场救护后直接送到专科医院。实行两级救治可能更迅速、更有效。

1. 现场救护的基本原则和任务

现场救护应遵循快速有效、先重后轻、保护抢救者和被抢救者的原则。其基本任务如下。

① 组织自救、互救。

② 首先将伤员撤离事故现场，并进行初步的医学处理，对危重伤员优先进行急救处理。

③ 估计人员受照剂量及初步进行伤员分类，必要时使用碘化钾和抗放药物。

④ 对伤员进行放射性污染检测和初步去污处理，注意防止污染扩散；对开放性污染伤口去污后包扎。

⑤ 疑有放射性核素内污染者，应及早采取阻止放射性核素的吸收和促进放射性核素排出的措施。

⑥ 收集、留取可供估计受照剂量的物品和生物样品。

⑦ 填写伤票或伤员登记表，根据初步分类诊断，将急性放射病、放射复合伤和内污染伤员以及救护现场不能处理的其他伤员送至二级医疗单位救治；必要时将中度以上伤员直接送至专科医院。伤情危重不宜后送者可继续就地抢救，待伤情稳定后及时后送。

⑧ 注意防护，视现场剂量率大小，必要时应采取轮班作业和酌情使用抗放药物。

2. 现场救护的一般程序

（1）紧急待命　一旦事故发生，立即启动医学应急预案。估计伤员所处的环境、位置及估算可能伤亡的人数，以便抢救实施有的放矢。抢救人员迅速进入待命状态，做好个人防护准备，携带必要的药品、器材和救援用具；进入放射性沾染现场前应服用碘化钾，必要时使用其他抗放药物。根据地面照射量率和规定的应急照射水平，确定在沾染区内的安全停留时间。

（2）现场抢救　现场抢救必须是快抢、快救、快送，遵守沾染区防护规则，保障伤员和抢救者安全。主要救护内容包括如下几点。

① 寻找和救出伤员。根据现场地形、地物及建筑物情况，分区分段寻找和救出伤员。

② 运用通气、止血、包扎、固定、搬运“五大技术”。尽快使伤员脱离火

险和放射性沾染地带，并进行快速分类，分出“需紧急处理”的伤员，优先进行紧急救治。

③ 抗休克及防治窒息。对有严重呼吸道烧伤、肺水肿、上呼吸道泥沙阻塞以及昏迷等重伤员，应当采取相应的急救措施。对有放射性物质沾染的危重伤员，应先急救后除沾染。

④ 消除和防止放射性沾染扩散。

⑤ 使用抗放药，必要时用止吐药和抗感染药。若现场照射量率较高，应先将伤员撤离事故现场，然后再进行相应的医学处理。

无危及生命的“可延迟处理”的伤员，经自救、互救和初步除污染后，应使其尽快撤离事故现场，并到指定的伤员分类站或医疗机构接受医学处理。

（3）及时后送　伤员经抢救后要及时后送到指定的伤员集中点或救治机构。轻伤员可步行前往轻伤收容点或指定的医疗单位。

（五）早期救治

1. 早期救治的任务

对伤员进行早期分类、早期治疗、伤员留治和医疗后送。

2. 早期救治的分类

早期救治分类包括检伤分类、治疗分类和后送分类。分类要求有专人负责、力求快速准确、紧张有序地进行。

① 检伤分类：设立伤员分类站，先把需要紧急救治的伤员分检出来，送到手术室或有关科室救治；检查放射性沾染超过容许标准者，送洗消组洗消，洗消后分送有关科室，伤情严重者先救治后洗消；分检出烧伤、创伤和放射损伤三类，复合伤按主要损伤并考虑治疗需要分别划入三类中，分别送往有关科室；放射病和以放射为主的复合伤，送内科；复合深度烧伤和需创伤外科治疗者，送烧伤科或外科；烧伤和以烧伤为主的复合伤，送烧伤科；创伤和以创伤为主的复合伤，送外科；各类轻伤单独划一类，送轻伤处置室。

② 治疗分类：治疗分类由各科在治疗的同时进行，根据受伤史、临床征象、化验结果以及个人剂量计测试数据判定伤势。凡疑有放射病和放射复合伤者，均应注意观察和记录放射损伤所特有的指征；疑有放射性物质进入体内者，应在病历上注明；冲击波引起的损伤多为闭合性，常表现为“外轻内重”，有时被烧伤所掩盖，要仔细做全身检查。

③ 后送分类：后送分类由后送组主动深入各科室了解伤类、伤势和各科安排的后送次序，根据当时的条件和运输工具统一安排后送。

3. 早期救治的范围

早期救治不仅对烧、创伤进行救治，对放射病和放射复合伤也应及早救治。主要救治范围如下。

① 烧伤救治：大面积烧伤创面行初期外科处理，有放射性沾染时进行创面洗消，创面药物治疗，全身综合治疗。

② 冲击伤救治：根据伤情需要，进行外科手术治疗；注意观察和治疗闭合性冲击伤，防止“外轻内重”的现象掩盖实际伤情。

③ 抗休克，抗感染，抗破伤风。

④ 放射损伤救治：对放射损伤及放射复合伤，应尽早使用抗放药；对中、重度以上伤员，给予抗感染、抗出血等对症综合治疗措施。

⑤ 放射性物质内外污染的医学处理：对疑有体内及体表放射性污染者，应尽早洗消、除沾染，口服碘化钾，必要时采用促排措施，但伤情严重者，应先救治后洗消除沾染。

4. 伤员留治

2 周内能治愈的轻伤员，一般可在康复队留治，留治的伤员数量可按事故后医疗条件灵活掌握。对颅脑、腹部伤等手术后伤员和不能耐受后送的极重度伤员，留治观察。

5. 医疗后送

后送原则：除短期内可治愈的轻伤员和不能耐受后送的极重度伤员以外，尽量按伤情指定后送到远离事故发生地的专科医院。对后送的伤员，一般在途中不需要特殊治疗，可直接送到专科医院。预计治愈后仍不能归队者，直接送专科医院。

（六）专科治疗

专科治疗是早期治疗的延续，要与早期治疗相衔接。单纯烧伤、单纯创伤可按平时同类损伤的治疗原则进行处理。对较重的放射损伤和放射复合伤伤员，应进行全面检查和对症综合治疗，必要时进行骨髓移植或胎肝细胞移植。对严重放射复合伤的外科处理，应在假愈期尽早进行，争取在放射病极期到来之前使伤口愈合。在放射病极期，一般不进行手术，如必须要做的紧急救命手术，应做好充分准备，术中必须输注新鲜全血，最好输血小板悬液。放射复合伤进入恢复期后，在伤情好转时再做深度烧伤创面处理、器官修复和整形手术。

第二节　化学武器伤害的防护与现场急救

医务人员应当对化学武器可能造成的中毒后产生的症状、体征以及治疗详尽了解。以免重复第一次世界大战期间出现的尴尬局面：医生坦然承认对毒气中毒一无所知，并且经常难以判断所收容的病员是否存在中毒。医务人员及作战指挥人员应当尽可能早期沟通。尽早对敌方是否可能使用化学武器进行情报掌握，以便医务人员预先准备医疗救护措施。化学战剂的侦检对指导救治具有重要意义。

医疗单位不仅根据侦检器的报告以及情报信息，还要根据化学攻击伤害的本身做出判断。尤其对于目前没有特殊侦检设备的毒剂（失能剂）更为重要。本章主要讨论诸如中毒的识别和诊断。医务人员一定要牢记，例如：神经毒剂中毒后可出现各种差异很大的症状表现，轻者出现瞳孔缩小、头痛及胸部紧迫感，重者出现惊厥及呼吸衰竭等神经毒症状。随沾染途径不同，中毒的程度和症状持续时间变化很大。尽管目前窒息性毒剂使用的可能较小，但仍不能掉以轻心。不要忽略窒息性毒剂中毒后的静止期，将受到致死沾染的初期病员误认为已经平稳恢复。在战争化学伤害中，那些症状与体征不符的病员应当给予仔细检查，以排除精神性毒剂的沾染。一旦发现敌方使用化学武器，应当向医疗救护单位尽快、详尽报告，以利于尽快诊断、指导收容、处置病员。

一、认识化学战争伤害的重要性

任何伤员在没有受到创伤或仅仅受到轻微创伤后，却表现出较重的伤亡、损害、失能，应当考虑受到化学武器攻击。鉴别诊断应当包括精神病。战场上，化学武器攻击后很难出现单个伤员，所以当突然出现大批伤员及难以解释病因时，均应当考虑受到化学攻击。如仅有少量伤病员出现，经过侦检，如果判断化学攻击的可能不大，就要进一步考虑其他毒剂的存在，如一氧化碳等。

1. 伤员病情询问

战争状态下，病员的伤情往往会掺杂心理因素影响，应当按如下线索进行问诊。

① 判断伤员是否由于化学战剂攻击所导致中毒？

② 遭受化学战剂攻击的时候，伤员是否着有良好有效的防护装备？

③ 遭受化学战剂攻击时，该区域是否受到飞机轰炸或炮击？

④ 是否有迹象证明曾出现过（毒剂）的喷洒、液滴或烟雾？

⑤ 是否有其他人受伤？如何受伤？

⑥ 伤病员是否感觉到异常气味？（尽管这种提问的回答在战场上并非十分可靠，但仍不能忽视。）

⑦ 侦检设备运行是否良好、可靠？

2. 确定毒剂的成分

（1）伤员反应如何？潜伏期持续时间？

① 难以解释的突然大量流涕。

② 窒息或胸部紧迫感。

③ 视物模糊或难以集中视力观察近距离物体。

④ 眼部刺激症状。

⑤ 难以解释的呼吸困难或呼吸频率加快。

⑥ 突然感觉虚弱无力。

⑦ 焦躁或坐立不安。

⑧ 眩晕或头晕目眩。

⑨ 言语混乱不清。

⑩ 恶心呕吐。

⑪ 肌肉无力。

（2）从沾染、暴露到发病是否存在潜伏期？时间有多长？

（3）在配备防护面具并进行调整后，症状是否仍持续存在？

（4）伤病员是否已经使用了自动注射器等自救设备？如果已经使用，那么症状是加重了还是减轻了？

（5）伤员举止行为有无异常？

3. 评估毒剂沾染剂量

① 伤员沾染或暴露的时候是在操练中或是休息状态下？

② 伤员沾染或暴露的时候是在露天状态还是有遮掩？

③ 毒剂吸入的时间长短？在怀疑中毒到进行洗消的间隔时间长短？

4. 伤害类型

化学战争过程中，可见如下损伤类型。

（1）常规伤害

① 无化学战剂伤害、无化学战剂对装备的沾染。

② 无化学战剂伤害，但有化学战剂对装备及衣物的沾染。

（2）直接化学伤害

① 单纯化学战剂伤害，无其他合并损伤。

② 混合伤害：由传统兵器损伤伴随化学战剂伤害。由于化学战剂通常要由爆炸物充当填料，所以由传统兵器导致的爆炸伤、冲击伤等均常见。也可见于化学武器伤与常规战伤分不同时间先后出现。其他混合情况见于核武器或生化武器攻击情况下，也可见于化学武器伤伴随自然疾病同时出现。

（3）间接化学伤害

① 由战争应激反应导致的伤害：战争应激反应在战场上很常见，但有化学武器袭击的可能是，其出现概率更大。由于全身防护服装的隔离、额外防护装备负荷导致的疲劳以及心理上对化学袭击的恐惧，会给士兵增加更多的战争应激反应。例如在第二次世界大战期间，曾经一度出现了对化学武器伤害及战争应激反应鉴别诊断困难的情况。

② 化学战剂解毒药物造成的副作用：解毒药物在使用不当或过量时，往往会出现一些不希望出现的副作用。例如：1mg 阿托品会导致身体对热的耐受性下降。更高剂量会导致心动过速、口腔干燥、出汗减少。医务人员必须对这些副作用熟知，并且对此保持警惕。

③ 热伤害：防护服装会影响人体热量的散发困难。防护面具会影响饮水。这些都会导致中暑或热休克。

二、化学武器伤害的防护

1. 对化学武器的防护器材

① 防毒面具。

② 皮肤防护器材。

③ 隔绝式防毒衣。

④ 防毒围巾。

⑤ 简易防护器材。

⑥ 简易防护眼镜。

⑦ 简易皮肤防护器材。

2. 化学武器伤害的防护原则

由于染毒区内人员较多，秩序混乱，必须在指挥部门统一指挥下实施应急救援，救护人员除做好自身防护外，还要组织中毒伤员的急救和毒区内轻度中毒和尚未中毒人员的防护。对已中毒人员除采取救治外，必须采取防护措施，防止继续中毒。对衣物、皮肤局部或易接触的物品已染毒时必须采取消除措施。群体的防护主要是将人员转移、疏散至上风向不受有毒有害气体、液体影响的安全区。特别要加强对呼吸困难、惊厥、休克等中毒人员及复合伤伤员的救护。化学武器伤害的预防如下。①个人防护：主要是使用防毒面具及皮肤防护器材。通防护服可用肥皂水浸湿，干燥后备用。②集体防护：主要是利用各种专门构筑的有防毒通风设备的工事。遭袭击后采取有效的消毒措施。③药物预防：在进行化学恐怖袭击前服用中和/或破坏毒剂的解毒药或胆碱酯酶保护药物。可服用吡啶-2-醛肟甲磺酸甲酯季铵盐或与阿托品合用。

三、各类化学毒剂的现场急救

（1）神经性毒剂的现场急救　神经性毒剂主要有沙林（GB）、塔崩（GA）、梭曼（cD）和维埃克斯（VX）。中毒症状主要为瞳孔缩小、视物模糊、胸闷、流涎、无力、肌颤、呼吸困难、惊厥、昏迷等。神经性毒剂染毒区抢救应采取以下措施：①对人员使用防毒面具等制式或简易器材进行防护。根据上级命令给参战或进入染毒区的抢救人员提前服用神经性毒剂预防药，对已中毒者禁用。②立即肌注神经性毒剂急救针1支，严重者可加注1支。无神经毒急救针时，可肌注阿托品3～5mg和氯解磷定600mg。无法注射时，亦可用阿托品3～5mg口腔滴入。③伤口染毒时，立即扎止血带，用洗消剂或清水充分洗消，防止毒剂扩散，然后包扎。肌注急救针后放开止血带。④皮肤染毒时，及时用粉剂消毒剂消毒。眼、鼻和口腔黏膜染毒时，用大量清水冲洗漱口。被服装具染毒时，用粉剂消毒剂消毒或用水洗净，或剪去装具的染毒部分。严重染毒时应脱掉外衣。⑤误食染毒水或食物者应尽早催吐。⑥可根据中毒症状和血液胆碱酯酶活力测定结果注射阿托品和氯解磷定。⑦液态维埃克斯或胶黏梭曼染毒时，对暴露的皮肤和黏膜彻底洗消。染毒的被服装具应及时消毒或更换。⑧严重中毒伤员应维持呼吸和循环功能，保持呼吸道通畅，呼吸、心跳骤停时做人工呼吸和体外心脏按压。适当补液，保持水、电解质和酸碱平衡。防治肺部感染。对惊厥症状明显者注射地西泮（安定）5～10mg止惊，也可注射戊巴比妥钠0.25g或氯丙嗪20～25mg，但有严重呼吸、循环功能抑制时禁用。

（2）皮肤糜烂性毒剂的现场急救　主要有芥子气（HD）、路易剂（L）和二者的混合物。伤情特点为皮肤染毒产生红斑、水疱、溃烂、坏死，吸收到体内造成全身性中毒。皮肤糜烂性毒剂染毒区抢救应采取以下措施。①眼和口鼻黏膜染有芥子气时，可用2%碳酸氢钠溶液洗眼，液滴态毒剂染毒时，可用0.5%氯胺水洗眼，再用清水冲洗。眼内可涂碱性药膏。处方：碳酸氢钠2.0g、硼砂1.0g、蒸馏水10.0mL、羊毛脂10.0g、凡士林加至100g。疼痛时可用0.5%丁卡因或2%普鲁卡因溶液滴眼。皮肤染毒时，用粉剂皮肤消毒手套或25%氯胺酒精液消毒，然后用水洗净．无消毒液时用水及肥皂彻底清洗。经口中毒时，应尽早催吐，迅速撤离染毒区。②皮肤染有路易剂时，用5%二巯丙醇软膏涂擦。眼染毒时将二巯丙醇眼膏涂于结膜囊内，轻揉半分钟后用清水冲洗。③服装染毒时，应及时消毒或剪去染毒部位，最好更换染毒服装。④路易剂中毒时，及时注射二巯基丙磺酸钠、二巯基丁二酸钠，也可口服二巯基丁二酸胶囊。同时抗感染，给予提高应激能力的药物，防治肺水肿。⑤呼吸道中毒早期，可雾化吸入4%碳酸氢钠。炎症出现后，雾化吸入糜蛋白酶、庆大霉素和地塞米松混合液，每次2mL，每日2次。假膜脱落引起呼吸困难时，立即切开气管取出假膜。⑥眼染毒时，用2%碳酸氢钠洗眼，并用抗感染药物和醋酸氢化可的松眼药水滴眼。皮肤红斑、水疱和溃疡按烧伤处置。大面积皮肤染毒、会阴部染毒、重症眼和呼吸道中毒的伤员，在休克和呼吸困难消除后，优先后送。⑦因误食污染食物及水而经消化道中毒者，立即催吐，用2%碳酸氢钠溶液反复洗胃，并口服活性炭20～30g加水100mL及注射急救针。⑧当严重中毒出现呼吸、心跳停止时，在注射急救针同时，立即进行人工呼吸和体外心脏按压。⑨对症治疗：采用促使中枢神经、呼吸系统和循环系统功能完全恢复的措施及其他对症治疗。⑩中草药治疗：天仙子、曼陀罗等茄科植物，对治疗神经性毒剂中毒均很有效。曼陀罗每次0.3～0.6g，天仙子1～1.5g，水煎服或研末冲服。⑪加强护理：保持安静、保暖、注意口腔卫生及保持呼吸道通畅。呼吸道损伤者用2%碳酸氢钠溶液或0.5%氯胺水洗口腔及鼻咽部。有发绀、呼吸困难时吸氧。

（3）失能性毒剂的现场急救　失能性毒剂从毒剂性质分有两大类：精神神经化学物质及生物毒素。精神神经化学物质有麦角酰二乙胺（LSD）及毕兹（BZ）；生物毒素有肉毒毒素、蛇毒、葡萄球菌肠毒素等。精神神经化学物质作为失能性毒剂，主要是扰乱人员的精神行为和活动能力，使其失去战斗能力；生物毒素则在远低于致死剂量的情况下，即能引起急性失能作用。现场急救：①毒扁豆碱是毕兹毒剂中毒的有效对抗药，用法为每次3mg，每日服4次。新斯的明与毛果芸香碱虽也属于抗胆碱酯酶类药物，但不能通过血脑屏障，故不是有效的解毒药。②氢溴酸加兰他敏5～10mg肌内注射，每日2次。③槟榔中含有槟榔碱，有拟副交感神经作用，用30～60g水煎服。④对症治疗等。

（4）窒息性毒剂的现场急救　窒息性毒剂主要作用于呼吸器官，引起肺水肿而致窒息。这类毒剂中主要的是光气和双光气。现场急救如下。①预防：及时使用防毒面具等个人防护用具。紧急情况下，也可用碳酸氢钠溶液浸湿纱布、手帕等蒙在口、鼻上。②立即搬离染毒区，绝对卧床休息，脱去染毒衣服，要注意保暖。③潜伏期要特别警惕肺水肿的发生。在此期给20%乌洛托品20mL静脉注射，对防止肺水肿有一定作用。中毒后给药越早，效果越好，肺水肿发生后给药效果欠佳。④肺水肿发生前，还可静脉缓慢注射10%氯化钙溶液或10%葡萄糖酸钙溶液，每次10mL，钙离子可使细胞间质致密，使毛细血管渗透性降低，故亦有预防肺水肿的作用，且可使心肌收缩力增强。如已发生肺水肿时则禁用。⑤已发生肺水肿时，应积极抢救。

（5）全身中毒性毒剂的现场急救　氰类毒剂中毒又称全身中毒性毒剂中毒，主要是引起明显的全身性中毒反应，一般无明显的局部损伤。主要有氢氰酸（AC）及氯化氰（CK），氯化氰还对眼及上呼吸道黏膜有刺激作用。诊断：根据中毒史、临床表现及毒剂侦检。侦检可用普鲁士蓝法，试纸遇氰类毒剂呈蓝色反应。预防：主要为经呼吸道引起中毒，故应及时使用防毒面具等个人防护器材和利用集体防毒工事。急救处理：采用亚硝酸盐、硫代硫酸钠联合疗法。其原理是亚硝酸戊酯和亚硝酸钠使血红蛋白迅速转变为较多的高铁血红蛋白，后者与CN^-结合成比较稳定的氰高铁血红蛋白。数分钟后氰高铁血红蛋白又逐渐离解，放出CN^-，此时再用硫代硫酸钠，使CN^-与硫结合成毒性极小的硫氰化合物。从而增强体内的解毒功能。这一处理是氢氰酸烧伤抢救成败的关键，其方法是立即吸入亚硝酸戊酯0.2～0.6mL（15～30s），数分钟内可重复1～2次；缓慢静脉注射3%亚硝酸钠10～20mL（注射速度2～3mL/min）；接着静脉注射25%～50%硫代硫酸钠25～50mL。同时可采取葡萄糖输注。

第三节　生物武器伤害的防护与现场急救

生物武器有病毒、细菌、衣原体、立克次体、真菌和毒素六大类。侵入人体途径有呼吸道、消化道、皮肤等。致伤特点是具有传染性，可造成疾病流行，有的还可能造成持久危害，能在宿主和传播媒介中生存繁衍，形成自然疫源地。

生物武器包括致病微生物及其产生的毒素；施放装置有气溶胶发生器、喷撒箱、各种生物炸弹以及装载生物战剂的容器等。由飞机、火炮、舰艇施放，通过人的呼吸进入呼吸道造成感染致病。如鼠疫、野兔热等也可经呼吸道感染。一般情况下经口或经皮肤感染的毒素或虫媒病毒，如内毒素、黄热病病毒等也可经呼吸道感染。

一、生物战剂的危害特点

（1）有致病或致死作用　有传染性，可造成流行，有的还可造成持久危害。生物恐怖攻击时使用的生物剂对人的致病力要比化学剂强得多，只要吸入微量或少量沾染，或被带毒的蚊虫叮咬一次即可发病。

（2）污染范围广，不易被发现　在气象、地形适宜的条件下施放生物战剂溶胶，可造成较大范围的污染。

（3）生物战剂进入到人体后要经过一个潜伏期才能造成伤害。若在此潜伏期内采取有效措施，就能免除或减轻其危害程度。

（4）有传播性，可造成流行。

（5）影响公众心理，引发社会动荡　生物战剂最大的危害是对人心理的巨大打击。

二、生物战剂的诊断

生物战剂损伤的快速诊断非常重要，它对治疗、预后有直接影响。生物战剂引起的传染病的早期诊断决定于对临床症状的掌握并对已经出现的症状做出准确的解释等。还要进行有针对性的微生物学诊断，其重点是检出病菌或抗原，或用特殊培养法培养病原体，并由此得到肯定的结论。

（1）对可疑现场的监测

① 突然出现当地没有的或罕见的传染病。

② 疾病出现的季节反常，如虫媒脑炎出现在冬季。传播途径异常，如经呼吸道感染了肠道传染病（肉毒素中毒）或虫媒传染病（土拉热）等。流行特征异常，如未发现鼠间鼠疫就出现了人间鼠疫等。

③ 在同一地区发现多种异常的传染病或异常的混合感染。

④ 在出现反常的敌情后，突然发生大量相同症状的伤员或病畜，从伤员、病畜或尸体分离出的致病微生物与投放物分离者相同。

（2）有针对性的微生物学诊断　在一般情况下，细菌感染时白细胞数增多，如鼠疫、霍乱、炭疽等尤其明显，但布氏杆菌病白细胞减少；病毒感染时白细胞数减少，如登革热、黄热病、委内瑞拉马脑炎都十分明显，而东方马脑炎白细胞则显著增多。真菌伤害时，组织胞浆菌病白细胞显著减少。生物战剂伤害在经过生物学侦察、流行病学调查及病例的检查，仍不能就染病的诊断提供可靠线索时，就要进行有针对性的微生物学诊断，其重点是检出病菌或抗原或用特殊培养法培养病原体，并由此得到肯定的结论。

三、生物战剂的伤害救护

1. 生物战剂伤害的预防

个人防护和集体防护的具体内容如下。

（1）个人防护　呼吸道防护最为重要，应戴制式防毒面具、口罩或简便的防疫口罩、毛巾口罩等，颈部、领口围上围巾或用毛巾扎紧袖口和裤脚管，袜子套在裤脚管外面。戴好手套。

（2）集体防护。

（3）加强反生物战侦察　经常注意监视活动情况，施放生物战剂气溶胶如喷雾，投掷生物炸弹等。

（4）采集标本送检　采集各种敌投物、被污染物、动物标本以及伤员的排泄物、渗出物等进行检验，以确定能否受到生物武器的袭击并鉴定生物战剂种类，采取针对性防护措施。

（5）紧急预防　疫区的伤员或就地或送往指定医院进行隔离和治疗，紧急预防是在受到生物战剂攻击后，尚未鉴定出病原体之前即刻采取的措施，以防止传染病的发生、传播，或在已经发生传染病的情况下进行预防性治疗以防其暴发或减轻病情和疫情。

2. 生物战剂伤害救护

（1）隔离　传染病员一般就地隔离治疗，不要后送。特殊情况下需要后送时，应在严密防护条件下专人专车后送。

（2）进行病原体检验，及时明确诊断　发现烈性传染病要建立严格的隔离、消毒制度。加强卫生整顿、免疫接种、药物预防等措施。做好医学观察和留验，防止传染病扩散。

（3）在病原体未查明前，应考虑使用广谱高效抗感染药。病原体查明后，按传染病常规治疗方法进行。

（4）必须应用个人、集体防护器材　对生物战剂气溶胶，个人可使用相应防毒面具、防护口罩及各种简便器材防止呼吸道吸入，使用防毒衣、防疫服、塑料布、防护眼镜等防护皮肤和黏膜。对粮食、食物、水源的进行防护等。

（5）涂抹驱避剂，使用驱蚊网进行防护。

（6）除做好一般性预防接种外，有条件时进行针对性的特异性免疫。

（7）在潜伏期内给予抗感染药物，防止发病或减轻症状。

（8）做好检疫工作，及时处理污染区及疫区　凡遭受生物恐怖剂污染的地区称为污染区，凡是发生烈性传染病流行的地区为疫区。实施检疫应根据污染区或疫区的具体情况，生物剂的种类和施放方式等，分别采用封锁、限制出入、隔离治疗，隔离留验、终末消毒或扑灭，以及解除封锁等不同措施进行卫生整顿和必要的卫生处理。

（9）卧床休息　发热的患者和生物战剂引起的传染病患者都必须卧床休息，尽可能每天洗澡，以避免皮肤感染。

（10）发热的处理　给镇静药（或解热药加小剂量的镇静药）。

（11）饮食富营养，多饮水，注意心脏循环情况及肝、肾的损害，某些病例需胃肠外输注，长期发热时给高热量饮食。

（12）调节排便，必要时灌肠或给轻泻药。

（13）根据传染病特点，随时注意掌握病情变化，及时给予对症治疗，包括急性心力衰竭、中毒性休克、急性肺水肿、电解质紊乱的处理，各种维生素的补充，以及吸痰、给氧、镇静、止痛等各种对症治疗。

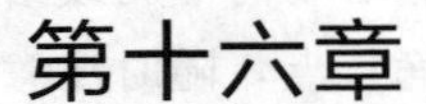

第十六章

突发传染病的急救

第一节　SARS 的诊断和急救

严重急性呼吸综合征（severe acute respiratory syndrome，SARS）是冠状病毒引起的具有强烈传染性的呼吸道疾病。2002 年底开始在我国广东流行，短短 6 个月内蔓延到 32 个国家。

一、传播途径

（1）空气飞沫传播　空气飞沫是 SARS 病毒的主要传播途径。SARS 患者的呼吸道、口腔、鼻腔等分泌物中含有大量的 SARS 病毒，患者在呼吸、咳嗽、咳痰的过程中排出的冠状病毒可长期悬浮在空气中，在相对密闭的空间，如室内、电梯和交通工具内，病毒可累积至较高的浓度，很容易实现 SARS 的传播。

（2）间接接触传播　SARS 患者的呼吸道分泌物、排泄物以及其他体液中都含有一定量的病毒，排出后可污染接触者的手、皮肤和周围环境，引起病毒的间接传播。

二、临床表现

SARS 潜伏期为 1～14d，通常为 2～7d。最初的症状通常为发热（>38℃），发热通常为高热，有时伴有畏寒和寒战，还可伴有其他症状，包括头痛、疲乏以及肌肉酸痛等。发病期间，部分患者有轻度的呼吸系统症状。部分病例在发热前驱症状期间出现腹泻。亦有报道少数与 SARS 患者密切接触人员仅表现为症状轻微的发热性疾病而无任何呼吸道症状，表明传染性 SARS 可中止于发热前驱症状期。3～7d 后，患者进入下呼吸道受累期，开始出现咳嗽，多为干咳、少痰，偶有血丝痰；严重者出现呼吸加速、气促或者明显呼吸窘迫症状。肺部体征不明显，部分患者可闻少许湿啰音或有肺实变体征。10%～20%的重症患者需要插管和机械通气。

1. SARS 的临床分期

在卫生部颁布的《传染性非典型肺炎（SARS）诊疗方案（2004 版）》中将 SARS 的病情发展分为以下三期。

① 早期：一般为病初的 1～7d。起病急，以发热为首发症状，体温一般高于 38℃，半数以上的患者伴有头痛、关节肌肉酸痛、乏力等症状，部分患者可有干咳、胸痛、腹泻等症状，但少有上呼吸道卡他症状，肺部体征多不明显，部分患者可闻及少许湿啰音。X 线胸片肺部阴影在发病第 2 天即可出现，平均在 4d 时出现，95%以上的患者在病程 7d 内出现肺部影像改变。

② 进展期：多发生在病程的 8～14d，个别患者可更长。在此期，发热及感染中毒症状持续存在，肺部病变进行性加重，表现为胸闷、气促、呼吸困难，尤其在活动后明显。X 线胸片检查肺部阴影发展迅速，且常为多叶病变。少数患者（10%～15%）出现急性呼吸窘迫综合征（acute respiratory distress syndrome，ARDS）而危及生命。

③ 恢复期：进展期过后，体温逐渐下降，临床症状缓解，肺部病变开始吸收，多数患者经 2 周左右可达到出院标准。患者出院后，尚需经过一个康复阶段。康复期患者，经过急性期的诊治后，虽然胸部 X 线片等已经恢复正常，但仍遗留有胸闷、咳嗽、乏力、肢体疼痛等症状，少数重症患者可能在相当长的时间内遗留限制性通气功能障碍、肺弥散功能下降以及运动心肺功能障碍等，需要较长时间方能逐渐恢复。

2. 实验室检查

发病初期，绝对淋巴细胞计数经常下降，总白细胞计数正常或下降。在疾病高峰期，半数患者有白细胞减少、血小板减少或血小板计数为正常低值[$(50\sim150)\times10^9/L$]。在呼吸系统受累早期，可有肌酸磷酸激酶、乳酸脱氢酶升高和肝脏转氨酶升高（可为正常值上限的 2～6 倍），大多数患者出现低氧血症，血氧饱和度（SaO_2）<93%，部分患者可出现低钠血症或低钾血症。临床症状出现 3～4d 后，大部分患者出现胸部 X 线的改变，最初为单侧点状间质性浸润阴影，随后发展为斑片状、网状浸润阴影，1～2d 后进展为双侧。在 SARS 的晚期，部分患者可出现肺纤维化或实变改变。

SARS-CoV 的最后确诊依赖于实验技术的应用。这些实验室诊断技术可以分为以下几类：①病毒分离；②聚合酶链反应（polymerase chain reaction，PCR）；③特异性抗体检测；④免疫组化法检测病毒抗原；⑤电子显微镜检查。

三、诊断及鉴别诊断

1. 诊断

卫生部和国家中医药管理局制定了《传染性非典型肺炎（SARS）诊疗方案（2004 版）》（以下简称《诊疗方案》），进一步明确了诊断标准。

① 临床诊断：对于有 SARS 流行病学依据、相应临床表现和肺部 X 线影像改变，并能排除其他疾病诊断者，可以做出 SARS 临床诊断。

② 确定诊断：在临床诊断的基础上，若分泌物 SARS-CoV RNA 检测阳性，或血清（或血浆）SARS-CoV 特异性抗原 N 蛋白检测阳性，或血清 SARS-CoV 抗体阳转，或抗体滴度升高≥4 倍，则可作出确定诊断。

此外，在《诊疗方案》中制定了重症 SARS 的诊断标准：具备以下三项之中的任何一项，均可以诊断为重症 SARS。

（1）呼吸困难，成人休息状态下呼吸频率≥30 次/分，且伴有下列情况之一：①X 线胸片显示多叶病变或病灶总面积在正位胸部 X 线片上占双肺总面积的 1/3 以上；②病情进展，48h 内病灶面积增大超过 50%且在正位胸部 X 线片上占双肺总面积的 1/4 以上。

（2）出现低氧血症，氧合指数低于 300mmHg（1mmHg=0.133kPa）。

（3）出现休克或多器官功能障碍综合征（MODS）。

2. 鉴别诊断

临床上要注意排除上感、流感、细菌性或真菌性肺炎、艾滋病合并肺部感染、军团病、肺结核、流行性出血热、肺部肿瘤、非感染性间质性疾病、肺水肿、肺不张、肺栓塞、肺嗜酸粒细胞浸润症、肺血管炎等临床表现类似的呼吸系统疾病。

四、急救与治疗

SARS 的治疗原则应以对症支持治疗和针对并发症的治疗为主。应避免盲目应用药物治疗，尤其应避免多种药物（如抗生素、抗病毒药、免疫调节药、糖皮质激素等）长期、大剂量地联合应用。

（1）应对突发传染病，应建立和完善患者接诊、救治、转运系统。严格实行首诊负责制，就地诊断，就地隔离，就地治疗；设立定点医院，按照分散就诊、集中收治和确保 100%收治的原则；各地指定专门机构专人专车转送患者，有效控制传染源，切断传播途径。

（2）一般治疗与病情监测　卧床休息，注意维持水、电解质平衡，避免用力和剧烈咳嗽，密切观察病情变化（不少患者在发病后的 2～3 周内都可能属于进展期）。一般早期给予持续鼻导管吸氧（吸氧浓度一般为 1～3L/min）。

根据病情需要，每天定时或持续监测脉搏容积血氧饱和度（SpO_2）。定期复查血常规、尿常规、血电解质、肝肾功能、心肌酶谱、T 淋巴细胞亚群（有条件时）和 X 线胸片等。

（3）对症治疗

① 体温高于 38.5℃或全身酸痛明显者，可使用解热镇痛药。高热者给予冰敷、酒精擦浴、降温毯等物理降温措施。儿童禁用水杨酸类解热镇痛药。

② 咳嗽、咳痰者可给予镇咳药、祛痰药。

③ 有心、肝、肾等器官功能损害者，应采取相应治疗。

④ 腹泻患者应注意补液及纠正水、电解质失衡。

（4）糖皮质激素的使用　应用糖皮质激素的目的在于抑制异常的免疫病理反应，减轻严重的全身炎症反应状态，防止或减轻后期的肺纤维化。具备以下指征之一时可考虑应用糖皮质激素：①有严重的中毒症状，持续高热不退，经对症治疗 5d 以上最高体温仍超过 39℃；②X 线胸片显示多发或大片阴影，进展迅速，48h 之内病灶面积增大＞50％且在正位胸部 X 线片上占双肺总面积的 1/4 以上；③达到急性肺损伤或 ARDS 的诊断标准。

成人推荐剂量相当于甲泼尼龙 2～4mg/(kg・d)，具体剂量可根据病情及个体差异进行调整。开始使用糖皮质激素时宜静脉给药，当临床表现改善或 X 线胸片显示肺内阴影有所吸收时，应及时减量停用。对于重症且达到急性肺损伤标准的病例，应该及时规律地使用糖皮质激素，以减轻肺的渗出、损伤和后期的肺纤维化，并改善肺的氧合功能。目前多数医院使用的成人剂量相当于甲泼尼龙 80～320mg/d，具体可根据病情及个体差异来调整。少数危重患者可考虑短期（3～5d）甲泼尼龙冲击疗法（500mg/d）。待病情缓解或 X 线胸片显示病变有吸收后逐渐减量停用，一般可选择每3～5d 减量 1/3。

（5）及时正确使用机械通气　重症患者会出现 ARDS，因而 ARDS 的救治对于降低患者的死亡率是很关键的。机械通气是 ARDS 的主要治疗措施。

无创正压通气指征：在吸氧 3～5L/min 条件下 SaO_2＜93％，气促，呼吸频率≥30 次/分，胸部 X 线片呈进行性恶化。

插管通气的指征：①经无创通气治疗病情无改善，表现为 SaO_2＜93％，面罩氧浓度 5L/min，肺部病灶仍增加；②不能耐受无创通气，明显气促；③中毒症状明显，病情急剧恶化。机械通气时应掌握的一个重要原则是允许存在高碳酸血症，可减少潮气量和每分钟氧供。通常在出现大面积实变、顺应性差、易发生气胸时使用。PEEP 在 10～15cmH_2O，可防止肺泡萎陷，改善供氧。

（6）抗病毒治疗　目前尚未发现针对 SARS-CoV 的特异性药物。临床回顾性分析资料显示，利巴韦林等常用抗病毒药对 SARS 无效。蛋白酶抑制药 Kaletra［洛匹那韦（Lopinavir）及利托那韦（Ritonavir）］的疗效尚待验证。

（7）免疫治疗　胸腺素、干扰素、静脉用丙种球蛋白等非特异性免疫增强药对 SARS 的疗效尚未肯定，不推荐常规使用。SARS 恢复期血清的临床疗效尚未被证实，对诊断明确的高危患者，可在严密观察下试用。

（8）抗菌药物的使用　抗菌药物的应用目的主要有两个，一是用于对疑似患者的试验治疗，以帮助鉴别诊断；二是用于治疗和控制继发细菌、真菌感染。鉴于 SARS 常与社区获得性肺炎（CAP）相混淆，在诊断不清时可选用新喹诺酮类或 β-内酰胺类联合大环内酯类药物试验治疗。继发感染的致病原包括革兰阴性杆菌、耐药革兰阳性球菌、真菌及结核杆菌，应有针对性地选用适当的抗菌药物。

（9）中医中药治疗　有关资料显示，在抗击 SARS 中，中西医结合治疗取得独特效果。应用中药的作用和优势表现在其可以早期干预、阻断病程；明显减轻症状；缩短患者发热时间和住院时间；可以促进炎症及早吸收，减少后遗症。

五、预防

应对传染病的首要措施为建立完善的三级预防策略。

① 一级预防：即根本预防，目的在于减少 SARS 发生人数。通过信息传递和行为干预，提高安全意识和自我保护能力，积极做好防治 SARS 的各项工作。

② 二级预防：提高应对紧急公共卫生事件的快速反应能力，做到早发现、早报告、早隔离、早治疗。

③ 三级预防：使住院患者能够得到良好的医治和护理，早日康复，减少伤残，降低死亡率，防止发生 SARS 医院交叉感染。

SARS 是一种呼吸道传染病，具体防治措施需针对传染病的三个环节，采取以管理和控制传染源、预防控制医院内传播为主的综合性防治措施。加强医务人员对 SARS 的了解和认识非常必要。通过对 SARS 患者的及时诊断、治疗、报告和采取有效的隔离措施，可防止疾病进一步传播。

第二节　新型冠状病毒肺炎诊断与中西医结合急救

2020 年 1 月 12 日，世界卫生组织正式将 2019 新型冠状病毒命名为 2019-

nCoV。感染病毒的人会出现程度不同的症状，有的只是发烧或轻微咳嗽，有的会发展为肺炎，有的则更为严重甚至死亡。

一、病原学特点

引起此次疫情的病原体——新型冠状病毒（2019 novel coronavirus，2019-nCoV）属于β属的冠状病毒，有包膜，颗粒呈圆形或椭圆形，常为多形性，直60～140nm。其基因特征与严重急性呼吸系统综合征相关病毒（severe acute respiratory syndrome related coronavirus，SARSr-CoV）和中东呼吸系统综合征冠状病毒（Middle East respiratory syndrome related coronavirus，MERSr-CoV）有明显区别。据目前的研究结果显示，2019-nCoV与蝙蝠严重急性呼吸系统综合征（severe acute respiratory syndrome，SARS）样冠状病毒（bat-SL-CoVZC45）同源性达85%以上。体外分离培养时，96h左右即可在人呼吸道上皮细胞内发现，而在Vero E6和Huh-7细胞系中分离培养约需4～6天。对其毒理化特性的认识多来自对2019-nCoV和MERSr-CoV的研究。病毒对紫外线和热敏感，56℃ 30min、乙醚、75%乙醇、含氯消毒剂、过氧乙酸和氯仿等脂溶剂均可有效灭活病毒，氯己定不能有效灭活病毒。

二、病理学特点

尸检和穿刺组织病理结果如下。

（1）肺脏呈不同程度的实变　现有的有限尸检和穿刺组织病理结果显示：肺脏呈不同程度的实变，支气管黏膜膜部分上皮脱落，黏膜上皮和Ⅱ型肺泡上皮细胞胞质内可见冠状病毒颗粒。肺泡腔内见浆液、纤维蛋白性渗出物及透明膜形成；渗出细胞主要为单核和巨噬细胞，易见多核巨细胞。Ⅱ型肺泡上皮细胞显著增生，部分细胞脱落。Ⅱ型肺泡上皮细胞和巨噬细胞内可见包涵体。肺泡隔血管充血、水肿，可见单核和淋巴细胞浸润及血管内透明血栓形成。肺组织灶性出血、坏死，可出现出血性梗死。部分肺泡腔渗出物机化和肺间质纤维化。肺内支气管黏膜膜部分上皮脱落，腔内可见黏液及黏液栓形成；少数肺泡过度充气、肺泡隔断裂或囊腔形成。电镜下支气管黏膜上皮和Ⅱ型肺泡上皮细胞胞质内可见冠状病毒颗粒；免疫组化染色显示部分肺泡上皮和巨噬细胞呈新型冠状病毒抗原阳性；RT-PCR检测新型冠状病毒核酸阳性。

（2）脾脏　明显缩小，灶性出血和坏死，脾脏内巨噬细胞增生并可见吞噬现象。脾脏和肺门淋巴结淋巴细胞数量减少，可见坏死；免疫组化染色显示脾脏和淋巴结内$CD4^{+}$ T和$CD8^{+}$ T细胞均减少。骨髓三系细胞数量减少。

（3）心肌细胞　可见变性、坏死；间质内可见少数单核细胞、淋巴细胞和

（或）中性粒细胞浸润。部分血管内皮脱落、内膜炎症及血栓形成。

（4）肝脏和胆囊　体积增大，暗红色。肝细胞变性、灶性坏死伴中性粒细胞浸润；肝血窦充血，汇管区见淋巴细胞和单核细胞浸润，微血栓形成。胆囊高度充盈。

（5）肾脏　肾小球球囊腔内见蛋白性渗出物，肾小管上皮变性、脱落，可见透明管型。肾脏间质充血，可见微血栓和灶性纤维化。

（6）脑　组织充血、水肿，部分神经元变性。

（7）肾　肾上腺见灶性坏死。

（8）食管、胃和肠管黏膜上皮不同程度变性、坏死、脱落。

三、流行病学特点

（1）传染源　传染源主要是新型冠状病毒感染的患者和无症状感染者，在潜伏期即有传染性，发病后5天内传染性较强。

（2）传播途径　经呼吸道飞沫和接触传播是主要的传播途径。接触病毒污染的物品也可造成感染。在相对封闭的环境中长时间暴露于高浓度气溶胶情况下存在经气溶胶传播的可能。由于在粪便、尿液中可分离到新型冠状病毒，应注意其对环境污染造成接触传播或气溶胶传播。

（3）易感人群　人群普遍易感。感染后或接种新型冠状病毒疫苗后可获得一定的免疫力，但持续时间尚不明确。

四、临床特点

1. 临床表现

基于目前的流行病学调查，潜伏期1～14天，多为3～7天。

以发热、乏力、干咳为主要表现。少数患者伴有鼻塞、流涕、咽痛和腹泻等症状。重症患者多在发病一周后出现呼吸困难和（或）低氧血症，严重者快速进展为急性呼吸窘迫综合征、脓毒症休克、难以纠正的代谢性酸中毒和出凝血功能障碍及多器官功能衰竭等。值得注意的是重型、危重型患者病程中可为中低热，甚至无明显发热。

轻型患者仅表现为低热、轻微乏力等，无肺炎表现。

从目前收治的病例情况看，多数患者预后良好，少数患者病情危重。老年人和有慢性基础疾病者预后较差。儿童病例症状相对较轻。

2. 实验室检查

发病早期外周血白细胞总数正常或减少，淋巴细胞计数减少，部分患者可出现肝酶、乳酸脱氢酶（LDH）、肌酶和肌红蛋白增高；部分危重者可见肌钙蛋白增高。多数患者C反应蛋白（CRP）和血沉升高，降钙素原正常。严重者D-二聚体升高、外周血淋巴细胞进行性减少。新型冠状病毒特异性IgM抗体，IgG抗体在发病1周内阳性率较低，有可能导致假阳性的情形。

在鼻咽拭子、痰、下呼吸道分泌物、血液、粪便等标本中可检测出新型冠状病毒核酸。

为提高核酸检测阳性率，建议尽可能留取痰液，实施气管插管患者采集下呼吸道分泌物，标本采集后尽快送检。

3. 胸部影像学

早期呈现多发小斑片影及间质改变，以肺外带明显。进而发展为双肺多发磨玻璃影、浸润影，严重者可出现肺实变，胸腔积液少见。

五、诊断标准

1. 疑似病例

结合下述流行病学史和临床表现综合分析，有流行病学史中的任何1条，且符合临床表现中任意2条。无明确流行病学史的，符合临床表现中任意2条，同时新型冠状病毒特异性IgM抗体阳性；或符合临床表现中的3条。

（1）流行病学史

① 发病前14天内在病例报告社区的旅行史或居住史；

② 发病前14天内与新型冠状病毒感染的患者或无症状感染者有接触史；

③ 发病前14天内曾接触过来自有病例报告社区的发热或有呼吸道症状的患者；

④ 聚集性发病（2周内在小范围如家庭、办公室、学校班级等场所，出现2例及以上发热和/或呼吸道症状的病例）。

（2）临床表现

① 发热和（或）呼吸道症状。

② 具有上述新型冠状病毒肺炎影像学特征。

③ 发病早期白细胞总数正常或降低，或淋巴细胞计数减少。有流行病学史中的任何一条，且符合临床表现中任意2条。无明确流行病学史的，符合临床表现中的3条。

2. 确诊病例

疑似病例，具备以下病原学证据之一者。

（1）实时荧光RT-PCR检测新型冠状病毒核酸阳性。

（2）病毒基因测序，与已知的新型冠状病毒高度同源。

六、临床分型

1. 轻型

临床症状轻微，影像学未见肺炎表现。

2. 普通型

具有发热、呼吸道等症状，影像学可见肺炎表现。

3. 重型

符合下列任何一条：

（1）呼吸窘迫，RR≥30 次/分；

（2）静息状态下，指氧饱和度≤93%；

（3）动脉血氧分压（PaO_2）/吸氧浓度（FiO_2）≤300mmHg（1mmHg=0.133kPa）。

高海拔（海拔超过 1000m）地区应根据以下公式对 PaO_2/FiO_2进行校正：PaO_2/FiO_2×[760 大气压(mmHg)]

肺部影像学显示 24～48 小时内病灶明显进展>50%者按重型管理。

4. 危重型

符合以下情况之一者：

（1）出现呼吸衰竭，且需要机械通气；

（2）出现休克；

（3）合并其他器官功能衰竭需 ICU 监护治疗。

七、重型/危重型高危人群

（1）大于 65 岁老年人；

（2）有心脑血管疾病（含高血压）、慢性肺部疾病（慢性阻塞性肺疾病、中度至重度哮喘）、糖尿病、慢性肝脏、肾脏疾病、肿瘤等基础疾病者；

（3）免疫功能缺陷（如艾滋病患者、长期使用皮质类固醇或其他免疫抑制药物导致免疫功能减退状态）；

（4）肥胖（体质指数≥30）；

（5）晚期妊娠和围产期女性；

（6）重度吸烟者。

八、重型/危重型早期预警指标

（1）成人　有以下指标变化应警惕病情恶化。

① 低氧血症或呼吸窘迫进行性加重；

② 组织氧合指标恶化或乳酸进行性升高；

③ 外周血淋巴细胞计数进行性降低或外周血炎症标记物如 IL-6、CRP、铁蛋白等进行性上升；

④ D-二聚体等凝血功能相关指标明显升高；

⑤ 胸部影像学显示肺部病变明显进展。

（2）儿童。

① 呼吸频率增快；

② 精神反应差、嗜睡；

③ 乳酸进行性升高；

④ CRP、PCT、铁蛋白等炎症标记物明显升高；

⑤ 影像学显示双侧或多肺叶浸润、胸腔积液或短期内病变快速进展；

⑥ 有基础疾病（先天性心脏病、支气管肺发育不良、呼吸道畸形、异常血红蛋白、重度营养不良等）、有免疫缺陷或低下（长期使用免疫抑制剂）和新生儿。

九、鉴别诊断

（1）新型冠状病毒感染轻型表现需与其他病毒引起的上呼吸道感染相鉴别。

（2）新型冠状病毒肺炎主要与流感病毒、腺病毒、呼吸道合胞病毒等其他已知病毒性肺炎及肺炎支原体感染鉴别，尤其是对疑似病例要尽可能采取包括快速抗原检测和多重 PCR 核酸检测等方法，对常见呼吸道病原体进行检测。

（3）还要与非感染性疾病，如血管炎、皮肌炎和机化性肺炎等鉴别。

（4）儿童患者出现皮疹、黏膜损害时，需与川崎病鉴别。

十、病例的发现与报告

各级各类医疗机构的医务人员发现符合病例定义的疑似病例后，应当立即进行隔离治疗，院内专家会诊或主诊医师会诊，仍考虑疑似病例，在 2h 内进行网络直报，并采集标本进行新型冠状病毒核酸检测，同时在确保转运安全前提下立即将疑似患者转运至定点医院。与新型冠状病毒感染者有密切接触的患者，即便常见呼吸道病原检测阳性，也建议及时进行新型冠状病毒病原学检测。疑似病例连续两次新型冠状病毒核酸检测阴性（采样时间至少间隔 24 小时）且发病 7 天后新型冠状病毒特异性 IgM 抗体和 IgG 抗体仍为阴性可排除疑似病例诊断。对于确诊病例应在发现后 2 小时内进行网络直报。

十一、治疗

（一）根据病情确定治疗场所

（1）疑似及确诊病例应当在具备有效隔离条件和防护条件的定点医院隔离治疗。疑似病例应当单人单间隔离治疗。确诊病例可多人收治在同一病室。

（2）危重型病例应当尽早收入 ICU 治疗。

（二）一般治疗

（1）卧床休息，加强支持治疗，保证充分热量；注意水、电解质平衡，维持内环境稳定；密切监测生命体征、指氧饱和度等。

（2）根据病情监测血常规、尿常规、CRP、生化指标（肝酶、心肌酶、肾功能等）、凝血功能、动脉血气分析、胸部影像学等。有条件者可行细胞因子检测。

（3）及时给予有效氧疗措施，包括鼻导管、面罩给氧和经鼻高流量氧疗。

（4）抗病毒治疗：在抗病毒药物应急性临床试用过程中，相继开展了多项临床试验，虽然仍未发现经严格“随机、双盲、安慰剂”对照研究证明有效的抗病毒药物，但某些药物经临床观察研究显示可能具有一定的治疗作用。目前较为一致的意见认为，具有潜在抗病毒作用的药物应在病程早期使用，建议重点应用于有重症高危因素及有重症倾向的患者。不推荐单独使用洛匹那韦/利托那韦和利巴韦林，不推荐使用羟氯喹或联合使用阿奇霉素。以下药物可继续试用，在临床应用中进一步评价疗效。①可用 α-干扰素：成人每次 500 万 U 或相当剂量。加入灭菌注射用水 2mL，每日 2 次，雾化吸入，疗程不超过 10 天；②利巴韦林：建议与干扰素（剂量同上）或洛匹那韦/利托那韦（成人 200mg/50mg/粒，每次 2 粒，每日 2 次）联合应用，成人 500mg/次，每日 2 至 3 次静脉输注，疗程不超过 10 天；③磷酸氯喹：用于 18～65 岁成人。体重大于 50kg 者，每次 500mg，每日 2 次，疗程 7 天；体重小于 50kg 者，第 1、2 天每次 500mg、每日 2 次，第 3～7 天每次 500mg、每日 1 次；④阿比多尔：成人 200mg，每日 3 次，疗程不超过 10 天。要注意上述药物的不良反应、禁忌证以及与其他药物的相互作用等问题。不建议同时应用 3 种以上抗病毒药物，出现不可耐受的毒副作用时应停止使用相关药物。对孕产妇患者的治疗应考虑妊娠周数，尽可能选择对胎儿影响较小的药物，以及考虑是否终止妊娠后再进行治疗，并知情告知。随着研究的深入，还可能出现新的有确定疗效的抗病毒药物，可根据临床具体情况灵活掌握。

（5）抗菌药物治疗：避免盲目或不恰当使用抗菌药物，尤其是联合使用广谱抗菌药物。

（6）糖皮质激素治疗：对于氧合指标进行性恶化、影像学进展迅速、机体炎症反应过度激活状态的患者，酌情短期内（一般建议3～5日，不超过10日）使用糖皮质激素，建议剂量相当于甲泼尼龙0.5～1mg/kg/日，应当注意较大剂量糖皮质激素由于免疫抑制作用，可能会延缓对病毒的清除。

（三）重型、危重型病例的治疗

（1）治疗原则：在对症治疗的基础上，积极防治并发症，治疗基础疾病，预防继发感染，及时进行器官功能支持。

（2）呼吸支持。

① 氧疗　重型患者应当接受鼻导管或面罩吸氧，并及时评估呼吸窘迫和（或）低氧血症是否缓解。根据气道分泌物情况，选择密闭式吸痰，必要时行支气管镜检查并采取相应治疗。

② 高流量鼻导管氧疗或无创机械通气　当患者接受标准氧疗后呼吸窘迫和（或）低氧血症无法缓解时，可考虑使用高流量鼻导管氧疗或无创通气。若短时间（1～2小时）内病情无改善甚至恶化，应当及时进行气管插管和有创机械通气。

③ 有创机械通气　采用肺保护性通气策略，在保证气道平台压≤35cmH_2O时，可适当采用高PEEP，保持气道温化湿化，避免长时间镇静，早期唤醒患者并进行肺康复治疗。

④ 挽救治疗　对于严重ARDS患者，建议进行肺复张。在人力资源充足的情况下，每天应当进行12小时以上的俯卧位通气。俯卧位通气效果不佳者，如条件允许，应当尽快考虑体外膜肺氧合（ECMO）。

（3）循环支持　充分液体复苏的基础上，改善微循环，使用血管活性药物，必要时进行血流动力学监测（如血压、心率和尿量的变化，以及动脉血气分析中乳酸和碱剩余）。必要时进行无创或有创血流动力学监测，如超声多普勒法、超声心动图、有创血压或持续心排血量监测（pulse indicator continous cadiac output，PiCCO），在救治过程中，注意液体平衡策略，避免过量和不足。根据监测变化情况密切观察患者是否存在脓毒症休克、消化道出血或心功能衰竭等情况。

（4）康复者血浆治疗　适用于病情进展较快、重型和危重型患者。用法用量参考《新冠肺炎康复者恢复期血浆临床治疗方案（试行第二版）》。

（5）肾功能衰竭和肾替代治疗　对出现肾功能损伤的危重症患者积极病因，如低灌注和药物等因素。对于肾功能衰竭患者的治疗应注重体液平衡、酸碱平衡和电解质平衡，在营养支持治疗方面应注意氮平衡、热量和微量元素等补充。重症患者可选择连续性肾替代治疗（continuous renal replacement therapy，CRRT）。

（6）血液净化治疗　血液净化系统包括血浆置换、吸附、灌流、血液/血浆滤过等，能清除炎症因子，阻断“细胞因子风暴”，从而减轻炎症反应对机体的损伤，可用于重型、危重型患者细胞因子风暴早中期的救治。

（7）免疫治疗　对于双肺广泛病变者及重型患者，且实验室检测 IL-6 水平升高者，可试用托珠单抗治疗。首次剂量 4～8mg/kg，推荐剂量为 400mg、0.9%氯化钠注射液稀释至 100mL，输注时间>1h；首次用药疗效不佳者，可在 12h 后追加应用一次（剂量同前），累计给药次数最多为 2 次，单次最大剂量不超过 800mg。注意过敏反应，有结核等活动性感染者禁用。

（8）其他治疗措施　对于氧合指标进行性恶化、影像学进展迅速、机体炎症反应过度激活状态的患者，酌情短期内（3～5 日）使用糖皮质激素，建议剂量不超过相当于甲泼尼龙 1～2mg/kg/日，应当注意较大剂量糖皮质激素由于免疫抑制作用，会延缓对冠状病毒的清除；可静脉给予血必净 100mL/次，每日 2 次治疗；可使用肠道微生态调节剂，维持肠道微生态平衡，预防继发细菌感染；对有高炎症反应的重危患者，有条件的可考虑使用血浆置换、吸附、灌流、血液/血浆滤过等体外血液净化技术。

患者常存在焦虑恐惧情绪，应当加强心理疏导。

（四）中医治疗

本病属于中医“疫”病范畴，病因为感受“疫戾”之气，各地可根据病情、当地气候特点以及不同体质等情况，参照下列方案进行辨证论治。涉及到超药典剂量，应当在医师指导下使用。

1. 医学观察期

• 临床表现 1　乏力伴胃肠不适。推荐中成药　藿香正气胶囊（丸、水、口服液）。

• 临床表现 2　乏力伴发热。推荐中成药　金花清感颗粒、连花清瘟胶囊（颗粒）、疏风解毒胶囊（颗粒）。

2. 临床治疗期（确证病例）

（1）清肺排毒汤[1]　适用范围：适用于轻型、普通型、重型患者，在危重型患者救治中可结合患者实际情况合理使用。基础方剂：麻黄 9g、炙甘草 6g、

---

[1] 处方来源：国家卫生健康委办公厅、国家中医药管理局办公室《关于推荐在中西医结合救治新型冠状病毒感染的肺炎中使用“清肺排毒汤”的通知》（国中医药办医政函［2020］22 号）。

杏仁 9g、生石膏 15～30g（先煎）、桂枝 9g、泽泻 9g、猪苓 9g、白术 9g、茯苓 15g、柴胡 16g、黄芩 6g、姜半夏 9g、生姜 9g、紫菀 9g、冬花 9g、射干 9g、细辛 6g、山药 12g、枳实 6g、陈皮 6g、藿香 9g。服法：传统中药饮片，水煎服。每天一副，早晚两次（饭后四十分钟），温服，三副一个疗程。

如有条件，每次服完药可加服大米汤半碗，舌干津液亏虚者可多服至一碗。（注：如患者不发热则生石膏的用量要小，发热或壮热可加大生石膏用量）。若症状好转而未痊愈则服用第二个疗程，若患者有特殊情况或其他基础病，第二疗程可以根据实际情况修改处方，症状消失则停药。

（2）轻型

① 寒湿郁肺症

• 临床表现：发热，乏力，周身酸痛，咳嗽，咯痰，胸紧憋气，纳呆，恶心，呕吐，大便黏腻不爽。舌质淡胖齿痕或淡红，苔白厚腐腻或白腻，脉濡或滑。

• 推荐处方：生麻黄 6g、生石膏 15g、杏仁 9g、羌活 15g、葶苈子 15g、贯众 9g、地龙 15g、徐长卿 15g、藿香 15g、佩兰 9g、苍术 15g、云苓 45g、生白术 30g、焦三仙各 9g、厚朴 15g、焦槟榔 9g、煨草果 9g、生姜 15g。

• 服法：每日 1 剂，水煎 600mL，分 3 次服用，早中晚各 1 次，饭前服用。

② 湿热蕴肺证

• 临床表现：低热或不发热，微恶寒，乏力，头身困重，肌肉酸痛，干咳痰少，咽痛，口干不欲多饮，或伴有胸闷脘痞，无汗或汗出不畅，或见呕恶纳呆，便溏或大便黏滞不爽。舌淡红，苔白厚腻或薄黄，脉滑数或濡。

• 推荐处方：槟榔 10g、草果 10g、厚朴 10g、知母 10g、黄芩 10g、柴胡 10g、赤芍 10g、连翘 15g、青蒿 10g（后下）、苍术 10g、大青叶 10g、生甘草 5g。

• 服法：每日 1 剂，水煎 400mL，分 2 次服用，早晚各 1 次。

（3）普通型

① 湿毒郁肺证

• 临床表现　发热，咳嗽痰少，或有黄痰，憋闷气促，腹胀，便秘不畅。舌质暗红，舌体胖，苔黄腻或黄燥，脉滑数或弦滑。

• 推荐处方　生麻黄 6g、苦杏仁 15g、生石膏 30g、生薏苡仁 30g、茅苍术 10g、广藿香 15g、青蒿草 12g、虎杖 20g、马鞭草 30g、干芦根 30g、葶苈子 15g、化橘红 15g、生甘草 10g。

• 服法　每日 1 剂，水煎 400mL，分 2 次服用，早晚各 1 次。

② 寒湿阻肺证

• 临床表现　低热，身热不扬，或未热，干咳，少痰，倦怠乏力，胸闷，脘痞，或呕恶，便溏。舌质淡或淡红，苔白或白腻，脉濡。

• 推荐处方　苍术 15g、陈皮 10g、厚朴 10g、藿香 10g、草果 6g、生麻黄 6g、羌活 10g、生姜 10g、槟榔 10g。

• 服法　每日 1 剂，水煎 400mL，分 2 次服用，早晚各 1 次。

（4）重型

① 疫毒闭肺证

• 临床表现　发热面红，咳嗽，痰黄黏少，或痰中带血，喘憋气促，疲乏倦怠，口干苦黏，恶心不食，大便不畅，小便短赤。舌红，苔黄腻，脉滑数。

• 推荐处方　生麻黄 6g、杏仁 9g、生石膏 15g、甘草 3g、藿香 10g（后下）、厚朴 10g，苍术 15g、草果 10g、法半夏 9g、茯苓 15g、生大黄 5g（后下）、生大黄 5g、生黄芪 10g、葶苈子 10g、赤芍 10g。

• 服法　每日 1～2 剂，水煎服，每次 100～200mL，一日 2～4 次，口服或鼻饲。

② 气营两燔证

• 临床表现　大热烦渴，喘憋气促，谵语神昏，视物错瞀，或发斑疹，或吐血、衄血，或四肢抽搐。舌绛少苔或无苔，脉沉细数，或浮大而数。

• 推荐处方　生石膏 30～60g（先煎）、知母 30g、生地 30～60g、水牛角 30g（先煎）、赤芍 30g、玄参 30g、连翘 15g、丹皮 15g、黄连 6g、竹叶 12g、葶苈子 15g、生甘草 6g。

• 服法　每日 1 剂，水煎服，先煎石膏、水牛角后下诸药，每次 100～200mL，每日 2～4 次，口服或鼻饲。

• 推荐中成药　喜炎平注射液、血必净注射液、热毒宁注射液、痰热清注射液、醒脑静注射液。功效相近的药物根据个体情况可选择一种，也可根据临床症状联合使用两种。中药注射剂可与中药汤剂联合使用。

（5）危重型（内闭外脱证）

• 临床表现　呼吸困难、动辄气喘或需要机械通气，伴神昏，烦躁，汗出肢冷，舌质紫暗，苔厚腻或燥，脉浮大无根。

• 推荐处方　人参 15g、黑顺片 10g（先煎）、山茱萸 15g，送服苏合香丸或安宫牛黄丸。

• 推荐中成药　血必净注射液、热毒宁注射液、痰热清注射液、醒脑静注射液、参附注射液、生脉注射液、参麦注射液。功效相近的药物根据个体情况可选择一种，也可根据临床症状联合使用两种。中药注射剂可与中药汤剂联合使用。

注意：重型和危重型中药注射剂推荐用法。中药注射剂的使用遵照药品说明书从小剂量开始、逐步辨证调整的原则，推荐用法如下：病毒感染或合并轻度细菌感染。0.9%氯化钠注射液250mL加喜炎平注射液100mg bid，或0.9%氯化钠注射液250mL加热毒宁注射液20mL，或0.9%氯化钠注射液250mL加痰热清注射液40mL bid。

高热伴意识障碍。0.9%氯化钠注射液250mL加醒脑静注射液20mL bid。

全身炎症反应综合征或（和）多脏器功能衰竭。0.9%氯化钠注射液250mL加血必净注射液100mL bid。

免疫抑制。0.9%氯化钠注射液250mL加参麦注射液100mL bid。休克：0.9%氯化钠注射液250mL加参附注射液100mL bid。

3. 恢复期

（1）肺脾气虚证

• 临床表现　气短，倦怠乏力，纳差呕恶，痞满，大便无力，便溏不爽。舌淡胖，苔白腻。

• 推荐处方　法半夏9g、陈皮10g、党参15g、炙黄芪30g、炒白术10g，茯苓15g，藿香10g、砂仁6g（后下）、甘草6g。

• 服法　每日1剂，水煎400mL，分2次服用，早晚各1次。

（2）气阴两虚证

• 临床表现　乏力，气短，口干，口渴，心悸，汗多，纳差，低热或不热，干咳少痰。舌干少津，脉细或虚无力。

• 推荐处方　南北沙参各10g、麦冬15g、西洋参6g，五味子6g、生石膏15g，淡竹叶10g，桑叶10g、芦根15g，丹参15g，生甘草6g。

• 服法　每日1剂，水煎400mL，分2次服用，早晚各1次。

（五）重型、危重型病例并发MODS的治疗

（1）目前，作为一种传染性极强的严重新型呼吸道传染病，新型病毒感染的肺炎（coronavirus disease 2019，COVID-19重症患者的救治难度比SARS更高。一部分重症COVID-19患者死于多器官功能障碍（multiple organ dysfunction syndrome，MODS）及衰竭（multiple organ failure，MOF）

（2）COVID-19并发MODS死亡病例的病理学特点

对1例确诊死亡患者的肺、肝、心进行穿刺活检的研究结果显示，COVID-19的病理特征与SARS和中东呼吸系统综合征（middle east respiratory syndrome，MERS）冠状病毒感染非常相似：双肺可见弥漫性肺泡损伤伴细胞纤维黏液样渗出物，可有明显的肺水肿、肺细胞脱落和透明膜形成；镜下可见以淋巴细胞为主的间质单核炎性浸润，肺泡腔内可见多核合胞体细胞，胞核大、胞浆呈双亲颗粒状、核仁突出，呈病毒性细胞病变样改变；但未发现明显的核内或胞浆内病毒包涵体。肝组织呈中度微血管脂肪变性和轻度小叶和汇管区炎症。外周血流式细胞分析显示：淋巴细胞减少症是COVID-19患者的常见特征；T细胞过度活化，表现为Th17的增加和CD8细胞的高细胞毒性，部分原因是严重的免疫损伤。

（3）COVID-19并发MODS的病程

大范围COVID-19患者的临床发病过程表明其临床病程发展基本符合MODS及MOF的病程规律：2019-nCoV侵入人体引起机体损伤→应激反应→全身炎症反应综合征（systemic inflammatory response syndrome，SIRS）→急性呼吸窘迫综合征（acute respiratory distress syndrome，ARDS）→MODS→MOF。因为MODS及MOF实际上是在动态变化过程中的两个术语，其差别仅在于损害的程度不同而已，所以临床上可把COVID-9并发MODS的病程一般分四期。

① 第一期："病毒血症期"，即病毒增殖期。病毒在体内大量繁殖，引起发烧、干咳、呼吸频率加快等；

② 第二期："过度免疫应答期"，即肺、肾等器官功能损害期。肺部受损，出现呼吸困难或呼吸窘迫，氧合指数（PaO_2/FiO_2）：≤300mmHg，不管PEEP水平；正位X线胸片显示肺浸润性阴影；

③ 第三期："免疫麻痹期"。继发感染等各种并发症；

④ 第四期："恢复期"。一部分患者经治疗进入"恢复期"，此类患者器官功能的损伤是可逆的，一旦病理生理机制被阻断，器官功能可望恢复；一部分患者病情进一步加重而死亡。这也与Bone RC提出的MODS病程分期基本相一致。

（4）最终导致COVID-19患者死亡的并非完全是病毒，而是患者自身免疫系统失衡后的MOF。临床病例表明：2019-nCoV感染后出现的大部分病理损伤，并非完全由病毒直接破坏肺部细胞造成的，而是人体自身免疫应答造成了组织的损伤。1991年8月美国胸外科医师协会（The American College of Chest Physicians，ACCP）和美国危重医学会（Society of Critical Care Medicine，SCCM）在芝加哥举行会议，对SIRS的名词进行了明确的定义：①体温＞38℃或＜36℃。②心率＞90次/min。③呼吸频率＞20次/min或过度通气，动脉血二氧化碳分压（arterial partial pressure of carbon dioxide，$PaCO_2$）＜4.27kPa（32mmHg）。④白细胞记数＞12.0×10^9/L或＜4.0×10^9/L或幼粒细胞＞10%。而COVID-19患者的发病特征就具有上述SIRS临床表现中的前3项。新冠肺炎疫情发生后，科研人员也发现：白细胞介素-6

(interleukin 6，IL-6）是诱发炎症风暴的重要通路。SIRS可理解为一种超常应激反应，COVID-19则是由2019-nCoV感染引起的一个统一的动态连续性病理过程。因此，我们认为，此类MODS及MOF是在2019-nCoV引起非典型肺炎的刺激下，因控制局部炎症刺激的免疫反应过弱，而远隔器官过度免疫反应，过度产生自由基，激活并释放大量有害的炎性介质，从而导致炎症反应失控，并通过细胞间的相互作用，最终发生了器官功能的衰竭。综上，失控的炎症反应是产生此类MODS及MOF的主要启动因素。当COVID-19患者达到免疫失衡状态时，也就达到了MODS的最终阶段。这种状态是由持续的难以控制的炎性反应造成的，并将导致处于激发状态的免疫细胞产生更为剧烈的反应，从而超大量地释放体液介质。它们作用于靶细胞后，还可以导致更多级别的新的介质产生，从而形成瀑布样的反应，更加重了细胞缺氧、缺血。随之发生的，就是多种器官功能衰竭的多米诺骨牌现象——全身性的功能系统一个一个倒下。

（5）许多研究提示，SIRS和MODS患者死亡率与持续性高水平的炎性介质直接相关。器官衰竭是由持续发展的炎性反应造成的，除非炎性反应能够被下调，否则死亡就会发生。然而，持续的免疫抑制，又可导致免疫失衡并增加死亡风险。实际上，促炎症介质与抗炎症介质之间的相互作用往往是动态平衡的过程：当不同介质之间彼此取得平衡，则内环境的稳定得以保持；否则，将发生过度炎症反应或SIRS，或者是免疫功能低下，或无免疫反应性。如果机体可以通过自身调节或医疗手段恢复平衡状态，那么免疫失衡的患者就有可能重新得到器官功能的恢复；反之，则最终导致器官功能的衰竭。COVID-19患者病情发生急转直下的原因，一个是免疫过度应答（过激反应）造成组织损伤，另一个就是免疫低下或“麻痹”引起继发感染。持续性抗炎症介质高血浓度，以及持续性促炎症介质高血浓度一样，都能抑制细胞的免疫功能，从而增加了全身性感染的危险性，导致MODS及MOF的发生，使病死率明显增加。因此，需要在SIRS和MODS阶段，只有快速谨慎处理，协调抗炎与促炎之力量，使之达到（恢复）衡态，才可以避免死亡。

（6）原则上救治的总趋势：COVID-19并发MODS时的救治工作是一个完整的系统工程，需要一整套合理、高效、科学的管理方法，精干熟练的技术骨干，和不断加强并完善的医疗预防及救护系统。该系统工程的完善是保证抢救成功的关键措施。目前，对COVID-19还没有特别有效的治疗方法，所以救治比较困难，重症患者的死亡率较高。防止COVID-19并发MODS最好的处理方法，早期识别，一旦发现，其后续的综合治疗至关重要，一定要从整体与局部关键因素上协调处置。原则上，救治的总趋势是：一方面指向由于外来入侵的 2019-nCoV 引起的组织损伤，采取有效的抗病毒病因治疗，并快速为患者提供新陈代谢必需的辅酶、底物和强劲的动能；另一方面，应该指向机体自身炎性反应的合理阻断，以避免其过度激活而引起瀑布样连锁反应和诱发组织细胞的失控损伤；再一方面，还应指向处于临界状态的器官功能保护，监测全身重要脏器功能的评估，及时干预、支持。

（7）治疗的关键措施：①要针对病原体进行比较有效的治疗；②要努力调控过度的炎性反应及异常的免疫反应，全力防止并发 ARDS；③要积极治疗内毒素血症，④要对慢性基础疾病进行有效的调控。强调对 COVID-19 并发 MODS 的早期预警、早期识别、早期检查、早期诊断、早期治疗，在治疗上统筹兼顾，防治结合、中西医并重。强调器官的相关概念，要对疾病从整体上加以认识和治疗，即需从病毒、炎性介质、内外毒素、微循环障碍、免疫功能失调、营养代谢紊乱、基础疾病、脏器功能八个主要方面兼顾和并治。我们认为，COVID-19 并发 MODS 的发病及病理生理改变主要涉及上述 8 个方面。特别要强调的是，对确诊的 COVID-19 患者，治疗的一开始就要提高警惕，采取一切可能的措施，采用抗病毒、合理供氧、减少肺组织渗出、上皮细胞损伤、肺水肿的程度、改善通气、快速提供人体新陈代谢必需的辅酶、底物和强劲的动能，提高机体抗病能力与免疫功能、利尿、解毒、保护大脑及神经系统功能等中西医结合重要措施，尽一切可能阻止 COVID-19 患者并发 ARDS 的发生，这是最重要的，也是最有效最省钱的，千万不要等到 ARDS 患者已经出现双肺弥漫性肺泡损伤伴细胞纤维黏液样渗出物，大量黏液胶冻样物质堵塞支气管，肺细胞脱落和透明膜已经形成，这为时已晚。预防确诊的 COVID-19 患者并发 ARDS 发生是工作中的重中之重，发挥专家组有关专家们集体会商或者远程会诊制度是一个很不错的选择。若能对此采取针对性很强的有效措施，是能够降低 MODS 的发生和死亡率。

（8）指向外来入侵的 2019-nCoV 引起的组织的损伤与抗病毒治疗。可试用α-干扰素（成人每次 500 万 U 或相当剂量，加入灭菌注射用水 2mL，每日 2 次雾化吸入）、利巴韦林（建议与干扰素或洛匹那韦/利托那韦联合应用，成人 500mg/次，每日 2～3 次静脉输注，疗程不超过 10d）和磷酸氯喹（成人 500mg，每日 2 次，疗程不超过 10d）。要注意和其他药物的相互作用，同时在临床应用中需进一步评价目前所试用药物的疗效。不建议同时应用 3 种及以上抗病毒药物，出现不可耐受的毒副作用时应停止使用相关药物。随着研究的深入，还可能出现新的有确定疗效的抗病毒药物，可根据临床具体情况灵活掌握。

（9）抗菌药物治疗。应避免盲目或不恰当使用抗菌药物，尤其是联合使用广谱抗菌药物。由于免疫失调或低下导致继发性细菌感染时，可用大环内酯类、氟喹诺酮类等抗生素进行经验性抗菌治疗，再根据药敏试验结果选择病原菌敏感的抗菌药物对症处理。

（10）在综合治疗的基础上，采用“维生素 B_6 联用 20AA 复方氨基酸新疗法”。针对 COVID-19 患者，尤其是重症患者，同样可以利用该创新疗法能够快速为提供患者新陈代谢必需的辅酶、底物和强劲的动能，以提高其抗病能力与免疫功能，为 COVID-19 重症患者赢得关键性的综合治疗时间，从而逆转病情。可快速补充血容量、抗休克，安全高效地为机体提供大量能量，有效调节应激状态所导致的氨基酸代谢紊乱，具有促进机体利尿、解毒、止血、保护大脑及神经系统功能、改善肝功能、减轻肺损伤、肺水肿、提高机体免疫功能、凝血功能和营养状况的功效。

（11）有创机械通气：采用肺保护性通气策略，即小潮气量（4～8mL/kg 理想体重）和低吸气压力（平台压＜30cmH_2O，1cmH_2O＝0.098kPa）进行机械通气，以减少呼吸机相关肺损伤。较多患者存在人机不同步时，应当及时使用镇静以及肌松剂。

（12）挽救治疗：对于严重 ARDS 患者，建议进行肺复张。在人力资源充足的情况下，每天应当进行 12h 以上的俯卧位通气。俯卧位通气效果不佳者，如条件允许，应当尽快考虑体外膜肺氧合（extracorporeal membrane oxygenation，ECMO）。

（13）循环支持：充分液体复苏的基础上，改善微循环，使用血管活性药物，必要时进行血流动力学监测。

（14）康复者血浆治疗：适用于病情进展较快、重型和危重型患者。用法用量参考《新冠肺炎康复者恢复期血浆临床治疗方案（试行第二版）》。

（15）切实有效的中西医结合综合治疗

中医的阴阳平衡及脏腑理论认为，机体整体水平上的“阴平阳谧”是维护各脏腑系统功能平衡的生理学基础。中药复方的作用特点是多成分、多环节、多靶点，通过综合效应发挥药效，早期使用中医药，可以阻断病情的进一步发展，也可明显减轻发烧、呕吐、腹泻、食欲减退等症状，还可缩短发烧时间和病程，减少后遗症。新冠肺炎属于中医“疫”病范畴，病因为感受“疫戾”之气，各地可根据病情、当地气候特点以及不同体质等情况，参照上列方案进行辨证论治。涉及超药典剂量，应当在医师指导下使用。

柴黄参祛毒固本中药：本方为临床经验方，是汉·张仲景《伤寒论》柴胡汤与血府逐瘀汤、三黄泻心汤合方化裁而成，乃表里双解、气血同治之剂，具有清解少阳阳明、清热解毒、通腑泄热、扶正固本、调理气血的作用。选用柴胡、黄芩、黄连、黄柏、玄参、党参、人参、金银花、栀子、连翘、防风等药物为主，每袋含生药12g。临床应用和动物实验表明：该组方对细胞因子有良好的调控作用，可以改善机体免疫紊乱状态，缓解高热等炎性反应，提高患者对高敏状态的耐受性；可缓解重要器官的病理改变，对重要脏器有一定的保护作用；可通过机械排出作用，改善微循环，增加血流量，减少内毒素诱导的肿瘤坏死因子（tumor necrosis factor，TNF）等细胞因子的产生，起到免疫调理作用；无副作用。也可用于COVID-19患者的治疗。

（16）完全的代谢营养支持及免疫营养支持治疗。代谢营养支持的方法可分肠外营养（parenteral nutrition，PN）和肠内营养（enteral nutrition，EN）两大类。施行PN的患者每日应该从中心静脉或周围静脉注入肠外、白蛋白强化治疗等；EN可选择易于消化和吸收的要素饮食，如能全素、安素、爱伦多等。某些营养物质不仅能防治营养缺乏，而且能以特定方式刺激免疫细胞增强应答功能，维持正常、适度的免疫反应，调控细胞因子的产生和释放，减轻有害的或过度的炎症的反应，维护肠屏障功能等。具有免疫药理作用的营养素已开始应用于临床，包括：谷氨酰胺、精氨酸、n-3脂肪酸、核苷和核苷酸、膳食纤维，益菲佳、能全素、安素、爱伦多、益力佳等。也可以使用免疫调节剂，如胸腺肽、丙种球蛋白和干扰素治疗。

（17）改善微循环，防止微血栓形成，扩张支气管，减少肺组织渗出：0.9%氯化钠注射液50mL＋山莨菪碱20mg＋地塞米松20mg，采用微泵24h静脉持续泵入，共3d。若患者不适合应用地塞米松，可以单独应用山莨菪碱。由于给药方式为24h静脉持续泵入，所以一般副作用不大。能遏止危重状态进展、促进症状缓解、改善微循环，有良好的降温、抗毒、抗炎、抗休克作用，还可扩张支气管，减少肺组织渗出，对重要脏器无损伤作用，能在阻止COVID-19患者并发ARDS的发生中发挥一定的作用。

（18）抑制自由基的过量产生：对2019-nCoV感染者早期给予大剂量维生素E、维生素C或者其他抗氧化剂红霉素、黄连素等治疗，以抑制自由基的过量产生。对严重COVID-19患者，在给予激素等治疗时，加强抗氧化剂如维生素E、硒、超氧化物歧化酶、谷胱甘肽等的综合治疗等。

（19）防治可能发生的并发症：为防治可能发生的并发症，应同时应用甲氰米胍等药物静脉注入，以预防应激性溃疡的发生。特别应该注意监测肠道菌群的变化，积极防治二重感染的发生。应从患者的病理生理角度，慎重实施输液和营养支持，严格记录出入量，量出为入；动态监测电解质和血气分析，随时调整输液，以求水、电解质、酸碱平衡，等内环境的稳定。适当应用血小板衍生因子、转化生长因子、表皮细胞生长因子、成纤维细胞生长因子等积极促进机体的修复和愈合。

综合治疗措施在实际抢救过程中要根据具体情况、患者的个体差异，适当调整用药剂量和顺序，以便获得最佳救治效果。综合治疗措施并不等于各种治疗方法的简单叠加，是考虑和注意到了各种治疗方法疗效的互补性，从而避免了疗效的拮抗和毒副作用的叠加。以期取得较好的疗效。

十二、解除隔离和出院后注意事项

（一）解除隔离和出院标准。

① 体温恢复正常 3 天以上；

② 呼吸道症状明显好转；

③ 肺部影像学显示急性渗出性病变明显改善；

④ 连续两次呼吸道标本核酸检测阴性（采样时间至少间隔 1 天）。

满足以上条件者，可解除隔离出院。

（二）出院后注意事项。

（1）定点医院要做好与患者居住地基层医疗机构间的联系，共享病历资料，及时将出院患者信息推送至患者辖区或居住地居委会和基层医疗卫生机构。

（2）患者出院后，因恢复期机体免疫功能低下，有感染其他病原体风险，建议应继续进行 14 天自我健康状况监测，佩戴口罩，有条件的居住在通风良好的单人房间，减少与家人的近距离密切接触，分餐饮食，做好手卫生，避免外出活动。

（3）建议在出院后第 2 周、第 4 周到医院随访、复诊。

十三、转运原则

按照《新型冠状病毒感染的肺炎病例转运工作方案（试行）》执行。

十四、医疗机构内感染预防与控制

严格按照《医疗机构内新型冠状病毒感染预防与控制技术指南》《新型冠状病毒感染的肺炎防控中常见医用防护用品使用范围指引（试行）》（国卫办医函［2020］75 号）的要求执行。

第三节　H1N1流感的诊断和急救

2009年3月，墨西哥和美国等先后发生人感染猪流感病毒，为甲型流感病毒H1N1亚型猪流感病毒毒株，该毒株包含有猪流感、禽流感和人流感三种流感病毒的基因片段，是一种新型猪流感病毒，可以人传染人。人感染猪流感后的临床早期症状有发热、咳嗽、疲劳、食欲缺乏等。病情可迅速进展，突然高热、肺炎，重者可以出现呼吸衰竭、多器官损伤，导致死亡。

一、临床特征

1. 临床表现

（1）潜伏期　一般为1～7d，多为1～3d。

（2）临床症状　人感染猪流感后的早期症状与普通人流感相似，包括发热、咽痛、流涕、鼻塞、咳嗽、咳痰、全身酸痛、头痛、发冷和乏力等，有些还会出现腹泻或呕吐、眼睛发红等。

部分患者病情可迅速进展，突然高热，体温超过39℃，甚至继发严重肺炎、急性呼吸窘迫综合征、肺出血、胸腔积液、全血细胞减少、肾功能衰竭、败血症、休克及瑞氏综合征、呼吸衰竭及多器官损伤，导致死亡。

（3）体征　肺部体征常不明显，部分患者可闻及湿啰音或有肺部实变体征等。

2. 胸部影像学检查

甲型H1N1流感患者肺炎的胸部X线片或CT表现为肺内片状影，为肺实变或磨玻璃密度，可合并网状、线状和小结节影。片状影为局限性或多发、弥漫性分布，较多为双侧病变。可合并胸腔积液。

3. 实验室检查

（1）外周血象　白细胞总数一般不高或降低。重症患者多有白细胞总数及淋巴细胞减少，并有血小板降低。

（2）病原学检查　①病毒核酸检测：以RT-PCR（最好采用real-time RT-PCR）法检测呼吸道标本（咽拭子、鼻拭子、鼻咽或气管抽取物、痰）中的甲型H1N1流感病毒核酸，结果可呈阳性。②病毒分离：呼吸道标本中可分离出甲型H1N1流感病毒。③血清抗体检查：动态检测双份血清甲型H1N1流感病毒特异性抗体水平呈4倍或4倍以上升高。

二、诊断与鉴别诊断

1. 诊断

根据流行病学史、临床表现及病原学检查结果，可作出甲型 H1N1 流感的诊断。

(1) 医学观察病例 曾到过猪流感疫区，或与病猪及猪流感患者有密切接触史，1 周内出现流感临床表现者。列为医学观察病例者，对其进行 7d 医学观察（根据病情可以居家或医院隔离）。

(2) 疑似病例 符合下列情况之一即可诊断为疑似病例：①发病前 7d 内与传染期甲型 H1N1 流感确诊病例有密切接触，并出现流感样临床表现。密切接触是指在未采取有效防护的情况下，诊治、照看传染期甲型 H1N1 流感患者；与患者共同生活；接触过患者的呼吸道分泌物、体液等。②出现流感样临床表现，甲型流感病毒检测阳性，尚未进一步检测病毒亚型。

对上述两种情况，在条件允许的情况下，可行甲型 H1N1 流感病原学检查。

(3) 临床诊断病例 同一起甲型 H1N1 流感暴发疫情中，未经实验室确诊的流感样症状病例，在排除其他致流感样症状疾病时，可诊断为临床诊断病例。

甲型 H1N1 流感暴发是指一个地区或单位短时间出现异常增多的流感样病例。经实验室检测确认为甲型 H1N1 流感疫情。

(4) 确诊病例 出现流感样临床表现，同时有以下一种或几种实验室检测结果。①甲型 H1N1 流感病毒核酸检测阳性（可采用 real-time RT-PCR 和 RT-PCR 方法）；②分离到甲型 H1N1 流感病毒；③双份血清甲型 H1N1 流感病毒的特异性抗体水平呈 4 倍或 4 倍以上升高。

(5) 重症与危重病例 出现以下情况之一者为重症病例：①持续高热＞3d，伴有剧烈咳嗽，咳脓痰、血痰，或胸痛；②呼吸频率快，呼吸困难，口唇发绀；③神志改变：反应迟钝、嗜睡、躁动、惊厥等；④严重呕吐、腹泻，出现脱水表现；⑤合并肺炎；⑥原有基础疾病明显加重。

出现以下情况之一者为危重病例：①呼吸衰竭；②感染中毒性休克；③多脏器功能不全；④出现其他需进行监护治疗的严重临床情况。

2. 鉴别诊断

人感染猪流感应注意与流感、禽流感、上感、肺炎、SARS、传染性单核细胞增多症、巨细胞病毒感染、军团菌肺炎、衣原体肺炎、支原体肺炎等鉴别。

三、急救与治疗

1. 临床分类处理原则

（1）疑似病例　安排单间病室隔离观察，不可多人同室。同时行甲型H1N1流感病毒特异性检查。及早给予奥司他韦治疗。

（2）确诊病例　由定点医院收治。收入甲型H1N1流感病房，可多人同室。给予奥司他韦治疗。

2. 对症治疗

休息，多饮水，密切观察病情变化；对高热病例可给予退热治疗。

3. 抗病毒治疗

对于临床症状较轻且无合并症、病情趋于自限的甲型H1N1流感病例无需积极应用抗流感病毒药物；感染甲型H1N1流感的高危人群应在发病48h内试用抗流感病毒药物。

① 奥司他韦：成人用量为75mg，2次/天。疗程为5d。对于危重或重症病例，奥司他韦剂量可酌情加至150mg，2次/天。对于病情迁延病例，可适当延长用药时间。1岁及以上年龄的儿童患者应根据体重给药：体重＜15kg者，予30mg，2次/天；体重15～23kg者，予45mg，2次/天；体重23～40kg者，予60mg，2次/天；体重＞40kg者，予75mg，2次/天。

② 扎那米韦：用于成人及7岁以上儿童。成人用量为10mg，吸入，2次/天，疗程为5d。7岁及以上儿童用法同成人。

4. 中医治疗

（1）轻症

① 辨证治疗：分为毒邪犯肺、热毒袭肺等型治疗。

② 中成药应用：注意辨证使用口服中成药或注射药，可与中药汤药配合使用。

a. 疏风清热类：可选用疏风解毒胶囊、银翘解毒类、桑菊感冒类、双黄连类口服药，藿香正气类、葛根芩连类药。儿童可选儿童抗感颗粒、小儿豉翘清热颗粒、银翘解毒颗粒、感冒颗粒、小儿退热颗粒。

b. 清肺解毒类：连花清瘟胶囊、银黄类药、莲花清热类药等。儿童可选小儿肺热咳喘颗粒（口服液）、小儿咳喘灵颗粒（口服液）、羚羊角粉。

（2）重症

① 辨证治疗：分为毒热壅肺、毒热闭肺等型治疗。

② 注射药：选用喜炎平500mg/d或热毒宁注射液20mL/d，丹参注射液20mL/d。可加用参麦注射液20mL/d。

（3）危重症

① 辨证治疗：分为气营两燔、毒热内陷、内闭外脱等型治疗。

② 注射药：喜炎平 500mg/d 或热毒宁注射药 20mL/d，丹参注射液 20mL/d，参麦注射液 40mL/d。

（4）恢复期　对气阴两虚、正气未复者予以益气养阴之法治疗。

附录一

危险化学品爆炸伤现场卫生应急处置专家共识（2016）[❶]

中国研究型医院学会卫生应急学专业委员会

当前，重大突发事故、恐怖事件、特种意外伤害、局部战争等天灾人祸的发生日益频繁，已威胁到人类生存[1-3]。我国是一个化工、农药大国，也是化学毒物、农药、鼠药等化学中毒灾害的高发地区。据国家环境保护总局化学品登记中心公布的《中国现有化学物质名录（2003版）》，收载化学品39176种。据国家安全生产监督管理总局统计资料显示，2010至2014年我国共发生危险化学品事故326起，其中危险化学品爆炸占80%左右，已成为危险化学品事故的主要类别[4]，死亡人数2237人[1]。鉴于危险化学品事故具有突发性、群体性、快速性和高度致命性的特点[3]，在瞬间即可能出现大批化学中毒、爆炸致伤等伤员，处理困难，一般没有成熟的经验，特别是危险化学品爆炸杀伤强度大，其所致冲烧毒复合伤在平战时均可发生，具有作用时间长、伤亡种类复杂、群体伤员多、救治难度大等特点。爆炸时由冲击波、热力、毒物同时或相继作用于机体而造成的损伤，称之为冲烧毒复合伤[3]。其特点是难以诊断、难以把握救治时机，因此救治极其困难。2014年8月2日昆山发生特大铝粉尘爆炸事故和2015年8月12日天津危险化学品仓库爆炸所致伤害类型就是典型的冲烧毒复合伤，伤亡惨重。对此，快速卫生应急处置与正确的医学救援十分重要[5-11]。为此中国研究型医院学会卫生应急学专业委员会制定了“危险化学品爆炸伤现场卫生应急处置专家共识（2016）”，以规范和指导卫生应急工作者及医护人员在危险化学品事故发生时能够正确紧急处置，为抢救赢得时间，以救治更多危重病患者的生命。

一、危险化学品爆炸伤特点

（一）爆炸致伤类型

1. 平时意外事故致伤多见于化工厂、军工厂、危险化学品仓库等爆炸事故[3]。2. 自杀式恐怖爆炸致伤。3. 运载火箭、导弹和航天飞行器研制和使用过程中意外爆炸致伤。

---

❶ 引自《中华卫生应急电子杂志》2016年6月第2卷第3期。

4. 导弹、燃料空气炸弹（fuel air explosive，FAE）、联合攻击弹药（joint direct attack munition，JDAM）等爆炸性武器致伤。5. 高能投射物击中飞机、舰艇、潜艇等致伤。6. 特种武器发射致伤等。

（二）损伤特点

1. 离爆心的距离直接影响着冲烧毒复合伤的发生概率。离爆心越近，冲烧毒复合伤的发生率就越高[5]。2. 爆炸伤事故突发性强，急救组织指挥困难。3. 由于肺是中毒致伤及冲击波致伤最敏感的靶器官之一，也是呼吸道烧伤时主要的靶器官。因此，治疗冲烧毒复合伤应重点关注肺损伤。4. 爆炸致冲烧毒复合伤，其重要特征就是难以诊断，难以把握救治时机。5. 致伤机制复杂，外伤通常掩盖内脏损伤，易漏诊误诊。如果对此缺乏认识，易贻误抢救时机。6. 复合效应，伤情互相叠加。爆炸致冲烧毒复合伤不只是单一致伤因素效应的总和，而是由各种致伤因素（热力、冲击波及毒物）相互协同、相互叠加而成的复合效应。因此伤情复杂，并发症多，治疗极其困难[6-11]。7. 伤情发展迅速。对于重度以上冲烧毒复合伤伤员，尽管伤后短时间内将处于一个相对稳定的代偿期（维持基本的生命体征），但不久会因代偿失调而出现病情急剧恶化，尤其伴有严重颅脑损伤、两肺广泛出血、水肿或内脏破裂。因此，针对重度冲烧毒复合伤的伤员，应及时进行现场处置和早期救治[11-15]。

二、临床表现

冲烧毒复合伤病因多而杂，临床表现各异，可以表现为三种致伤因素的综合特征，也可以表现为一种致伤因素为主其他致伤因素为辅的特点，其主要临床表现如下。

（一）症状和体征

伤者基本情况差，出现咳嗽频繁、紫绀、胸痛、胸闷、恶心、呕吐、头痛、眩晕、软弱无力等表现。呼吸和心率均加快，分别在35～40次/min和125次/min以上。胸部听诊时可有双肺呼吸音低并可闻及广泛性干湿啰音，合并支气管痉挛时出现喘鸣音和哮鸣音。创伤和烧伤严重时，可出现低血容量性休克。胃肠道损伤时有消化道出血表现，肾和膀胱损伤时有泌尿道出血表现，腹腔脏器损伤时则出现腹膜刺激征[2]。

（二）实验室检查

1. 血常规：一般出现白细胞总数升高，中性粒细胞比例升高。病情严重则表现为全血细胞减少甚至体温下降，预后不良。

2. X线片：肺纹理增粗，肺野出现阴影，呈片状或云雾状；消化道空腔脏器破裂时膈下见游离气体。

3. 心电图：可见心率增快、幅度减低、ST-T段下降甚至T波倒置。

4. 呼吸功能：血气分析可见PaO_2明显下降。王正国等[16]报告，犬冲击伤后8h肺分流量平均由伤前的4.7%增至21.6%。其他尚有肺顺应性降低和阻塞性通气功能障碍等改变。

5. 心肌损伤时谷草转氨酶（SGOT）、乳酸脱氢酶（LDH）、磷酸肌酸激酶同工酶

（CPK-MB）等升高；肝破裂时谷丙转氨酶（SGPT）和谷草转氨酶（SGOT）升高。

6. 其他辅助检查：B超、CT可显示冲击波引起的肝、脾、肾破裂表现，并可对损伤程度进行分型。

根据伤者的致伤因素、临床表现和实验室检查结果可明确诊断冲烧毒复合伤。

三、危险化学品爆炸伤现场卫生应急处置与急救措施

（一）现场处置（图1）

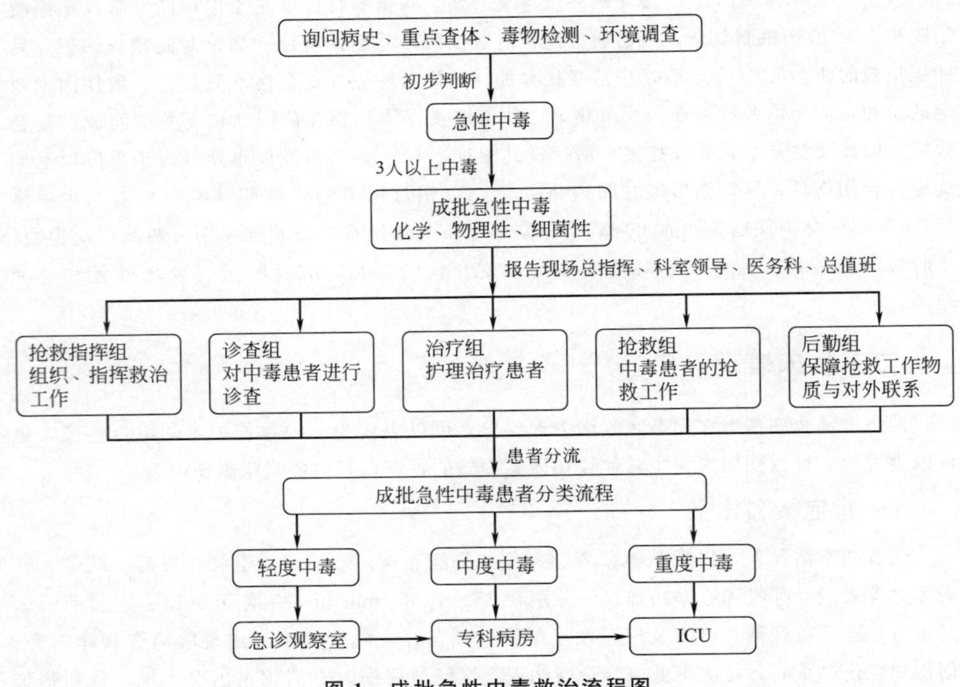

图1　成批急性中毒救治流程图

1. 设立相应危险化学品爆炸伤事故的应急救援指挥机构：危险化学品事故的医学应急救援工作是一个完整的系统工程。需要一整套合理、高效、科学的管理方法和精干熟练的指挥管理人才。根据国家和地方政府《突发公共卫生事件应急条例》和事故等级，组建应急救援指挥机构，充分发挥现场一线救治和应急救援专家组的技术指导作用。

2. 健全的紧急报告制度：（1）明确的组织领导：负责对危险化学品事故医疗应急处理中的重大问题进行决策，全面协调指挥卫生应急处置工作。（2）健全的紧急报告制度：建立各级紧急报告制度，做到下情上达，上情下传，确保信息渠道通畅，反应及时。（3）快速的紧急动员机制：针对不同规模的突发危险化学品事故制定相应的人员抽组与紧急收拢、药品器材储备与供应、车辆、通讯等后勤保障方案等紧急动员预案。（4）齐全的应急处理预案：包括院前处置与急救、院前接运、院内接诊、收容、救治、消毒隔离等方面的紧急

救治方案，相关的分级救治方案等。

3. 现场处置原则：现场处置关键点包括减少死亡人数、减少暴露人数。危险化学品爆炸伤，尤其重视冲烧毒复合伤的伤员初期的现场处置。医护人员到达现场要迅速有效地对复合伤患者实行基础生命支持（BTLS）并及时把患者转运到技术条件相对较强的医院救治。通讯、运输、医疗是突发事件有效救治的三大要素，重视伤后“白金10分钟”与“1h”的黄金抢救，使伤员在尽可能短的时间内获得最确切的救治[17]。应坚持科学救治原则，对于危重症危险化学品爆炸复合伤患者，需对两种以上致伤因素造成的多重损伤进行兼顾和救治[17-26]。因此要加强现场急救工作，广泛普及CPR现场抢救技术，提高全民自救、互救的能力。

4. 现场救治原则：是先救命后治伤，先重伤后轻伤，先抢后救，抢中有救，尽快脱离事故现场，先分类再后送。医护人员以救为主，其他人员以抢为主，以免延误抢救时机[27]。采取“一戴二隔三救出”的急救措施，“一戴”即施救者应首先做好自身应急防护，“二隔”即做好自身防护的施救者应尽快隔绝毒气，防止中毒者的继续吸入，“三救出”即抢救人员在“一戴、二隔”的基础上，争分夺秒地将中毒者移离出危险区，进一步作医疗救护。以两名施救人员抢救一名中毒者为宜，可缩短救出时间[23-26]。

5. 现场处置主要措施：（1）尽快建立绿色安全有效的急救通道。（2）快速切断事故源，达到灭火、控爆、防爆等是关键。（3）污染区控制：检测确定污染区边界，给出明显标志，对周围交通实行管制，制止人员和车辆进入。（4）抢救中毒人员：撤离中毒人员至安全区域抢救，随后送至医院进行紧急治疗。（5）检测确定危险化学品性质及危害程度，以掌握毒物扩散情况。（6）组织污染区居民防护与撤离：指导受污染区居民学习自我防护方法，必要时组织他们撤离。（7）受污染区洗消：根据危险化学品理化性质和受污染情况进行洗消。（8）寻找、处理动物尸体，防止腐烂危害环境。（9）做好气象、交通、通信、物资、防护等保障工作。（10）所有抢救小组人员应根据毒物情况穿戴相应防护器材，并严守防护纪律，危险化学品爆炸现场急救工作相当复杂，急救人员需要知道其理化、毒性特点，会自我防护及保护自身安全。由于现场情况瞬息万变，有关人员需要机动灵活、临时应变。基本原则：预有准备，快速反应；立体救护，建立体系；统一指挥，密切协同；集中力量，保障重点。只有这样，才能真正做到有效的科学救治[17,28-33]。

6. 脱离现场方法：应立即迅速脱离受伤环境，终止化学物质对机体的进一步损害，但也不能盲目求快而不做预处理即送医院。化学品的致伤作用与其浓度、作用时间密切相关。一定要尽快了解该危险化学品的理化特性，以便选择合适的洗消方法。一般来说，化学品浓度、作用时间与对机体危害成反比，所以第一步要立即脱去被化学品浸渍的衣物，紧接着大量清水冲洗创面及其周围皮肤，一是为了稀释，二是机械冲洗。如果同时存在烧伤，冲洗还有冷疗作用。需要强调的是，冲洗用水要足够多，冲洗时间要足够长；用一般清水（自来水、井水与河水等）即可；冲洗要持续，且持续时间大于1h，尤其是碱烧伤，如果冲洗时间过短难以奏效。冲洗时可能会产热，但由于是持续冲洗，热量可以迅速消散。尽管有些有害化学品与水不相溶，但也可以通过冲洗的机械作用将创面清除干净。生石灰致伤时，应将石灰先去除再用大量清水冲洗，以免石灰遇水生热，加重创面损伤。大面积烧伤时注意保暖，因此要求冲洗用水的温度在40℃左右，持续冲洗后包裹创面，并迅速送往专科医院进一步治疗。

与其他灾害相比，化学灾害需提前规划，实施快速的局部（现场）去污染、后期的全身去污染、高效设立大量伤员去污染措施。但是，目前各国还无有关危险化学品沾染的个人洗消技术，而其爆炸与泄漏沾染人体的事故常有发生，所以沾染危险化学品时个人洗消技术还需深入研究。因与化生武器除沾染技术机制相同，二者可以同步研究。研制新型液体去沾染系统所用材料最好丰富易得。同时要加紧步伐研制新型洗消器材，洗消效率高、速度快、洗消剂消耗少、环境适应性好、机动性强和多功能方向的新型洗消器材必将成为发展趋势。新型洗消方法如抗毒油漆、微波等离子体消毒、毒剂自动氧化、激光消毒、吸附剂消毒、热空气消毒及洗涤剂消毒等的研究，为寻找经济、简便、迅速、有效的消毒方法开辟了新途径，推动了我国洗消技术的发展[33]。

7. 特效抗毒：皮肤染毒后，最关键的是及时洗消染毒部位，并迅速应用特效抗毒药物[34-36]。特效抗毒药及抗休克药物的应用是化学中毒和烧伤的有效治疗方法，原则是尽快达到治疗的有效量，并注意防止药物副作用。研究表明[37-43]莨菪碱类药物（0.33mg・kg^{-1}・d^{-1}）联合地塞米松（0.33mg・kg^{-1}・d^{-1}）冲击疗法对大部分化学中毒性肺水肿有较好效果，值得推广[23-26]。大部分毒物迄今尚无特效解毒药物，迅速有效消除威胁生命的毒效应：凡心搏和呼吸停止的应迅速施行心肺复苏术（CPR）；对休克、严重心律失常、中毒性肺水肿、呼吸衰竭、中毒性脑病、脑水肿、脑疝应即时对症救治；切断毒源：使中毒患者迅速脱离染毒环境；迅速阻滞毒物的继续吸收：及早驱吐、洗胃、导泻、清洗皮肤和吸氧；尽快明确毒物接触史：接触史包括毒物名称，理化性质与状态、接触时间和吸收量及方式，若不能立即明确，须及时留取洗胃液或呕吐物、排泄物及可疑染毒物送毒物检测；有效的对症：当中毒的毒物不明者，以维持生命体征为先，对症处理与早期器官功能保护为主，有效的氧疗法，正确选用鼻导管、面罩、呼吸机、高压氧给氧；纠正低血压、休克：除补充血容量外，要重视应用纳洛酮和血管活性药物的应用和中药注射剂，生脉注射液和参附注射液有较好的保护心肌和提高血压作用；毒物明确，尽早足量使用特效解毒剂：早期、足量、尽快达到治疗有效量，注意防止副作用；选择正确的给药方法，使特殊解毒剂在最短的时间发挥最好的疗效；注意解毒剂的配伍，充分发挥解毒剂的联合作用如氰化物、苯胺或硝基苯等中毒所引起的严重高铁血红蛋白血症，除给氧外，可酌情输注适量新鲜全血，以改善缺氧状态，发生高铁血红蛋白血症时，应缓慢静脉推注1%美蓝5mL＋维生素C 2g＋0.9%等渗盐水20mL。在皮肤染毒早期应减轻溶血反应，建议采用强的松、氢化可的松或地塞米松。

8. 注意清洗：对于头面部烧伤的情况，应特别注意清洗眼、鼻、耳及口腔，尤其是眼。用清水冲洗眼部时，动作要轻柔，如使用等渗盐水冲洗更好。应立即用0.9%等渗盐水或蒸馏水持续冲洗半小时，防止出现眼睑痉挛、结膜充血、流泪、角膜上皮损伤及前房混浊等。对于特殊情况应特别处理，如碱烧伤需再用3%硼酸液冲洗，而酸烧伤则用2%碳酸氢钠液冲洗。冲洗完后需用2%荧光素染色检查角膜损伤情况，黄绿色为伤情较轻，瓷白色则伤情较重。对于虹膜睫状体炎的防治，可滴入1%阿托品液扩瞳，3～4次/d，为防继发感染可用0.25%氯霉素液、1%庆大霉素液或1%多粘霉素液滴眼，以及涂0.5%金霉素眼膏等，在减轻眼部的炎性反应方面，可采用醋酸可的松眼膏。若是眼部局部烧伤，为防止干燥所致眼部损害，应用单层油纱布覆盖以保护裸露的角膜，可不用眼罩或纱布包扎。

9. 及时紧急处理：在抢救化学烧伤的同时，需特别注意是否存在直接威胁生命的复合伤或多发伤，如脑外伤、心跳呼吸骤停、窒息、骨折或气胸等，若存在上述复合伤或多发伤应及时按外伤急救原则作相应的紧急处理。

10. 保护创面：保护化学烧伤创面免受感染是较为关键的环节，应用清洁的被单或衣物对创面进行简单包扎，原则为不弄破水泡，保护表皮。对于严重烧伤者不需涂抹任何药物，以免造成入院后的诊治困难。冲洗眼部烧伤时可用0.9%等渗盐水，用棉签拭除异物，涂抗生素眼膏或滴消炎眼药水。

11. 镇静止痛抗休克：在化学灾害中，烧伤伤员均存在不同程度的疼痛及烦躁不安，可给予口服安定镇静剂（如利眠宁、安定等）。当伤员出现脱水及早期休克等症状，若伤员尚能口服，可给予淡盐水（少量多次饮用），禁忌饮用白开水和糖水。而对于超过40%的大面积烧伤重伤员，伤后24h须禁食，因为伤员极易发生呕吐现象，加上吞咽气体易致腹胀；若伤员出现口渴不止的情况，可给少量水滋润口咽，并注意保暖。

（二）伤员运送途中应注意的问题

伤员后送，即伤员运送，是将经过现场初步处理后的伤员送到具备更高级医疗技术条件医院的过程。伤员搬运方法和搬运工具的选择并不拘泥[44,45]，一般要根据具体情况做出合适的选择。现场的首批医学救援人员应掌握后送指征，对化学中毒与烧伤伤员的伤情及时做出分类，做好后送前的医疗处置，而且在后送途中要不间断地对危重伤员进行抢救和复苏，尽快后送，使伤员在最短时间内获得必要治疗。批量伤员救治时，应注意伤员持续性创伤的概率与其和爆炸中心的距离的远近有关。爆炸中心附近的伤员会遭受各种创伤，而那些离爆炸中心很远的伤员仅表现为穿透性损伤[46]。在后送途中应注意以下伤情的处理：（1）伤员呼吸道的管理很重要，一般通过恰当的体位保持气道通畅，昏迷伤员转运时，采用伤侧卧位，保持持续性的吸氧、输液、人工控制呼吸和体外心脏按压等。（2）对连枷胸伤员，加压包扎很重要；对开放性气胸伤员，用大块敷料密封胸壁创口很有效；若有张力性气胸，可用针排气。（3）迅速明确损伤累及部位及是否直接危及伤员的生命。一般救治的顺序为心胸部外伤-腹部外伤-颅脑损伤-四肢、脊柱损伤等。准确判断伤情，并优先处理危及伤员性命的损伤。（4）熟悉有效的诊断技术，并妥善应用，如行心包、胸腔穿刺引流术可确诊心脏压塞、血胸、气胸，腹腔穿刺或腹腔灌洗对腹内脏器伤情诊断的准确率可高达95%。（5）控制活动性外出血，遇有因肢体大血管撕裂要上止血带，并注意定时放松止血带。（6）开放性骨折用无菌敷料包扎，闭合骨折用夹板或就地取材进行制动。（7）止痛、镇静剂类药物可适量给予，有颅脑伤或呼吸功能不良者，禁用吗啡、杜冷丁等。

（三）迅速抗休克抗中毒与预防脑水肿和肺水肿

严重危险化学品爆炸复合伤患者早期死亡的主要原因为休克、脑疝、重度烧伤、中毒、肺水肿、创伤后心脏停搏等，早期积极抗休克抗中毒及预防脑水肿、肺水肿治疗是抢救成功的关键。抗休克的重要措施为迅速建立两条以上静脉通道，进行扩容、输血及足够的氧气吸入，应在积极抗休克的同时果断手术，剖胸或剖腹探查以紧急控制来势凶猛的部位伤。早期降颅压纠正脑疝的主要措施仍为20%甘露醇快速静脉滴注，同时加用利尿剂。早期大剂量地塞米松及人体白蛋白应用可减轻脑水肿，但需积极术前准备尽快手术清除颅内血肿、挫裂伤灶或施行各种减压手术才是抢救重型颅脑损伤、脑疝的根本措施。但在颅脑损伤合并出血性休克时就会出现治疗上的矛盾，应遵循：先抗休克治疗，后用脱水剂；使用全血、血浆、低分子右旋糖酐等胶体溶液，既可扩容纠正休克，又不至于加重脑水肿。

（四）诊断要迅速、准确、全面

通常是边抢救，边检查和询问病史，然后再抢救、再检查以避免漏诊。诊断有疑问者在病情平稳时可借助一定的辅助检查（B超、X线、CT等）获得全面诊断。特别应注意：（1）重型颅脑损伤患者是否合并休克、颈椎损伤。（2）严重腹部挤压伤是否合并膈肌破裂。（3）骨盆骨折注意有无盆腔或腹腔内脏器损伤。（4）严重胸部外伤是否合并心脏伤。（5）下胸部损伤注意有无肝脾破裂等。（6）特别在烧冲复合伤或机械性创伤复合冲击伤时，机体冲击伤是最易被人们所忽略的。（7）有无石棉、烟尘等及爆炸产生大量的氮氧化物的吸入中毒。

（五）合理选用麻醉

合理的麻醉是危险化学品爆炸复合伤患者紧急手术救治中的重要环节。在实际抢救过程中要根据具体情况和个体差异掌握：（1）颈椎损伤和术后需长期置管者可采用清醒经鼻插管，耐受性好且能有效防止返流发生。（2）如选用静脉复合麻醉，需做好术中监测，保证血流动力学及其他生理指标的稳定，同时注意早期防治可能发生的并发症。（3）对合并颅脑伤者为避免挣扎引起颅内压升高宜行快速气管插管，但对估计插管困难者不合适，对此类患者经口插管失败者行喉镜明视、弯钳帮助下经鼻插管可很快完成。

（六）手术治疗的顺序

应遵循首先控制对生命威胁最大的创伤的原则来决定手术的先后。一般是按照紧急手术（心脏及大血管破裂）、急性手术（腹内脏器破裂、腹膜外血肿、开放骨折）和择期手术（四肢闭合骨折）的顺序，但如果同时都属急性时，先是颅脑手术，然后是胸腹盆腔脏器手术，最后为四肢、脊柱手术等。提倡急诊室内手术。对于严重复合伤患者来说时间就是生命，如心脏大血管损伤，手术越快越好，如再转送到病房手术室，许多患者将死在运送过程中。手术要求迅速有效，首先抢救生命，其次是保护功能。

做好各有关科室的组织协调工作。严重危险化学品爆炸复合伤的救治需要各有关科室，各专业组，麻醉科、急诊医学科、烧伤科、放射科等的大力配合，因此要做好组织协作，树立抢救中的整体观念。另外，医院还应成立由外科各专业组、麻醉科等各相关科室组成的危险化学品爆炸复合伤抢救组。

（七）术后积极预防治疗急性呼吸窘迫综合征（ARDS）和多器官功能衰竭（MOF）

ARDS和MOF是爆炸复合伤患者创伤后期死亡的主要原因。因此早期防治应注意：

（1）迅速有效地抗休克治疗，改善组织低灌注状态，注意扩容中的晶胶比例，快速输液时注意肺功能检测，复合伤患者伴肺挫伤者尤为重要，应尽快输入新鲜血。（2）早期进行呼吸机机械通气，改善氧供给，防止肺部感染。采取呼气末正压通气（PEEP）是治疗ARDS的有效方法。（3）注意尿量监测、保护肾脏功能，慎用对肾功能有损害的药物。（4）注意胃肠功能监测，早期行胃肠内营养。（5）在病情危重的特定情况下，联合采用短程大剂量山莨菪碱与地塞米松为主的冲击疗法，使复合伤患者安渡手术关，去除致死性的病因，使病情得到逆转[23]。（6）及时手术治疗，手术力求简洁有效，既减少遗漏又要减少手术创伤。（7）合理应用抗生素。（8）积极促进机体的修复和愈合。（9）做好后续治疗和康复治疗等。

（八）急性化学性肺水肿的处理

危险化学品中毒后的关键性治疗为应用特效抗毒药物，其原则是早期、足量、尽快达到治疗的有效量，并注意防止副作用。急性化学性肺水肿主要处理措施包括[47-51]：（1）卧床休息：肺损伤疑似伤员应卧床休息，以减轻心肺负担，防止肺出血加重。（2）保持呼吸道通畅：如有呼吸道烧伤、严重上呼吸道阻塞或有窒息危险时，应尽早施行气管切开术。（3）氧疗：间断高流量（3～5L/min）吸氧，同时湿化吸入50%的酒精抗泡或用1%二甲基硅油雾化剂消泡，每次1～3min，30min 1次。（4）解除支气管痉挛：可采用0.25%～0.5%异丙基肾上腺素或0.2%舒喘灵或地塞米松气雾剂，每次吸数分钟；也可用支气管扩张药氨茶碱0.25～0.50g加入50%等渗盐水20mL中，由静脉缓慢注入；待症状改善后停止。（5）机械辅助呼吸：如氧疗不能纠正氧分压的降低，全身缺氧情况也未见改善，则需采取机械辅助呼吸。一般可采用间歇正压呼吸（IPPB），以提高有效肺泡通气量，减少生理性死腔和肺分流量，改善氧合作用。如IPPB不能使氧分压达到10.7kPa（80mmHg，1mmHg=0.133kPa），可考虑改用持续正压呼吸（CPPB）。但一般认为对冲击伤伴有气栓存在的患者，应禁止使用，若治疗中出现气栓，也应立即停用。有人推荐高频通气疗法，因为其提供的潮气量和气道压力都较低，可用于空气栓塞的伤员，减少气栓的危险性。（6）脱水：一般采取速尿20mg，每天1～2次，连续使用2～3d；或用20%甘露醇250mL静脉滴注，30min内滴完。（7）增强心肌收缩力：心率快者用0.2～0.4mg西地蓝静推，出现循环衰竭现象时可用毒毛旋花子苷K 0.125～0.25mg于25%葡萄糖溶液20mL中缓慢静注。（8）维生素B_6联用20AA复方氨基酸新疗法[46-50]，确有利尿、解毒、抗氧化、减少渗出、促进机体酶代谢、保护大脑及神经系统功能的功效，治疗化学性肺水肿很有效。用法：20AA复方氨基酸（丰诺安）联用维生素B_6的新疗法处方：①重症伤员：0.9%等渗盐水250mL+维生素B_6 5g+维生素C 2g，2次/d静滴，20AA复方氨基酸500mL/d，静滴，1次/d；连续使用直至病情控制。②中度伤员：20AA复方氨基酸500mL/d，静滴，1次/d；0.9% NS 250mL+维生素B_6 5g+维生素C 2g，1次/d静滴，连续使用直至病情控制。③轻度伤员：20AA复方氨基酸500mL/d，静滴，1次/d；0.9% NS 250mL+维生素B_6 3g/次+维生素C 2g，1次/d，静滴，连续使用直至病情控制。

四、关注公众心理危害

突发危险化学品事故的强烈刺激使部分公众在精神上难以适应，主要表现为恐惧、听信谣言等，对伤病员造成的精神创伤尤其明显，因此要特别关注公众的心理危害程度并及时采取有效的应对策略。

五、染毒区人员现场处置与急救注意事项

（一）染毒区人员撤离现场注意事项

（1）做好防护再撤离：染毒区人员撤离前应自行或相互帮助戴好防毒面罩或者用湿毛巾捂住口鼻，同时穿好防毒衣或雨衣把暴露的皮肤保护起来免受损害。（2）迅速判明上风方向：撤离现场的人员应迅速判明风向，利用旗帜、树枝、手帕来辨明风向。（3）防止继发伤害：染毒区人员应尽可能利用交通工具撤离现场。（4）应在安全区域实施急救。

（二）现场急救注意事项

正确对伤病员进行冲洗、包扎、复位、固定、搬运及其他相应处理可以大大降低伤残率。通过一般及特殊的救护达到安定伤员情绪、减轻伤员痛苦的目的。

（三）做好自身防护

实行分工合作，做到任务到人，职责明确，团结协作。现场急救处理程序要有预案。

（四）处理污染物

需要注意对伤员污染衣物的处理，防止发生继发性损害。

（五）注意保护好伤员的眼睛

切记不要遗留对眼睛的检查和处理。

（六）医务人员需懂得防护知识

危险化学品事故现场急救是一项复杂的工作，医务人员除了要掌握一定的医疗急救技术外，还需要懂得危险化学品的理化特性和毒性特点，懂得防护知识。

六、对症治疗和支持疗法

危险化学品爆炸致冲烧毒复合伤救治的一个重要方面是对症治疗和支持疗法，该疗法的基本原则包括：（1）密切关注伤员伤情变化，尤其是由爆炸冲击伤导致的动脉气体栓塞，迟发性胃肠穿孔等。（2）维持水、电解质及酸碱度平衡，及时纠正低氧血症。（3）脏器功能支持，预防器官功能障碍，例如充分有效的复苏，清除和引流感染灶并对循环、呼吸和代谢功能进行支持等。（4）适时、适量补充血浆或白蛋白等。（5）有效控制抽搐与惊厥，当给予维生素 B_6 仍不能有效止痉时，可肌肉注射 0.2g 苯巴比妥钠。（6）应用抗氧化剂，如维生素 C、维生素 E、谷胱甘肽类脂酸或牛磺酸单独或联合应用，有利于减轻氮氧化物导致的肺效应。（7）免疫调理，如给予人参皂苷、黄芪多醣、干扰素等，以增强机体免疫功能，促进机体的修复和愈合等。

七、警惕危险化学品中毒致迟发性严重化学性肺水肿发生

此类伤员多见于青壮年，临床表现：一开始无明显症状，活动自如，超过 20h 后突发

胸闷憋气，胸骨后疼痛；明显呼吸困难；咳血痰或泡沫状痰伴紫绀；心动过速，心率在125次/min左右，心电图示肺型P波及多导联ST段下移；胸部X线征示小片云絮状阴影，有的呈团块状融合；高浓度吸氧情况下动脉血氧分压5.3kPa。缺氧情况越来越重，终因呼吸循环衰竭而亡。一旦发病，往往病情危笃，使抢救措手不及，很快死亡。所以必须采取预防为主措施，由此将国家军用标准中毒留观时间由24h改为48h[49]。

临床上，危险化学品爆炸致冲烧毒复合伤病情进展迅速，救治十分困难，伤员病死率极高，因而综合有效的治疗至关重要。治疗方法主要包括心肺复苏、应用抗泡剂、超声雾化吸入、抗过敏或应用碱性中和剂、消除高铁血红蛋白血症、莨菪碱类药物联用地塞米松冲击疗法、维生素B_6联用20AA复方氨基酸疗法、采取适当的体位、进行高流量吸氧，以保证组织细胞供氧、维持重要脏器功能、纠正水、电解质紊乱和酸碱失衡等，积极对症治疗和支持疗法[46-55]，以促进机体的修复和愈合等。

八、结语

本专家共识的制定是基于目前对“危险化学品爆炸致复合伤现场急救与卫生应急处置”的理解并参考现有的循证医学证据及国内外有关文献完成的。而危险化学品爆炸复合伤的卫生应急处置与临床救治是不断发展的，其临床治疗也比较复杂，不断丰富的临床经验和循证医学证据将推动专家共识不断更新，以帮助现场急救与卫生应急医务人员提高诊疗水平，更好地服务于患者。需要注意的是，本专家共识不能完全覆盖患者所有的临床情况，在具体临床实践中，应根据医生经验进行诊断和治疗。

参考文献

1　任继勤，穆咏雪．危化品事故的统计分析与管理启示［J］．化工管理，2015，(16)：28-31.

2　岳茂兴．危险化学品事故急救［M］．北京：化学工业出版社，2005：251-323.

3　岳茂兴．反化学恐怖医疗手册［M］．北京：清华大学出版社，2004：3-23.

4　Kang N. Safety Management of the Firefighters in Disposa lof Hazardous Chemical Explosion Accidents［J］．China Public Security，2012，28 (3)：26-29.

5　岳茂兴．灾害事故伤情评估及救护［M］．北京：化学工业出版社，2009：38-78.

6　黄洁夫．现代外科学［M］．北京：人民军医出版社，2003：286-298.

7　岳茂兴．危险化学品爆炸致冲烧毒复合伤急救［J］．中华灾害救援杂志，2015，3 (11)：601-606.

8　岳茂兴．特种燃料爆炸致冲毒复合伤的急救［J］．中华急诊医学杂志，2000，9 (2)：126-128.

9　王一镗，岳茂兴．复合伤．实用临床急诊医学［M］．1版．南京：南京科技出版社，1999：1169-1325.

10　岳茂兴．爆炸致冲烧毒复合伤的特点及其紧急救治［J］．中华急诊医学杂志，2007，16 (6)：670-672.

11　岳茂兴，魏荣贵，马华松，等．爆炸伤101例的救治［J］．中华急诊医学杂志，2003，12 (3)：194-195.

12　岳茂兴．复合伤的基本特点和初期急救原则及抢救程序［J］．解放军医学杂志，2002，D73 (急救医学专刊)：233.

13 岳茂兴．特种燃料爆炸致复合伤的急救［J］．中华急诊医学杂志，2000，9（2）：126-128.

14 岳茂兴，彭瑞云，王德文，等．冲击复合伤大鼠对血气变化及病理形态学的影响和 c-fos 蛋白表达的研究［J］．中华急诊医学杂志，2003，12（9）：591-593.

15 岳茂兴，彭瑞云，杨志焕，等．冲击伤复合液体火箭推进剂染毒大鼠的远期效应研究［J］．创伤外科杂志，2004，6（5）：364-366.

16 王正国，沈于干，郑世钢，等．冲击伤早期的肺分流量和血气变化［J］．解放军医学杂志，1983，8（1）：1-3.

17 蒋俭．火箭推进剂突发事故与应急处理［J］．毒理学杂志，1997，11（1）：11-13.

18 岳茂兴．氮氧化物中毒损伤的临床救治研究与进展［J］．中华急诊医学杂志，2001，10（4）：222-223.

19 沈亚萍，李瑛，岳茂兴．急性双光气中毒 58 例临床分析［J］．岭南急诊医学杂志，2010，15（6）：479-480.

20 岳茂兴，夏锡仪，李瑛，等．1336 例突发性群体性氯气中毒患者的临床救治［M/CD］．中华卫生应急，2012：15-18.

21 岳茂兴．氯气中毒医疗卫生救援院前急救［J］．中华急诊医学杂志，2008，17（2）：224.

22 李奇林．现代灾害伤院外急救进展［M］．北京：军事医学科学院出版社，2004.

23 陈冀胜．反化学恐怖对策与技术［M］．北京：科学出版社，2005：164.

24 中国红十字总会．中国红十字总会救护师资培训教材［M］．北京：社会科技文献出版社，2003：130-141.

25 中华医学会．临床技术操作规范——急诊医学分册［M］．北京：民军医出版社，2006.

26 徐荣祥．烧伤治疗大全［M］．北京：中国科学技术出版社，2009：68-89.

27 Peña-Fernández A，Wyke S，Brooke N，et al. Factors influencing recovery and restoration following a chemical incident.［J］. Environment International，2014，72（22）：98-108.

28 岳茂兴，杨鹤鸣，李建忠，等．冲击波和液体火箭推进剂中毒致冲毒复合伤大鼠实验模型的建立［J］．中华航空航天医学杂志，2001，12（1）：31-34.

29 岳茂兴，张坚，刘志国，等．化学物质爆炸致化学和冲击复合伤的损伤特点及紧急救治［J］．中华急诊医学杂志，2004，13（8）：515-517.

30 岳茂兴．中西医结合治疗导弹和火箭推进剂爆炸致冲毒复合伤的基础和临床救治研究［J］．解放军医学杂志，2002，H7（急救医学专刊）：236.

31 岳茂兴．导弹和火箭推进剂爆炸致复合伤的致伤特点和紧急救治研究［J］．解放军医学杂志，2002，D72（急救医学专刊）：233.

32 岳茂兴．沾染液体火箭推进剂时的个人洗消技术进展［J］．中华航空航天医学杂志，2003，14（3）：189-192.

33 岳茂兴，杨鹤鸣．山莨菪碱联用地塞米松对四氧化二氮爆炸致冲毒复合伤大鼠血气的影响［J］．中华航空航天医学杂志，2001，12（1）：35-39.

34 Nurulain SM. Different approaches to acute organophosphoruspoison treatment［J］. J Pak Med Assoc，2012，62（7）：712-717.

35 King AM，Aaron CK. Organophosphate and carbamate poisoning［J］. Archiv Intern Med，2015，33（1）：133-151.

36 Borron SW, Bebarta VS. Asphyxiants [J]. Emerg Med Clin NorthAm, 2015, 33 (1): 89-115.

37 夏锡仪，郑琦函，岳茂兴．大剂量地塞米松联合山莨菪碱治疗急性氯气中毒伴化学性肺损伤 526 例 [J]．中华危重病急救医学杂志，2012，24 (11)：689.

38 岳茂兴，李成林，杨鹤鸣，等．山莨菪碱联用地塞米松治疗多器官功能障碍综合征机制的研究 [J]．中国危重病急救医学，2000，12 (6)：341-343.

39 岳茂兴，杨鹤鸣，张建中，等．四氧化二氮爆炸致冲毒复合伤对家兔血液动力学及病理形态学的影响 [J]．中华急诊医学杂志，2001，10 (2)：104-107.

40 岳茂兴，蔺宏伟，李建忠，等．人参二醇对四氧化二氮染毒鼠 1-抗胰蛋白酶水平的影响 [J]．中国急救医学杂志，2003，23 (9)：598-600.

41 岳茂兴，李建忠，陈英，等．四氧化二氮对小鼠骨髓细胞姐妹染色单体互换（SCE）频率变化的影响 [J]．中华航空航天医学杂志，2005，16 (3)：168-170.

42 岳茂兴，彭瑞云，王正国，等．飞船推进剂量四氧化二氮中毒损伤研究 [J]．航天医学与医学工程，2004，17 (2)：117-120.

43 岳茂兴，夏锡仪，何 东，等．流动便携式重症监护病房急救车的研制及其在灾害事故急救中的实际应用 [J]．中国危重病急救医学，2009，21 (10)：624-625.

44 岳茂兴，邹德威，张坚，等．流动便携式重症监护治疗病房的创建 [J]．中国危重病急救医学，2004，16 (10)：589-591.

45 郑静晨，彭碧波．灾害救援医学 [M]．北京：中国科学技术出版社，2014：474-478.

46 岳茂兴，夏亚东，黄韶清，等．氮氧化物致急性化学中毒性肺水肿的临床救治研究 [J]．中国急救医学杂志，2001，21 (3)：142-144.

47 岳茂兴，李 瑛，卞晓星，等．柴黄参祛毒固本冲剂治疗严重化学性肺损伤 89 例临床研究 [J]．中国中西医结合急救学杂志，2013，20 (3)：159-161.

48 岳茂兴，夏亚东，黄韶清，等．氮氧化物致急性化学中毒性肺水肿 19 例的临床救治 [J]．中华航空航天医学杂志，2001，12 (2)：115-116.

49 岳茂兴，夏亚东．氮氧化物急性中毒致严重迟发性化学性肺水肿的特点和救治对策——附 2 例死亡病例分析 [J]．中华危重病急救医学杂志，2002，14 (12)：757-758.

50 夏锡仪，岳茂兴，李瑛．严重急性化学性肺水肿 37 例临床救治分析 [J]．中华全科医学杂志，2010，13 (29)：3343-3345.

51 万红贵，岳茂兴，夏锡仪，等．L-鸟氨酸复方氨基酸制剂联用大剂量维生素 B_6 抢救大出血频死伤员的机制研究 [M/CD]．中华卫生应急，2013：9-11.

52 岳茂兴，周培根，梁华平，等．创伤性凝血功能障碍的早期诊断和 20AA 复方氨基酸联用大剂量 B_6 新疗法应用 [J]．中华卫生应急电子杂志，2015，1 (1)：4-7.

53 楚鹰，刘政，郑旭文，等．20AA 复方氨基酸联用大剂量维生素 B_6 新疗法治疗创伤凝血障碍的实验研究 [J]．中华卫生应急电子杂志，2015，1 (2)：88-89.

54 岳茂兴，夏锡仪，李瑛，等．丰诺安联用大剂量 B_6 新疗法救治严重创伤后凝血病大出血患者的临床研究 [J]．中华危重病急救医学杂志，2013，25 (5)：310.

55 岳茂兴，李建中，李瑛，等．复合氨基酸联用维生素 B_6 救治四氧化二氮吸入中毒小鼠的实验研究 [J]．中华卫生应急电子杂志，2015，1 (1)：23-25.

附录二

灾害事故现场急救与卫生应急处置专家共识（2017）❶

中国研究型医院学会卫生应急学专业委员会
中国中西医结合学会灾害医学专业委员会

突发事故是指突然发生且已经或可能造成重大人员伤亡、财产损失、生态环境破坏和严重社会危害的公共安全紧急事故[1]。近几十年，全世界各类突发事故频发，成为“世界第一公害”，每年至数千万人以上死伤[2]。2004 年 12 月 26 日印度洋大海啸[3]导致 22.5 万人丧生，自然灾害又一次为我们敲响警钟，并引起全世界对该事件进行沉重思考。震惊世界的美国“9·11”事件则是人为灾害给人类带来的阴影。1984 年，印度博帕尔市农药厂异氰酸甲酯储罐泄漏事件[4]瞬间引起当地约 20 多万居民中毒，其中 2500 多人因严重中毒而死亡，这是突发群体性毒气泄漏事件所造成的极为惨痛的教训。2008 年四川汶川特大地震[5]的受灾群众达 4625 万人，造成 69227 人遇难、17923 人失踪，需要紧急转移安置受灾群众达 1510 万人，造成直接经济损失 8451 亿多元。在过去，一些特殊类型灾害事件的发生率和曝光率极低，如 2011 年日本福岛核泄漏事故等。回眸百年巨灾，瞩目未来，人身安全十分重要。鉴于灾害事故的危害性、复杂性、特殊性和不可预测性，一般处理难度大。正如原联合国秘书长安南所说：“我们的世界比任何时候更容易受到灾害的伤害”。

众所周知，在灾害、局部战争或意外发生时，总伴随着批量伤员的产生，如地震、火灾、洪水、战争、恐怖事件、爆炸或建筑物倒塌。从美国世贸大厦爆炸到墨西哥地震，从我国 1998 年长江特大洪水到科索沃战争，以及平时的高速公路交通事故、飞机失事和火灾等，现场死亡人数往往是最多的。因此，对于灾害事故现场急救，时间就等同于生命[6]。传统的急救观念往往使得处于生死之际的伤员丧失了最宝贵的几分钟、几十分钟的“救命黄金时间”[7]，这就要求救援工作人员须加强现场急救工作，广泛普及心肺复苏现场抢救技术，提升全民自救、互救的知识和能力。而通讯、运输、医疗是院前急救的 3 大要素，必须充分发挥各个因素的功能与作用。重视伤后 1h 内的“黄金抢救时间”和伤后 10min 内

❶ 引自《中华卫生应急电子杂志》2017 年 2 月第 3 卷第 1 期。

的“白金抢救时间”[8-10]，使伤员在尽可能短的时间内获得最确切的救治，因此提倡和实施灾害事故现场急救新理念、新模式、新装备、新疗法势在必行。

我国是世界上遭受自然灾害最严重的国家之一，灾害种类多、发生频度高、区域性和季节性强。据不完全统计，气象、洪涝、海洋、地质、地震、农业、林业等7类自然灾害造成的直接经济损失约占国家财政总收入的1/6～1/4，年均因灾死亡人数连续数年达1万～2万。特别是现代化建设进入新的阶段，改革和发展处于关键时期，工业化、城市化加速发展，新情况、新问题层出不穷，重大自然灾害、重大事故灾害、重大公共卫生事件和社会安全事件时有发生。应对灾害、减少威胁、降低损失是我们面临的共同挑战[11]。

一、灾害的定义和分类

（一）灾害的定义

客观条件的突变给人类社会造成人员伤亡、财产损失，生态破坏的现象为灾害。世界卫生组织对灾害的定义[12]：任何能引起设施破坏，经济严重损失、人员伤亡、人员的健康状况及社会卫生服务条件恶化的事件，当其破坏力超过了所发生地区所能承受的程度而不得不向该地区以外的地区求援时，就可以认为灾害发生了。国际减灾委员会对灾害的定义[13]：灾害是一种超过受影响地区现有资源承受能力的人类生态环境的破坏。

（二）灾害的分类[14,15]

1. 自然灾害

（1）天文灾害：陨石灾害、星球撞击、磁暴灾害、电离层扰动、极光灾害等。（2）气象灾害：水灾、旱灾、台风、龙卷风、暴风、冻害、雹灾、雷电、沙尘暴等。（3）地质灾害：地震、火山爆发等。（4）地貌（表）灾害：滑坡、泥石流、崩塌等。（5）水文灾害：海啸、厄尔尼诺现象等。（6）生物灾害：病害、虫害、草害、鼠害等。（7）环境灾害：水污染、大气污染、海洋污染、噪声污染、农药污染、其他污染等。

2. 人为灾害

（1）火灾：城市火灾、工矿火灾、农村火灾、森林火灾、其他火灾等。（2）爆炸：锅炉爆炸、火药爆炸、石油化工制品爆炸、工业粉尘爆炸等。（3）交通事故：公、铁路交通事故、民航事故、海事灾害等。（4）建筑物事故：房屋倒塌、桥梁断裂、隧道崩塌等。（5）工伤事故：电伤、烧伤、跌伤、撞伤、伤害等20余种。（6）卫生灾害：医疗事故、中毒事故、职业病、地方病、传染病、其他疫病（呼吸系统病等）。（7）矿山灾害：矿井崩塌、瓦斯爆炸等。（8）科技事故：航天事故、核事故、生物工程事故等。（9）战争及恐怖爆炸等。

二、灾害医学和灾害现场急救

在灾害面前，人类并非束手无策。运用人类现有的智慧、知识和科学技术，在灾害发生前采取有效对策（如建立预警系统、制定应急预案、设置避难设施、进行安全评估、划定危险地段等），完全有可能防范和减轻灾害造成的破坏和损失[16]。我国辽宁海城地震的成功预报，大大减少了人员伤亡[17]；三峡地区滑坡预警后，居民被提前疏散，使得有灾而无难；洪灾地区的“高脚楼”，在洪水突然来临时为人民创造了逃生机会。因此，如何最大限度减少“围灾害期”的伤病损害及死亡，这一严峻、复杂而又亟待解决的大课题摆在了世界医学面前[18]。为此，近年来各国政府非常重视灾害医学的发展，我国政府也于2003年5月9日由国务院总理温家宝亲自签署了国务院公布实施的《突发公共卫生事件应急条例》[19]。鉴于上述背景，灾害医学在世界范围内迅速发展，并在较短时间内形成了多维度的医疗协作体系[18]。第一：涉及医学预防、预警、急救、治疗、心理、康复、基础研究的顺序维度。第二：涉及各种灾害、事故、战争应急预案及救治方案方法的横向维度。第三：涉及不同类别医疗救援计划、组织、装备、实施的垂直维度。这3个维度共同组成了立体、完整的灾害医学体系。全球已进入“以人为本”[20,21]的新世纪，我们要认真地考虑灾害医学的大事，因为这件事直接关系到国家的发展和社会的进步，更关系到每一个人的生命安全。所以发展灾害医学已刻不容缓。

（一）灾害医学的定义

灾害医学是研究在各种自然灾害和人为事故所造成的灾害性损伤条件下实施紧急医学救治、疾病防治和卫生保障的一门科学，是为受灾伤病员提供预防、救治、康复等卫生服务的科学，是介于灾害学与医学之间的学科[18]。灾害医学涉及多个相关学科的融合与应用。灾害医学由灾害卫勤组织指挥学、灾害流行病学、灾害救治医学、灾害医学管理、灾害康复医学、灾害心理医学、灾害基础医学多部分组成。灾害医学的整体防御可分为预警、防范、检测、诊断、防护、除沾染、现场救治与后送、院内进一步救治、康复、心理、基础研究等方面。灾害医学正在成为医学领域中的一门独立的新兴学科而崛起，越来越受到全世界各国的重视。

（二）灾害事故现场急救的主要特点[22-24]

1. 组织机构的临时性

由于灾难的突发性，不可能有全员配置完整的救灾医疗机构坐等任务。通常是灾难发生时才集中各方力量，临时组织高效救援、医疗机构，并在最短时间内立即开展工作。一般要求在12h内到达指定地点展开救治工作。灾后2～4d是最紧张的急救阶段，10d内应基本完成救援任务，后续开始恢复和重建工作。紧凑的救援节奏要求有严密的组织措施和良好的协作精神。

2. 工作条件艰苦

救灾医疗救护工作须要到现场进行。灾区生态环境往往遭到严重破坏，公共设施无法正常运行。常缺电、少水，食物、药品不足，生活条件十分艰苦，医务人员在这种情况下执行繁重任务须要有良好体力素质和高度人道主义精神。

3. 紧急赴救

灾后瞬间可能出现大批伤员，拯救生命，分秒必争。亚美尼亚地震时伤员救护工作表明，灾后3h内得到救护的伤员生存率可达90％；若＞6h则生存率降至50％。救援工作迅速展开的基础是配备训练有素的医务人员，除掌握精湛的医疗救护技术外，还应懂得灾难医学知识，以便适应灾区的紧张工作。运输工具和专项医疗设备的准备同样也是救灾医疗保障的关键问题。

4. 伤情复杂

因灾害类型、起因和受灾地区条件的不同，受灾人群的伤情也复杂多变，通常以多发伤多见（地震伤员平均每例有3处受伤部位）。受灾伤员常因得不到及时救治而发生创伤后感染，使伤情变得更为复杂。在特殊情况下还可能出现一些特殊疾病（如挤压综合征、急性肾功能衰竭、化学性烧伤等）。尤其在发生化学和放射性事故时，进行救护的医护人员除须具备特殊技能外，还需注重自我防护。这就要求医务人员掌握多科知识，对危重伤病员进行及时有效的急救和复苏。

5. 大批量伤员需要同时救治

灾害突发后，常同时出现大批量伤员，且以需要急救和复苏的危重伤者居多，常规医疗办法无法完成救援任务。这时可依据军事医学原则，根据伤情对伤员进行鉴别分类，实行分级救治、后送医疗，紧急疏散灾区内的重伤员。

（三）国外灾害现场急救与卫生应急处置进展

近年来，国内外灾害现场急救都有明显发展，在许多发达国家，相继成立了地区性创伤救治中心、空运伤员、创伤医院、交通事故医院、急诊外科医院等专科医院集中收治创伤伤员。伤员相对集中，医护专业化，设备配置齐全，管理效率高，整体救治成功率高，创伤救治专业水平提高使急救相对快速。

1. 国际灾害现场急救的两大模式

目前在全球范围内存在多种灾害救援模式，相对成熟和主流的有两种模式，即英美模式和法德模式。(1) 英美模式或近似于英美模式。其主要救援方式是“把患者送到医院”；其主要观点是将患者送到以医院为基础的急诊科继而得到更好的医疗服务。在这种模式中，急诊医疗工作开始于患者来院之前，由专业人员（如急诊医师和护士）进行救护，到达医院急诊科后转由急诊医疗团队进行治疗。近些年来，一些西方发达国家的院外救援工作多由受过一定医学专业训练的消防救灾人员（如急救医助、急救护士等）来完成[25]，他们既有医学知识又有救援本领，在意外伤害、灾害事故的现场救护中发挥着重要作用。星罗棋布的急救站、多点急救网络组成该模式的急救通讯指挥中心，能使呼救信号及时受理和下达，确保救援任务迅速有效地执行。此外，平时在社会上大力普及急救知识和技能，使更多的“第一目击者”在紧急情况下发挥作用。急救中起着重要作用的还有救护车、直升机，这些已不仅仅是运输患者的交通工具，更是重要的抢救场所，即所谓“流动的急诊室”。目前，采用美英灾害救援模式的国家和地区包括澳大利亚、加拿大、中国、爱尔兰、以色列、日本、新西兰、菲律宾、韩国等。(2) 法德模式或近似于法德模式。主要救援方式是“把医院带到患者家中”[26]。其具体操作是医师及有关专业人员（如技术人员或护理人员）到某一个有关地点对患者实施急救治疗。医师多为麻醉师，他们所采取的急救手段多为抢救和止痛。这一模式存在一些问题，如：医师没有受过很好的培训和监管。因此并没有如英美模式的医疗质量保障，患者急诊待诊时间长、生存率低等。

2. 现代灾害现场急救与卫生应急处置的发展趋势

英美模式与法德模式各具特色和优点，但与“急救社会化，结构网络化，抢救现场化，知识普及化”的现代灾害现场急救与卫生应急处置最新的发展趋势尚有差距，需要在这些模式的基础上创建出更好的新模式。

现代灾害现场急救与卫生应急处置新模式要想把灾害带给人民群众生命财产损失降到最低，需要将处于世界科技前沿领域的现代灾害医学各板块整合起来（如灾害医学地理研究、慢性灾害致伤病研究和创伤流行病学研究等），还要将国际上有关灾害现场急救的大量基础与临床研究成果整合、提升为信息化、数字化的系统，使之更适合于各国灾害救援的临床推广与应用。

新世纪现代灾害现场急救最新的发展趋势应是“急救社会化，结构网络化，抢救现场化，知识普及化”。如何将现代科技发展的新技术、新设备应用到院前及院内急救中来，是一个值得重视的课题。院前急救作为现代灾害现场急救网络中的一个重要组成部分，怎样合理使用其现有的装备、提高其诊疗工作效率、缩短院前院内无缝衔接的时间，是提高院前急救效能、充分发挥院内急救资源、为危重伤患者赢得抢救时间的关键。“信息化、网络化、整体化”救治新模式能满足广大民众对农村急诊救治及社区卫生服务日益增长的需求，为城乡居民健康水平的提高提供科技支撑。

3. 目前灾害医学的主要研究方向

公共卫生相关紧急突发事件的原因是多样的、危害是直接的、发生是隐蔽的、表现是突然的。这些实际上就是灾害医学需要研究的课题，其相关研究取得的进展必将进一步推动灾害医学事业的迅速发展。今后需要组织有关专家深入开展以下研究。(1) 深入探索各种灾害发生规律和损伤特点，从基础开始对各种灾害进行科学、系统的研究，制定各种中西医结合的卫生应急保障方案。搞好各种灾害现场的卫生救护训练、优化卫生组织和完善各种灾害现场急救预案。(2) 研究、发展和引进有关预防各种灾害、减少患者数量、减轻损伤严重程度、加快患者后送速度和提高医疗能力等中西医结合方面的技术。研究和改进预测各种灾害伤患者类型、数量和分布的模型，为制定卫生计划提供依据，预测患者治疗和后送需求、后勤保障需求、医疗救护队展开的范围、作业环境和地理位置等。(3) 研发小型和高机动性的后送抢救工具、急救设备，建立和完善流动的便携式ICU病房等。这些设备应具备最先进、重量轻、可在各种后送平台上展开、模块化、标准化等特点，以便于快速交换、快速补给、快速维修和共同训练等。可将救命性的处理前移到灾害事故现场，对降低重大灾害事故和局部战争中伤员的伤残率和死亡率也具有重要的意义。(4) 开展各种灾害造成人体损伤与康复相关的基础研究（如机体创伤反应、各种灾害伤情严重度评估、多器官功能障碍综合征的机制和防治、创伤预防、创伤细胞分子生物学、创伤修复分子生物学机制及组织工程学研究、机体功能康复和心理创伤康复。和灾害流行病学的研究，此类研究必将有力地推动灾害医学的不断创新、发展与完善[27]。(5) 创建高效运行的信息化灾害医学网络体系。保证医疗救护网络、通讯网络和交通网络的高效运行，提高在实际抗灾中医学科学新技术的含量。(6) 建立灾害事故救援组织指挥中心。灾害医学中的组织指挥是一个完整的系统工程，必须加强应急救援卫勤的组织指挥建设，由强有力的指挥机关来负责应急救援及抢救的总指挥，不断加强并完善临时医疗救护系统，这是保证救援成功的关键[28,29]。(7) 建立批量灾害伤员分类系统。建立一支高素质的抢救队伍，训练一批自救互救骨干，加强现场救治、加快伤员后送，尽可能缩短伤患者后得到手术治疗的时间。强调提高基础治疗技术是批量灾害伤伤员救治最重要的问题。（8）医疗卫生部门及有关灾害医学部门日常应急救援准备。随时准备展开各类突发事件应对和伤员救治，圆满完成卫勤保障任务。①救治理论准备。②组织准备。③人才准备。④装备准备。（9）合理、科学灾害事故现场救治原则的制定和完善。灾害事故现场救援有别于一般院外急救和院内抢救，合理而科学的救治原则将指导救援工作顺利展开，并充分合理利用有限的医疗资源。如严重灾害伤患者往往需要及时手术治疗，在有条件的医院处理严重灾害伤患者时应在急诊科就地进行手术；事故现场救援处理要突出“快、准、及时、高效”等。（10）对公众心理危害的防治和对致伤患者造成远期效应的重视[30-32]。突发灾害事件的强烈刺激可使人失去常态，表现出恐惧感和对谣言的轻信等，给患者和公众造成的精神创伤是明显的[33,34]。自1991年海湾战争以后，海湾战争综合征[35]已受到越来越多的关注，不仅提示抢救治疗必须越快、越早、越好，同时还应在整体治疗时，对灾害事件致伤患者可能出现的远期效应兼顾并治，在可能的条件下进行预防[36-38]。（11）对历次事件及时、准确的总结分析。总结历次灾害事件中暴露出来的问题，针对性加以改革和改组。大力开展对灾害的防治研究，更进一步提高对各类灾害及突发事件应急能力，保障在灾害条件下人民群众的身体健康和生命安全，努力降低灾害伤的发生率、伤残率和病死率。

4. 目前我国灾害事故现场急救存在的问题

随着国内外灾害事故现场急救的飞速发展，我国的一些大城市也相继建立了急救医疗中心（站），一些大型综合医院开设外科急诊及创伤救治专业组，大大提升了对于重症创伤患者的救治水平。但临床抢救和治疗环节尚不规范，体现在现场急救、转运到医院、院内抢救和护理、手术方式选择、脑保护药物使用、神经康复治疗等环节中存在较多不合理性和盲目性。（1）时间是挽救重度创伤患者最关键的因素[39]。目前我国的急救网络尚不健全，从拨打电话、发出呼救信号到患者获得确定性救治的时间普遍在1.0～1.5h，在一些农村地区的时间还要更长。（2）在一些国内地区，灾害事故现场急救仍停留于“抢了就送入大医院”的层面，使患者获得确定性治疗的时间延长。（3）我国对于普通民众和救援人员的现场急救技术培训的普及率偏低。（4）目前国内大部分事故现场救援工作仅仅起到搬运患者的作用。而有关统计显示，约50%的事故死亡者是丧命于事故现场的。因此我国事故现场急救的模式亟需改进。

三、灾害现场自救、互救与卫生应急处置的基本原则[40]

（一）临时组织现场救护小组

快速临时组织现场救护小组统一指挥，加强灾害事故现场一线救治，是保证抢救成功的关键措施之一。建立一支高素质自救互救骨干的抢救队伍，加快伤员后送，尽可能缩短伤后至抢救的时间，强调提高基本治疗技术是提高灾害事故现场救治的最重要的问题。

（二）及时正确的呼救

当紧急灾害事故发生时，要采用灵敏的通讯设施，缩短呼救至得到有力抢救的时间，这是提高院外抢救成功率的一个关键环节。应尽快拨打急救电话“120”“110”呼叫急救车。力求通过清晰简明的言语让急救人员尽快了解事故现场人员的大概伤情，最重要的是要告知详细地址。

（三）灾害事故“第一目击者”的现场救援

灾害事故现场，意外伤害、突发事件，一般都发生在动荡不安全的现场，而专业人员到场需要十多分钟甚至更长时间。因此，作为“第一目击者”首先要评估现场情况，注意安全，对伤员所处的状态进行判断，分清伤情、病情的轻重缓急，不失时机地、尽可能地进行现场救护：迅速判断致命伤；保持呼吸道通畅；维持循环稳定；呼吸心跳骤停立即行心肺复苏。

现场救护的目的是挽救生命，减轻伤残。在生命得以挽救、伤病情的进一步恶化得以遏制这一最重要、最基本的前提下，还要注意减少伤残的发生和减轻患者病痛，对神志清醒者要注意做好心理护理，为日后伤员身心全面康复打下良好基础。总之，要记住现场救护的原则是：先救命，后治伤。

无论是在作业场所、家庭或在马路等户外，还是在情况复杂、危险的事故现场，当发现危重伤员时，“第一目击者”对伤员的救护要做到：（1）保持镇定，沉着大胆，细心负责，理智科学的判断。（2）评估现场，确保自身与伤员的安全。（3）分清轻重缓急，先救命，后治伤，果断实施救护措施。（4）在可能的情况下，尽量采取措施减轻伤员的痛苦。（5）充分利用可支配的人力、物力协助救护。

（四）有条件时应快速创建绿色抢救通道

人类现已步入了网络信息化时代。因此，创建一条安全有效的绿色抢救通道十分重要，其内容包括保证医疗救护网络通道、通讯网络通道和交通网络通道的高效运行和无缝连接。

（五）明确抢险救援原则

灾害事故现场的救治应遵循先救命后治伤，先重伤后轻伤；医护人员以救为主，其他人员以抢为主；先抢后救，抢中有救，尽快脱离事故现场的救援原则。在事故的抢救中救援人员常被轻伤员喊叫所迷惑，而危重伤员在最后被抢出时则已处在奄奄一息状态，或已经丧命，因此必须遵循先救命后治伤、先重伤后轻伤的抢救原则对患者进行分类救治。为提高救援效率和医疗资源的合理利用率，现场各部门救援人员应各负其责，相互配合，以免延误抢救时机，通常先到现场的医护人员应该担负现场抢救的组织指挥。进行一些特殊环境下的事故现场救援时（如飞机失火），为避免发生爆炸或有害气体中毒等二次损伤，应对患者进行“先抢后救，抢中有救，尽快脱离事故现场”的救援。

（六）消除患者的精神创伤[41]

一切有生命威胁的刺激对人都能引起强烈的心理效应，进而影响其行为[42]。灾害事件的强烈刺激，可使部分患者和群众的精神难以适应，出现所谓灾害综合征而失去常态（表现为有恐惧感，很容易轻信谣言等）。灾害造成的精神创伤是明显的[43,44]，必须采取正确的应对策略。对患者的救治除现场救护及早期治疗外，及时后送伤员在某种程度上往往可能减轻这种精神上的创伤。

（七）临时自制敷料用于包扎伤口

当医疗物资补给困难或储备不足时，可用其他东西代替敷料和绷带，如清洁的手帕（把未弄脏的一面翻出来，盖在伤口上）、干净纸巾（盖在伤口上）或卷装卫生纸（撕下数层，折成纸垫盖在伤口上）以及任何洁净的物品（如围巾、领带或旧床单等）；如需较大的敷料，可用干净的毛巾或枕巾代替。切勿把多毛多纤维的物品（如棉花）直接放在伤口上，以免纤维粘到伤口里。无论用什么东西做敷料，用于覆盖伤口的一面绝不可被触及，否则手指上的污物沾到伤口上，可能引起感染。

（八）严重损伤的处理[16,45-47]

1. 出血

首要的方法是直接加压，肢体可用止血带。如果不能控制，立即快速后送是必要的。

2. 腹部损伤

遇到车祸、刀伤或高处坠落伤，腹内重要脏器均可能严重受损，伤口通常可清楚可见。若为纵向伤口，患者应取平直仰卧位，双脚用褥垫或衣物稍微垫高；若为横向伤口，患者应仰卧后膝部弯曲，头和肩部垫高。这两种卧式均有助于伤口闭合。轻轻解开或剪开伤口周围的衣服时，施救者应避免向伤口方向咳嗽、打喷嚏或喘气，以免造成伤口感染。

3. 腹腔脏器脱出

用浸湿纱布覆盖，不要急于将其还纳腹腔。

4. 断肢处理

在灾害事故中，处理肢体离断患者时，切勿试图自行接驳断肢（如用胶布把断肢接上原位），这样不但增加患者痛楚，还会加剧肌肉组织损坏，增加再植手术困难度。应保持断肢低温状态，如条件允许可用消毒干敷料包裹断肢后放入干燥容器中或袋中扎紧，再放入另一容器中或袋中扎紧后放入冰中。注意不要将断肢直接与冰或水接触。急救车到来后送患者时，将断肢一并交给急救人员。

5. 胸部开放损伤

用凡士林纱布包扎。如果发生张力性气胸（颈静脉怒张、紫绀、气管移位、一侧呼吸音消失、血压下降、呼吸困难），应去除包扎，让空气排出后重新包扎。

6. 连枷胸

连枷胸时用手或枕头固定受伤区域。如果呼吸状况恶化或加压不能减轻疼痛则去除加压。如有需要可给予辅助呼吸。

7. 物品穿入身体

穿入的物品影响心肺复苏或气道的情况下才可去除。

8. 急性窒息性气体中毒[47-50]

窒息性气体引起急性中毒的共同特点是突发性、快速性和高度致命性。除一氧化碳在极高浓度下可于数分钟、数十分钟内致人死亡外，氰化物气体、硫化氢、氮气、二氧化碳在较高浓度下均可于数秒钟内使人发生“电击样”死亡。其机制一般认为与急性反应性喉痉挛、反应性延髓中枢麻痹或呼吸中枢麻痹等有关。应采取“一戴二隔三救出”及“六早”的急救措施[51]：“一戴”即施救者应首先做好自身应急防护；“二隔”即做好自身防护的施救者应尽快隔绝毒气继续被中毒者吸入；“三救出”即抢救人员在“一戴、二隔”的基础上，争分夺秒地将中毒者轻移出毒源区，进一步作医疗急救。一般以2名施救人员抢救1名中毒者为宜，按照“六早方案”将中毒伤员转移到空气新鲜处进行抢救，即（1）早期现场处理。（2）早期吸氧。（3）“早期使用地塞米松和山莨菪碱”[52-54]，剂量为山莨菪碱0.66mg/kg，地塞米松0.66mg/kg，q8h，连用2d。（4）早期气道湿化，对重度吸入中毒患者早期行气管切开。（5）早期预防肺水肿的发生[55-57]。（6）早期进行综合治疗是至关重要的。

9. 化学毒剂伤[58]

及时注射解毒药，进行伤口洗消。

（九）维持呼吸道畅通

1. 舌后坠

昏迷及舌后坠伤员应将舌尖牵出固定于胸前，采取俯侧卧位。

2. 清理呼吸道

窒息伤员应清理呼吸道，结合体外心脏按压，行口对口人工呼吸。

（十）保护好事故现场

尽力保护好事故现场，设立救护区标志，对事故现场伤情进行评估，伤员评估分类并标记。

四、灾害现场急救与卫生应急处置关键技术应用

灾害伤与成批伤患者的早期复苏和有序、有效的救治可大大降低灾害对人的伤害以及死亡率和伤残率[59]。一旦灾害降临，为了达到最大的救灾效果，应调动现有的一切手段，采用合理而灵便的救灾措施和设备。研究灾害现场急救与卫生应急处置的关键技术，是摆在医务工作者面前的重大课题。

（一）建立应急快捷急救绿色通道是降低灾害伤与成批伤患者死亡率和伤残率的中心环节

救治灾害伤与成批伤患者需迅速成立各级指挥部，指定责任明确的各级指挥员[60]。灾害伤往往是来得突然，伤害的人群大，造成的损害重，在最短的时间内形成一条应急快捷急救绿色通道有利于挽救患者生命[61-63]。这不仅需要医疗单位和医务工作者的快速应急响应，还须有消防、公安、武警尤其是政府职能部门的快速应急响应。一切工作都必须服从救命，包括医疗队快速到达现场及时展开工作、道路和通讯畅通的保障、急救物资的快速整合等。

（二）灾害事故现场应急救援的有效组织指挥是救援有序有效的保证

灾害现场是混乱的而危险的地方，未经训练或没有受到安全监控者不应冒险进入。在

这一秩序混乱的状况下，恢复秩序的目标是抢救生命，降低或消除危险，最终消除混乱。消防与救援紧急服务，警察和救护车服务应在各自的组织和行业的范围内工作。灾害现场管理的最佳状态，是所有紧急服务部门在统一协调现场救援指挥部的指挥下，紧张有序地做好各自的救援工作，如此才能达到最佳的救援效果。现场医疗救援总指挥应该亲临一线现场，靠前指挥，减少中间环节，以提高决策效率、加快抢救进程。此外，平时应对各级指挥员进行突发群体事件现场救援组织指挥培训，提高他们的组织指挥能力和事故现场应变能力，真正做到有备无患。

（三）灾害事故现场患者伤情快捷评估与分类是灾害伤有效救援的前提

1. 灾害事故现场的伤情评估

一般来说，灾害可分成几个不同的阶段，而每一阶段都应有特殊的处理方法。按时间的先后可分为5期：（1）灾后数秒到数分钟，对患者进行最早的紧急处理，初步确定灾害的损伤程度。（2）灾后数分钟到1h，对灾害现场作出详细估计，组织救灾、进行复苏救治。（3）灾后4～6h，进行决定性的伤口处理和血管外科处理，以保存肢体和组织并预防并发症。（4）灾后1～5d，精心处理危重患者，密切观察病情变化，根据病情发展及时处理早期并发症。（5）灾后2～7d及以后，查明灾害引起的公共卫生问题。

院前救援主要前3期的处理，其目的是使医务人员到达现场能迅速明确患者应优先处理、次先处理、延期处理还是进行针对濒死伤员的处理，使有限的医疗资源发挥最佳的紧急救护效能。

2. 灾害伤与成批伤患者分类和处理原则[64,65]

（1）Ⅰ类患者：危重伤，需立即抢救，用红色标志带；包括严重头部伤，大出血，昏迷，各类休克，开放性或多发性骨折，严重挤压伤，内脏损伤，大面积烧伤（30%以上），窒息性气胸、颈、上颌和面部伤，严重烟雾吸入（窒息）等。实践经验证明，休克、窒息、大出血和重要脏器损伤是伤员早期死亡的主要原因，要尽一切努力确保此类伤患得到优先抢救，待伤情稳定后优先由救护车送至相应医院。（2）Ⅱ类患者：中重伤，允许暂缓抢救，用黄色标志带；包括非窒息性胸腔创伤、长骨闭合性骨折、小面积烧伤（30%以下）、无昏迷或休克的头颅和软组织伤等。（3）Ⅲ类患者：轻伤，用绿色标志带。（4）Ⅳ类患者：致命伤（死亡），用黑色标志带，按规定程序对死者进行处理。在空难中幸存而又未受伤的人员，由于已经在瞬间受到生与死的考验，通常其中一部分人员受到精神刺激，对这些人可不加标记，但也要注意监护，给予妥当安置。

3. 医疗救援队分组协作，各司其职

（1）检伤分类组：主要负责对伤员进行检伤分类。（2）危重患者救治组：主要负责Ⅰ类伤员的救护。（3）患者后送组：负责Ⅱ类患者的后送工作。（4）诊治组：负责Ⅲ类伤员的救护。（5）善后组：负责Ⅳ类患者的善后工作和其他后勤保障联络工作。在检伤分类基础上，陆续到达现场参加抢救工作的医务人员按照“先救命、后治病、先重后轻、先急后缓”的原则，立即救治红色标志患者，优先救治黄色标志患者，然后治疗绿色标志患者，危重症患者必须在进行必要的现场处置后再转送医院。其他现场医疗队到达现场后服从“现场

指挥医疗队”的指挥，首先处理危重症患者，然后将现场处理后的患者转送到医院救治，在起点至医院的路上将患者情况立即向“120”指挥中心报告，直接（或由“120”指挥中心）通知医院做好接收患者和再次出车的准备。及时将现场信息反馈给市急救医疗指挥部，待市急救医疗指挥中心或市卫生局领导到达后，“现场指挥医疗队”的医师向其报告患者情况并移交指挥权。医疗卫生救援现场指挥所的职责是：组织医疗卫生救援队伍赴现场开展紧急救援工作；根据救援需要，调集后续救援力量；确定收治伤病人员的医疗机构，安排重症患者的转送；做好现场信息收集，保证通信畅通，及时上报现场医疗卫生救援情况；协调相关部门做好医疗卫生救援保障工作。

4. 应急医疗队进入灾害现场，面对成批伤患者时要及时实行分区救援

根据现场救援需要将医疗救援区分为5个区，分别由指定救援小组负责相应处理[66]。(1) 初检分类区：主要进行检伤分类，一般可在灾害现场进行。(2) 危重症患者处理区：插红色彩旗显示，主要救治Ⅰ类患者。(3) 伤员后送区：插黄色彩旗显示，主要为Ⅱ类患者后送等待转运和救护车待命的地点。(4) 诊治接收区：插绿色彩旗显示，主要对Ⅲ类患者进行诊治。(5) 临时停尸站：插黑色旗显示，为Ⅳ类患者善后地点。

（四）现场组成联合救险组及专家支援平台十分重要

突发群体事件的原因是多种多样的，并不仅仅限于疾病，因此，“120”院前急救医师有时无法单独完成现场救援任务，此时各部门专家应该组成联合救援组（如根据不同情况可组成公安人员、消防人员、化学专家与急救医师的救援组），共同进入事故现场。这样可以互利互乘，即保障自己安全，又提高救援效率。另外，专家的知识、经验和智慧往往能够在突发群体事件现场救援中发挥非常重要的作用。因此，在特殊情况导致的突发群体事件的现场救援中，120院前急救部门应及时求助于相关部门专家（如气象专家、消防专家、传染病专家、相关化学品专家、放射性物质伤害专家等），充分利用和发挥专家的智慧、专长和作用。专家预案应提前制定：建立专家库，其内容和对象应囊括所有与突发群体事件相关重要领域的一流专家；提前与他们建立某种形式的关系，明确其责任和义务；保持和更新他们的联系方式和通讯方法，以便事件发生后能够及时得到这些智囊的帮助。

（五）灾害伤与成批伤伤员的现场急救新技术新疗法的应用

1.“流动便携式ICU”急救车

在“流动便携式ICU”急救车上增加了救命性的手术功能及可移动的自动心肺复苏系统功能，将救命性的处理等延伸到事故现场[67]，即使在城市交通阻塞的情况下，危重症患者也能在车上得到有效的救治。在多次突发性群体性事故中均发挥了重要的作用，可明显降低灾害伤与成批伤患者的死亡率及伤残率[68]。

2.“信息化、网络化、整体化现场救治”新模式

信息化、网络化、整体化，环环相扣、无缝隙连接的现场救治新模式，能整体提高地方政府应对突发事件的医学救援能力，大大缩短患者获得确定性治疗的时间，确保突发事件意外情况下群体伤员的安全。如：对于灾害伤与成批伤患者现场急救来讲，创建安全有效的绿色抢救通道十分重要；广泛利用先进交通工具，使救治过程信息化、网络化以达到

迅速救援；流动便携式ICU病房能将救命性处理延伸到事故现场，降低危重症患者的死亡率及伤残率，为灾害事故中伤员现场救治提供新模式和新理论；ZX120急救信息预告急诊室无线联网终端系统，可以覆盖农村基层，真正实现院前院内急救的无缝衔接，使得急诊绿色通道更加畅通，患者得到更加快速、有效地救治，做到了信息化、网络化救治。在院内采用急诊医学系统、损伤控制外科治疗和整体监护治疗等对危重病伤员进行整体化治疗，该整体化治疗模式将急救、手术、ICU融合为一体，从接诊危重症患者即开始急救，同时予以监护和术前准备，快速进行有效复苏和检查，立即进行确定性手术，全程进行ICU监护治疗。特重症伤员的全部救治过程均在急救部完成，这是一种快速、高效、新颖的现场急救模式。

3. 便携式乡村医师急救包、急救箱

根据农村可能出现的各种危及生命的意外伤害，为其现场急救研制的“便携式乡村医师急救包”采用防水拉链和防水迷彩布制作，重4kg，内部有多个分袋；分别装有急救器材和药品。药品用药盒固定，有标签。背带质量承受能力可靠，接口牢固。水中漂浮30min，内部无明显渗漏水。包内配备了50类药品及20套器材，基本能满足急救应急的需要。本包有机动性强、速度快等优点，在草原、沙漠、复杂地形条件下都可实施救护。这对农村危重伤伤员实施快速医疗救护十分有利。

4. 便携式瞬锋急救切割器

其应用价值在“4·20”雅安大地震大批伤员检伤验伤救治中得到了实际验证，并获国家实用专利（ZL 2011 2 0198164·1）和国家医疗器械注册证，在救治灾害伤与成批伤患者时可发挥重要作用。

5. 柴黄参祛毒固本新药

临床研究证实[69,70]，该专利中药组合方剂（ZL 2011 1 067186·8）有表里双解、气血同治、清热解毒、扶正固本的双向调节作用，具有较强的抗菌、抗病毒等作用，还具有较好的脏器保护作用，能够缩短灾害伤与成批伤患者的抗生素使用时间及痊愈病程。

6. 维生素 B_6 联用丰诺安新疗法[71,72]

在综合治疗基础上采用该新疗法救治灾害伤与成批伤患者效果明显，是一种简便、实用、经济、有效的国内外具有独创性及唯一性的治疗方案[73,74]，并已获国家授权发明专利（ZL 2010 1 0248451·9）。其具体实施方案[75]：（1）重症灾害伤与成批伤患者：丰诺安500mL，静脉滴注，1次/d；0.9%氯化钠注射液250mL＋维生素 B_6 5g＋维生素C 2g，静脉滴注，2次/d；连续使用直至病情控制。（2）中度灾害伤与成批伤患者：丰诺安500mL，静脉滴注，1次/d；0.9%氯化钠注射液250mL＋维生素 B_6 5g＋维生素C 2g，静脉滴注，1次/d；连续使用直至病情控制。（3）轻度灾害伤与成批伤患者：丰诺安500mL，静脉滴注，1次/d；0.9%氯化钠注射液250mL＋维生素 B_6 3g＋维生素C 2g，静脉滴注，1次/d；连续使用直至病情控制。

轻中重度在急诊室以损伤严重程度评分（injury severity score，ISS）进行评估：9～15分为轻度患者，16～25分为中度患者，＞26分为重度患者。入院后进行APACHE评分。

五、结语

本专家共识的制定是基于目前对“灾害事故现场急救与卫生应急处置”的理解并参考与现有循证医学证据及国内外有关文献完成的。而实际现场救治环境和临床治疗方法均比较复杂，遵循专家共识能够改善灾害事故现场危重和批量伤员的救治效果。但需要注意的是，本专家共识不能完全覆盖患者所有的临床情况，在具体临床实践中需因病施治和因地（环境条件）施治，根据医师经验进行现场急救、诊断和治疗。

参考文献

1 武秀昆．有关突发公共事件的预警问题［J］．中国医院管理，2010，30（2）：9-10.

2 黄志强．应重视医院对灾难和突发事件应对机制的研究［J］．中华危重病急救医学，2003，15（6）：324-325.

3 Mellon D. Evaluating evidence aid as a complex，multicomponent knowledge translation intervention［J］．J Evid Based Med，2015，8（1）：25-30.

4 Sarangi S，Zaidi T，Pal RK，et al. Effects of exposure of parents totoxic gases in Bhopal on the offspring［J］．Am J Indl Med，2010，53（8）：836-841.

5 郑长德．四川汶川特大地震受灾地区人口统计特征研究［J］．西南民族大学学报（人文社科版），2008，29（9）：21-28.

6 岳茂兴．应加强对未来灾难现场抢救的方法研究［J］．中华危重病急救医学，2004，16（10）：577-578.

7 Carr BG，Caplan JM，Pryor JP，et al. A meta- ananlysis of prehospital care times for trauma［J］．Prehosp Emerg Care，2006，10（2）：198-206.

8 Fuse A，Yokota H. Lessons learned from the Japan earthquake and tsunami，2011［J］．J Nippon Med Sch，2012，79（4）：312-315.

9 何忠杰．创伤急救的新概念—白金10分钟［J］．解放军医学杂志，2004，29（11）：1009-1010.

10 Emami MJ，Tavakoli AR，Alemzadeh H，et al. Strategies in evaluation and management of Bam earthquake victims［J］．Prehosp Disater Med，2005，20（5）：327-330.

11 秦银河．关于建立我国灾难医疗系统的设想［J］．中华危重病急救医学，2003，15（5）：259-261.

12 陈冀胜．突发性化学毒性灾害的处理［J/CD］．中华卫生应急电子杂志，2015，1（2）：86-88.

13 孙妍．灾难医学中的伦理问题［J］．中华现代护理杂志，2013，48（34）：4308-4309.

14 庞西磊，黄崇福，张英菊．自然灾害动态风险评估的一种基本模式［J］．灾害学，2016，31（1）：1-6.

15 吴系科．重视自然灾害的流行病学问题［J］．中华流行病学杂志，2010，31（10）：1083-1085.

16 祁国明．灾害事故医疗卫生救援指南［M］．北京：华夏出版社，2003：167-256.

17 肖和平．1975年辽宁海城地震预报之回顾［J］．城市防震减灾，2000（3）：15-16.

18 岳茂兴．灾害医学的定义及其主要研究方向［J］．世界急危重病医学杂志，2006，3（5）：1476-1479.

19 国务院．突发公共卫生事件应急条例［M］．北京：中国方正出版社，2003：16-19.

20 鄢虎，冯雄，欧阳洪波，等．论以人为本的抢险救灾原则［J］．湖南科技学院学报，2010，31（10）：107-111.

21 鄢虎，伍霞．论我国抢险救灾的人本原则［J］．湖南安全与防灾，2010（11）：54.

22 岳茂兴，刘志国，蔺宏伟，等．灾害事故现场医学应急救援的主要特点及救护原则［J］．中国全科医学，2004，7（18）：1327-1329.

23 岳茂兴．爆炸复合伤的基本特点和初期急救原则及抢救程序［J］．中国急救医学，2002，22（3）：186-187.

24 余丽敏．我国紧急医疗救援指挥队伍建设的探讨［J］．岭南急诊医学杂志，2006，11（1）：49-50.

25 Macintyre AG，Barbera JA，Petinaux BP. Survival interval in earthquake entrapments：research findings reinforced during the 2010 Haiti earthquake response［J］. Disaster Med Public Health Prep，2011，5（1）：13-22.

26 赵金龙，熊光仲．浅谈我国医学救援模式与装备［J］．中国急救复苏与灾害医学杂志，2013，8（7）：641-643.

27 陈钰，鲁波．流行病学研究在我国自然灾害防治中的应用［J］．环境卫生学杂志，2016，6（2）：149-152.

28 岳茂兴．反化学恐怖医疗手册［M］．北京：清华大学出版社，2004：123-238.

29 岳茂兴．危险化学品事故急救［M］．北京：化学工业出版社，2005：167-256.

30 岳茂兴，彭瑞云，杨志焕，等．冲击伤复合液体火箭推进剂染毒大鼠的远期效应研究［J］．创伤外科杂志，2004，6（5）：364-366.

31 马玉娜．二硫化碳对大鼠 F _ 2 代的致畸作用及远期效应［J］．江苏预防医学，1998（4）：13-15.

32 罗红敏．一氧化碳中毒患者远期痴呆风险增加［J］．中华危重病急救医学，2016，28（10）：869-869.

33 邱泽武，彭晓波，王永安．危险化学品事故与中毒救治［J/CD］．中华卫生应急电子杂志，2015，1（6）：5-8.

34 廖浩磊，吴梓芳，孙志辉，等．面对突发性生物灾害所致心理休克期的群体应急对策［J/CD］．中华卫生应急电子杂志，2015，1（2）：135-137.

35 张勇，曲方．海湾战争综合征研究进展［J］．解放军预防医学杂志，2010，28（3）：227-229.

36 蔡芸．动物芥子气全身吸收中毒防治药物及综合治疗方案研究［D］．上海：第二军医大学，2005.

37 岳茂兴，李建忠，陈英，等．四氧化二氮对小鼠骨髓细胞姐妹染色单体互换频率变化的影响［J］．中华航空航天医学杂志，2005，16（3）：168-170.

38 岳茂兴，彭瑞云，王正国，等．飞船推进剂四氧化二氮中毒损伤的研究［J］．航天医学与医学工程，2004，17（2）：117-120.

39 吴敏．严重多发创伤患者急救 护理［J］．医学信息，2014，27（4）：249.

40 岳茂兴．灾害事故现场急救［M］．2 版．北京：化学工业出版社，2013：5-8.

41 岳茂兴．灾害事故现场急救［M］．2 版．北京：化学工业出版社，2013：57-63.

42 唐岩，沈红梅，刘迎霞，等．自然灾害（地震）后心理救援模式研究［J］．心理医生，2016，22（18）：15-17.

43 钟贵陵，顾双虎，宋启哲，等．“11·13”雅溪自然灾害心理救援的做法［J］．东南国防医药，2016，18（1）：107-108.

44 杨燕，韦国永，黄永偶．2004-2014 年创伤后应激障碍文献的内容分析［J］．中国心理卫生杂志，2016，30（9）：689-693.

45 王一镗．现代临床急诊医学［M］．北京：中国医药科技出版社，2002：566-582.

46 岳茂兴．窒息性气体中毒的机制及特点和现场急救原则［J］．中国全科医学，2003，6（2）：150-152.

47 岳茂兴．危险化学品事故的特点及紧急救治对策［J］．解放军医学杂志，2005，30（2）：171-172.

48 袁庆华．危险化学品安全卫生基础知识［M］．北京：中国工人出版社，2003：217.

49 张丽娜，陆娟，王英，等．窒息性混合气体中毒合并重症吸入性肺炎患者的急救与护理［J］．解放军护理杂志，2014，31（14）：40-41.

50 史志澄．急性窒息性气体中毒［J］．工业卫生与职业病，2001，27（4）：243-247.

51 岳茂兴．氮氧化物中毒损伤的临床救治研究与进展［J］．中华急诊医学杂志，2001，10（4）：222-223.

52 岳茂兴，杨鹤鸣．山莨菪碱联用地塞米松对四氧化二氮爆炸致冲毒复合伤大鼠血气的影响［J］．中华航空航天 医 学 杂志，2001，12（1）：35-39.

53 夏锡仪，郑琦涵，岳茂兴．大剂量地塞米松联合山莨菪碱治疗急性氯气中毒伴化学性肺损伤 526 例［J］．中华危重病急救医学，2012，24（11）：689.

54 岳茂兴，李成林，杨鹤鸣，等．山莨菪碱联用地塞米松治疗多器官功能障碍综合征机制的研究［J］．中华危重病急救医学，2000，12（6）：341-343.

55 岳茂兴，夏亚东，黄韶清，等．氮氧化物致急性化学中毒性肺水肿的临床救治研究［J］．中国急救医学，2001，21（3）：142-144.

56 岳茂兴，魏荣贵，马华松，等．氮氧化物致急性化学中毒性肺水肿 19 例的临床救治［J］．中华航空航天医学杂志，2001，12（2）：115-116.

57 夏锡仪，岳茂兴，李瑛．严重急性化学性肺水肿 37 例临床救治分析［J］．中国全科医学，2010，13（29）：3343-3345.

58 中国研究型医院学会卫生应急学专业委员会．危险化学品爆炸伤现场卫生应急处置专家共识（2016）［J/CD］．中华卫生应急电子杂志，2016，2（3）：148-156.

59 岳茂兴，周培根，李奇林，等．灾害伤与成批伤伤员的现场救治策略、原则以及关键新技术、新方法应用［J/CD］．中华损伤与修复杂志电子版，2014，9（3）：7-10.

60 赵炜．急救医疗服务体系在突发灾害中的紧急救援作用［J］．中国急救医学，2003，23（5）：314-315.

61 杨兴易，林兆奋，赵良，等．关于加强二三级医院急诊绿色通道建设的指导意见［J］．中国急救医学，2003，23（5）：333.

62 沈君华，陈建荣，朱保锋，等．急性气体中毒救治查询软件的开发及临床应用［J/CD］．中华卫生应急电子杂志，2015，1（5 ）：367-369.

63 冒海春，沈君华，陈建荣．提升医院应急能力，实施高效科学救援［J/CD］．中华卫生应急电子杂志，2015，1（5）：372-374.

64 Sasser SM，Hunt RC，Faul M，et al. Guidelines for field triage of injured patients：recommendations of the National Expert Panel on Field Triage，2011［J］．MMWR Recomm Rep，2012，61（RP-1）1-20.

65 Newgard CD，Rudser K，Hedges JR，et al. A critical assessment of the out- of- hospital trauma triage guidelines for physiologic abnormality [J]. J Trauma，2010，68（2）：452-462.

66 刘久成，施巍，邱泽武，等．化学性事故医学应急救援探讨 [J]．中国急救复苏与灾害医学杂志，2014，9（12）：1079-1082.

67 岳茂兴，夏锡仪，何东，等．流动便携式重症监护病房急救车的研制及其在灾害事故急救中的应用 [J]．中华危重病急救医学，2009，21（10）：624-625.

68 岳茂兴，邹德威，张坚，等．流动便携式重症监护治疗病房的创建 [J]．中华危重病急救医学，2004，16（10）：589-591.

69 岳茂兴，姜玉峰，周培根，等．柴黄参祛毒固本冲剂治疗腹部外科脓毒症的临床研究 [J/CD]．中华卫生应急电子杂志，2015，1（3）：45-47.

70 岳茂兴，李瑛，卞晓星，等．柴黄参祛毒固本冲剂治疗严重化学性肺损伤 89 例临床研究 [J]．中国中西医结合急救杂志，2013，20（3）：159-161.

71 楚鹰，刘政，郑旭文，等．20AA 复方氨基酸联用大剂量维生素 B_6 新疗法治疗创伤凝血障碍的实验研究 [J/CD]．中华卫生应急电子杂志，2015，1（2）：88-89.

72 万红贵，岳茂兴，夏锡仪，等．L-鸟氨酸复方氨基酸制剂联用大剂量维生素 B_6 抢救大出血濒死伤员的机制研究 [M/CD]．中华卫生应急，2013：9-11.

73 岳茂兴，夏锡仪，李瑛，等．丰诺安联用大剂量 B_6 新疗法救治严重创伤后凝血病大出血患者的临床研究 [J]．中华危重病急救医学杂志，2013，25（5）：310.

74 岳茂兴，周培根，梁华平，等．创伤性凝血功能障碍的早期诊断和 20AA 复方氨基酸联用大剂量 B_6 新疗法应用 [J/CD]．中华卫生应急电子杂志，2015，1（1）：4-7.

75 中国研究型医院学会卫生应急学专业委员会，中国中西医结合学会灾害医学专业委员会．急性创伤性凝血功能障碍与凝血病诊断和卫生应急处理专家共识（2016）[J/CD]．中华卫生应急电子杂志，2016，2（4）：197-203.

附录三

批量复合伤伤员卫生应急救援处置原则与抢救程序专家共识（2018）❶

中国研究型医院学会卫生应急学专业委员会
中国中西医结合学会灾害医学专业委员会
江苏省中西医结合学会灾害医学专业委员会

当今世界，重大突发事故、恐怖事件、自杀式恐怖袭击、特种意外伤害、局部战争等天灾人祸的发生日益频繁，已威胁到人类生存[1-3]。批量复合伤时有发生，而批量复合伤具有杀伤强度大，作用时间长，伤亡种类复杂，群体伤员多，救治难度大等特点，在平时及战时均可发生[4]。在运载火箭、导弹和航天飞行器的研制、试验和使用过程中，燃料泄漏、中毒乃至爆炸等事故屡见不鲜[5]；导弹、榴弹、炸弹、燃料空气弹（FAE）、联合攻击弹药（JDAM）、集束弹、石墨弹、贫铀弹、油气弹的应用，激光武器、微波武器、次声武器、气象武器、电磁子脉冲弹、新的核化生武器、两元毒剂弹、中子弹等的出现，使得批量复合伤的现场急救具有更大的危险性和复杂性[6-7]；同时，在一些化工厂、爆竹工厂、地下矿井、炸药爆竹等的意外事故中也可遇到类似的批量复合伤，自杀式恐怖袭击造成的损伤大部分也是批量复合伤[8-9]。为此，中国研究型医院学会卫生应急学专业委员会、中国中西医结合学会灾害医学专业委员会、江苏省中西医结合学会灾害医学专业委员会联合制定了本专家共识，以规范和指导卫生应急工作者、灾害救援工作者及医护人员在批量复合伤发生时能够正确紧急处置，为抢救赢得时间，以救治更多批量复合伤危重病患者的生命。

一、批量复合伤的流行病学

1. 平时意外事故致伤主要见于化工厂[10-12]、军工厂、爆竹工厂、弹药库和地下矿井等爆炸事故致冲烧毒复合伤[3]。

2. 恐怖活动自杀式恐怖爆炸。

---

❶ 引自《中华卫生应急电子杂志》2018 年 2 月第 4 卷第 1 期。

3. 航空、航天意外运载火箭、导弹和航天飞行器研制、试验和使用过程中发生意外爆炸[13]。

4. 军事活动导弹、FAE、JDAM 等爆炸性武器的爆炸致伤。高能投射物击中飞机、舰艇、潜艇、装甲车和密闭工事时致伤。

5. 试验意外武器发射时的爆炸致伤等。

二、批量复合伤的致伤特点[14,15]

1. 伤势重，并发症多，病（伤）死率较高

严重批量复合伤伤员常死于致伤现场，即使部分伤员能渡过早期的休克等难关，往往会死于后期的严重并发症。导致复合伤并发症多、伤死率高的原因有[16]：(1) 休克加重。当机体机械性创伤复合烧伤时，体液丧失比单纯烧伤或创伤要增加 1～2 倍，可进一步加重机体的休克程度。(2) 感染途径多样化。开放创伤、复合烧伤的感染不仅来自创面，而且也可来自肠道。肠源性感染不仅诊断十分困难，病（伤）死率也极高。(3) 局部与全身抵抗力极度低下等。

2. 致伤因素多，伤情复杂

批量复合伤的致伤效应是两种或两种以上致伤因素作用的相互加强或扩增效应的结合，因此，病理生理紊乱常较多发伤和多部位伤更加严重而复杂。它不仅损伤范围广，涉及多个部位和多个脏器，而且全身和局部反应较强烈、持久，休克发生率高。病理生理学变化更为复杂。伤后早期死亡的主要原因是窒息、严重脑干伤和大出血休克等，后期多因严重感染、ARDS 及 MOF 等[17]。

3. 伤亡人群扩大化

批量复合伤的破坏作用和地面杀伤力异常巨大，人员伤亡比一般伤类时呈扩大趋势。

4. 杀伤强度大，作用时间长[18-20]

批量复合伤的早期并发症凶险，晚期并发症增多；杀伤面积大，损伤部位多，造成多部位伤的比例增加；随着休克、出血、昏迷等并发症和冲击伤、多部位伤、烧伤的增多，重伤的比例也相应增加。所致的伤情、伤部、伤势变化给救治工作带来的核心问题是难以诊断，难以把握救治时机，从而对救治工作提出了更高要求。

5. 容易漏诊误诊

极易造成漏诊误诊的原因可能有：(1) 病史收集困难。大多数病情危重，无法主诉，不易得完整的病史资料，对有些深在的和隐蔽的症状和体征易被忽视，特别是甚至遗漏对重要脏器损伤的诊断。(2) 空腔脏器伤在早期缺乏典型的临床症状，难以诊断。(3) 缺乏对复合伤、火器伤的创伤弹道学知识。对远离伤道和远离部位损伤的组织缺乏认识等。(4) 很可能内伤和外伤同时存在，出现了没有伤口、伤道的损伤，而其损伤大多为致命性及易被忽视，往往成为该类患者最终致死的原因。(5) 由于临床表现复杂，受累脏器多等，早期仅注意了显而易见的体表烧伤和弹片伤，而对部分伤员同时复合的肺、听器与脑部等冲击伤未能及时发现等。

6. 伤亡种类复杂

在战场中，由于武器的多样化，如导弹、榴弹、炸弹、FAE、JDAM、集束弹、油气弹的使用以及新的核化生武器、两元毒剂弹、中子弹的出现造成伤亡种类复杂，造成的大量新伤类、新伤型，对人体的伤害也十分复杂。所致的伤害最常见的是冲烧毒复合伤、火器伤、炸弹等武器引起的二次伤、放射损伤和化学损伤、感染性损伤以及流行性疾病等。

7. 内伤和外伤同时存在

过去对“伤型”的定义为伤口和伤道的类型，现在出现了没有伤口、伤道的损伤，从而也提出了“外伤”的概念与战伤外科的范围问题，其基本内涵是外伤和内伤同时存在，其伤型的确立应包括内伤范围，伤型也应该是一个包含内伤和外伤的综合概念。

8. 治疗困难和矛盾

批量复合伤治疗中最大的难题是难以处理好由于不同致伤因素带来的治疗困难和矛盾。就冲烧复合伤而言，烧伤的病理生理特点是迅速发生的体液损失，致有效循环血容量下降而发生休克。因此，在烧伤的早期，迅速补液是防治休克的重要原则与措施之一。但在合并胸部冲击伤时，病理改变为肺泡破裂、肺泡内出血、肺水肿以及肺气肿等，治疗原则上输液要特别慎重。因此，如何处理好治疗烧伤的迅速输液与治疗肺冲击伤慎重输液诸如此类的矛盾是治疗的关键。原则上首先应区别复合伤是以烧伤为主还是以冲击伤为主，即使在严重的烧冲复合伤，除抢救生命外，输液原则上应少输、慢输，补充的液体最好和丢失的液体成分相似。

三、批量复合伤的临床表现[21-23]

批量复合伤致伤因素多，伤情伤类复杂，因此临床表现也呈多种多样，可以是 3 种致伤因素的综合表现，也可以出现以某种致伤因素为主辅以其他 2 种致伤因素的表现，其主要临床表现如下。

1. 症状和体征

主要的症状和体征有一般情况差，咳嗽频繁，呼吸困难甚至呼吸窘迫，每分钟可达 35～40 次以上，心动过速，每分钟可达 125 次以上，发绀、口鼻流血性泡沫样液体，胸痛、胸闷、恶心、呕吐、头痛、眩晕、软弱无力等。伴有偏二甲基肼中毒时，神经系统改变明显，除上述症状和体征外，还可出现肌肉颤动和肢体抽搐、牙关紧密、屏息、突眼、共济失调、瞳孔散大、意识不清甚至昏迷等。胸部听诊时双肺呼吸音低，满布干性和湿性啰音，伴支气管痉挛时可闻及喘鸣音。伴有创伤和烧伤性休克时，可见低血容量休克的临床表现。冲击伤有胃肠道损伤时可见便血，有肾和膀胱损伤时可有血尿，有肝脾和胃肠道破裂时则有腹膜刺激症状。

2. 实验室检查

(1) 血常规：通常有白细胞总数升高，中性粒细胞百分数升高。如复合伤时有红细胞、白细胞和血小板全血细胞减少，伴有体温下降，则预示伤情严重，预后不良。(2) X 线胸片：可见肺纹理增粗，片状或云雾状阴影；胃肠道破裂时可见膈下有游离气体。(3) 心电

图：可见心动过速、低电压、sT＿T 下降甚至 T 波倒置。（4）呼吸功能[24]：血气分析可见 PaO_2，明显下降，其他尚有肺顺应性降低和阻塞性通气功能障碍等改变。（5）血液高铁血红蛋白检查：氮氧化物中毒时，可见血液中高铁血红蛋白浓度有不同程度的升高，当含量达 15%以上时，临床上便可出现发绀。（6）血液酶学检查：氮氧化物中毒时，可见谷胱甘肽过氧化物酶、谷胱甘肽还原酶和葡萄糖 6—磷酸脱氢酶等活性升高，且与吸入的氮氧化物浓度呈依赖关系。冲击波引起心肌挫伤时，可见 sGOT、LDH、cPK-MB 升高，而肝破裂时可见 sc 明和 sGOT 升高。（7）其他辅助检查：B 超、CT 可显示冲击波引起的肝、脾、肾破裂的改变，并可对损伤程度进行分型。

根据以上所述的临床症状和体征及相关的实验室检查，结合爆炸事故发生的原因，即可明确批量复合伤的诊断。

四、批量复合伤的致伤机制[25]

批量复合伤的致伤机制十分复杂，至今尚不完全清楚，有待进一步研究阐明。其损伤机制推测可能与热力、冲击波和有毒气体的直接作用及其所致的继发性损害有关。

1. 热力的致伤机制

爆炸起火可引起不同程度的皮肤烧伤，吸入高温的蒸气或烟雾可致呼吸道烧伤。由于热力的直接损害，使烧伤区及其周围的毛细血管受损，导致其通透性增高，血浆样液体从血管中渗出，从创面丧失或渗入组织间隙。由于大量液体渗出，有效循环血量锐减，回心血量不足，血压下降，心输出量降低，使组织灌流不良，导致低血容量性休克。当吸入高温蒸气和烟雾时，可引起呼吸道烧伤，除气管和支气管损伤外，肺毛细血管通透性增高从而产生肺水肿，引起低氧血症、低碳酸血症、肺分流量增加和代谢性酸中毒。烧伤创面感染和肠源性感染是烧伤感染的主要原因，由于肠屏障功能破坏、肠道免疫功能降低和菌群生态失衡以及缺血再灌损伤，产生细菌和内毒素移位，由此诱发多种介质和细胞因子升高，如组织胺、5-羟色胺、激肽、血栓素、白三烯、氧自由基、肿瘤坏死因子（TNF）、白介素（IL-1）、白介素（IL-8）、血小板活化因子（PAF）等，进一步使血管内皮细胞和肺泡上皮细胞受损，导致脓毒症和多器官功能障碍，甚至可因多器官功能衰竭而死亡。

2. 冲击波的致伤机制

爆炸致特种燃料急剧膨胀所产生的冲击波可致人员冲击伤。冲击波超压和负压主要引起含气脏器如肺、胃肠道和听器损伤，动压可使人员产生位移或抛掷，引起肝、脾等实质脏器破裂出血、肢体骨折和颅脑脊柱等损伤。冲击波超压和负压的主要致伤机制如下：（1）内爆效应：当冲击波通过含有气泡或气腔的液体介质时，液体基本上不被压缩，而气体压缩却很大。冲击波通过后，受压缩的气体极度膨胀，好似许多小的爆炸源，其压力值可达 1×10^7 kPa，呈放射状向四周传播能量，从而使周围组织（如含空气的肺泡组织和胃肠道）发生损伤。（2）剥落（碎裂）效应：当压力波自较致密的组织传入较疏松的组织时，在两者的界面上会引起反射，致使较致密的组织因局部压力突然增高而发生损伤，如肺泡撕裂、出血和水肿，心内膜下出血、膀胱黏膜出血以及含气的胃肠道损伤均可由此种效应而引起。（3）惯性效应：致密度不同的组织，压力波传递的速度有所不同，在较疏松的组织中传递较快，在较致密的组织中传递较慢。由于这种惯性的差异，使得冲击波作用时，致密度不同的连接部分易出现分离现象，从而造成撕裂与出血，如肋间组织与肋骨连接部的出血，肠管与肠系膜连接部的出血。(4) 血流动力学效应：超压作用于体表后，一方面压迫腹壁，使腹腔内压增加，膈肌上顶，上腔静脉血突然涌入心、肺，使心肺血容量急剧增加；另一方面又压迫胸壁，使胸腔容积缩小，胸腔内压急剧上升。超压作用后，紧接着就是负压的作用，这时因减压的牵拉作用又使胸廓扩大。这样急剧的压缩与扩张，使胸腔内发生一系列血流动力学变化，从而造成心肺损伤。我们既往的研究表明，冲击波作用瞬间，心腔及肺血管内的压力可净增26.0～57.6kPa，最高达86.0kPa。显然，一些微血管经受不了这样急剧的压力变化而发生损伤。(5) 负压效应：有关冲击波负压在致伤中的作用过去很少注意。近期研究表明，在一定条件下，负压可造成严重的肺损伤，如广泛的肺出血、肺水肿等。在致伤参数中有压力下降速率、负压峰值和负压持续时间，其中负压峰值最为重要。作者实验室的研究表明，在－47.2～－84.0kPa条件下，大鼠可发生轻度至极重度肺损伤。胸部动力学响应测定和高速摄影结果提示肺组织撞击胸壁是冲击波负压引起肺损伤的主要机制。

3. 毒气中毒机制[26-28]

(1) 特种燃料泄漏或爆炸可产生多种氮氧化物，从而引起人员中毒。如四氧化二氮 (N_2O_4) 是目前国内外大型运载火箭和导弹应用的主要液体推进剂之一[29]，当它与偏二甲基肼 (UDMH) 发生意外爆炸时，可产生多种氮氧化物，包括：四氧化二氮 (N_2O_4)[30,31]、氧化亚氮 (N_2O)、一氧化氮 (NO)、二氧化氮 (NO_2)、五氧化二氮 (N_2O_5) 等，其混合气称为硝气，极易造成人员中毒[32-36]。氮氧化物的致伤机制主要有以下几方面。氮氧化物经呼吸道吸入中毒，损伤呼吸道，引起肺水肿[29,37]及化学损伤性肺炎：①经呼吸道吸入的氮氧化物因溶解慢，易深入呼吸道，气体溶解在饱和水蒸气或肺泡表面的液体中形成硝酸和亚硝酸，刺激并腐蚀肺泡上皮细胞和毛细血管壁，导致通透性增加，大量液体自细胞及血管外漏，产生肺水肺。②损伤肺Ⅱ型上皮细胞，使肺表面活性物质减少，诱发肺泡萎陷，肺泡压明显降低，致使与肺泡压抗衡的毛细血管静水压增高，液体由血管内大量外渗，产生肺水肿。③使细胞内环磷酸腺苷含量下降，降低了生物膜的功能，由此诱发脂质过氧化造成组织损伤。如上述致伤的环节不能被有效阻断，则可进一步发展成为ARDS，远期效应可有肺纤维化和阻塞性肺气肿。(2) 高铁血红蛋白血症：氮氧化物和硝酸通过各种途径进入体内，可使机体的血红蛋白变成高铁血红蛋白，形成高铁血红蛋白血症。当体内高铁血红蛋白含量达到15%以上时，即可出现紫绀，影响红细胞携氧功能，进一步加重机体的缺氧，诱发各种内脏并发症。(3) 降低机体对病毒和细菌的防御机制：长期吸入氮氧化物，可使支气管和细支气管上皮纤毛脱落，黏液分泌减少，肺泡吞噬细胞功能降低，由此使机体对病毒和细菌的抵抗力下降，呼吸道感染发生率明显增加。文献报道某种鼠科动物暴露到 NO_2 4～30ppm 4h，发现巨噬细胞和多形核中性粒细胞的吞噬反应均被抑制。人类的流行病学研究也表明，呼吸道感染发生率较高与室内外 NO_2 水平有关。

4. 其他损伤机制[38]

氮氧化物（如 NO_2）作为一种自由基，可攻击细胞膜的不饱和脂肪酸 (RH)，形成以碳为中心的自由基（R·）和氧为中心的自由基（ROO·），由此造成组织损伤[39]。NO_2及其产物是通过调节肺泡内皮细胞膜PLA_1配体结合，进而产生二酰甘油和激活蛋白激酶C在信号转导中发挥作用。也有报道人支气管上皮细胞暴露到NO_2，培养基中可见粒细胞/巨噬细胞集落刺激因子，TNF和IL-8升高，从而在NO_2所致的继发性损害中起作用。

五、批量复合伤初期急救处置原则[40,41]

批量复合伤的伤员初期的现场急救十分重要，医护人员迅速赶到现场进行有效的基础复合伤生命支持（BTLS）并把患者及时转运到技术条件相对较强的医院，这样可大大提高抢救成功率。因此要加强现场急救工作，广泛普及CPR现场抢救技术，提高全社会人民自救、互救的知识和能力。而通讯、运输、医疗是院前的三大要素，必须充分发挥各个因素的功能与作用。重视伤后“白金10min”与“黄金1h”抢救时间[42]，使伤员在尽可能短的时间内获得最确切的救治。应坚持科学的救治原则，对特重批量复合伤患者，需对两种以上致伤因素造成的多重损伤进行兼顾和并治[43-46]。

1. 救治必须遵循快抢快救、及时有效的原则[47,48]：在救治措施上必须前后继承、互相衔接，防止遗漏和避免不必要的重复。现场抢救是救治的起点，要充分运用战救五大技术（通气、止血、包扎、固定、搬运）和其他急救技术。优先抢救有生命危险的伤员，积极防治休克、解除窒息。紧急手术是抢救危重伤员生命、减少残废的重要措施，各级救治机构应完成救治范围规定的手术。尽早清创、防治感染，是促进伤口愈合、减少并发症的重要手段[49]。一切开放性创伤都是污染的，要及时给予抗感染药物，清创，注射破伤风类毒素或抗毒血清。防治创伤并发症是救治的重要环节。应密切观察，及时采取防治措施。

2. 心搏和呼吸骤停时，立即行心肺复苏术[50-53]。

3. 对连枷胸患者，立即予以加压包扎：放性气胸应用大块敷料密封胸壁创口，张力性气胸用针排气[54]；

4. 准确判断伤情：不但应迅速明确损伤累及部位，还应确定其损伤是否直接危及患者的生命，需优先处理。其救治顺序一般为心胸部外伤-腹部外伤-颅脑损伤-四肢、脊柱损伤等。妥善应用有效的诊断技术，如行心包穿刺可明确诊断心脏压塞；行胸腔穿刺引流术可确诊血胸、气胸；腹腔穿刺或腹腔灌洗对腹内脏器损伤者诊断的准确率可高达95%。

5. 控制外出血：遇有因肢体大血管撕裂要上止血带，但要定时放松。

6. 开放骨折用无菌敷料包扎：闭合骨折用夹板或就地取材进行制动。

7. 适量给予止痛、镇静剂：有颅脑伤或呼吸功能不良者，禁用吗啡、杜冷丁。

8. 要了解伤因和暴力情况：要了解受伤时间，受伤时伤员的体位、姿势，神志等，为今后的医疗提供第一手资料。

9. 迅速抗休克抗中毒治疗及纠正脑疝，抗休克的重要措施为迅速建立两条以上静脉通道，进行扩容、输血及足够的氧气吸入，应在积极抗休克的同时果断手术，剖胸或剖腹探查以紧急控制来势凶猛的部位伤。早期降颅压纠正脑疝的主要措施仍为20%甘露醇快速静脉滴注，同时加用利尿剂。早期大剂量地塞米松及人体白蛋白应用可减轻脑水肿，但需积极术前准备尽快手术清除颅内血肿、挫裂伤灶或施行各种减压手术才是抢救重型颅脑损伤和脑疝的根本措施[55]。但在颅脑损伤合并出血性休克时就会出现治疗上的矛盾，应遵循：先抗休克治疗，后用脱水剂；使用全血、血浆、低分子右旋糖酐等胶体溶液，既可扩容纠正休克，又不至于加重脑水肿。

10. 迅速而安全地使伤员离开现场：搬运过程中，要保持呼吸道通畅和确当的体位，昏迷患者转运时，采伤侧卧位，对吸氧、输液、人工控制呼吸和体外心脏按压等要保持持续性。避免再度受伤和继发性损伤。

六、现场伤情、伤员分类和设立救护区标志[56-58]

1. 重视伤员分类及伤票的填写[59,60]

这样可以减少抢救的盲目性，节省时间，较准确地按伤情分别进行有组织的救治，快速进入“绿色生命安全通道”，有利于最大限度地发挥有限医护人员的作用，把救护力量投入到最需要救治的伤员身上。

2. 伤员分类的等级和处理原则

（1）Ⅰ类：危重伤，需立即抢救，伤票下缘用红色标示；包括严重头部伤，大出血，昏迷，各类休克，开放性或哆开性骨折，严重挤压伤，内脏损伤，大面积烧伤（30%以上），窒息性气胸、颈、上颌和面部伤，严重烟雾吸入（窒息）等。实践经验证明，休克、窒息、大出血和重要脏器损伤是伤员早期死亡的主要原因。要尽一切努力确保工类伤得到优先抢救，待伤情稳定后优先由救护车送至相应医院。（2）Ⅱ类：中重伤，允许暂缓抢救，伤票下缘用黄色表示；包括非窒息性胸腔创伤、长骨闭合性骨折、小面积烧伤（30%以下）、无昏迷或休克的头颅和软组织伤等。（3）Ⅲ类：轻伤，伤票下缘用绿色标示。（4）0类：致命伤（死亡），伤票下缘用黑色表示，按规定程序对死者进行处理。在空难中幸存而又未受伤的人员中，他们已经受到瞬间生与死的考验，通常还有一部分人员精神受刺激，对这些人可不加标记，但也要注意监护，给予妥当安置。

3. 救护区标志的设置

用彩旗显示救护区的位置在混乱的现场意义及价值十分重要。其目的是便于担架从分类组抬出的伤员准确地送到相应的救护组，也便于转运伤员。（1）Ⅰ类伤救护区插红色彩旗显示。（2）Ⅱ类伤救护区插黄色彩旗显示。（3）Ⅲ类伤救护区插绿色彩旗显示。（4）0类伤救护区插黑色旗显示。

4. 简单分类

（1）一级优先：①首先判断通气如何，通畅呼吸道后若有呼吸。②若有呼吸，呼吸频率＞30次/分。③若呼吸频率＜30次/分，则看末梢循环灌注情况，毛细血管灌注＞2秒或无桡动脉搏动。④若呼吸频率＜30次/分，则看末梢循环灌注情况，毛细血管灌注＜2秒或有桡动脉搏动，则看伤员的意识状况，若不能完成简单的指令，均分类为紧急救治组，为一级优先。（2）二级优先：若能服从简单的指令则分类为可延迟救治组，为二级优先。（3）三级优先：所有能走到分类区的伤员分类为轻微伤。为三级优先。（4）四级优先：首先判断通气如何，若无，则通畅呼吸道，仍无呼吸则分类为濒死组为四级优先。

七、伤员转送

1. 后送要求

由于后送要求时间紧迫而短暂，所以伤员集中地点必须安排在急救站附近。对于医疗后送有以下要求：(1) 在及时施行医疗救护过程中，将伤员后送到各相关医疗机构。(2) 为提高医疗救护质量，应尽可能减少医疗转送的过程。(3) 将伤员迅速后送到进行确定性治疗的医疗机构中去[61]。

2. 后送工具包括

(1) 用担架、应急器材或救护车在现场抢救伤员后运送。(2) 卫生运输工具，如救护车、救护用飞机、直升机、卫生列车、医疗船等后送伤员，尤其是危重伤员。(3) 不得已时征用普通的运输工具转送伤员，尤其是轻伤员。在灾害事故中，不能单纯依赖伤员转送车辆，直升飞机是转送伤员最理想的运输工具之一。后送过程中，仍应积极地观察及救治伤员，并及时向后送医院通报伤员的病情等。

3. 掌握后送指征

下列情况之一的伤病员应该后送：(1) 后送途中没有生命危险者。(2) 手术后伤情已稳定者。(3) 应当实施的医疗处置已全部作完者。(4) 伤病情有变化已经处置者。(5) 骨折已固定确实者。(6) 体温在 38.5℃以下者。

4. 下列情况之一者暂缓后送

(1) 休克症状未纠正，病情不稳定者。(2) 颅脑伤疑有颅内高压，有发生脑疝可能者；颈髓损伤有呼吸功能障碍者。(3) 胸、腹部术后病情不稳定者。(4) 骨折固定不确定或未经妥善处理者。为了正确掌握后送指征，送出单位和后送医疗队均要把关，对不符合后送条件者不后送。

八、批量复合伤伤员入院后的抢救程序[62-65]

1. 应快速初步评定伤情，确定分类

重症患者入院后，应快速初步评定伤情，确定分类，组织专科抢救。首先保证生命安全，考虑减少伤残，并注意防治并发症。

2. 迅速抗休克抗中毒治疗及纠正脑疝

严重批量复合伤患者早期死亡的主要原因为休克、脑疝、重度烧伤、中毒、创伤后心脏停搏等，早期积极地抗休克抗中毒及纠正脑疝治疗是抢救成功的关键。抗休克的重要措施为迅速建立两条以上静脉通道，进行扩容、输血及足够的氧气吸入，应在积极抗休克的同时果断手术，剖胸或剖腹探查以紧急控制来势凶猛的部位伤。早期降颅压纠正脑疝的主要措施仍为 20％甘露醇快速静脉滴注，同时加用利尿剂。早期大剂量的地塞米松及人体白蛋白应用可减轻脑水肿，但需积极术前准备尽快手术清除颅内血肿、挫裂伤灶或施行各种减压手术才是抢救重型颅脑损伤、脑疝的根本措施。但在颅脑损伤合并出血性休克时就会出现治疗上的矛盾，应遵循：先抗休克治疗，后用脱水剂；使用全血、血浆、低分子右旋

糖酐等胶体溶液，既可扩容纠正休克，又不至于加重脑水肿。

3. 诊断要迅速、准确、全面

通常是边抢救，边检查和问病史，然后再抢救、再检查以减漏诊。诊断有疑问者在病情平稳时可借助一定的辅助检查（B超、X线、CT等）获得全面诊断。特别应注意：(1) 重型颅脑损伤患者是否合并休克、颈椎损伤。(2) 严重腹部挤压伤是否合并膈肌破裂。(3) 骨盆骨折注意有无盆腔或腹腔内脏器损伤。(4) 严重胸部外伤是否合并心脏伤。(5) 下胸部损伤注意有无肝脾破裂等。(6) 特别在烧冲复合伤或机械性创伤复合冲击伤时，机体冲击伤是最易被人们所忽略的。(7) 有无石棉、烟尘等及爆炸产生大量的氮氧化物的吸入中毒。

4. 合理选用麻醉

合理的麻醉是批量复合伤患者紧急手术救治中的重要环节。在实际抢救过程中要根据具体情况、个体差异掌握 (1) 颈椎损伤和术后需长期置管者可采用清醒经鼻插管，耐受性好且能有效防止返流发生。(2) 如选用静脉复合麻醉，需做好术中的监测，保证血流动力学及其他生理指标的稳定，同时注意早期防治可能发生的并发症。(3) 对合并颅脑伤者为避免挣扎引起颅内压升高宜行快速气管插管，但对估计插管困难者不合适，对此类患者经口插管失败者行喉镜明视、弯钳帮助下经鼻插管都很快完成。

5. 手术治疗的顺序

应遵循首先控制对生命威胁最大的创伤的原则来决定手术的先后。一般是按照紧急手术（心脏及大血管破裂）、急性手术（腹内脏器破裂、腹膜外血肿、开放骨折）和择期手术（四肢闭合骨折）的顺序，但如果同时都属急性时，先是颅脑手术，然后是胸腹盆腔脏器手术，最后为四肢、脊柱手术等。提倡急诊室内手术。对于严重批量复合伤患者来说时间就是生命，如心脏大血管损伤，手术越快越好，如再转送到病房手术室，许多患者将死在运送过程中。手术要求迅速有效，首先抢救生命，其次是保护功能。

6. 搞好各有关科室的组织协调工作

严重批量复合伤的救治需要各有关科室，各专业组，麻醉科、放射科等的大力配合，因此要搞好组织协作，树立抢救中的整体观念。另外，医院还应成立由外科各专业组、麻醉科等各相关科室组成的批量复合伤抢救组，以随时支援突发的大型紧急灾难性事故。

7. 术后积极预防治疗 ARDS 及 MOF

ARDS 及 MOF 是批量复合伤患者创伤后期死亡的主要原因。因此早期防治应注意如下问题[66,67]：(1) 迅速有效地抗休克治疗，改善组织低灌注状态，注意扩容中的晶胶比例，快速输液时注意肺功能检测，复合伤患者伴肺挫伤者尤为重要应尽快输入新鲜血。(2) 早期进行呼吸机机械通气，改善氧供给，防止肺部感染。采取呼气末正压通气（PEEP）是治疗ARDS的有效方法。(3) 注意尿量检测、保护肾脏功能，慎用对肾功能有损害的药物。(4) 注意胃肠功能监测，早期行胃肠内营养。(5) 在病情危重的特定情况下，联合采用短程大剂量山莨菪碱与地塞米松为主的冲击疗法，使复合伤患者安度手术关，去除致死性的病因，使病情得到逆转。(6) 及时手术治疗，手术力求简洁有效，既减少遗漏又要减少手术创伤。(7) 合理应用抗生素。(8) 积极促进机体的修复和愈合。(9) 做好后续治疗和康复治疗等。

九、批量复合伤成批伤员的现场急救新技术新疗法应用

1.“信息化、网络化、整体化现场救治”新模式

信息化、网络化、整体化，环环相扣、无缝隙连接的现场救治新模式，能整体提高批量复合伤的医学救援能力，大大缩短患者获得确定性治疗的时间，确保批量复合伤群体伤员的安全。对于批量复合伤成批伤患者现场急救来讲，创建安全有效的绿色抢救通道十分重要；广泛利用先进交通工具，使救治过程信息化、网络化以达到迅速救援；流动便携式ICU病房[68]能将救命性处理延伸到事故现场，降低危重症患者的死亡率及伤残率，为复合伤伤员现场救治提供新模式和新理论；ZX120急救信息预告急诊室无线联网终端系统，可以覆盖农村，真正实现院前院内急救的无缝衔接，使得急诊绿色通道更加畅通，患者得到更加快速和有效的救治，做到了信息化、网络化救治。在院内采用急诊医学系统、损伤控制外科治疗和整体监护治疗等对危重病伤员进行整体化治疗，该整体化治疗模式将急救、手术、ICU融为一体，从接诊危重症患者即开始急救，同时予以监护和术前准备，快速进行有效复苏和检查，立即进行确定性手术，全程进行ICU监护治疗。特重症伤员的全部救治过程均在急救部完成，这是一种快速、高效、新颖的现场急救模式。

2.“流动便携式ICU”急救车[69]

在“流动便携式ICU”急救车上增加了救命性的手术功能及可移动的自动心肺复苏系统功能，将救命性的处理等延伸到事故现场，即使在城市交通阻塞的情况下，批量复合伤危重症伤员也能在车上得到有效的救治。可明显降低批量复合伤成批伤患者的死亡率及伤残率。

3.便携式乡村医师急救包、急救箱[70]

根据农村可能出现的各种危及生命的意外伤害，为其现场急救研制的“便携式乡村医师急救包”采用防水拉链和防水迷彩布制作，重4kg，内部有多个分袋；分别装有急救器材和药品。药品用药盒固定，有标签。背带质量承受能力可靠，接口牢固。水中漂浮30min，内部无明显渗漏水。包内配备了50类药品及20套器材，基本能满足急救应急的需要。本包有机动性强、速度快等优点，在草原、沙漠、复杂地形条件下都可实施救护。这对批量复合伤伤员实施快速医疗救护十分有利。

4.便携式瞬锋急救切割器

其应用价值在“4·20”雅安大地震大批伤员检伤验伤救治中得到了实际验证，并获国家实用新型专利（ZL 2011 2 0198164·1）和国家医疗器械注册证，在救治批量复合伤患者时可发挥重要作用[71,72]。

5.柴黄参祛毒固本新药

临床研究证实[73-75]，该专利中药组合方剂（ZL 2011 1 067186·8）有表里双解、气血同治、清热解毒、扶正固本的双向调节作用，具有较强的抗菌、抗病毒等作用，还具有较好的脏器保护作用，能够缩短批量复合伤成批伤患者的抗生素使用时间及痊愈病程。

6．维生素 B_6 联用丰诺安新疗法[76-78]

在综合治疗基础上采用该新疗法救治批量复合伤成批伤患者效果明显，是一种简便、实用、经济、有效的国内外具有独创性及唯一性的治疗方案[79,80]，并已获国家授权发明专利（ZL 2010 1 0248451·9）。其具体实施方案[81]：（1）重症批量复合伤患者：丰诺安500mL 静脉滴注，1次/d；0.9%氯化钠注射液 250mL＋维生素 B_6 5g＋维生素 C 2g 静脉滴注，2次/d；连续使用直至病情控制。（2）中度批量复合伤患者：丰诺安 500mL 静脉滴注，1次/d；0.9%氯化钠注射液 250mL＋维生素 B_6 5g＋维生素 C 2g 静脉滴注，1次/d；连续使用直至病情控制。（3）轻度批量复合伤患者：丰诺安 500mL 静脉滴注，1次/d；0.9%氯化钠注射液 250mL＋维生素 B_6 3g＋维生素 C 2g 静脉滴注，1次/d；连续使用直至病情控制。

轻中重度在急诊室以损伤严重程度评分（injury severity score，ISS）进行评估：9～15分为轻度患者，16～25分为中度患者，≥26分为重度患者。入院后行急性生理和慢性健康评估（APACHE）评分。

十、大力开展批量复合伤急救策略的科学研究

深入探索批量复合伤的致伤因素、发生规律和损伤特点[82]，从基础开始对此问题进行科学、系统的研究，进一步对爆炸损伤进行追踪研究，建立有关伤型的动物模型，研讨致伤机制，研究特效药物，提出急救措施和方案，并加强有关伤病的救治技术的训练，研究确立并熟练掌握各类损伤及损伤并发症的分类、诊断标准、急救方案，科学安排各类伤员的急救次序，以便及时正确地采用有效的救治措施，不断提高批量复合伤的急救水平[83-87]。

十一、综合治疗至关重要

批量复合伤在临床上病情发展迅猛，救治极为困难，死亡率极高，所以综合治疗是至关重要的，包括心肺复苏、抗泡剂应用、超声雾化吸入、抗过敏或碱性中和剂的应用、消除高铁血红蛋白血症、适当的体位、高流量吸氧、保证组织细胞供氧、维护重要脏器功能、纠正电解质紊乱、酸碱失衡等，积极促进机体的修复和愈合等[88,89]。

十二、结语

本专家共识的制定是基于目前对“批量复合伤初期急救处置原则与抢救程序专家共识”的理解并参考与现有的循证医学证据及国内外有关文献完成的。而批量复合伤伤员的临床救治十分复杂，遵循专家共识能够改善批量复合伤伤员的救治效果。但需要注意的是，本专家共识不能完全覆盖患者所有的临床情况，在具体临床实践中需因病施治和因地（环境条件）施治，根据医师经验进行诊断和治疗。

参 考 文 献

1 任继勤，穆咏雪．危化品事故的统计分析与管理启示［J］．化工管理，2015（16）：28-31.

2 岳茂兴．危险化学品事故急救［M］．北京：化学工业出版社，2005：251-323.

3 岳茂兴．反化学恐怖医疗手册［M］．北京：清华大学出版社，2004：3-23.

4 岳茂兴．灾害医学的定义及其主要研究方向［J］．世界急危重病医学杂志，2006，3（5）：1476-1479.

5 蒋俭．火箭推进剂突发事故与应急处理［J］．卫生毒理学杂志，1997，11（1）：11-13.

6 岳茂兴．反化学恐怖医疗手册［M］．北京：清华大学出版社，2004：123-238.

7 岳茂兴．危险化学品事故急救［M］．北京：化学工业出版社，2005：167-256.

8 袁庆华．危险化学品安全卫生基础知识［M］．北京：中国工人出版社，2003：217.

9 邱泽武，彭晓波，王永安．危险化学品事故与中毒救治［J/CD］．中华卫生应急电子杂志，2015，1（6）：5-8.

10 沈亚萍，李瑛，岳茂兴．急性双光气中毒58例临床分析［J］．岭南急诊医学杂志，2010，15（6）：479-480.

11 岳茂兴，夏锡仪，李瑛，等．1336例突发性群体性氯气中毒患者的临床救治［M/CD］．中华卫生应急，2012：15-18.

12 岳茂兴．氯气中毒医疗卫生救援院前急救［J］．中华急诊医学杂志，2008，17（2）：224.

13 黄洁夫．现代外科学．北京：人民军医出版社，2003：286-298.

14 岳茂兴．危险化学品事故的特点及紧急救治对策研究［J］．解放军医学杂志，2005，30（2）：171-172.

15 岳茂兴．爆炸致冲烧毒复合伤的特点及其紧急救治［J］．中华急诊医学杂志，2007，16（6）：670-672.

16 中华医学会．临床技术操作规范．急诊医学分册［M］．北京：人民军医出版社，2010：1-174.

17 张连春，岳茂兴，李学彪．严重多发伤合并消化道破裂伤48例的救治体会［J］．人民军医，1997，40（1）24-25.

18 岳茂兴．冲击伤复合液体火箭推进剂染毒大鼠的远期效应研究［J］．航天医学与医学工程杂志，2004，6（5）.

19 马玉娜．二硫化碳对大鼠F _ 2代的致畸作用及远期效应［J］．江苏预防医学，1998（4）：13-15.

20 Sarangi S，Zaidi T，Pal RK，et al. Effects of exposure of parents totoxic gases in Bhopal on the off-spring［J］．Am J Ind Med，2010，53（8）：836-841.

21 岳茂兴，张坚，刘志国，等．化学物质爆炸致化学和冲击复合伤的损伤特点及紧急救治［J］．中华急诊医学杂志，2004，13（8）：515-517.

22 王一镗，岳茂兴．复合伤．实用临床急诊医学［M］．南京：南京科技出版社，1999：1169-1325.

23 岳茂兴．导弹和火箭推进剂爆炸致复合伤的致伤特点和紧急救治研究［J］．解放军医学杂志［J］．2002，D72（急救医学专刊）：233.

24 岳茂兴，彭瑞云，王德文，等．冲击复合伤大鼠对血气变化及病理形态学的影响和c-fos蛋白基因表达的研究［J］．中华急诊医学杂志，2003，12（9）：591-593.

25 岳茂兴．中西医结合治疗导弹和火箭推进剂爆炸致冲毒复合伤的基础和临床救治研究［J］．解放军医学杂志，2002，H7（急救医学专刊）：236.

26 岳茂兴，彭瑞云，杨志焕，等．冲击伤复合液体火箭推进剂染毒大鼠的远期效应研究［J］．创伤外科杂志，2004，6（5）：364-366.

27 蔡芸．动物芥子气全身吸收中毒防治药物及综合治疗方案研究［D］．上海：第二军医大学，2005.

28 史志澄．急性窒息性气体中毒［J］．工业卫生与职业病，2001，27（4）：243-247.
29 夏锡仪，岳茂兴，李瑛．严重急性化学性肺水肿37例临床救治分析［J］．中国全科医学，2010，13（29）：3343-3345
30 夏锡仪，郑琦涵，岳茂兴．大剂量地塞米松联合山莨菪碱治疗急性氯气中毒伴化学性肺损伤526例［J］．中华危重病急救医学，2012，24（11）：689.
31 岳茂兴，彭瑞云，王正国，等．飞船推进剂四氧化二氮中毒损伤的研究［J］．航天医学与医学工程，2004，17（2）：117-120.
32 岳茂兴，蔺宏伟，李建忠，等．人参二醇对四氧化二氮染毒鼠1-抗胰蛋白酶水平的影响［J］．中国急救医学杂志，2003，23（9）：598-600.
33 岳茂兴，杨鹤鸣，张建中，等．四氧化二氮爆炸致冲毒复合伤对家兔血流动力学及病理形态学的影响［J］．中华急诊医学杂志，2001，10（2）：104-107.
34 岳茂兴，李建忠，陈英，等．四氧化二氮对小鼠骨髓细胞姐妹染色单体互换频率变化的影响［J］．中华航空航天医学杂志，2005，16（3）：168-170.
35 罗红敏．一氧化碳中毒患者远期痴呆风险增加［J］．中华危重病急救医学，2016，28（10）：869-869.
36 岳茂兴，夏亚东，黄韶清，等．氮氧化物急性中毒致严重迟发性急性化学性肺水肿的特点和救治对策［J］．中华危重病急救医学杂志，2002，14（12）：757-758.
37 Mowry JB，Spyker DA，Cantilena LR，et al. 2013 Annual Report of the American Association of Poison Control Centers' National Poison Data System（NPDS）：31st Annual Report［J］. Clin Toxicol（Phila），2014，52（10）：1032-1283.
38 岳茂兴，夏亚东，黄韶清，等．氮氧化物致急性化学中毒性肺水肿的临床救治研究［J］．中国急救医学杂志，2001，21（3）：142.
39 岳茂兴．氮氧化物中毒损伤的临床救治研究与进展［J］．中华急诊医学杂志，2001，10（4）：222-223.
40 李奇林，蔡学全，岳茂兴，等．现代灾害伤院外急救进展［M］．北京：军事医学科学院出版社，2004：23-60.
41 中国红十字总会．中国红十字总会救护师资培训教材［M］．北京：社会科技文献出版社，2003：130-141.
42 何忠杰．创伤急救的新概念—白金10分钟［J］．解放军医学杂志，2004，29（11）：1009-1010.
43 岳茂兴．灾害事故伤情评估及救护［M］．北京：化学工业出版社，2009：38-78.
44 岳茂兴．危险化学品爆炸致冲烧毒复合伤急救［J］．中华灾害救援医学，2015，3（11）：601-606.
45 岳茂兴．特种燃料爆炸致复合伤的急救［J］．中华急诊医学杂志，2000，9（2）：126-128.
46 陈冀胜．反化学恐怖对策与技术［M］．北京：科学出版社，2005：164-199.
47 吴敏．严重多发创伤患者急救护理［J］．医学信息，2014，27（4）：249.
48 岳茂兴．灾害事故现场急救［M］．2版．北京：化学工业出版社，2013：5-8.
49 徐荣祥．烧伤治疗大全［M］．北京：中国科学技术出版社，2009：68-89.
50 冯庚．心肺复苏时的电击除颤要点（上）［J/CD］．中华卫生应急电子杂志，2015，1（3）：226-227.
51 冯庚．心肺复苏时的电击除颤要点（下）［J/CD］．中华卫生应急电子杂志，2015，1（4）：

298-300.

52 中国研究型医院学会心肺复苏学专业委员会.2016 中国心肺复苏专家共识［J/CD］. 中华卫生应急电子杂志，2017，3（1）：12-36.

53 汪宏伟，沙鑫，张思森，等. 院前心肺复苏人工循环和通气方法的研究进展［J/CD］. 中华卫生应急电子杂志，2017，3（2）：113-117.

54 岳茂兴，魏荣贵，马华松，等. 爆炸伤 101 例的救治［J］. 中华急诊医学杂志，2003，12（3）：194-195.

55 岳茂兴，杨鹤鸣. 山莨菪碱联用地塞米松对四氧化二氮爆炸致冲毒复合伤大鼠血气的影响［J］. 中华航空航天医学杂志，2001，12（1）：35-39.

56 中国研究型医院学会卫生应急学专业委员会. 危险化学品爆炸伤现场卫生应急处置专家共识（2016）［J/CD］. 中华卫生应急电子杂志，2016，2（3）：148-156.

57 岳茂兴，周培根，李奇林，等. 灾害伤与成批伤伤员的现场救治策略、原则以及关键新技术、新方法应用［J/CD］. 中华损伤与修复杂志电子版，2014，9（3）：7-10.

58 赵炜. 急救医疗服务体系在突发灾害中的紧急救援作用［J］. 中国急救医学，2003，23（5）：314-315.

59 Sasser SM，Hunt RC，Faul M，et al. Guidelines for field triage of injured patients：recommendations of the National Expert Panel on Field Triage，2011［J］. MMWR Recomm Rep，2012，61（RP-1）：1-20.

60 Newgard CD，Rudser K，Hedges JR，et al. A critical assessment of the out- of- hospital trauma triage guidelines for physiologic abnormality［J］. J Trauma，2010，68（2）：452-462.

61 姚元章，丁茂乾. 灾难应急救援转运新策略［J/CD］. 中华卫生应急电子杂志，2016，2（1）：10-13.

62 岳茂兴，刘志国，蔺宏伟，等. 灾害事故现场医学应急救援的主要特点及救护原则［J］. 中国全科医学，2004，7（18）：1327-1329.

63 岳茂兴. 爆炸复合伤的基本特点和初期急救原则及抢救程序［J］. 中国急救医学，2002，22（3）：186-187.

64 Harold PD，De Souza AS，Louchart P，et al. Development of a risk-based prioritisation methodology to inform public health emergency planning and preparedness in case of accidental spill at sea of hazardous and noxious substances（HNS）［J］. Environ Int，2014，72：157-163.

65 Rebera AP，Rafalowski C. On the spot ethical decision-making in CBRN（chemical，biological，radiological or nuclear event）response：approaches to on the spot ethical decision-making for first responders to large-scale chemical incidents［J］. Sci Eng Ethics，2014，20（3）：735-752.

66 张丽娜，陆娟，王英，等. 窒息性混合气体中毒合并重症吸入性肺炎患者的急救与护理［J］. 解放军护理杂志，2014，31（14）：40-41.

67 岳茂兴，魏荣贵，马华松，等. 氮氧化物致急性化学中毒性肺水肿 19 例的临床救治［J］. 中华航空航天医学杂志，2001，12（2）：115-116.

68 岳茂兴，夏锡仪，何东，等. 流动便携式重症监护病房急救车的研制及其在灾害事故急救中的应用［J］. 中华危重病急救医学，2009，21（10）：624-625.

69 岳茂兴，邹德威，张坚，等. 流动便携式重症监护治疗病房的创建［J］. 中华危重病急救医学，2004，16（10）：589-591.

70 岳茂兴，夏锡仪，李瑛，等."便携式乡村医师急救包"的研制及应用［M/CD］. 中华卫生应急，

2012：54-55.

71 岳茂兴，李瑛，卞晓星，等．在突发事故及创伤急救中应用便携式“瞬锋急救切割器”的经验体会［J/CD］．中华卫生应急电子杂志，2015，1（1）：38.

72 岳茂兴，李瑛，卞晓星，等．便携式“瞬锋急救切割器”在突发事故及创伤急救中的临床应用［M/CD］．中华卫生应急，2013：13-14.

73 岳茂兴，姜玉峰，周培根，等．柴黄参祛毒固本冲剂治疗腹部外科脓毒症的临床研究［J/CD］．中华卫生应急电子杂志，2015，1（3）：45-47.

74 岳茂兴，李瑛，卞晓星，等．柴黄参祛毒固本冲剂治疗严重化学性肺损伤 89 例临床研究［J］．中国中西医结合急救杂志，2013，20（3）：159-161.

75 姜玉峰，岳茂兴．解毒固本冲剂对大鼠肿瘤坏死因子-α 和白介素-2 及病理形态学改变的影响［J］．中国中西医结合急救杂志，2000，7（1）：51-53.

76 楚鹰，刘政，郑旭文，等．20AA 复方氨基酸联用大剂量维生素 B_6 新疗法治疗创伤凝血障碍的实验研究［J］．中华卫生应急电子杂志，2015，1（2）：88-89.

77 万红贵，岳茂兴，夏锡仪，等．L-鸟氨酸复方氨基酸制剂联用大剂量维生素 B_6 抢救大出血濒死伤员的机制研究［M/CD］．中华卫生应急，2013：9-11.

78 岳茂兴，李建中，李瑛，等．复合氨基酸联用维生素 B_6 救治四氧化二氮吸入中毒小鼠的实验研究［J］．中华卫生应急电子杂志，2015，1（1）：23-25.

79 岳茂兴，周培根，梁华平，等．创伤性凝血功能障碍的早期诊断和 20AA 复方氨基酸联用大剂量 B_6 新疗法应用［J］．中华卫生应急电子杂志，2015，1（1）：4-7.

80 岳茂兴，夏锡仪，李瑛，等．丰诺安联用大剂量 B_6 新疗法救治严重创伤后凝血病大出血患者的临床研究［J］．中华危重病急救医学杂志，2013，25（5）：310.

81 中国研究型医院学会卫生应急学专业委员会，中国中西医结合学会灾害医学专业委员会．急性创伤性凝血功能障碍与凝血病诊断和卫生应急处理专家共识（2016）［J/CD］．中华卫生应急电子杂志，2016，2（4）：197-203.

82 刘久成，施巍，邱泽武，等．化学性事故医学应急救援探讨［J］．中国急救复苏与灾害医学杂志，2014，9（12）：1079-1082.

83 郑静晨，彭碧波．灾害救援医学［M］．北京：中国科学技术出版社，2014：474-478.

84 秦银河．关于建立我国灾难医疗系统的设想［J］．中华危重病急救医学，2003，15（5）：259-261.

85 武秀昆．有关突发公共事件的预警问题［J］．中国医院管理，2010，30（2）：9-10.

86 黄志强．应重视医院对灾难和突发事件应对机制的研究［J］．中华危重病急救医学，2003，15（6）：324-325.

87 岳茂兴．应加强对未来灾难现场抢救的方法研究［J］．中华危重病急救医学，2004，16（10）：577-578.

88 陈冀胜．突发性化学毒性灾害的处理［J/CD］．中华卫生应急电子杂志，2015，1（2）：86-88.

89 祁国明．灾害事故医疗卫生救援指南［M］．北京：华夏出版社，2003：167-256.

附录四

维生素 B_6 联用丰诺安新疗法治疗急性创伤性凝血病专家共识（2019）❶

中国研究型医院学会卫生应急学专业委员会
中国中西医结合学会灾害医学专业委员会
中国研究型医院学会危重医学专业委员会
江苏省中西医结合学会灾害医学专业委员会
重庆市中西医结合学会灾害医学专业委员会

创伤已成为危害国民健康的最主要问题之一，其病死率已跃居疾病死亡谱第三位，仅次于肿瘤和心脑血管疾病[1]。全球每年因创伤死亡的患者人数达 580 万左右，预测到 2020 年将超过 800 万[2]。据世界卫生组织（World Health Organization，WHO）统计，全球死亡人数中约 10%和致残人数中约 16%是由创伤所致，创伤也是全球 40 岁以下人群的首要死因[1]。大出血是创伤患者入院后早期死亡的首要原因，创伤大出血继发的“死亡三联征”——低体温、酸中毒、凝血病，可相互促进，使病情进行性恶化最终导致死亡[3-5]。在创伤早期和医疗干预前，创伤患者就可能出现急性创伤性凝血功能障碍（acute traumatic coagulopathy，ATC），而创伤性凝血病（trauma-induced coagulopathy，TIC）是在严重创伤或大手术打击下，机体出现以凝血障碍为主要表现的多元性的凝血障碍疾病。目前，也有现代理论认为 TIC 是以纤溶亢进为特征的一种特殊形式的弥散性血管内凝血（disseminated intravascular coagulation，DIC）。ATC 和 TIC 实际上是疾病在病程动态变化过程中的两个不同严重程度的状态[6]，二者都可能诱发难治性出血或渗血，增加创伤后大出血的发生率。约 1/4～1/3 的创伤患者在进行液体复苏之前就伴发了凝血功能障碍，病死率是未发生凝血功能障碍患者的 4～6 倍[7]。Brohi 等[8]对英国皇家伦敦医院收治的 1088 例创伤患者进行统计调查，发现其中的 24.4%的患者在入院时就存在凝血功能障碍，且其病死率较未发生凝血功能障碍的患者升高了 4 倍（46.0%比 10.9%）。MacLeod 等[9]在美国迈阿密 Ryder 创伤中心进行的调查研究发现，28%（2994/10790）的患者在到达创伤室时就发生

---

❶ 引自《中华卫生应急电子杂志》2019 年 8 月第 5 卷第 4 期。

了凝血酶原时间（prothrombin time，PT）异常，活化部分凝血酶原时间（activated partial thromboplastin time，APTT）异常的发生率也有约8%（826/10453）。入院时PT异常是患者院内死亡的独立危险因素。目前，ATC与TIC的病死率仍居高不下，为了降低其病死率，需对严重创伤患者在入院的第一时间就予以特别的关注，警惕是否合并有ATC和TIC的发生发展，并及时进行预治。同时，针对这一世界性治疗难题进行进一步基础研究也是尤为重要的[10]。

创伤后出血与凝血功能障碍欧洲临床实践指南于2019年发布最新更新[11]，该指南最初版发表于2007年[12]，并于2010年[13]、2013年[14]、2016年[15]分别进行了更新，此版本即为该指南的第五版，是欧洲“STOP the Bleeding Campaign”的一部分。欧洲在2013年发起了“STOP the Bleeding Campaign”国际倡议，旨在降低创伤性损伤后出血相关发病率和病死率[16]。过去的3年，全球发表了大量研究以深化ATC/TIC病理生理学的理解，填补关于创伤治疗策略的机制和功效的空白。同时提供基于个体的目标导向治疗以改善严重创伤患者结局，这些新的信息已整合到当前版本的指南中[17]。但目前ATC和TIC仍是世界性治疗难题。在综合治疗的基础上应用“维生素B_6联用丰诺安”新疗法可为挽救ATC/TIC患者，赢得关键性的综合治疗时间，大大降低患者病死率。为使广大一线急救人员充分了解并正确、有效应用该创新疗法，专家组经讨论制定此指南以规范和指导临床。

一、ATC和TIC的发病机制与早期诊断[10,18]

ATC/TIC的发生发展涉及多系统、多因素，主要取决于凝血、抗凝、纤溶机制的相互调控。组织损伤、休克、酸中毒、血液稀释、低体温和炎性反应是启动ATC/TIC的6个关键因素[10]。

（一）ATC的诊断标准

实验室标准（符合其中一项）：(1) PT>18s。(2) APTT>60s。(3) 凝血酶时间（thrombin time，TT）>15s。(4) 凝血酶原时间比值（prothrombin time ratio，PTr）>1.2。

（二）TIC的诊断标准

实验室标准（符合其中一项）：（1）PT>18s。（2）APTT>60s。（3）TT>15s。（4）PTr>1.6。（5）有活动性出血或潜在出血，需要血液制品或者替代治疗。

（三）应用血栓弹力图（thromboelastography，TEG）测定

TEG是一项可以快速、准确监测血小板聚集功能的技术[19,20]，可对凝血全过程进行动态检测，现已成为当今围术期监测凝血功能的最重要指标，同时也是世界上先进国家进行血制品管理的重要工具[21-23]。通过TEG测定能够更早期诊断ATC。

二、ATC和TIC的救治[10]

（一）实施创伤现场急救新理念、新模式、新装备、新疗法的卫生应急处理措施

1. 践行“快速反应、立体救护、有效救治”和“医疗与伤病员同在”的创伤现场急救

新理念可帮助尽可能缩短急救反应时间，提高施救效率，降低救援物资和人力的消耗。

2.“信息化、网络化、整体化、环环相扣、无缝隙连接”的创伤现场救治新模式保障新理念的实施，并有利于实现科学化、智能化、自动化、可视化、立体化的快速移动救援医疗，可在更大程度上缩短创伤患者获得确定性治疗的时间，提高现场抢救的成功率。

3. 创伤现场急救新装备的应用确保“新理念”“新模式”的转化落实：如，拥有实施救命性手术和可移动自动心肺复苏功能的“流动便携式 ICU”急救车可将关键性救治处置延伸至事故现场，大大降低危重创伤患者死亡率及伤残率；无人机卫生应急救援可对交通中断、处于孤岛或者航海中船上创伤事故伤员实施空中支援，具有智能、可视、立体、搜索、安全、便携、可控等优点，可以空投所需药品与器械，协助处置伤情；AutopulseTM MODEL100 型自动心肺复苏系统、腹部提压心肺复苏仪等能在抢救心跳呼吸骤停患者中取得良好效果，同时降低医疗资源消耗，提高大批量伤员抢救的效率；便携式“瞬锋急救切割器”能在极短时间内切割伤员衣物，轻便快速、省力省时，为大批量伤员的检伤验伤争取宝贵时间，有利于降低 ATC/TIC 发生率；高速公路急救箱（包）及各种便携式急救包（箱）的充分配备能为危重患者的现场紧急快速救护提供有力支持。

（二）综合治疗措施[10]

1. 迅速控制出血和防止进一步出血

（1）对创伤大出血患者须迅速控制出血：填塞、外科手术和局部止血措施等；对于濒临衰竭状态的严重大出血患者可以采取更极端的办法（如主动脉钳夹控制出血等）。（2）应尽量缩短需要紧急外科手术止血患者受伤至接受手术的时间，严重者直接送至合适的创伤中心。术前存在生命威胁的开放性四肢外伤大出血患者推荐使用止血带以减轻后续的病程进展，改善预后。（3）对于有失血性休克的骨盆环破坏者，立即采取骨盆环关闭和稳定的措施；对于稳定骨盆环后持续血流动力学不稳定者，推荐早期实施腹膜外填塞、动脉造影栓塞或外科手术控制出血。（4）应遵循“首先控制对生命威胁最大的创伤”原则决定手术的先后顺序，按照紧急手术（心脏及大血管破裂）、急性（诊）手术（腹内脏器破裂、腹膜外血肿、开放骨折）和择期手术（四肢闭合骨折）的顺序进行手术治疗。若多项待行手术同属急性手术时应首先评估对生命影响最大的损伤，并实施手术，一般按颅脑手术—胸、腹、盆腔脏器手术—四肢、脊柱手术等进行。（5）提倡急诊室内手术，要求迅速有效，优先抢救生命，其次保护功能。（6）对于合并重度失血性休克、有持续出血和凝血病征象的严重创伤患者，需实施损伤控制外科（DCS）。其他需要实施 DCS 的情况还包括严重凝血病、低体温、酸中毒、难以处理的解剖损伤、操作耗时长、同时合并腹部以外的严重创伤。对于血流动力学稳定且不存在上述情况的患者，则实施确定性外科手术。（7）及时呼吸支持，必要时机械通气，且通常采用正常的通气量；当出现脑疝迹象时，建议使用过度通气。（8）对于实质脏器损伤伴有静脉出血或中等程度的动脉出血患者，需联合使用局部止血药、其他外科方法或填塞法等，迅速控制出血，以减少血液的丢失，改善预后。

2. 诊断和监测出血

应根据患者的生理指标、损伤的解剖类型、损伤机制以及患者对初始复苏的反应综合评估患者出血的程度：(1) 明确出血部位和在四肢或可以部位出血的失血性休克患者，应立即采取控制出血的措施。(2) 未明确出血部位的不需要紧急控制出血的患者，应立即进一步评估。(3) 对怀疑有躯干部损伤的患者行创伤重点超声评估（focused assessment with sonography in trauma，FAST）以明确有无体腔游离液体，或早期进行全身增强 CT 以发现潜在出血源、明确损伤类型。并对存在明显腹腔积液且血流动力学不稳定者采取紧急干预措施。(4) 将低的初始血红蛋白水平视为与凝血病相关的严重出血的指标。为排除初始正常范围的血红蛋白掩盖出血，推荐重复检测血红蛋白作为出血的实验室指标。(5) 将血清乳酸和/或碱缺失作为评估、监测出血和休克程度的敏感指标。(6) 常规评估创伤后的凝血功能障碍，包括早期、重复和联合检测 PT、APTT、国际标准化比值（international normalized ratio，INR)、纤维蛋白原（fibrinogen，Fib）和血小板（platelet，PLT)。(7) 使用血栓弹力图帮助明确凝血障碍的特征和指导止血治疗：鉴于严重创伤患者发生 ATC、TIC 的时间均在创伤早期，因此急诊外科医师必须对严重创伤患者提高警惕，尤其是对有严重创伤［损伤严重度评分（injury severity score，ISS）＞16 分］或严重颅脑损伤［格拉斯哥昏迷评分（Glasgow coma scale，GCS）＜8 分］的患者，入院后立即行黏弹性止血试验，以利于快速诊断正在发生的凝血功能障碍，减少失血、逆转已存在的凝血功能障碍。(8) 推荐对服用或可疑服用抗凝药物的患者进行实验室筛查。

3. 早期复苏、组织氧合、液体容量和体温管理

(1) 创伤出血患者合并低血压时应进行液体复苏。首选晶体液，宜使用氯离子浓度接近生理水平的平衡电解质溶液、乳酸林格液，避免使用高氯的等渗盐水（等渗盐水，最大使用量推荐 1～1.5L）引起高氯性酸中毒；胶体，如羟乙基淀粉和右旋糖酐也与凝血病的发展有关，如必须应用，应限制其剂量。在创伤大出血早期可以使用高渗溶液，但效果并不优于晶体液或胶体液；对于血流动力学不稳定的躯干穿透伤患者则可使用高渗液体，因其有利于维持患者血管内液体容量，减少渗出。(2) 对于没有颅脑损伤的患者，早期复苏阶段推荐允许性低血压策略：在严重出血控制之前，可将收缩压维持在 80～90mmHg（平均动脉压 50～60mmHg，1mmHg＝0.133kPa)。对于合并严重颅脑损伤（GCS≤8 分）的失血性休克患者，应维持平均动脉压≥80mmHg 以保证脑灌注[24,25]。(3) 允许性低血压复苏是一种延迟的或限制性的液体复苏[47,48]，应持续到出血控制，根本目的是在这一时期内保证终末器官的血流灌注，改善组织器官的微循环，减轻器官功能损伤。(4) 如患者存在危及生命的低血压，除液体复苏还可使用血管活性药物来维持目标血压，首选去甲肾上腺素；合并心功能不全者推荐使用正性肌力药。(5) 早期宜采取措施减少热量丢失，对低体温的患者进行复温，以达到并维持正常的体温；对于合并颅脑损伤的患者，一旦其他部位的出血得到控制，可使用 33～35℃的低温治疗并维持＞48h 以减少脑氧耗，减轻脑损害。(6) 大出血患者输血的目标血红蛋白仍为 70～90g/L。

4. 出血和凝血功能障碍的处理

对于严重创伤患者应尽早检测并采取措施维持凝血功能，具体实施措施可参考《急性创伤性凝血功能障碍与凝血病诊断和卫生应急处理专家共识（2016)》[10]：(1) 有活动性出血或存在大出血风险者尽早使用氨甲环酸。(2) 适当补充钙剂。(3) 早期应用血浆

（新鲜冰冻血浆或病原体灭活的血浆）或纤维蛋白原。（4）根据血栓弹力图提示选择性输注纤维蛋白原或冷沉淀。（5）血小板的应用。（6）基因重组的活化Ⅶ因子（rFⅦa）的应用和注意事项。（7）逆转抗血栓药物的应用。（8）注意合并用药患者的治疗手段选择。（9）警惕后期血液高凝状态，防治血栓形成。（10）预防脓毒症的发生。

（三）在综合治疗的基础上，采用“维生素 B_6 联用丰诺安新疗法”挽救治疗 ATC/TIC 患者

对于出血或存在大出血风险的患者，尽早使用“维生素 B_6 联用丰诺安（20AA 复方氨基酸）”新疗法能快速恢复机体与肝内酶代谢，促使凝血因子的生成和内源性凝血途径的迅速恢复，达到逐步止血的疗效，为严重创伤所致的 ATC/TIC 患者赢得关键性综合治疗的时间。

1. 新疗法的由来

首席专家岳茂兴教授总结近 50 年来多次参加突发事故（批量严重创伤伤员、爆炸致冲烧毒复合伤伤员、危化品事故伤员、有毒气体泄漏事故伤员）紧急救治经验和在载人航天航天员的医疗保障与救护中针对宇航员在太空失重状态下可能发生的健康问题所进行的预防、治疗与研究工作体会，同时结合数十载的特种医学研究与临床工作经验、研究成果，并广泛参考国内外有关资料，于 2008 年发明了“维生素 B_6 联用丰诺安（20AA 复方氨基酸注射液）新疗法”用以救治急危疑难重症患者，挽救了一批危重病患者的生命。该新疗法从 2009 年 7 月 7 日开始推广应用至外院。

患者男性，66 岁。因胆囊结石入院行胆囊切除术，术前凝血功能正常，术中操作顺利，对血管和胆囊床的处理满意。术后傍晚，患者呕吐后腹腔引流管中开始出现血性引流液，继而出现心跳加快、血压下降等，考虑发生腹腔内出血，于当晚再次手术。术中发现血管结扎线未脱落，胆囊床有出血点，周围组织水肿，考虑为呕吐后撕裂所致出血。遂将胆囊床仔细缝合、反复冲洗，观察半小时确认无出血后关腹。二次手术次日傍晚，腹腔引流量再次明显增加，仍呈血性，故拟行第三次手术止血。术中见腹腔内并无明显的出血点，仅肝脏、肝周组织及后腹腔水肿明显，局部组织弥漫性渗血，但经压迫、缝合和电凝等常规外科止血手段处理均无效，大量应用止血药物（血小板、凝血酶原复合物、冷沉淀、血浆）等内科止血手段后出血略有减少，但仍有持续性渗血。急请岳茂兴教授星夜前往会诊，患者在接受“维生素 B_6 联用丰诺安（20AA 复方氨基酸注射液）”新疗法［5%葡萄糖注射液 250mL＋维生素 B_6 5g＋维生素 C 2g 及丰诺安（20AA 复方氨基酸注射液），静脉滴注］30min 后，肝脏和周围的水肿有所消退，腹腔出血也有所减少；1h 后出血进一步减少。至此，第三次手术关腹。术后患者顺利康复出院。1 周后，另 1 例心脏手术后患者也出现渗血不止现象，维生素 B_6 又一次发挥了神奇的作用。从此，团队开启了“维生素 B_6 联用丰诺安新疗法”治疗 ATC/TIC 的临床与机制研究。该项目于 2013 年被第三军医大学国家重点实验室列为开放基金项目（SKLKF201322），同时也是常州市应用基础研究计划项目（CJ20140001）、常州市武进区科技支撑计划社会发展项目（WS201410）和中国中西医结合学会灾害医学专业委员会 2014 年度灾害医学科技计划项目（中西会灾害医学发【2014】ZH 第 03 号）。项目相关成果已获美国（US 8，952，040 B2）、欧盟（EP10855546.7）及国家授权

发明专利（ZL20101 0248451.9）。团队继续在临床开展应用，在综合治疗的基础上采用“维生素 B_6 联用丰诺安新疗法”救治创伤性凝血病取得了比较好的效果[26-31]。

2. 新疗法的作用机制

(1) 维生素 B_6 的功能

维生素 B_6 又名吡哆素，包括吡哆醇、吡哆醛和吡哆胺3种化合物。人体内无论是蛋白质代谢、激素调节还是神经调节最终都是通过酶促反应起作用。70%～80%的维生素 B_6 存在于人体的肌肉中，它是人体内约140多种酶的辅酶，也是各种氨基酸代谢的唯一辅酶，参与催化80多种生化反应。维生素 B_6 参与所有氨基酸代谢、糖异生、不饱和脂肪酸代谢以及蛋白质、核酸和DNA合成，在人体蛋白质代谢、激素代谢、糖原分解为葡萄糖及脂类代谢中具有不可替代的作用。因此，它在促进机体生命新陈代谢中起到十分重要的作用，大量损耗维生素 B_6 者会出现包括氨基酸代谢的一系列新陈代谢紊乱症状。

近年来随着临床应用研究的深入，发现维生素 B_6 在临床上有着广泛用途。维生素 B_6 为人体内的神经递质γ-氨基丁酸（γ-aminobutyric acid，GABA）/谷氨酸（Glutamic，Glu）转化提供了充足的辅酶[32,33]，帮助保护大脑及神经系统的功能；维生素 B_6 还可促进内皮细胞一氧化氮（NO）的生物合成，降低血浆中的同型半胱氨酸（homocysteine，Hcy）水平，常治疗同型半胱氨酸血症及与之伴随的冠心病、高血压等一系列心脑血管疾病；多项研究证实：维生素 B_6 能改善肝脏与机体的凝血功能[34-38]，快速激活生命代谢活动。另外，吡哆醛磷酸还有一特殊的功能——可提高氨基酸和钾进入细胞的速率。

除此之外，维生素 B_6 有利尿、解毒，促进毒害物质排出功能，能够快速达到解毒、消肿、减少组织渗出，保护重要器官的功能。特别对严重创伤所致脑水肿、脑脊液漏、脑疝、昏迷、肺水肿等很有助益。

但由于维生素 B_6 促进人体酶代谢的启动阈值在3～5g，所以只有大剂量维生素 B_6 的参与，ATC/TIC患者紊乱的生命代谢活动才能被激活。又因为维生素 B_6 在人体内的半衰期比较短，能被较快地排出体外。因此，用药一般不会对患者产生严重不良反应。自2008年广泛应用以来，已在全国600多家医院推广应用，至今未见1例过量事件报告。

(2) 丰诺安的功能

ATC/TIC患者在经历严重创伤和/或重大手术后，机体处于严重应激状态，而负氮平衡会严重阻碍机体的恢复，甚至造成进一步损伤。合理的氨基酸补充能够很好地纠正负氮平衡、修复损伤组织[39]。丰诺安含有种类最丰富、最全面的20种氨基酸，能为机体安全高效地提供大量能量和反应底物。其所含氨基酸谱与人体氨基酸谱基本一致，可调节血清中氨基酸组成，使之比例处于正常关系，有助于血液氨基酸谱的正常化。被输注入血液后，游离的基础氨基酸即可被人体直接利用，进而快速有效地调节应激状态所导致的氨基酸代谢紊乱，具有保护和支持重要器官、促进内环境相对稳定的功能。能为严重创伤，尤其是并发ATC/TIC的患者提供代谢底物和强劲动能，并通过鸟氨酸循环将氨等有害物质排出体外，使肝内酶代谢和内源性凝血途径快速恢复，达到有效阻止ATC/TIC病程持续和进展的效果。此外，它还能减少抑制性神经递质的产生，增强人体的免疫功能。

丰诺安独到之处还在于支链氨基酸的浓度在平衡型氨基酸的配方中高达33%[40]，而这些支链氨基酸具有调节糖原异生和肌蛋白合成与分解的作用[41,42]。它能在不增加肝脏负担的情况下在外周被氯化供能，并可作为糖原异生的底物。其在体内氯化与丙氨酸合成间有一个循环代谢机制，产生热量较多：每克分子的亮氨酸、异亮氨酸、缬氨酸分别产生 42 克、43 克、32 克分子的 ATP，可以为机体提供大量的能量[43,44]。其作为能源的特点是它的第一碳片段氧化产生高能量的磷酸盐而不需要谷氨酸，这一点在创伤应激时有着特别重要的意义[44]。丰诺安主要在肌肉组织中代谢，所以在严重创伤时可以减少肌肉蛋白和肝脏等内脏蛋白的分解，促进蛋白合成，较平衡型氨基酸更能快速、有效地纠正负氮平衡。

丰诺安也被称为 20AA 高支链氨基酸肝病氨基酸，能全面地参与鸟氨酸循环及三羧酸循环，促进肝细胞能量的生成，加速肝脏细胞的自我修复和再生过程，保护未损伤的肝细胞并促进损伤的肝细胞修复，对维护肝脏的正常功能有重要作用[40]。同时，天冬氨酸和 L-鸟氨酸两种重要成分的联合使用，还可以更大限度增加肝脏中尿素循环的活性，增强肝脏的排毒功能，迅速降低血氨，从而增强了人体自身免疫能力，有利于缓解 TIC 患者的病情。

输入大量支链氨基酸还有助于脑内对芳香族氨基酸的清除，抑制芳香族氨基酸浓度的病理性升高，减少抑制性神经递质的产生。这使周围交感神经系统合成去甲肾上腺素的功能得到改善，从而改善肝衰时的心血管功能，也可使大脑内去甲肾上腺素浓度升高，有助于大脑功能的恢复。

（3）维生素 B_6 联用丰诺安

维生素 B_6 与丰诺安都是人体生命活动不可缺少物质，二者合用具有促进机体酶代谢、止血、利尿、解毒、保护大脑及神经系统功能，改善肝功能，提高机体凝血功能及机体营养状况的功效[10,37,45]。维生素 B_6 与丰诺安的巧妙搭配在人体新陈代谢中发挥着十分重要的作用[46]：能提高机体凝血功能及营养状况，促进损伤的细胞在一定程度上得到修复；能为严重创伤性凝血病患者赢得关键性的综合治疗时间；为 ATC 和 TIC 的治疗开辟了简便、实用、廉价、有效的新途径，是国内外具有独创性的新疗法。

在创伤失血性休克、缺血、缺氧情况下，肝组织代谢活动受抑，脱氨基作用减弱，蛋白合成因而受抑，此时如果能够快速输入可立即被人体直接利用并跟血液成分相近的 20 种游离基础氨基酸与维生素 B_6（促进机体代谢的辅酶），能够快速维持患者的血液循环，将给创伤性凝血病患者提供重要器官的保护与支撑。维生素 B_6 联用丰诺安新疗法通过注入大量的维生素 B_6 为氨基酸的合成提供充足的辅酶；同时注入跟血液成分相近的游离基础氨基酸，通过机体自身系统合成凝血蛋白，再在 L-鸟氨酸的作用下迅速激活肝细胞内的尿素循环，将机体在多器官功能障碍综合征（multiple organ dysfunction syndrome，MODS）下产生的有害的二氧化碳和氨通过尿素循环转化为尿素排出体外，为机体提供了代谢底物，使得肝内酶代谢体制快速恢复[47,48]，4 大重要凝血因子又得以产生。动物实验证实[49,50]。新疗法能显著缩短纤维蛋白凝块形成的时间，还可通过促进肝脏代谢，恢复凝血因子合成，明显改善创伤大鼠模型的凝血功能。利用实时荧光定量 PCR 法检测发现新疗法能够显著提高肝脏凝血因子基因 mRNA 表达水平，促进凝血因子在肝脏中的合成，从分子水平探索了新疗法改善凝血功能的作用机制[51]。此方法可有助于迅速恢复内源性凝血途径，并且再配合常规综合治疗，能有效地挽救治疗 ATC/TIC 大出血濒死患者。相较于其他抢救濒死患者所采取的措施，不但能治疗由于凝血机制障碍所致的大出血，还能从机体本身的病情出发，改善肝功能和机体营养状况，利尿、解毒，促进机体酶代谢。而且该组合长期应用未见毒副作用报道，治疗合理，适合临床推广使用。

3. 具体用法

将维生素 B_6 5g 加入 250mL 0.9%氯化钠注射液与丰诺安（20AA 复方氨基酸注射液）250mL 混合配制在 1 个输液袋（三升袋）内进行静脉输注。在患者病情危急时推荐经中心静脉快速滴注输入。当患者合并有神经功能障碍时，还可在上述组合中加用维生素 C 2g 进行抗氧化辅助治疗。

维生素 B_6 联用丰诺安（20AA 复方氨基酸注射液）新疗法应用于不同创伤严重程度的伤员时，具体用法见表 1。用于创伤性凝血功能障碍进展不同病程的具体用法见表 2。

表 1　维生素 B_6 联用丰诺安（20AA 复方氨基酸注射液）**新疗法的具体用法**

创伤严重程度	新疗法具体药物用量	给药途径	用法	疗程
中、重度	维生素 B_6 5g＋0.9%氯化钠注射液 250mL	Ivgtt	Bid	连续使用直至病情控制
	＋丰诺安(20AA 复方氨基酸注射液)250mL	Ivgtt	Bid	
轻度	维生素 B_6 5g＋0.9%氯化钠注射液 250mL	Ivgtt	Qd	连续使用直至病情控制
	＋丰诺安(20AA 复方氨基酸注射液)250mL	Ivgtt	Qd	

注：在急诊室进行损伤严重程度评分（injury severity score，ISS），以 9～15 分为轻度患者，16～25 分为中度患者，＞26 分为重度患者；入院后进行 APACHEII 评分；Ivgtt 为静脉滴注，Bid 为 2 次/d，Qd 为 1 次/d。

表 2　维生素 B_6 联用丰诺安（20AA 复方氨基酸注射液）

新疗法挽救治疗创伤性凝血病的具体用法

病情	新疗法具体药物用量	给药途径	用法	疗程
TIG	维生素 B_6 5g＋0.9%氯化钠注射液 250mL	Ivgtt	Bid	连续使用直至病情控制
	＋丰诺安(20AA 复方氨基酸注射液)250mL	Ivgtt	Bid	
ATC	维生素 B_6 5g＋0.9%氯化钠注射液 250mL	Ivgtt	Qd	连续使用直至病情控制
	＋丰诺安(20AA 复方氨基酸注射液)250mL	Ivgtt	Qd	

注：TIC 为创伤凝血病，ATC 为急性创伤凝血功能障碍；Ivgtt 为静脉滴注，Bid 为 2 次/d，Qd 为 1 次/d。

4. 不良反应及处理

（1）输注速度过快时可能出现沿血管的局部胀痛，减慢静脉滴注的速度，或选择较粗的静脉和针头建立静脉通路，可减轻反应。

（2）大约有 1%～3%或长期用药的患者，静脉滴注后可能有胃肠道反应。输液前肌肉注射胃复安 10mg 可帮助减轻反应。

（3）尚有极个别的患者长期应用本疗法后可能出现双足底轻度发麻，但停药后均可完全恢复。

5. 使用维生素 B_6 的依据

维生素 B_6 每日用量可达 10g 已批准为中华人民共和国国家军用标准 GJB-FL5340, FL5340[52]，并于 2011 年 5 月 1 日已经正式公布实施。解放军后勤部卫生部出版的“战伤救治规则”第 64 页第 148 条规定：首剂使用维生素 B_6 1～6g，可重复使用，1d 总量不超过 10～15g[53]。《航天员医疗保障及救护》[54]、《狭窄空间医学》[55]、《化学损伤医学防护》[56]、《灾害现场急救新理念新模式新疗法》[57]等出版专著及《急性创伤性凝血功能障碍与凝血病诊断和卫生应急处理专家共识（2016）》[10]、《狭窄空间事故现场急救与卫生应急处置专家共识（2016）》[58]、《批量伤员感染预防策略专家共识（2017）》[59]、《地震现场救援与卫生应急医疗处置专家共识（2017）》[60]、《危险化学品爆炸伤现场卫生应急处置专家共识（2016）》[61]、《混合气体中毒卫生应急处置与临床救治专家共识（2016）》[62]、《灾害事故现场急救与卫生应急处置专家共识（2017）》[63]、《突发性群体性氯气泄漏事故现场卫生应急救援处置与临床救治专家共识（2017）》[64]等多篇专家共识均载有对本疗法的推荐应用。

由原北京解放军第三〇六医院（总装备部总医院）研制，石家庄四药生产，每袋 250mL 中含有 2.5g 的大剂量维生素 B_6，经过总后勤部批准已经在临床上使用。并已在载人航天航天员的医疗保障中广泛应用。现美国市场上的口服维生素 B_6 规格为 500mg/片，是中国口服的维生素 B_6 规格的 50 倍。

（四）柴黄参祛毒固本中药的临床应用

严重创伤和重大手术后并发 ATC/TIC 的患者大多合并胃肠道功能不全，有胃肠蠕动减缓、胃肠道胀气、大便不通畅等表现[65]，致胃肠道大量的细菌与毒素难以排出，加重了病情。配合综合治疗和“维生素 B_6 联用丰诺安”新疗法，柴黄参祛毒固本汤的应用能够将胃肠道内的大量的细菌与毒素排出体外，大幅缓解严重创伤患者与 ATC/TIC 患者出现的胃肠道功能不全症状和病情，缩短严重创伤患者与 ATC/TIC 患者抗生素的使用时间及痊愈病程。它有表里双解、气血同治、清热解毒、扶正固本的双向调节作用，具有较强的抗菌、抗病毒等病原微生物作用，还具有较好的脏器保护作用，并已获国家授权发明专利（20111067186 · 8）。

具体基本处方：柴胡 10g、黄芩 10g、黄连 10g、大黄 6g、玄参 10g、党参 10g、丹参 10g、生地黄 10g、甘草 6g 等，也可以根据患者病情适当增加或者减少中药种类与含量。

本方的方义及方解[66-68]：

君：柴胡为少阳专药，能疏解少阳郁滞、助少阳之气外达，为君药。臣：黄芩善清少阳相火，为臣配合柴胡，一散一清，共解少阳之邪。大黄苦峻走下，使气血双清，在柴胡外引下，使血中之热清，络中之滞通，亦为臣药。黄连清热燥湿，泻火解毒，散结消肿，亦共为臣药，使积聚热毒消散。佐：党参补中益气，和胃生津，祛痰止咳；生地黄清热凉血，养阴生津，加玄参凉血滋阴，泻火解毒，复加养血安神的丹参共为佐药以使祛邪不伤正，清下仍存津，气血不淤滞，以保攻伐之后不伤身。使：甘草补脾益气，清热解毒，祛痰止咳，调和诸药，合宣散外引之防风共为使药，更助柴胡宣散半表半里之邪毒。诸药合用：具有较好的双向免疫调节作用。

使用方法：将上方水煎制成 100mL 药汤，分次饮入或从胃管内注入，每次 50mL，每日两次给药的间隔为 8h。个别患者亦可以采用肛管保留灌肠给药。

三、救治流程

各单位对救治严重创伤的救治流程不尽相同，所以应大力加强创伤医师队伍建设，特别注意强化创伤急救的时效观念。实施创伤现场救治新理念、新模式、新装备、新疗法，在“以患者为中心”的原则指导下不断完善创伤急救流程，通过培训熟练掌握和应用各种创伤急救诊治技能，从而提高 ATC 和 TIC 的救治成功率。同时应进行救治流程遵循情况等方面的质量评估，如：早期复苏无效的低血压患者从受伤至启动止血措施的时间、从入院至得到全套血液检查结果的时间、离开急诊室前使用氨甲环酸的患者比例、不明确出血来源的出血患者从入院至 CT 检查的时间、损伤控制外科的执行情况、血栓预防的执行情况等，否则创伤患者的病死率将明显增高[69]。

四、结语

本专家共识的制定基于目前对“ATC 和 TIC 诊断和卫生应急处理”的理解并参考欧洲严重创伤出血和凝血病处理指南（2007 年、2010 年、2013 年、2016 年、2019 年）和现有循证医学证据及国内外有关文献。而 ATC 和 TIC 的临床治疗也比较复杂，遵循专家共识能够改善病情严重患者的救治效果。但需要注意的是，本专家共识不能完全覆盖患者所有的临床情况，在具体临床实践中需因病施治和因地（环境条件）施治，根据医师经验进行诊断和治疗。

参 考 文 献

1 中国医师协会创伤外科医师分会，中华医学会创伤医学分会创伤急救与多发伤学组，刘良明，等．创伤失血性休克早期救治规范［J］．创伤外科杂志，2017，19（12）：881-883，891.

2 江利冰，蒋守银，张茂．严重创伤出血和凝血病处理欧洲指南（第四版）［J］．中华急诊医学杂志，2016，25（5）：577-579.

3 Poole D. Coagulopathy and transfusion strategies in trauma. Overwhelmed by literature，supported by weak evidence［J］. BloodTransfusion，2016，14（1）：3-7.

4 Kushimoto S，Kudo D，Kawazoe Y. Acute traumatic coagulopathy and trauma-induced coagulopathy：an overview［J］. J Intensive Care，2017，5（1）：6.

5 Michael C，Nadine S，Matthias F，et al. How do external factors contribute to the hypocoagulative state in trauma-induced coagulopathy? -In vitro analysis of the lethal triad in trauma［J］. Scand J Trauma Resusc Emerg Med，2018，26（1）：66.

6 Jessica C，Cardenas，Charles E，et al. Mechanisms of trauma-induced coagulopathy［J］. Curr Opin Hematol，2014，21（5）：404-409.

7 Brohi K，Cohen MJ，Ganter MT，et al. Acute coagulopathy of trauma：hypoperfusion induces systemic anticoagulation and hyperfibrinolysis［J］. J Trauma，2008，64（5）：1211-1217.

8 Brohi K，Singh J，Heron M，et al. Acute traumatic coagulopathy ［J］．J Trauma，2003，54（6）：1127-1130.

9 MacLeod JB，Lynn M，McKenney MG，et al. Early coagulopathy predicts mortality in trauma ［J］．J Trauma，2003，55（1）：39-44.

10 中国研究型医院学会卫生应急学专业委员会，中国中西医结合学会灾害医学专业委员会．急性创伤性凝血功能障碍与凝血病诊断和卫生应急处理专家共识（2016）［J/CD］．中华卫生应急电子杂志，2016，2（4）：197-204.

11 Spahn DR，Bouillon B，Cerny V，et al. The European guideline on management of major bleeding and coagulopathy following trauma：fifth edition ［J］．Crit Care，2019，23（1）：98.

12 Spahn D. Erratum：Management of bleeding following major trauma：A European guideline ［J］．Crit Care，2007，11（1）：R17.

13 Rossaint R，Bouillon B，Cerny V，et al. Management of bleeding following major trauma：an updated European guideline ［J］．Critical care（London，England），2010，14（2）：R52.

14 Spahn DR，Bouillon B，Cerny V，et al. Management of bleeding and coagulopathy following major rauma：an updated European guideline ［J］．Crit Care，2013，17（2）：R76.

15 Rossaint R，Bouillon B，Cerny V，et al. The European guideline on management of major bleeding and coagulopathy following trauma：Fourth edition ［J］．Crit Care，2016，20（1）：100.

16 Rossaint R，Bouillon B，Cerny V，et al. The STOP the Bleeding Campaign ［J］．Crit Care，2013，17（2）：136.

17 张斌，蒋守银，江利冰，等．创伤后大出血与凝血病处理的欧洲指南（第 5 版）［J］．中华急诊医学杂志，2019，28（4）：429-431.

18 岳茂兴，周培根，梁华平，等．创伤性凝血功能障碍的早期诊断及救治［M/CD］．中华卫生应急，2014：4-6.

19 王毅盟．血栓弹力图仪的研究进展［J］．国际检验医学杂志，2011，32（10）：1102-1103.

20 Wade CE，Dubick MA，Blackbourne LH，et al. It is time to assess the utility of thrombelastography in the administration of blood products to the patient with traumatic injuries ［J］．J Trauma，2009，66（4）：1258.

21 蔡海英，叶立刚，徐善祥，等．血栓弹力图在严重多发伤患者中的初步应用［J］．中华创伤杂志，2011，27（12）：1115-1117.

22 Schott NJ，Emery SP，Garbee C，et al. Thromboelastography in term neonates ［J］．J Matern Fetal Neonatal Med，2017，31（19）：2599-2604.

23 Piche SL，Nei SD，Frazee E，et al. Baseline thromboelastogram as a predictor of left ventricular assist device thrombosis ［J］．ASAIO J，2019，65（5）：443-448.

24 Berry C，Ley EJ，Bukur M，et al. Redefining hypotension in traumatic brain injury ［J］．Injury，2011，43（11）：1833-1837.

25 Brenner M，Stein DM，Hu PF，et al. Traditional systolic blood pressure targets underestimate hypotension-induced secondary brain injury ［J］．J Trauma Acute Care Surg，2012，72（5）：1135-1139.

26 秦锡虎．肝胆外科行医手记［M］．北京：学苑出版社，2019：11-15.

27 岳茂兴，夏锡仪，李瑛，等．丰诺安联用大剂量 B_6 新疗法救治严重创伤后凝血病大出血患者的临床研究［J］．中华危重病急救医学杂志，2013，25（5）：310.

28 岳茂兴，周培根，李奇林，等．灾害伤与成批伤伤员的现场救治策略、原则及关键新技术新方法应用［J/CD］．中华损伤与修复电子版杂志，2014，9（3）：7-10.

29 岳茂兴，夏锡仪，李瑛，等．丰诺安联用大剂量 B_6 新疗法救治凝血功能障碍及应激性溃疡大出血患者的临床研究［M/CD］．中华卫生应急，2012：72-73.

30 岳茂兴，周培根，梁华平，等．20AA 复方氨基酸联用大剂量 B_6 治疗创伤凝血障碍的患者多中心前瞻性临床研究操作实施方案［J/CD］．中华卫生应急电子杂志，2015，1（1）：47-48.

31 尹进南，岳茂兴，李瑛．20AA 复方氨基酸联用维生素 B_6 治疗创伤性凝血病的效果［J］．中国医药导报，2016，13（36）：182-185.

32 谢海，王世文，曹宏霞，等．大剂量 γ-氨基丁酸与二巯基丙磺酸钠联合维生素 B_6 对毒鼠强中毒大鼠的解毒作用［J］．中华急诊医学杂志，2010，19（7）：703-707.

33 Martin DL，Rimvall K. Regulation of γ-Aminobutyric Acid Synthesis in the Brain［J］．J Neurochem，1993，60（2）：395-407.

34 郑旭文，李瑛，岳茂兴，等．20AA 复方氨联用大剂量维生素 B_6 治疗溴敌隆中毒致凝血功能障碍大鼠的实验研究［J/CD］．中华卫生应急电子杂志，2015，1（2）：22-24.

35 岳茂兴，楚鹰，包卿，等．20AA 复方氨基酸联用大剂量维生素 B_6 新疗法对创伤性凝血病大鼠凝血功能的影响［J］．中华危重病急救医学杂志，2015，27（11）：920-921.

36 楚鹰，岳茂兴，包卿，等．复方氨基酸联用维生素 B_6 对创伤凝血病大鼠凝血因子表达的影响［J］．中华急诊医学杂志，2015，25（5）：586-591.

37 万红贵，岳茂兴，夏锡仪，等．L-鸟氨酸复方氨基酸制剂联用大剂量维生素 B_6 抢救大出血濒死患者的机制研究［M/CD］．中华卫生应急，2013：9-11.

38 楚鹰，岳茂兴，包卿，等．维生素 B_6 联用 20AA 复方氨基酸治疗创伤性凝血病的疗效及机制研究［J/CD］．中华卫生应急电子杂志，2015，1（6）：18-24.

39 郑姣妮，向江侠，张颖．不同平衡氨基酸对严重腹部创伤患者术后营养代谢及预后的影响［J］．中国药房，2018，29（10）：1364-1368.

40 顾新刚，岳茂兴，郑琦涵，等．丰诺安治疗危重病肝功能损害疗效观察［J］．岭南急诊医学杂志，2009，14（6）：471-472.

41 鱼晓波，夏强，张建军，等．高支链氨基酸在肝移植术后病人肠外营养中的应用［J］．肠外与肠内营养，2007，14（1）：35-38.

42 刘瑜，谢德耀，池闯，等．高支链氨基酸在食管癌术后的应用［J］．中国医药导刊，2013，15（12）：2076-2077.

43 王新颖，李宁，顾军，等．富含支链氨基酸的氨基酸配方对胃肠外科手术创伤患者的营养支持效果［J］．中华胃肠外科杂志，2001，4（2）：94-98.

44 时政睿．临床应用最安全最高效的第四代氨基酸制剂丰诺安（R）——复方氨基酸 20AA［C］．//第五届全国灾害医学学术会议暨常州市医学会急诊危重病及灾害医学专业委员会首届年会论文集．2009：194-196.

45 楚鹰，刘政，郑旭文，等．20AA 复方氨基酸联用大剂量维生素 B_6 新疗法治疗创伤凝血障碍的实验研究［J/CD］．中华卫生应急电子杂志，2015，1（2）：88-89.

46 岳茂兴，周培根，梁华平，等．创伤性凝血功能障碍的早期诊断和 20AA 复方氨基酸联用大剂量 B_6 新疗法应用［J/CD］．中华卫生应急电子杂志，2015，1（1）：4-7.

47 岳茂兴，夏锡仪，周培根，等．大剂量维生素 B_6 联用 20AA 复方氨基酸治疗二例鼠药溴敌隆中毒致凝血障碍出血患者 [J/CD]．中华卫生应急电子杂志，2015，1（2）：125-126.

48 岳茂兴，楚鹰，包卿，等．严重创伤后凝血病的新疗法 [J/CD]．中华卫生应急电子杂志，2015，1（4）：16-19.

49 楚鹰，刘政，包卿，等．大鼠多发伤致凝血功能障碍模型的建立 [J]．中华危重病急救医学杂志，2015，27（2）：410-411.

50 楚鹰，岳茂兴，包卿，等．复方氨基酸联用维生素 B_6 对创伤凝血病大鼠凝血因子表达得到影响 [J]．中华急诊医学杂志，2015，25（5）：275-280.

51 岳茂兴，楚鹰，包卿，等．20AA 复方氨基酸联用大剂量维生素 B_6 新疗法对创伤性凝血病大鼠凝血功能的影响 [J]．中华危重病急救医学杂志，2015，27（11）：923-924.

52 GJB 7141—2011 液体推进剂损伤诊断标准及处理原则 [S]．北京：中国人民解放军总后勤部，2011：5.

53 中国人民解放军总后勤部卫生部．战伤救治规则 [S]．北京：中国人民解放军总后勤部卫生部，2006：94-95.

54 岳茂兴，邹德威．航天员医疗保障及救护 [M]．北京：国防工业出版社，2005：8.

55 岳茂兴．狭窄空间医学 [M]．北京：人民军医出版社，2013：238.

56 丁日高．化学损伤医学防护 [M]．北京：军事医学科学出版社，2002：101-102.

57 灾害现场急救新理念新模式新疗法 [M]．北京：人民卫生出版社，2018：267-273.

58 中国研究型医院学会卫生应急学专业委员会．狭窄空间事故现场急救与卫生应急处置专家共识（2016）[J/CD]．中华卫生应急电子杂志，2016，2（5）：261-269.

59 中国研究型医院学会卫生应急学专业委员会，中国中西医结合学会灾害医学专业委员会，重庆市中西医结合学会灾害医学专业委员会．批量伤员感染预防策略专家共识（2017）[J/CD]．中华卫生应急电子杂志，2017，3（2）：65-71.

60 中国研究型医院学会卫生应急学专业委员会．地震现场救援与卫生应急医疗处置专家共识（2017）[J/CD]．中华卫生应急电子杂志，2017，3（4）：193-205.

61 中国研究型医院学会卫生应急学专业委员会．危险化学品爆炸伤现场卫生应急处置专家共识（2016）[J/CD]．中华卫生应急电子杂志，2016，2（3）：148-156.

62 中国研究型医院学会卫生应急学专业委员会，中国中西医结合学会灾害医学专业委员会．混合气体中毒卫生应急处置与临床救治专家共识（2016）[J/CD]．中华卫生应急电子杂志，2016，2（6）：325-332.

63 中国研究型医院学会卫生应急学专业委员会，中国中西医结合学会灾害医学专业委员会．灾害事故现场急救与卫生应急处置专家共识（2017）[J/CD]．中华卫生应急电子杂志，2017，3（1）：1-11.

64 中国研究型医院学会卫生应急学专业委员会，中国中西医结合学会灾害医学专业委员会．突发群体性氯气泄漏事故现场卫生应急救援处置与临床救治专家共识（2017）[J/CD]．中华卫生应急电子杂志，2017，3（3）：129-135.

65 葛童娜，许晓跃，丁红．通腑净化汤联合西医常规方法治疗严重骨创伤后肠功能障碍 42 例 [J]．浙江中医杂志，2018，53（10）：767.

66 岳茂兴，李瑛，卞晓星，等．柴黄参祛毒固本冲剂治疗严重化学性肺损伤 89 例临床研究 [J]．中国中西医结合急救杂志，2013，20（3）：159-161.

67 岳茂兴，姜玉峰，周培根，等．柴黄参祛毒固本冲剂治疗腹部外科脓毒症的临床研究［J/CD］．中华卫生应急电子杂志，2015，1（3）：45-47.

68 岳茂兴，夏锡仪，李瑛，等．突发群体性氯气中毒 1 539 例临床救治［J/CD］．中华卫生应急电子杂志，2018，4（3）：145-151.

69 Rice TW，Morris S，Tortella BJ，et al. Deviations from evidence-based clinical management guidelines increase mortality in critically injured trauma patients［J］. Crit Care Med，2012，40（3）：778-786.

参考文献

[1] 赵炜．急救医疗服务体系在突发灾害中的紧急救援作用．中国急救医学，2003，23（5）：315-316.

[2] 岳茂兴，邹德威，张坚，等．流动便携式重症监护治疗病房的创建．中国危重病急救医学杂志，2004：16（10）589-591.

[3] 秦银河．关于建立我国灾难医疗系统的设想．中国危重病急救医学，2003，15（5）：259-261.

[4] 岳茂兴．载人航天工程医疗救护实用知识概论．第三篇．临床医学知识．北京．解放军出版社，2003：50-390.

[5] 岳茂兴，魏荣贵，马华松，等．爆炸伤 101 例的救治体会．中华急诊医学杂志，2003，12（3）163-158.

[6] 岳茂兴，邹德威：航天员医疗保障及救护．北京．国防工业出版社，2005：155-166.

[7] 岳茂兴．多器官功能障碍综合征现代救治．北京．清华大学出版社，2004：236-339.

[8] 岳茂兴．反化学恐怖医疗手册．北京：清华大学出版社，2004：123-238.

[9] 岳茂兴．危险化学品事故急救．北京：化学工业出版社，2005：167-256.

[10] 祈国明，齐小秋，吴明江，李立明．灾害事故医疗卫生救援指南．北京．华夏出版社，2003；167-256.

[11] 黎鳌，盛志勇，王正国．现代战伤外科学．北京：人民军医出版社，1998：99-101，118-119，628.

[12] 岳茂兴，刘志国，刘保池，等．山莨菪碱联用地塞米松治疗腹部外科疾病并发 MODS 多器官功能障碍综合征．中华急诊医学杂志，2005，14（10）：800-803.

[13] 中国红十字总会．救护．中国红十字总会救护师资培训教材．北京：社会科技文献出版社，2003，2-9.

[14] 刘家发，朱建如．生物恐怖袭击的应急救援策略．公共卫生与预防医学，2005，16（3）：39-41.

[15] Parkhill J，Dougan G，James KD，et al. Genome sequence of Yersinia pestis，the causative agent of plague. Nature，2001，413：523-527.

[16] Zietz B P，Dunkelberg H. The history of the plague and the research on the causative agent Yersinia pestis. Int J Hyg Environ Health，2004，207：165-178.

[17] Peiris J，Lai S，Poon L，et al. Coronavirus as a possible cause of severe acute respiratory syndrome [J] . Lancet，2003，361（9366）：1319-1325.

[18] 罗会明，余宏杰，倪大新，等．传染性非典型肺炎的病因研究和现场调查思路．中华流行病学杂志，2003，5：336-3391.

[19] Neuzil K M，Hohlbein C，Zhu Y，et al. Illness among school children during influenza season：effect on school absent eeism，parental absenteeism from work，and secondary illness in families. Arch. Pediatr. Adolesc. Med，2002，156：986-991.

[20] 卫生部．传染性非典型肺炎临床诊断标准（试行）.2003.

[21] 阴赪宏，王超，汤哲，等．成人 SARS 病情严重度的临床研究．中国急救医学 .2004，24（4）：248-252.

[22] 阴赪宏，王超，汤哲，等．146例成人重症SARS的临床分析．中华急诊医学杂志．2004，13（1）：12-14.

[23] 岳茂兴，邹德威，张坚，等．对我国首次载人航天航天员医疗保障及救护措施的探讨．中国危重病急救医学杂志，2003，15（12）710-714.

[24] 闵庆旺，岳茂兴：载人航天工程医疗培训教程．北京：解放军出版社，2005：235-286.

[25] 梁宏，贡司光．航天毒理学面临的挑战及其对策．中华航空航天医学杂志，2001，12（2）：126-128.

[26] 岳茂兴，邹德威，张坚，等．医疗救护直升机在航天员医疗保障中所起的重要作用．解放军医学杂志，2005，30（2）：175-176.

[27] 毛秉智. 核损伤医学防护. 北京：军事医学科学出版社，2002.

[28] 苏旭，刘英. 核辐射恐怖事件医学应对手册. 北京：人民卫生出版社，2004.

[29] 阴赪宏，王超，王宝恩．人禽流感的诊断、治疗与预防．中国医刊．2004，(39) 3：18-21.

[30] WHO. 关于甲型流感（H5N1）医院内感染控制指南（暂行）. 2004.

[31] 浙江医科大学．传染病学．北京：人民卫生出版社．1982：125-131.

[32] 郭念锋．心理咨询师：基础知识．北京：民族出版社，2005.

[33] 程灵芝，李川云，刘晓红，等．急性应激干预的原则和方法．中国临床康复，2003，7（3）：474-475.

[34] 史占彪，张建新．心理咨询师在危机干预中的作用．心理科学进展，2003，11（4）：393-399.

[35] 季建林，徐俊冕．危机干预的理论与实践．临床精神医学杂志，1994，4（2）：116-118.

[36] 张黎黎，钱铭怡．美国重大灾难及危机的国家心理卫生服务系统．中国心理卫生杂志，2004，18（6）：395-397.

[37] Tammi D，Kolski，Michael Avriette，Arthur E，Jongsma，Jr. 危机干预与创伤治疗方案．梁军译．北京：中国轻工业出版社，2004.

[38] Gilliland B E，James E K. 危机干预策略．肖水源等译．北京：中国轻工业出版社，2000.

[39] 王焕林．临床精神医学．北京：人民军医出版社，2003.

[40] 梁万年．法定传染病识别与处理．北京：中国协和医科大学出版社，2005：103-111.

[41] 岳茂兴，谭福彬，徐世全．危重病急救与监测．北京：人民军医出版社，1987：3.

[42] 岳茂兴，李于功，葛洪，等．器官衰竭的现代救治．北京：人民军医出版社，1989：10.

[43] 岳茂兴，杨忠瑾．实用营养与代谢支持手册．北京：华夏出版社，1990：2.

[44] 丁辉．突发事故应急与本地化防范．北京．化学工业出版社，2004：3.

[45] 中国人民解放军总后勤部卫生部．战伤救治规则．北京．1996：9.

[46] 北京红十字会．避险逃生应急手册．北京：2004：3.

[47] 岳茂兴，张海涛．狭窄空间医学应急救援原则．中华急诊医学杂志，2011，20（10）1118-1120.

[48] 岳茂兴．灾害现场急救新理念新模式新疗法．北京：人民卫生出版社，2018. 267-273.

[49] 秦锡虎．肝胆外科行医手记．北京：学苑出版社，2019：11-15.

[50] 岳茂兴，周培根，梁华平，等．20AA复方氨基酸联用大剂量B_6治疗创伤凝血障碍的患者多中心前瞻性临床研究操作实施方案．中华卫生应急电子杂志，2015，1（1）：47-48.

[51] 尹进南，岳茂兴，李瑛．20AA复方氨基酸联用维生素B_6治疗创伤性凝血病的效果．中国医药导报，2016，13（36）：182-185.

[52] 崔益珍，陈建荣．大剂量维生素B_6联合20AA氨基酸治疗创伤性凝血病的护理观察．当代护士（中旬刊），2016，(8)：88-89，90.

[53] 岳茂兴，楚鹰，包卿，等．严重创伤后凝血病的新疗法．中华卫生应急电子杂志，2015，1（4）：16-19.

[54] 岳茂兴，楚鹰，包卿，等．20AA复方氨基酸联用大剂量维生素B_6新疗法对创伤性凝血病大鼠凝血功能的影响．中华危重病急救医学杂志，2015，27（11）：920-921.

[55] 楚鹰，岳茂兴，包卿，等．复方氨基酸联用维生素 B_6 对创伤凝血病大鼠凝血因子表达的影响．中华急诊医学杂志，2015，25（5）：586-591.

[56] 楚鹰，岳茂兴，包卿，等．维生素 B_6 联用20AA复方氨基酸治疗创伤性凝血病的疗效及机制研究．中华卫生应急电子杂志，2015，1（6）：18-24.

[57] 岳茂兴，王立祥，张秀梅．积极推进我国应急管理体系和应急救援与处置能力现代化．中华卫生应急电子杂志，2020，06（01）：1-9.

[58] 中国研究型医院学会卫生应急学专业委员会．危险化学品爆炸伤现场卫生应急处置专家共识（2016）．中华卫生应急电子杂志，2016，2（3）：148-156.

[59] 中国研究型医院学会卫生应急学专业委员会，中国中西医结合学会灾害医学专业委员会，灾害事故现场急救与卫生应急处置专家共识（2017）．中华卫生应急电子杂志，2017，3（1）：1-11.

[60] 中国研究型医院学会卫生应急学专业委员会，中国中西医结合学会灾害医学专业委员会，江苏省中西医结合学会灾害医学专业委员会．批量复合伤伤员卫生应急救援处置原则与抢救程序专家共识（2018）．中华卫生应急电子杂志，2018，4（1）：1-9.

[61] 中国研究型医院学会卫生应急学专业委员会，中国中西医结合学会灾害医学专业委员会，中国研究型医院学会危重医学专业委员会，等．维生素 B_6 联用丰诺安新疗法治疗急性创伤性凝血病专家共识（2019）．中华卫生应急电子杂志，2019，5（4）：193-201.